U0317772

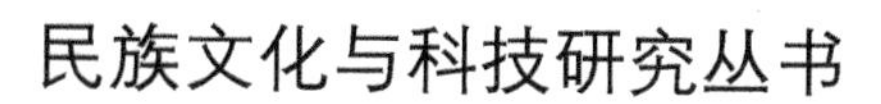

民族文化与科技研究丛书

云南科学技术简史

李晓岑 ◎ 著

科学出版社
北京

图书在版编目(CIP)数据

云南科学技术简史 / 李晓岑著. —北京:科学出版社,2013. 11
(民族文化与科技研究丛书)
ISBN 978-7-03-038956-5

Ⅰ. 云… Ⅱ. 李… Ⅲ. 自然科学史-云南省 Ⅳ. N092

中国版本图书馆 CIP 数据核字(2013)第 251269 号

责任编辑:樊 飞 胡升华 刘巧巧 / 责任校对:胡小洁
责任印制:徐晓晨 / 封面设计:黄华斌

科学出版社 出版
北京东黄城根北街 16 号
邮政编码: 100717
http://www.sciencep.com

北京虎彩文化传播有限公司 印刷
科学出版社发行 各地新华书店经销

*

2013 年 11 月第 一 版 开本: 720×1000 1/16
2020 年 1 月第二次印刷 印张: 22 1/2
字数: 360 000

定价: 98.00 元

(如有印装质量问题,我社负责调换)

前　言

云南红土高原是世界上最为神奇的地方之一。它具有复杂的地理环境、众多的少数民族、多样的民族文化。历史上,云南各族人民创造了光辉灿烂的科技文化,极大地推动了云南古代文明的向前发展。

揭开云南文明史上最激动人心的篇章,一直是笔者梦寐以求的目标。由于现代科技手段的介入,近年来的云南史研究,如对于云南青铜文化和南诏大理国的研究等方面,新的成果不断涌现,大大开阔了我们的视野。有些成果甚至颠覆性地打破了人们过去的观念,对已知的云南历史产生了基础性的改变。如果一个云南历史工作者,这几年没有关注前沿,可能也会发出"山中方七日,世上已千年"的感叹。这些新成果使我们可以用一种新的科技史观来看待云南古代文明的演进。这些成果当然应反映到本书中来。

云南科学技术史,向为学术界所忽视,一度几为学术盲区,普及性的读物更少。本书的写作主要是为了一般的青年读者,让他们了解云南,增加一点乡土知识。但笔者以为,研究云南历史和民族文化的专家应该看看本书,其虽然是简史,却反映了一些云南文明史研究的最新进展。云南的自然科学工作者和一般干部也应该是本书的读者,因为在实际工作中,由于不懂历史上云南的科技发展规律而造成的损失是难以计算的。

云南科技发展有什么规律?有什么特色?科技是怎样推动云南文明发展的?周边文化对云南科技有什么影响?传统科技有什么现代意义?这些

问题对关心云南发展的人来说，一直是很感兴趣的话题。本书围绕以上问题，初步探讨了云南文明发展的科技支撑体系，从而对云南科学技术的渊源和发展脉络有一个大致的总结，为进一步探讨中国西南古代文明的起源和发展与周边地区的关系提供必要的条件。笔者曾有一个梦想，终有一天，地球将被人类改造成为一个大花园，那就是所谓的“大同世界”的到来。在中国的各省（区、市）中，云南最具生物多样性，最有潜力成为一个花园般的地区。认识云南，建设美丽云南是我们的共同心愿，笔者愿为云南之梦的辉煌事业奉献这一小小的花朵。

本书从历史发展的角度介绍云南科学技术的发展。科学史有两种写法，一种是按照时代发展的顺序写各学科的整体史，这一写法的特点是在各个新时代、新环境中研究特殊事件时，也不失去整体的视角，例如，笔者于1997年出版的《白族的科学与文明》。另一种是按各个学科写，这一写法的特点是对各个科技现象的出现、发展进行不间断地追踪，例如，笔者于2000年出版的《云南民族科技》。本书采用前一种写法，但由于本书的任务是写作一部简史，只描述各个时期的主要科技现象和特点，故不过多地进行考证和探究。

1999年，马曜教授与笔者合写的《云南》一书出版。其中，有笔者撰写的《云南科学技术史概述》一文，原是马曜先生准备给他主编的《云南简史》一书再版时作补充用的，所以章节的划分和名称与该书完全相同。由于技术方面的原因，未能及时纳入《云南简史》。现在这本书，就是在以此文作为框架的基础上写出来的，根据云南科技史的特点，对章节的划分也作了小的调整。希望本书能成为云南历史的补充读物。

目　录

第一章

云南科学技术的地理基础

本章的目的是从地理环境和民族文化的角度介绍云南科学技术的背景。德国哲学家黑格尔指出,“助成民族精神产生的那种自然的联系,就是地理的基础”,地理环境是这种民族精神“表演的场地”①。如果把科学技术看做是民族精神的一部分的话,黑格尔的观点对理解云南科学技术与地理环境的关系尤为重要。云南得天独厚的地理环境和民族文化曾对云南科学文明产生过极为重要的影响,抓住了云南的地理环境,就抓住了理解云南各民族科学技术发生和发展的关键。

一、云南地理大势与科学文明

地理学与人类的科学技术发展密切相关,甚至有决定性的影响,这是一直被承认的。云南是中国最美丽的地区之一,它的地理环境对云南科学文明的发展也有决定性的意义。然而,一般的中国科技史著作,都忽视了云南这一地区,这可以说是一个失误。对云南科技发展史的研究表明,它的内容比早先想象的要丰富得多,这当然与它的地理环境和民族文化的多样性有关。

古代中国人大都忽视了云南的地理价值,多以“蛮夷之地”或“边徼之地”待之。最先认识到云南地理重要性的人无疑是唐代的樊绰,明代徐霞客对云南地理也抱有极为浓厚的兴趣。到 20 世纪 80 年代以后,中国人又似乎以发现一个新大陆般的热情向往着美丽云南的地理环境和民族文化,这实际上是云南价值和意义的一次重新发现。

这里,我们整个地考虑一下云南的地理与科技的关系。云南是一块地貌复杂的陆地,属青藏高原南延部分,面积为 39.4 万平方公里。地形以元江谷地和云岭

① (德)黑格尔:《历史哲学》,王造时译,上海书店出版社,1999 年,第 123 页。

山脉南段宽谷为界,分为东西两部分。云南的山系主要有乌蒙山、横断山、哀牢山、无量山等,很多山高大而美,如滇西著名的点苍山、玉龙雪山、梅里雪山,巨大的山峰高耸入云,景色巍峨壮丽。山区经济主要是少数民族的畜牧业,主要养殖马、牛、羊、猪等。在这些山区,马几乎是唯一的交通工具。

云南地势为西北高东南低,很多地区海拔高低悬殊[①]。滇西北有著名的滇西纵谷区,这是两山之间的江河下切后形成的雄伟壮观的地貌形态[②],堪称世界一大奇观。英国科学史家李约瑟(Joseph Needham)说:“有机会乘飞机飞过中印边界的人们,永远不会忘记从云南省会昆明到北阿萨姆之间所看到的这些大江在峡谷中参差并列的惊人奇观。”[③]由于峡谷地貌的特点,云南只有少数对外交通的道路连通中国内地和东南亚。但在东南亚方向,出云南境以后,崎岖的山路大都变成了坦途,海拔上则有自高向低的趋势。所以,云南既是中国的天然屏障,也是连接中国和东南亚文明的枢纽地区(图 1.1)。

图 1.1　云南地图

① 例如,澜沧江的西当铁索至梅里雪山的卡格博峰顶,直线距离约 12 公里,高差竟然达到 4760 米,在 10 余公里的狭小范围内,呈现出亚热带干热河谷和高山冰雪世界的奇异景观。

② 高黎贡山为伊洛瓦底江与怒江的分水岭,怒山为怒江与澜沧江的分水岭,云岭为澜沧江与金沙江的分水岭。

③ 李约瑟:《中国科学技术史》,第一卷,科学出版社,1990 年,第 59 页。

云南江河纵横,有大小河流600多条,分别注入中国南海和印度洋。其中,澜沧江、怒江、伊洛瓦底江、元江(红河)为国际河流,另外还有金沙江(长江)和南盘江(珠江)等。这些河流在云南境内几乎都不能航行,但出了云南境后,却都能航行。云南也是湖泊棋布的地区,最大的是滇池,其次是洱海,另外还有40多个高原湖泊。这些湖泊依山傍水,非常美丽,生活在湖边的人们得到水的滋润,灵气十足。云南的古代文明主要产生于这些湖泊地区,呈现出的是农耕文化。

云南主要由坝区和山区组成,高原台地,西南地区俗称"坝子",这种地貌在云南随处可见。最大的坝子是陆良坝子,其次是昆明坝子。面积在1平方公里以上的大小坝子还有1400多个,许多分散的小坝子点缀在相互隔绝的群山之中,成为相对独立的文化单位。人们主要聚居在这些大大小小的坝子中,创造着他们的文明。其中,文化较发达的白族、傣族和一些少数民族主要生活在有河流贯穿的坝子中。

云南气候类型丰富多样,有北热带、南亚热带、中亚热带、北亚热带、南温带、中温带和高原气候区共7个气候类型,这在世界上几乎找不到第二个例子。因此,俗语"一山分四季,十里不同天"就成为云南气候多样性的生动写照,多样的气候催生了世界上最为繁多的植物,盛开出各种美丽的花朵,使云南成为万紫千红的花海。云南一些地区的土壤是红色土壤,一些地区的又是黑色土壤,土质多样,适宜生长各种不同的作物。气候和土壤,成为云南农业呈现多样性特点的重要原因,也使得云南在历史上几乎没有发生过大规模的饥荒。

从科技地理看,云南无论是生物资源和矿产资源条件都极为优越,被称为"动物王国"、"植物王国"和"有色金属王国"。生物资源的多样化导致农业和生物学的优势,矿产资源的丰富使得有色金属技术十分发达。这几个学科从古至今都是云南科学技术中最为活跃的领域,堪称云南科技史的核心内容,进而对一些相关学科,如民族医学、纺织学、建筑学也产生了重要的影响。

从地理位置来说,云南位于青藏高原南缘至南亚次大陆和东南亚的交汇区域。由于这种地缘上的条件,云南很容易地接受了汉文明、印度文明及东南亚文明的洗礼,儒教、道教、佛教、伊斯兰教、基督教等一切重要文化都登陆过这一地区。从而使这一地区呈现出纷繁多彩的科学文明特征。

地理环境对云南具有强制性的影响力,这是任何时候都必须要考虑的重要问题。从历史来看,云南的科技也明显地有依赖地理的持续性。云南的最大财富是地理环境的多样性,在充分了解地理条件和资源特点的基础上发展有云南特色的科学技术,是云南的必然选择。

二、云南各个区域的地理特点

云南不同的区域都有各自生态、环境和资源的独特性，区域的复杂性超过了中国其他的所有地区，呈现出千姿百态的人文景观，使得各个区域在政治、经济和科技上都具有不同的特点。

大理和昆明一线是云南的腹心地区，也是云南经济文化最为发达的地区，自古繁荣程度就超过云南其他地区。我们曾以“心脏地带”的提法突出了这一地带的重要性①。这一地带孕育了中国典型的高原湖泊文明，冬无严寒、夏无酷热，气候十分温和。特别是洱海地区，山水明媚，兼备风、花、雪、月的优越条件，是一片洁净的乐土，具有推动文明发展的一切因素。这里的人们，生活悠然，创造性很强，黑格尔所说的世界民族历史上应有的诗歌、科学和哲学，他们一样不缺。

大理和昆明是这个心脏地带上两个天然的中心。历史上，只要控制了这一心脏地带，就取得了对云贵高原的绝对优势，这里成为历代统治者征服云南的逐鹿场所。大理和昆明曾一再地建立地方性的独立王国，战国到西汉建立了古代滇国、唐代建立了南诏国、宋代建立了大理国。居住在腹心地区的白族和彝族，也因此成为云南最有政治力量的古代民族。尽管这两个民族差异很大，也没有一个民族能在云南单独起主导作用，但他们一旦联手，将释放出令世人震惊的力量。他们联合建立的位于中国西南地区强盛的南诏王国，曾经在亚洲的历史舞台上一显身手。

历史证明，云南的腹心地区不仅有天然的战略优势，也是云南科技发展的主要舞台，这一区域的政治、经济和文化都充满了活力，取得了云南历史上最值得大书特书的科学技术成就。从地缘政治的角度来看，这是中国西南走向东南亚的枢纽地区。抓住了这一心脏地带，就抓住了云南的科技，就对东南亚的经济有影响力。而云南腹心地区的周边却因为存在着重大的区域分隔，是文明生长十分脆弱的地区之一，历史上，其政治力量或多或少显得有些无足轻重。特别是周边的东南亚地区，无论在政治上还是文化上都是一个支离破碎的地区。在科学技术方面，尽管也有某些成就或特点，但整体上看，其发展程度是稍逊一筹的。

滇西北的丽江、迪庆一带，海拔逐渐增高，是天然的地理制高点。这里有藏

---

① 李晓岑：《白族的科学与文明》，云南人民出版社，1997 年，第 4 ~ 5 页，第 372 ~ 373 页。

族、彝族、纳西族等少数民族，他们居住在高寒山区，身材高大、体型健美、勇敢尚战。举世无双的喜马拉雅山脉高高隆起，其复杂的山脉就是一个天然的屏障。这里的气候太冷，不适于农业的发展。中国西北的氐羌等游牧民族自古就从这里的高山峡谷进入云南，形成了著名的民族文化走廊。研究表明，滇西北应是云南文明的起点。在这个通道上，曾受到吐蕃的袭击和蒙古人的侵入。这一地区与四川、西藏有天然的科技和文化交流，人们唱着《赶马调》，不断把盐、茶等物资运往西藏和四川一带。

滇西南的保山、德宏和临沧地区，海拔逐渐降低。这是物产特别丰富的地方，南诏"西开寻传"就是为了这里的巨大资源。但高黎贡山以西的森林带阻隔了云南的对外交往，与文明古国印度的交往并不算多，而与东南亚交往却要容易得多。这里是云南孟高棉语民族的聚居地，少数民族的科技文化主要受到东南亚地区的影响，到明代以后才有所改变。

滇南的文山、思茅、西双版纳一带，有傣族、哈尼族、壮族、苗族等少数民族居住，这一地区海拔较低，气候炎热，热带丛林茂密，历史上农业发达，盛产双季稻。科技和文化带有热带的风格，当地壮傣民族与越南、老挝、缅甸等国家有悠久的交往。其中，傣族人性情温良可亲，受东南亚南传上座部佛教的影响很深，科学技术也打上了东南亚的烙印。

滇东北的昭通和曲靖地区，以汉族和彝族为主体，是云南面向中国内地的大门，历史上受汉文化影响及与汉族融合的程度都是最大的，由于外来人口对矿产的过度开采，是云南生态环境破坏最为严重的地区。这里一次又一次地掀起中原统治者派军队或移民进入云南的浪潮，强势文化的涌入，使云南的政治、经济和文化受到了一次次剧烈的变动，推动了科学技术的加速发展。

三、多样性的民族文化与科学技术

地理环境的极大差异，造成了云南各民族在思想根源上的巨大不同，多样性的民族文化和独特的精神气质由此而生，这深深地影响着云南科学技术的发展。

科学知识关联到文明的许多方面，对民族文化和民族精神的影响尤为显著。但是，过去在研究云南少数民族文化时，都极少注意到它们的自然知识和生产技能，使民族文化和自然知识的研究和发掘处于毫无联系的状态，这是云南民族文化研究的一个缺憾。而强调科学知识与民族文化不可分割的关系，以此对云南各族人民的物质文明和精神世界进行价值重估，一直是笔者 20 多年来的努力目标。

云南有25个世居少数民族，错综居住在这一美丽富饶的土地上，是中国民族成分最多的省份。各少数民族不仅社会和经济发展很不平衡，文化的丰富性和差异性之大更是令人惊叹，灿烂的民族文化也是民族科技赖以生存的基础。

云南各民族的文化绚丽多彩，千差万别。一些地区的民族强健勇敢，所谓滇东（彝族）出武人；一些地区的民族温文尔雅，所谓滇西（白族）出文人。一些民族受汉文化影响很深；另有一些民族则对汉文化几乎毫无了解。一些民族有很强的旅行能力，以“走夷方”驰名于世；一些民族则固守家园，被戏称为“家乡宝”。很多民族的文化中还包涵了理解自然，明智地处理人与自然关系的许多有益的启迪。各民族的文化虽然差别很大，呈多样性的特征，但每个民族都以不同的方式积极吸收科学技术知识，这一点却是相同的。实际上，云南科技史上那些最引人入胜的事物，往往都有一定的民族文化背景在发生着作用。

云南以“彩云之南”的丰富而独特的地理环境闻名于世，这对人们的文化心理结构有重大影响。它决定了人们的多种审美方式和对大自然的看法，各民族的宇宙观因此形成，最终决定了云南各族人民对自然的了解方式和科学发展的倾向。

传统文化在云南少数民族中具有强大的基石，传统科技作为民族文化的一种表现，也具有存在和发展的强大动力，往往与民族文化呈现出交相辉映的局面。例如，民族节日对民族历法、民间宗教对民间工艺的影响都是极为明显的。很多民族科技还呈现出独特的民族文化气质，阿昌刀、藏刀都表现出鲜明的民族文化特色。

各民族的科技交流一直是民族文化交往的重要因素。例如，阿昌刀被称为景颇刀，大理铜器和银器受到藏族同胞的喜爱，白族的沱茶一直销往滇西北的少数民族。正是在科学文明的接触和影响下，各民族的命运紧紧地联系在一起。所以，尽管云南各民族经济发展不平衡，社会发展程度也不尽相同，但少数民族之间却能和谐相处。至今，科技交流对民族团结和文化融合仍然有纽带般的作用，这种状况理应得到高度重视。

在不同的文化环境下，云南的科学技术往往表现出不同的特点。汉族地区受中国内地科学技术影响很大，但这些地区思想定于一尊，封建因素很重，科技发展的羁绊因素也较多。少数民族地区虽然经济发展不平衡，但少数民族自古崇尚精神自由，社会文化较为多元，科学技术的内容丰富多样，特色也较为突出。世界本来就应该是多姿多彩的，红土高原多样性的民族文化就是一个生动的例子。

所以，云南各少数民族虽然分属不同的文化群体，但其文化与科学技术密切相关。科学技术的一切进步，都会促进少数民族的物质文明乃至精神文明的发展。云南古代文明正是在科学技术的进步之中不断得到发展。直到今天,民族科技对民族文化的延续与生存也是十分重要的,这彰显出研究云南科学技术史所具有的现实意义。

20 世纪 80 年代以后,由于云南地理环境多样性、生物资源多样性及民族文化多样性,深深地引发了中国民众的向往及其热情,逐渐使中国思想文化界认识到多样性的宝贵,很大程度上解构了中国特别是内地知识分子思想定于一尊的思维定式。“多样性”成为当代中国非常流行的语言,不仅在科技、文化和艺术领域得到广泛体现,在经济和政治等领域也成为一种被广为接受的价值观,有多样性和包容性特征的云南文化遂成为当今世界调解文明冲突的希望所在。所以,多样性及其价值观的形成,某种意义上也是云南对当代中国思想文化的一个重大贡献,必将对中国科技和文化的发展产生深远的影响。

四、本章小结

云南是中国地理上最有特色的一个地区,具有地理环境多样性、生物多样性及民族文化多样性的特点,科学技术在历史舞台上表现得也极为丰富多彩。

地理环境是影响云南科学技术发展的最大因素,甚至在一定程度上决定了云南科学技术的特色和命运。云南最突出的地理特征莫过于复杂的地貌和气候,多样化的生物和有色金属资源,是云南具有丰富科学技术内容的根本原因。云南被称为“动物王国”、“植物王国”和“有色金属王国”。农业、生物学与有色金属的开采、冶炼和制造一直是云南科学技术史中经久不衰的内容,从古代到现代都没有变化,将来也不会有变化。这些优势学科还深深地影响了相关学科的发展,如各民族的医学知识、建筑和纺织等学科。

从地理情况看,推动历史发展的活跃因素主要集中在云南的腹心地区,这一区域不仅有天然的战略优势,也是云南科学技术发展的主要舞台。居住在这一地区的白族和彝族,不仅是云南古代最有政治力量的民族,还一再扮演着推动云南文明发展的重要角色。

云南少数民族众多,民族文化与科学技术密切相关。云南科学技术史上最引人入胜的成就,往往都有一定的民族文化背景在发生着作用。科学技术的一切进步,也会促进少数民族物质文明乃至精神文明的发展。民族科技对民族文化的延续与生存也是十分重要的,这使得研究云南各民族的科学技术史具有极为现实的意义。

第二章

远古时期云南的科学技术

（远古至距今3000多年前）

一、历史背景

云南各地在数十年的考古发掘中，发现了大量的从旧石器到新石器时代的文化遗址，证明云南很早就进入了原始社会。由于“元谋人”的时代仍有争议，云南何时进入旧石器时代，至今仍然无法确定。以后出现了元谋四家村、昭通人、邱北黑箐龙洞等旧石器时代中期遗址。

从距今70000～10000年前，发生了第四纪的最后一次冰川期——大理冰期（Dali glaciation），这是第四纪晚更期的最后一次冰期活动，极大地改变了云南历史的进程。在大理冰期时代，云南腹心地区很少发现人类活动的遗迹，距今50000～40000年，滇东的富源则出现了大河遗址，开启了云南现代人类的历史。大理冰期结束后，气候温暖，不仅自然界开始出现百花齐放的局面，人们也从寒冷中走出来，辛勤劳作，加快了前文明阶段的发展。在滇西出现了距今约7000年前的保山塘子沟文化，这标志着云南已正在从旧石器时代姗姗步入新石器时代。

在距今5000～4000年前，环洱海地区开始进入新石器时代。在云南洱海和滇池区域一带几乎是突然出现了一批繁忙的古人类，并迅速扩展到全省各地，这与大理冰期结束后气候条件发生改变有很大关系。更重要的是，这时中国内地处于剧变之中，发生了传说中的炎黄战蚩尤等一系列的大战乱，北方民族和东南地区族群大量迁入云南。

云南新石器时代的主要遗址有大理海东银梭岛、宾川白羊村、永平新平和元谋大墩子等地，在滇池区域也有一些贝丘遗址。这些遗址发现了丰富的古代文化遗存，有磨制石器、陶器、农作物、建筑遗址等。说明定居的农耕民族在洱海区域一带出现了，这标志着科学文明的序幕终于在红土高原拉开了。

二、元谋人与旧石器时代

1. 元谋人

一般认为，云南的历史是从元谋人开始的，由于有元谋人，云南被称为“人类的发源地之一”，元谋人“揭开了中国历史的序幕”，等等。但是研究表明，围绕元谋人仍有一系列问题需要进一步讨论。

元谋人化石目前仅限于发现一左一右两颗上中门齿（图 2.1），以及年代稍晚的一段胫骨。从年代来说，一种意见认为，元谋人年代在早更新世。用古地磁法测得其年龄为 170 万年或 163 万至 164 万年。由于缺少同位素测定的支持，一直有研究者对这个结果表示疑义，也尚未被国外学者普遍接受。1998 年，中国科学技术大学用更精密的方法——电子自旋共振法测得元谋人年代为距今 160 万至 110 万年。另一种意见认为，元谋人年代在中更新世。因为古地磁年代不应超过 73 万年，根据元谋人的化石层，可能距今 60 万至 50 万年或更晚。

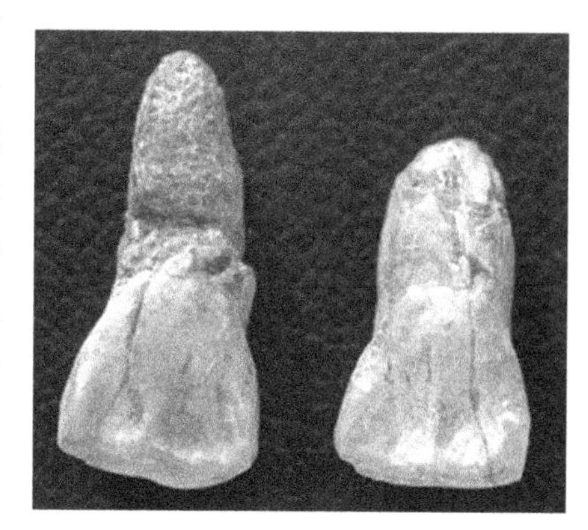

图 2.1　元谋人牙齿化石

学者对于元谋人是否为中国最早的古人类这一问题出现了争议。陕西省蓝田县公王岭发现“蓝田人”的头盖骨，其生活年代本来认为是距今 69 万至 95 万年前，但 1987 年经重新测定后认为是距今 115 万至 70 万年前。可能不晚于元谋人。长江三峡地区发现的“巫山人”化石，为一小段下颌骨带有两颗臼齿，以后又发掘出 3 枚门齿和一段带有 2 个牙齿的下牙床化石。用电子自旋共振和古地磁法曾测得年代为距今 204 万至 190 万年，时代早于元谋人。但目前“巫山人”是“猿”还是“人”这一问题尚有争议。

在亚洲其他地区，也发现时代早于元谋人的古人类化石。印尼的爪哇曾发现人头盖骨 9 个，下颌骨 5 块，股骨 6 根，用钾氩法测定的年代为 70 万至 50 万年前[①]。但在莫佐克托发现了一个幼童头盖骨，经研究，此幼童生活在约 180 万

① 1996 年，美国加州伯克利地质年代学研究中心卡尔·斯威轼（Carl Swlsher）博士在《科学》杂志上宣布：发现爪哇人头骨化石的两个遗址年龄为 27 000 ~ 53 000 年，是采用电子自旋共振法和铀系法测得的。爪哇人变年轻的消息，一时在全球新闻媒体上炒得非常火热。

年前,被定名为莫佐克托猿人。而非洲肯尼亚和坦桑尼亚发现的古人类化石则可早到250万年前,比亚洲公布的材料早50万年以上。

问题还在于,元谋人的两颗牙齿是从地表采到的,而所有测定元谋人年代的实验都不是针对这两颗牙齿进行的,而是对发现牙齿的地下古生物层测定的。当时就有人认为,人牙缺少地层依据。著名人类学家吴汝康也对人牙的层位问题提出疑问。这样,种种测量元谋人年代的方法,从科学上来说,已经打了很大的折扣。

在元谋人的遗址还发现了用火的遗迹,但不幸,这是一个有争议的发现,很多专家认为这是自然火的遗迹。中国境内公认的最早用火遗址仍然是北京人遗址。

由于在云南的开远、禄丰等地还发现腊玛古猿,过去认为腊玛古猿是"人类的直系祖先",一些学者据此认为云南有成系列的从猿到人类的各个发展系列,所以是"人类的发源地之一"。但现在很多古人类学家认为腊玛古猿是现代猩猩的祖先,并非人类的祖先。

还有一点是必须要明确的,即人类的起源与现代人的起源是两个不同的概念。对遗传基因的研究表明,现代东亚人群的祖先来自非洲,从非洲迁移来的时间为3万至5万年前。而1987年美国加利福尼亚大学伯克利分校的研究表明,由DNA谱系推算,当今人类所有种族的共同女祖先,应居于非洲,其生存年代大约距今仅20万年。如今,这一"老奶奶"理论在西方获得了普遍认同。若以上分子生物学的观点成立的话,就意味着元谋人并没有留下后裔。

作为中国南方最早发现的猿人化石,对元谋人的研究曾推动了中国古人类的研究工作,但是,由于元谋人化石材料太少,又缺少确切的地层,在新的古人类材料不断出现的情况下,"云南是人类的发源地之一"这样的观点,必须面临着很大的争议①。

2. 其他旧石器时代文化

除元谋人外,在云南境内发现的旧石器时代文化遗址或地点有30多个,分布在20多个市县内。属于旧石器时代中期的有元谋四家村、昭通人、邱北黑箐龙洞等;属于旧石器时代晚期的遗址或地点多达20多个,广泛分布于云南全省,著名的有丽江人、西畴人、蒙自人和姚关人等。

---

① 李晓岑:《元谋人的年代及有关问题》,《云南省社会科学院建院20周年献礼论文集》,1999年,第314~317页。

在云南旧石器时代的发掘中,尤为重要的是富源大河旧石器时代晚期遗址,经碳十四和铀系法测定,距今 50000 ~ 40000 年,处于大理冰期,填补了中国距今 100000 ~ 40000 年的人类化石的缺环。考古工作者认为,该遗址发现的石制品,无论从技术学上还是从类型学上,都与发源于欧洲的莫斯特文化(Mousterian culture)相似,它也是中国莫斯特文化和勒瓦娄哇技术(Levallois technique)在南方集中发现的遗址。有趣的是,该遗址还发现我国旧石器时代最早的石铺地面,用有一定圆度的石灰石碎块铺成,被誉为最早的"室内装修",这可能是出于防潮保健的需要,是旧石器时期古人类(智人)生活形态进步发展的反映。在大理冰期的浸润下,早期人类的智慧终于露出了光芒。

距今 100000 ~ 40000 年这一时期,原本在人类进化史上并不显赫,但 DNA 谱系推算的"老奶奶"理论提出后,却成为现代人类起源、扩散和演化的关键时期。从某种意义上说,富源大河旧石器时代的古人真正开启了云南现代人类的历史。

在云南旧石器时代,使用的石器有砍砸器和包含一系列连续敲击的刮削器两类。另外,在旧石器时代晚期还使用角器、骨器和牙器作为工具。例如,与丽江人共同出土的还有一件鹿角器,两边穿孔,但均未穿通。与蒙自人伴生的角制品共 60 件,分为角铲和角锥两类。施甸姚关人也使用骨铲、骨锥和角锥,其年代可能已进入万年之内。

距今 1 万年前,大理冰期结束,人们从冰期的寒冷中走出来,加快了劳动生产的步伐。位于滇西的保山塘子沟遗址,处于旧石器时代向新石器时代的过渡时期,碳十四测定年代为 BP6895±225 年。该遗址出土了大量打制石器,以及部分磨光石器(图 2. 2),并发现柱洞、居住面等建筑遗存。遗址还出土了大量的骨、角、牙器(图 2. 3),有角制品 78 件,其中角铲 13 件,角矛头 4 件,角棒 4 件,角锥 45 件,角器毛坯 5 件,另有牙器 7 件。如此众多的角器和牙器出现在一个

图 2. 2　保山塘子沟出土的磨制石器

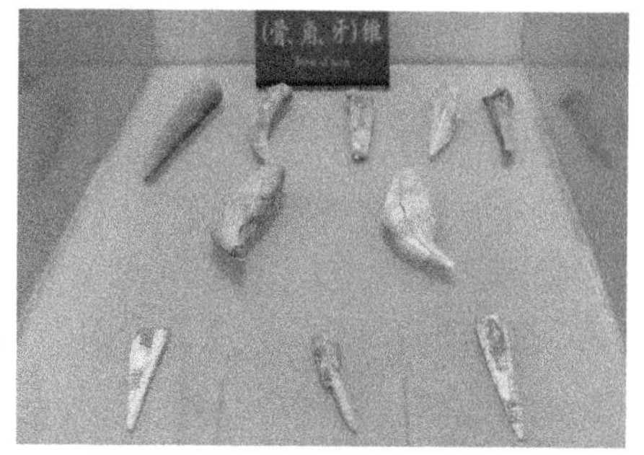

图 2. 3　保山塘子沟出土的骨、角、牙器

遗址,在中国旧石器时代遗址中是罕见的。磨制骨器和牙器工艺的出现,也是制作工具技术的一大进步。该遗址还出现了猪和牛的骨头,其中猪骨头在中国史前也属比较早的,是否已是驯养的动物,为云南最早的畜牧业,有待进一步研究。

三、新石器时代的手工业

1. 新石器时代遗址

经过旧石器时代的缓慢发展,距今5000~4000年前,云南红土高原突然出现大量繁忙的古人类,他们多是从北方或其他地方迁徙而来的,文化上开始进入了新石器时代。

迄今已发现的新石器时代遗址、墓葬和采集点遍及云南全省,多达上百处,但完整和较大规模的遗址主要集中在滇西和滇中偏西的地区。例如,大理海东银梭岛新石器时代遗址,约公元前3000年进入新石器时代;宾川白羊村新石器时代遗址,碳十四测定的年代为BP3770±85年;永平新光新石器时代遗址,碳十四测定的年代为距今4000~3700年;元谋大墩子新石器时代遗址,碳十四测定的年代为BP3210±90年。这些新石器时代遗址除银梭岛外,大都在距今4000~3000多年。另外,在滇西的大理马龙遗址、永仁菜园子、保山忙怀、龙陵梅子寨和景东丙况等地都发现了大量新石器时代的遗物,表明这些地区是史前云南古人类的主要聚居地。滇南则在文山、麻栗坡、个旧、建水、西双版纳等地有新石器时代遗址,在滇池区域,有少量的贝丘遗址属于新石器时代。

云南新石器时代遗址发现了大量的磨制石器,开始出现陶器,原始农业也产生了,这些内容成为云南新石器时代的主要特征。原始器物有不同的材质和类型,其制造和使用萌发有丰富的技术知识,揭开了云南科学技术发展史的序幕。

2. 石器制作

云南新石器时代遗址出土了以磨制为特点的石器,形制多样,类型分明,反映了丰富的文化内涵。

磨制石器有各种农业、手工业、兵器和渔猎工具斧、刀、锛、凿、砺、垫、镞、矛、镰、网坠、纺轮、锥、敲砸器、刮削器、杵、印模等,石器制作已有石料的选择、打制、整修、磨制、钻孔等一系列工序,说明制造石器的技术已经十分娴熟了,其中包含了多种力学知识的运用。其中,昌宁县柯街出土的磨制双肩方形石器尤有特色

(图 2.4),其材质呈黄白色,刃部往往有被打击的缺口,这是使用过程中留下的痕迹。

图 2.4　昌宁柯街出土的磨制双肩石器

不少石器还钻有单孔眼或双孔眼,便于制造复合工具。云南特别是洱海区域出土的石刀,外形精致,但刃多开在弓背(凸面)之上(图 2.5),这不同于内地的石刀多开在凹面上。这种石刀的使用方法是,将绳索穿入孔内,套在手上,以割取植物。此外还发现大量石镞,有些镞极锋利,有较大的杀伤力,说明已使用弓或弩,这是对弹力和飞行知识的具体运用。

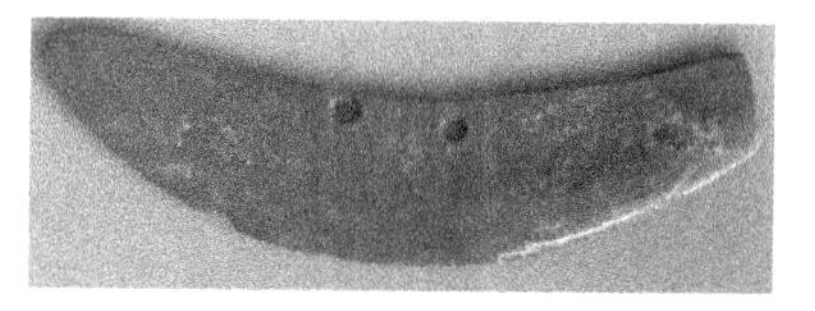

图 2.5　大理海东银梭岛出土的双孔石刀

新石器时代有些石器仍为打制石器。例如,龙陵大花石等遗址出土的打制双肩石斧(或铲,图 2.6),材质为灰青色,形态较为规整,没有大的打击疤痕,崩损较少,有的刃部还经过少许磨光。有的石器经过使用后,刃部出现了明显缺口,这种石器用于砍斫木材还是农业上掘土仍有待进一步研究。双肩石斧是铜器时代滇西地区双肩铜钺的祖型。

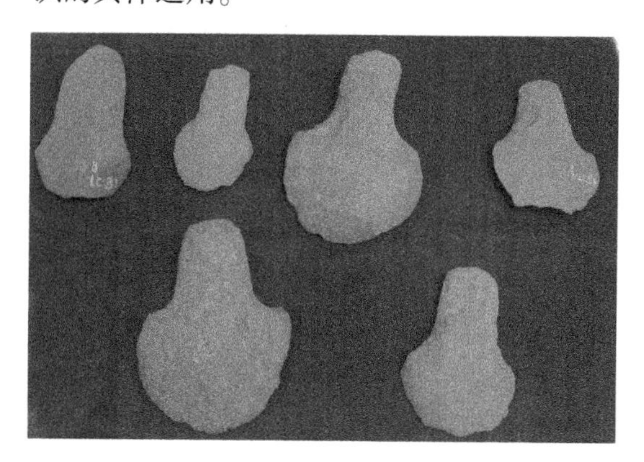

图 2.6　龙陵大花石等遗址出土的打制双肩石斧(或铲)

3. 陶器技术

新石器时代,云南各地开始制造和使用原始陶器,有早晚的区别和不同类型工艺,成为这一时代的显著特征。

从使用材质看,考古发现的陶器多为夹砂陶(sandy ware),这是云南原始陶器的一个重要特点。说明当时先民在原料中已有意识地掺杂少量的砂粒,以便改变陶土的成型性能和成品的耐热急变性能。

从制作工艺看,云南出土的早期陶器,如宾川白羊村遗址、永平新光遗址出土的陶器几乎全部为手制,元谋大墩子出土陶器也以手制为主,但白羊村晚期出土陶器的个别口沿上已有慢轮修饰的痕迹,说明制陶工具——转轮开始出现了,但数量很少。这些原始陶器均采用泥条盘筑成型。陶器的器身用工具拍打,留下了各种纹饰,有划纹、绳纹、点线纹、剔刺纹、乳钉纹、附加堆纹、线纹等,而以绳纹、划纹和点线纹为主。宾川白羊村还发现了1件石质印模,一端刻有斜方格纹,与同一文化层所出陶器的纹饰相同。

从烧制技术看,新石器时代早期的陶器多为灰色和褐色,说明主要使用了氧化焰燃烧。由于火候掌握不好,以致陶器往往烧得"太熟",烧流变型较多,并且大多数应是露天烧制而成的,水平不高,陶质疏松,质量较低。有的遗址出土陶器有多种颜色,例如,永平新光遗址出土陶器主要为灰色,其次为褐色,个别为红色。

新石器时代晚期的陶器,如大理、昭通、鲁甸出土的有些陶器表面很黑,这是使用还原焰燃烧的结果。说明这些地区已使用烧窑,并进行了封窑处理,使炭黑渗入表面。这些陶器胎质细腻坚硬,制作技术有了很大的提高。

图2.7　大理市银梭岛出土的单耳罐

云南的史前遗址中没有发现上釉的陶器(大理马龙晚期遗址出土有上釉陶器,但已不属史前遗址)。滇西的大理,滇西北的德钦,滇东北的昭通、鲁甸一带还多见制作精良的单耳罐(图2.7)和单耳瓶,与甘肃、青海地区的单耳罐相同,明显是受西北地区影响的器物。

4. 纺织技术

新石器时代，云南出现了原始纺织业，这是技术上的一个重要进步。

在宾川白羊村、永平新光遗址、广南铜木犁洞、大理马龙早期遗址及剑川海门口新石器时代的地层中都出土了形制多样的纺坠的主要部件——陶制纺轮（图2.8），纺轮又有圆形、扁平形、石鼓形等几种形式。其操作原理是利用纺轮本身的重量和连续旋转达到目的，方法是用一手转动拈杆，另一手牵扯纤维续接，说明当时先民已懂得捻线纺织。陶器上有大量篮纹和席纹，为先民懂得编篮织席提供了实物证据。宾川白羊村遗址发现三件骨针，是当时纺织的引纬工具。以上情况表明，在新石器时代，先民已经掌握了纺织、编织和引纬技术，有了原始的纺织业。

图2.8 剑川海门口新石器时代地层出土的陶纺轮

除纺织生产外，云南在新石器时代还同时并存着无纺织的树皮布制作。宾川白羊村遗址和元谋大墩子遗址都发现了一种石拍，为棍棒形。据考古学家研究，这是一种制作树皮布的工具，这种工具在华南和东南亚史前遗址有广泛的分布。直到近代，树皮布制作及工具在滇南傣族地区仍有保留。

5. 建筑技术

由于农业的发明，为人们走向定居生活创造了条件。新石器时代滇西地区已出现原始建筑，有以下两种类型。

一种是半穴居类型。如大理马龙遗址（早期）的居住遗迹为红土建筑，在地面掘圆形或方形坑，周墙为生红土，上搭顶棚，考古工作者推测屋顶为圆形。这是一种北方民族常见的建筑形式，以陕西半坡遗址为代表。永平新光遗址也发现了2座半穴居类型的建筑，中间立主柱，以草盖四面坡小顶，四壁有草编的矮墙。永仁菜园子则发现半地穴式圆形房屋基址三座，房基大小约为20平方米左右，是一种小型房屋。

另一种是干栏式建筑。如宾川白羊村遗址发现较完整的房屋遗址有11座，元谋大墩子遗址也发现房基有15座，均为木结构建筑，其房屋的立柱、墙体和房顶已具有建筑的基本体形。永平新光遗址也发现一些立体柱洞，虽然缺乏分布规律,但被认为是地面起建的干栏式建筑。干栏式建筑是为适应当地潮湿多雨的气候而出现的。

当时已使用红烧土等煅烧加工技术,并使用草筋泥、混合土等复合材料。从此先民有了住房,生活安定下来。

6. 食盐的利用

盐是人体不可缺少的物质。云南在新石器时代应该有盐的利用,云南几个大的新石器时代遗址,都位于云南著名的产盐区范围内。例如,永平新石器时代遗址旁边有云龙盐井,宾川白羊村旁有白羊镇的白盐井,元谋大墩子不远处也有滇中的各种著名盐井,表明云南史前文化兴起的地方应已有盐的利用了。而出土的众多陶器中,推测也有煮盐陶器的存在。

四、农业和畜牧业

1. 农业技术

大约距今4000年前,云南部分地区进入了农耕社会,这是新石器时代的又一个重要特征。

距今4000年左右的永平新光遗址和宾川白羊村遗址是云南目前已知最早的两个农业遗址,距今3000多年的元谋大墩子和永仁菜园子也是新石器时代农业发达的典型遗址。它们一般都坐落在坝区,或坝区与山脉过渡的中间地带,村落的规模都比较大。出土了大量的农具,有开辟耕地的石斧和石锛、有收割作物的石镰和石刀、有加工粮食的磨棒和磨盘(图2.9)等。这些工具制作精良,如永平新光遗址出土有锯齿极好的石镰,并有各式梯形石锛和条形石锛。石磨棒为圆柱形,长期碾磨后表面光滑,石磨盘较大而宽平,两者配合使用,说明当时已把粮食去壳碎粒,碾磨成粉。农业加工工具的大量出现,表明4000年前云南地区已有了原始农业,人们使用这些工具辛勤地劳作。

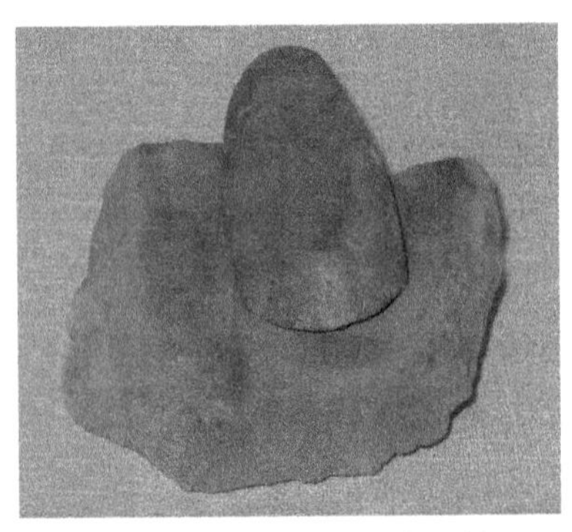

图2.9 永仁菜园子出土的磨棒和磨石

当时已发展到以种植为主的农业,粮食生产越来越丰盛了。宾川白羊村遗址住房附近的储粮窖穴,竟有48个之多,有形状规则的圆形窖穴、椭圆形窖穴、长方形窖穴,还有其他不规则窖穴[①],说明已有较多的剩余粮食作为储备。除种植稻谷外,可能还有其他的品种。元谋大墩子发现一座圆形窖穴,内贮白色禾草类的植物,以及谷壳粉末,少许尚能辨认的壳痕[②],显然是用于保藏谷物的。以上考古发掘情况,体现了当时原始农业是进步发达的。

2. 栽培稻的出现

新石器时代,云南一些地区出现了稻谷的栽培,这是史前时期极具科学技术意义的事件,这一重大技术的源头无疑应是长江中下游地区。

云南的宾川白羊村、永平新光和元谋大墩子等新石器时代遗址都发现了炭化稻谷、稻穗凝块或陶制器具上的谷壳及穗芒压痕。据鉴定均为粳稻,尚无籼稻发现。这些稻谷的时代距今约4000年。由于无水田作业器物的遗存,可推知云南史前稻谷可能属陆稻而非水稻[③]。

图2.10　云南保山昌宁达丙营盘山出土的古稻谷

云南保山昌宁达丙营盘山新石器遗址出土了古稻(图2.10),经碳十四测定,这是3000年前的稻谷,检测分析表明属于粳稻类型。保山古稻与参照系的各个性状差异极显著,包括与粳稻亦然。表明保山古稻粒型与现代粳稻亦有不相同的特点。保山古稻的演化特点是:粒长极短,比粳稻短11.7%。长宽比很小,仅1.84,比粳稻小16.4%,但粒宽、粒厚、粒重都有不同程度的增加,超过了参照系,表现为近圆形的重粒类型。保山古稻可能是云南粳稻的前身,是否具有云南软米(糯)的性质,值得研究思考[④]。

由于稻谷的出现,云南和一些日本的学者认为云南是亚洲栽培稻的发源地。在日本,还掀起了达30年之久的“云南寻根热”。《稻米之路》、《倭族之源》等著作就是以云南是亚洲栽培稻发源地的观点来立论的。

然而,由于距今7万至1万年前发生了大理冰期活动,气候变化极其巨

---

① 云南省博物馆:《云南宾川白羊村遗址》,《考古学报》,1981年,第3期。

② 云南省博物馆:《元谋大墩子新石器时代遗址》,《考古学报》,1977年,第1期。

③ 周季维:《云南旱稻生产的历史与现状》,《云南农业科技》,1982年,第5期。

④ 向安强、张文绪、李晓岑、王黎锐:《云南保山昌宁达丙营盘山新石器遗址出土古稻研究》(内部资料)。

大,当时在海拔 2000 米以上都是十分寒冷的气候。稻谷是需要温暖气候的植物,无法在寒冷的气候中生长。所以,云南高原地区受寒冷气候的影响,不可能进化出亚洲栽培稻。另外,云南的文明条件也不允许其是亚洲栽培稻的发源地,因为长江中下游地区发现了 1 万多年前的栽培稻,8000 年以上的栽培稻也发现多处遗址,在印度则发现了 9000 年前的栽培稻。迄今为止的考古发掘表明,云南新石器时代的编年数据目前仅 5000 年左右(银梭岛遗址),但距今 4000 年左右才出现了早期农业。将来即使有突破,也不应上溯太多。所以,即便云南有野生稻也不具备最早驯化稻谷的文明条件。而早在 1 万多年前,中国长江中下游的原始居民已经完全掌握了水稻的种植技术,并把稻米作为主要食粮。

一般认为,亚洲栽培稻有两个起源中心,粳稻起源于中国,籼稻起源于印度。云南的粳稻种植虽然传入的路径尚不清楚,但其源头无疑应是长江中下游地区。

日本和中国学者曾从野生稻种类之丰富论证栽培稻起源于云南。然而,野生稻和栽培稻是两个不同的概念,不应以云南野生稻品种的丰富性去证明栽培稻的原始性。但鉴于云南栽培稻与普通野生稻有许多共同之处①,也可以设想,云南作为栽培稻的次起源地,即栽培稻传入云南后,由云南的古人从野生稻中培养出一些新的栽培稻品种②,这从稻谷的遗传学上看应该可以成立。这个观点需要从稻谷的基因研究中进一步寻找新的证据。

3. 畜牧业及其他

在原始农业产生之前,就已有家畜的饲养和驯化,以后随着农业的产生,畜牧业得到了较快的发展,这是史前时期极为重要的科技成就,为食物生产经济的发展开辟了道路。

当时,饲养的动物种类不断增多,后世称为“六畜”的猪、牛、狗、鸡、马、羊在云南新石器时代基本上都已有了驯养。对出土动物的骨骼进行研究,发现云南各地普遍以养猪为主,这与中国北方游牧地区猪骨比较少见很不相同,而与从事农业生产的氏族部落相似。以下是考古工作者发现的相关情况。

---

① 现已查明,云南境内有普通野生稻、疣粒野生稻和药用野生稻 3 种。

② 1980 年,云南省农业科学院的研究表明,云南栽培稻与普通野生稻的酯酶同酶酶谱具有许多共同点,但与疣粒野生稻和药用野生稻几乎无任何相似之处。一定程度上支持了这一观点。

猪:猪的骨头在云南各新石器时代遗址都有出土,是先民饲养得最多、最普遍的家畜。凡在遗址里收集或出土动物遗骸,普遍都有猪的骨头,说明云南是当时猪的养殖中心之一。而猪从数千年前迄至今日一直是人们的主要肉食。

牛:牛遗骨在云南新石器时代晚期遗址中也是较多而普遍的,以大墩子为例,牛骨占可供鉴定的猪、牛和狗等三种标本总数的42.2%,居第二位。牛的品种应为驯化黄牛。

狗:狗是从狼驯化来的,宾川白羊村是云南已知最早的狗遗骨出土处。狗遗骨在元谋大墩子中的数量仅次于猪和牛,该遗址的狗遗骨占可供鉴定的猪、牛、狗三种标本总数的9.8%。

鸡:鸡是六畜中唯一的禽类,元谋大墩子出土了鸡骨,同时还出土了1件鸡形陶壶,说明已饲养鸡①。

其他:元谋大墩子曾发现一颗羊牙,猫的标本甚少,均无法进一步讨论。

云南新石器时代晚期的麻栗坡小河洞遗址出土了马骨,据认为属家马。马骨还在广南铜木犁洞、江川古城山、马龙红桥仙人洞、寻甸先峰姚家村石洞、宣威格宜尖角洞等新石器时代遗址出土过①。但是,在新石器时代遗址如宾川白羊村、元谋大墩子都没有发现过马骨,永平新光遗址出土了马牙,但已腐朽,不能确证。并且白羊村、大墩子、新光遗址是经过科学考古发掘的,其他新石器时代的地点多属于晚期,有的尚未进行科学发掘。特别是上述发现马骨的遗址几乎都是洞穴遗址,很容易受到后世遗物的扰动。所以,云南新石器时代遗址出土马骨的年代有待进一步确定,但不应晚于3000年前。

遗址中还发现了网坠这样的捕鱼工具,说明原始渔业也产生了。在大理洱海边的银梭岛遗址发现了大量的螺蛳,螺壳尾部被人敲打过,以便于食用,说明当时人们已有食用螺蛳的习俗。在洱海地区,这种习俗一直保留到了今天。

元谋大墩子新石器时代遗址中,还发现了2枚海贝,出自探方T3的上层。推测是作为原始的商业用途出现的。一般认为,海贝不产于本地,它是产于印度洋一带的海产水生物,是否云南在3000多年前就与印巴次大陆有经济上的联系,值得进一步研究。

---

① 张兴永:《云南新石器时代的家畜》,《农业考古》,1987年,第1期,第370~377页。

五、自然科学知识的萌芽

在当时极为原始的工具制造和原始农业、原始手工业中，都孕育着丰富的科学知识的萌芽，这些科学知识涉及天文学、数学、物理学、化学、生物学等多种学科。

宾川白羊村遗址的墓葬绝大多数指向正东西方向或正南北方向，说明人们已能够根据太阳和星辰的起落方向来确定方位。宾川白羊村和大理马龙遗址出土的陶器的形制和纹饰表明当时已有圆形、同心圆、菱形、弧形、球形、三角形、椭圆等多种几何图形的概念。大理马龙遗址的陶器上还有24种符号，这些刻划符号既可能是文字的起源，也可能是数字的起源。

各种石、骨、角工具的制造，都包含着力学知识的应用；弓箭的制造和使用，也反映了人们对动力的运用已有一定的认识；白羊村出土的圆底钵，还巧妙地使用了重心原理，使瓶口在水中能不断进水。

洱海区域和滇东北地区出土了漆黑的陶器，表明当时已懂得控制烧窑的温度使炭还原这一过程，为以后冶金业的产生奠定了基础。白羊村遗址出土了酒具——杯，说明已具有一定的发酵知识。出土的大量动物遗骨表明，当时人们从宰割动物获得了解剖学知识。在建筑物上煅烧土壤用以防潮，也孕育着人体保健知识的萌芽。

这些知识虽然很幼稚，并且还只是知其然而不知其所以然，然而它却表明科学文明终于在云南红土高原萌发了，先民的生活在科学技术的影响下已走到了文明的门槛。

六、本章小结

尽管元谋人出现的时代未定，但云南在至少数十万年前已进入了旧石器时代，有了人类活动，这是不争的事实。距今50000～40000年，富源大河旧石器时代的古人开启了云南现代人类的历史。距今近1万年前，大理冰期结束，不仅自然界万象更新，云南史前文化也开始得到发展，滇西的保山塘子沟的古人已能使用少部分磨光的石器，有了角器、骨器和牙器。

在距今5000～4000年前，云南的洱海地区率先进入了新石器时代，距今3000多年前，新石器时代遗址已遍布于云南各地，出现了一些具有科学技术意义的事件。石器的制作从打制发展为磨制，已有了相当大的进步，器物类型丰富。陶器的生产出现了,已具有一定的技术水平,少数陶器已使用慢轮加工,烧制水平亦逐渐进步。人们已使用弓箭作为兵器,有了原始的纺织业,居住在半穴居和干栏式建筑中,生活安定了下来。距今约4000年前,农业产生了,特别是稻谷的栽培技术传入了云南腹心地区,这无疑是新石器时代云南最重要的科技特征。人们还学会了家畜的饲养和驯化,为食物生产经济的发展开辟了道路。

当时极为原始的工具制造和原始农业、原始手工业,都孕育着丰富的科学知识的萌芽,这些科学知识涉及天文学、数学、物理学、化学、生物学等多种学科。

这些技术和知识虽然还很有限,属于生活的基本技能和知识,但意义相当重大,说明科学技术终于在红土高原萌发了,先民终于走到了文明的门槛。

第三章

晚商到战国中期云南的科学技术

（约公元前11世纪至公元前351年）

一、历史背景

晚商时期，云南滇东北的鲁甸、永善一带的金属矿产已被开发，并输入中国内地，但对云南腹地的青铜文化的兴起没有产生影响。晚商以后，羌人迁入云南滇西北一带，带来了中国西北地区的青铜文化，德钦发现了早期的青铜文化墓葬。同时，自澜沧江流域而上，也有少量中南半岛的青铜文化进入云南，对古哀牢地区青铜文化产生了影响。春秋时期，楚地的濮人亦来到云南，多种青铜文化在滇西地区得到了交融，使云南阔步迈入光辉的青铜时代，取得了初步的科技成就。

羌人是青铜时代最早迁徙到云南的北方民族之一，他们来自气候寒冷的甘青地区，沿着“新月形”的民族文化走廊，跨过金沙江流域，从四川南部进入滇西北地区。这些羌人从事畜牧经济，文化特点是使用双耳罐，有石棺葬习俗等，已经使用部分青铜兵器和工具。这些器物如山字形无格剑、双圆剑首铜剑、铜柄铁刃剑以及表面镀锡器等，都带有北方甘青地区青铜文化的特点，但没有受南方器物的影响。他们还带入了极为重要的骑马技术。滇西北的德钦就是北方青铜文化进入云南的第一站。

北方传来的青铜文化是影响洱海区域北部最大的一股历史力量，来自西北地区的羌人没有停留在迪庆高原，他们继续向南，寻找着温暖的家园，最终成为洱海区域青铜文明的开创者，某种意义上也是云南文明的开创者。但是，以石棺墓青铜文化为特征的羌人进入洱海区域后，就站稳了脚跟，他们几乎没有走出洱海区域，在洱海区域的东部、南部和西部都极少发现石棺墓。

春秋时期，濮人从东方向西方迁移而来。他们带着具有楚文化特色的器物来到环洱海地区，采用的是土坑墓，器物有铜锄、合瓦型编钟、铜豆、铜尊等楚式铜器,是一个从事农耕生产的民族。他们不仅来到楚雄一带,还进入了洱海区域,在祥云大波那、宾川夕照寺、鹤庆黄坪等地留下了深深的足迹,这就是祥云一带出现内地汉文化色彩的器物(豆、尊)的原因。从东方来的濮人是影响洱海区域的另一股历史力量,与羌人为代表的石棺墓民族可谓棋逢对手。

洱海区域还受来自西方古哀牢文化的影响,铜钺、铜鼓和石范都有古哀牢青铜文化影响的痕迹。保山地区的古哀牢青铜文化一部分受到中南半岛青铜文化的影响。与洱海地区相比,铜鼓器型更为原始,铜钺在古哀牢地区更为发达,并能找出相同外形的石斧。几字形圆刃铜钺是从古哀牢传入洱海地区的。洱海区域早期金属技术的特征是使用石范铸造,这种铸造技术除大理地区外,在保山地区和临沧地区也有广泛分布。

所以,洱海区域青铜文化是东西南北青铜文化交汇的大舞台,来自寒冷的北方的青铜文化、来自温暖的楚地的青铜文化和来自炎热的中南半岛的青铜文化,都在美丽富饶的洱海地区登场了,通过生动的斗争、碰撞,产生新的青铜文明火花,而逐渐地融合在一起,最后形成了有地区性特色的洱海区域青铜文化。同样,北方来的羌人、东方来的濮人及西方的古哀牢人等,与土著民族一起,为云南红土高原的开发做出了贡献,并在洱海区域融合为一个新的共同体——昆明人。

二、滇东北的矿产开采

通常认为,3000 年前的云南,除滇西北一带刚刚进入青铜时代初期,尚有一点文明曙光外,云南其他地区仍是“原始的野蛮地方”。然而,现代科技手段研究表明,3000 年前滇东北一带不仅有冶金技术,而且商代滇东北的永善一带的矿产应已被开发,并曾经远远地运往中原地区。

1984 年,中国科学技术大学的研究人员应用现代同位素质谱技术对晚商时期河南殷墟出土的青铜器进行研究,发现在 14 件青铜器中,有 5 件的铅同位素属于一种异常铅,地质上叫做高放射性成因铅,这与云南滇东北永善的高放射性成因铅的比值一致,但与中国其他地区的矿山铅同位素特征分布场有较大差异。因此,推断殷墟出土的这几件青铜器的矿料应来自滇东北永善一带的矿山。这个实验结果的考古学意义非常突出,引起了国内外很多学者的关注。

1990 年代,中国科学技术大学科技人员再次大范围地研究了中国商周时期中原青铜器的铅同位素比值数据,发现这种异常铅的矿料在商代的青铜器中广泛存在,它们存在于商代的河南殷墟妇好墓、江西大洋洲墓、四川广汉三星堆墓及其他的商周古墓之中。并且越是靠近滇东北,铜器异常铅矿料所占比例也越大(广汉三星堆铜器的异常铅达95%以上),这反映了滇东北矿产应已被开采的事实。到西周时期异常铅就大大减少了,东周以后几乎在矿料中完全消失了。这些铅同位素比值很低的异常铅也存在于云南其他地区,例如,巧家、昭通、新平和元谋等地,而以永善和巧家最为接近商周青铜器的异常铅矿料。

实验结果表明,在3000年前的晚商时期,曾大规模地开采了这种异常铅的矿料。尽管商代中原、长江中下游地区和巴蜀相距千里,但其使用的矿料却属同一来源,说明当时知道的矿山并不多。并且越靠近云南滇东北,使用的异常铅矿料越多。说明这种异常铅矿料应来自滇东北,但到东周以后,中原附近地区的矿产已得到开发,就逐渐停止了从滇东北运输金属矿产。

对古代文献和考古材料的研究,也表明滇东北的矿产曾运输到中国内地。甲骨卜辞中有的文字谈到了在西南地区开矿的事:"有羌俘送来吗?明天有矿石送来吗?"[①]卜辞中还有询问在巴蜀开矿之事的内容[②],西南少数民族还向中原统治者进献金属矿产,当时有一条运送铜锡的道路,叫"金道锡行",郭沫若解释为"以金锡入贡或交易之路"。历史记载也表明西南的濮人以开发矿产著称,曾向周王朝进献丹砂[③],并由于大量出产铅矿产而被称为"濮铅"[④]。《禹贡》又记载古梁州(今川滇一带)出产多种金属矿产。所以,很早的时期滇东北就和中原有矿产开发上的联系。

由于中原地区在地质上没有发现锡矿产,从20世纪30年代到80年代,商代中原青铜器中的大量锡从哪里来的问题曾耗费了很多学者的心血,包括郭沫若、容庚、唐兰等前辈学者都对此进行过热烈的讨论,有的学者干脆号召地质工作者在中原地区开展找锡运动来解决这个令人困惑的问题,但结果一无所获。现在,铅同位素分析实验开展以后,人们对商周青铜器中大量锡的来源问题有了一个初步的答案,并对商周王朝远达西南地区的势力范围有了新的认识。

滇东北的鲁甸县野石山曾发现一个早期遗址,出土了铜锛,并有一些铜渣,铜锛的化学成分为铜锡合金,其年代可早到晚商时期。这一发现十分重要,说明当时滇东北确实已有铜的冶炼和制作技术。

但是,滇东北的永善一带,是地理上远远深入巴蜀的地区,很像一块远离云

---

① 《甲骨续存》一·一六〇五。

② 《殷墟卜辞研究》(科学技术篇),四川省社会科学院出版社,1983年,第354页。

③ 《逸周书·王会解》。

④ 《尔雅·释地》、《广韵》。

南腹地的飞地，它在古代与巴蜀文化有密切的联系，而与早期云南的青铜文化没有发现相关的联系。近来，有学者用矢量作图，认为商代滇池和洱海一带的云南青铜文化与中原青铜文化没有矿产上的联系，也反映了商代滇东北的矿产开采和冶金并没有对云南腹地的青铜文化产生实质性的影响。

三、铜的冶炼和制作

1. 滇西北地区铜的生产

商周时期，云南若干地区已出现青铜文化的亮点。除滇东北鲁甸野石山遗址出土了晚商时期铜锡合金的器物外，早期青铜文化出现的另一个重要地区就是滇西北，即洱海以北的地区。

滇西北德钦纳古石棺墓葬是时代明确的出土早期铜器的墓葬，这是古羌人的遗存。据碳十四年代测定，年代为公元前 950 年±100 年[①]，处于西周时期。这里发现了一些铜质的兵器和生活用具，有柳叶形矛、曲茎剑、双圆饼首剑、镯、饰、牌等。经过成分分析，主要为铜锡合金，也有少量其他的铜合金。从历史进程来看，德钦纳古青铜文化是对云南影响最早并在洱海区域发扬光大的青铜文化，堪称云南青铜文明最重要的源头。

滇西北的德钦永芝、石底，以及中甸和宁蒗等地都发现了不少青铜时代的石棺墓和土坑墓，年代多处于春秋战国时期，出土剑、矛、戈、弧背刀、杖头、泡饰、手镯等铜器，文化风格与德钦纳古相同，都有北方甘、青文化的特征。这些铜器的成分以红铜和铜锡合金为主，并有少量铜锡铅合金，其中一件永芝 M2 出土的铜泡饰为铜砷铅合金，即砷白铜，这是少见的成分。

商周以后，云南其他地区也出现了青铜文化，尤以洱海地区青铜文明最引人瞩目，代表性的有剑川海门口遗址。1957 年、1978 年和 2008 年，剑川海门口遗址先后经过三次发掘，出土了 40 多件铜器和铜饰品，有锥、凿、钺、针、镯、镞、刀、铜块等。遗址的碳十四数据年代跨度很大，有商代的数据，也有春秋战国时期的数据。

对铜器进行了成分分析和加工水平研究，发现海门口遗址的合金元素颇为复杂，有红铜、铜锡合金、铜铅合金、铜锑合金（图 3.1）、铜锡铅三元合金、铜铅砷

---

① 中国社会科学院考古研究所碳十四实验室：《放射性碳素测定年代报告》（五），《考古》，1978 年，第 4 期，第 368 页。

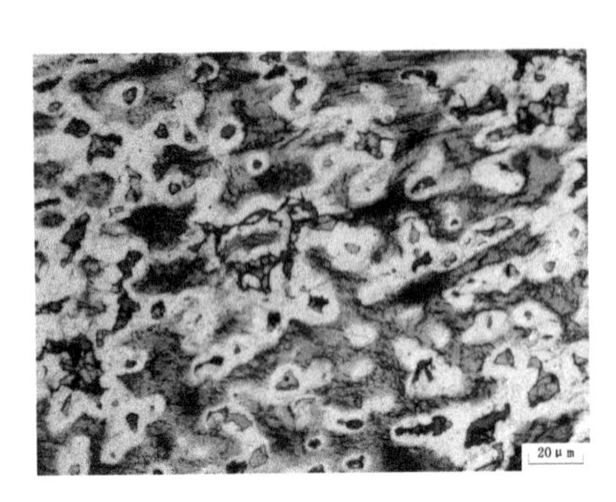

图 3.1　剑川海门口遗址出土铜锑合金的金相图

三元合金(砷白铜),包含了铜、锡、铅、锑、砷多种成分出现,表明已有丰富的合金配比知识,制作技术已达到一定的发展水平,处于较为成熟的青铜时代,没有早期青铜文化发源地所具有的一系列原始特征。金相组织表明,剑川海门口铜器的加工方法有铸造、热锻、热锻后冷加工等多种,制作技术相当成熟,可能处于春秋晚期到战国之间。

另外,2008 年进行的第三次发掘,在金属器的最下层和次下层也发现了若干铁器,再次说明相同层位的铜器应属春秋晚期之后的器物。

剑川海门口遗址中发现石质钺范,为双合石范残存的一半。还发现 1 块矿石,1979 年,用手提式同位素源 X 射线荧光无损分析仪检测出有少量铜,应为铜矿石。表明当地可能是一处小规模的冶铸遗址。这些外形光滑、做工精密的石范是当时铸造技术已达到相当水平的见证。以后石范在滇西弥渡合家山、宾川各地出土很多,而在剑川以北的地区没有出土。石范铸造是云南较早的一种铸造技术,这种技术以后被陶范技术所代替,在南诏风情岛青铜文化墓葬中曾出土了大量的陶范,反映了这种变化的趋势。但在整个滇西的青铜时代遗址,迄今没有发现过失蜡铸件。

洱源北沙土坑墓是洱海北部有典型意义的墓地,该墓地出土的铜器有明显的合金特色,除主要是红铜和铜锡合金外,个别样品出现了铜锡铅合金、铜锡砷合金和铜铅锑合金,铜器材质多样化。含砷和含锑的成分不是洱海区域铜器的主流成分,但在云南却时有所见。碳十四测定,其时代为春秋晚期到战国早期。

大理南诏风情岛土坑墓葬群是古代冶金工匠的墓地。出土的器物以红铜为主,还包括铜锡、铜砷、铜锡砷和铜锡铅等合金及铜铁复合器,铜器有实用器和随葬品两种。经过成分分析,发现同一墓出土的铜器中,多数器物的成分是相同的,器物可能是墓主人生前为自己做的。加工工艺主要为铸造,有少数器物进行了铸后热锻和冷加工。经碳十四测定表明,该墓地的年代大致在战国早期到中期的范围内。

2. 古哀牢人的铜器制作

古哀牢地区在今滇西保山一带。在春秋战国至西汉时期,曾建立了一个地方性的政权——古哀牢国。东汉杨终《哀牢传》记载了其国王世系,“九隆代代相传,名号不可得而数,至于禁高,乃可记知。禁高死,子吸代;吸死,子建非代;建非死,子哀牢代;哀牢死,子桑藕代;桑藕死,子柳承代;柳承死,子柳貌代;柳貌死,子扈栗代”。其世系可列为:沙壹—九隆—禁高—吸—建非—哀牢—桑藕—柳承—柳貌—扈栗—类牢(内属后新续的哀牢王)。哀牢地区出现青铜文化的时代还有争议,但至迟在春秋时期,已有较为发达的青铜文化,制作技术也有较高水平。

发掘的主要遗存有龙陵大花石遗址、昌宁坟岭岗古墓群、昌宁大甸山及隆阳怒江支流孙足河的云龙坡头村战国西汉墓葬。以昌宁地区的考古发现最为丰富,说明古哀牢国的都城可能在昌宁一带。另外,历年来云南各州、市、县多次(处)在生产建设和文物调查中也发现了大量铜器,现已达到数千件。它们独特的外形和丰富的内容,展示了古哀牢地区人们的生产方式、社会面貌和民族特征。

出土的铜器具有明显的地方特色,大致可以分为以下几类:生活用具(案、鼓、编钟、盒)、生产工具(斧、锥、锄、锸、刀)、兵器(戚、钺、戈、矛、剑、镞、臂甲)、装饰品(镜,镯,牌饰,带钩,环,铃形、管形和小动物、昆虫、花卉形装饰品)等。古哀牢地区的铜器具有鲜明的地域和民族特征,如鞍顶束腰铜盒、铜鼓(图3.2)、斜銎尖踵靴型钺(图3.3)、圆刃方内斜阑戚、山字架足铜案、人面纹大弯刀等。古哀牢地区还出土了大量各种类型的铜斧,其中有一批形态特殊的单凹侧叉角肩直銎斧(出自隆阳芒宽和德宏),以及有动物(蝶、鱼、蝉等)、花卉形铜饰品,数量均不在少数。

图3.2　腾冲固东出土的原始铜鼓

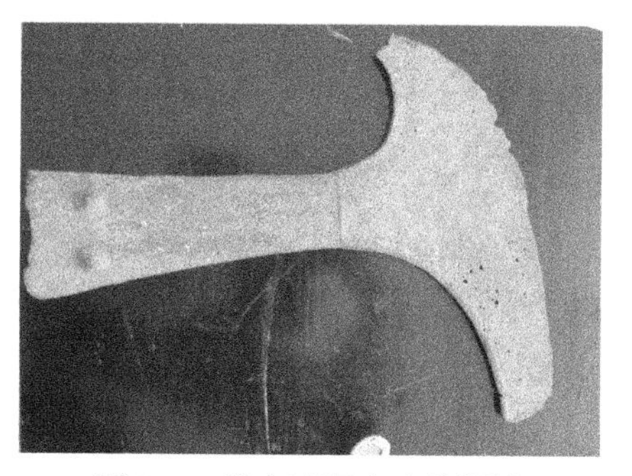

图3.3　昌宁达丙出土的铜钺

古哀牢国有前哀牢和后哀牢之别①。前哀牢主要是百濮民族,在腾冲、昌宁、云县出土的11具早期铜鼓,其中的5具铜鼓具有最为原始的形态。古哀牢地区6个地点出土15件合瓦型编钟,也具有特别重要的意义,腾冲一带还出土了百濮民族常用的铜锄。后哀牢主要是氐羌民族,在昌宁大甸山晚期的墓葬中出土了扣饰、直戈、铜杖首、铜铁复合器和金器等,都是带有氐羌民族特点的器物。

古哀牢地区还出土大量的古代冶金遗物,如几十扇石范,以及陶范、古代炼渣等。其中,大花石遗址出土的石范,考古工作者通过陶片的热释光测定等数据分析,认为年代为公元前14世纪,是云南地区最早的石范。通过对范型及铸造青铜器的初步研究,这些石范的式样与中南半岛的石范在总体上各具鲜明的地域特色,但部分斧、钺的形制则完全一致(图3.4),说明古哀牢地区青铜文化受到了中南半岛青铜文化的影响,尽管这一影响并不突出。而古哀牢地区的石范技术又对洱海区域和滇池区域的铜器制作技术产生了重要影响。这也说明,云南古代的冶金技术,不仅有来自北方的因素,也有来自南方的因素。

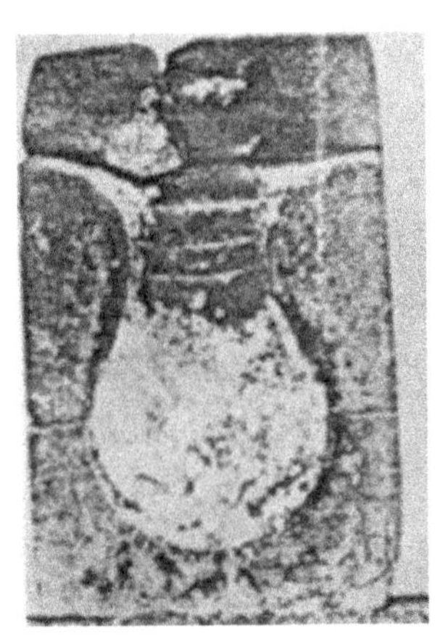
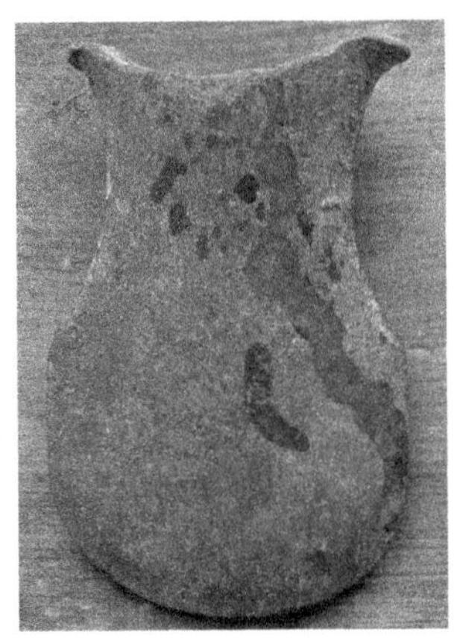

图3.4　泰国 Non Nok Tha 遗址出土的斧范与云龙坡头出土的铜斧

古哀牢地区出土器物共有6种材质:红铜、铜锡合金、铜锡铅合金、铜锡锑合金、铜砷合金、铜锡砷合金。已分析器物成分变化较大,早、中、晚三期差别明显。早期合金配比技术较差,还不能很好地把握器物合金配比与机械使用性能之间

① 这是云南考古学者杨帆提出的观点,参见杨帆等:《云南考古(1979～2009)》,云南人民出版社,2010年,第267页。

的关系，出土铜器一般为红铜、铜锡、铜砷合金，锡含量一般低于5%；到了中期，配比技术进步显著，铜锡合金偏多，但锡含量一般不超过10%，为低锡青铜；中后期以后，锡含量明显增加，出现高锡青铜器，且铅和锑的使用也较多，大型器物一般为铜锡铅三元合金，饰品及钺等采用铜锡锑三元合金，配比合理。此外，还出现了铜铁复合器。该地区所采用的加工方式主要有铸造、铸后冷加工、热锻、热锻后冷加工。各期加工方式不固定，视具体的器物情况而定，规律性不明显。有的同一种类器物，例如，早期铜剑和晚期铜剑的加工方式截然不同，反映了前后有不同的民族文化和技术传统。

另外，古哀牢地区已出现了镀锡技术，在云龙坡头、保山昌宁等地出土的一些兵器钺、矛和剑上，以及生活用具盒、装饰品镯上，有表面发白的现象，经检测含锡量高，应为镀锡装饰工艺(图3.5)。

通过对典型器物的对比分析研究，发现古哀牢地区与其周边的洱海地区青铜文化交流较多，联系非常密切，所出器物相似之处很多。古哀牢地区青铜文化还沿着红河流域向滇南传播。但到西汉以后，随着汉朝疆域的扩张，铁器的引进，古哀牢地区青铜文化最终走向了衰败。

图3.5　滇西云龙出土的镀锡铜斧

3. 楚雄周边古濮人与铜器制作

春秋晚期，原在楚国一带的濮人大量进入云南，历史上多有记载。例如，《国语·郑语》记载，周宣王时，有个名叫叔熊的贵族“逃难于濮而蛮”同当地濮人融合，同书又记载，周平王时，楚国君蚡冒(公元前757～公元前741年在位)“始启濮”，开发了濮人地区。接着楚武王(公元前740～公元前689年在位)即位，《史记·楚世家》记载“始开濮地而有之”，更加大量地向濮地移动。

公元前311年，秦灭蜀国以后，原来臣属于蜀国的两个“西南夷”邑落小国——丹、犁，开始向秦臣服。次年，秦又派兵诛杀蜀相“壮”，并深入云南征伐了丹、犁二国，使其接受秦国的统治[1]。唐人张守节解释，丹、犁二国战国时曾属

① (汉)司马迁:《史记·秦本纪》。

图 3.6　楚雄万家坝 M1 出土的铜鼓

古滇国，其分布相当于唐代的姚州都督府[①]，即今楚雄的姚安一带。

濮人进入云南后，滇中偏西一带的青铜文化有了进一步发展，冶金技术成就卓然，已能制造铜鼓（图 3.6）、铜釜这样的大型空腔容器，并出现了农具、编钟等新的器物，表明濮人应属于农业民族。

在楚雄万家坝、祥云大波那等地，都发现了春秋至战国早期的墓葬，出土了大量的青铜器。重要的是，在祥云、楚雄、永胜、弥渡、南涧等地都发现了春秋战国时期的铜鼓，特别是楚雄万家坝古墓出土的五面铜鼓，经碳十四数据的测定，其年代为公元前 5 至公元前 4 世纪。这是迄今为止，经科学发掘出土的世界上最早的铜鼓。其型制多为素面，鼓面特小，器壁浑厚，器表粗糙。铅同位素比值实验的结果表明，这些铜鼓的矿料均产于云南本地，说明云南确实是世界铜鼓的发源地。

这些铜鼓制作工艺十分复杂，需要几道合范精密配合，铜质垫片控制鼓壁厚度，还要有很好的透气性，合金成分恰当，以利于铸造时铜液流动和铸成后音质优美。由于万家坝铜鼓尚处于早期阶段，所以鼓面和鼓身上往往还有错位、沙眼等铸造缺陷，工艺水平仍然较低。

云南的铜鼓文化曾对中国南方和东南亚地区的青铜文明产生极为重要的影响，以后铜鼓向各地传播开来，青铜文化随之得以发展。其足迹遍布中国南方的贵州、广西和广东地区，以及东南亚的十多个国家，至今仍“活”在广大少数民族地区，成为这些地区最具代表性的器物。

1963 年，在祥云县云南驿大波那发现了一个大铜棺（图 3.7），它是洱海地区青铜文化的代表。铜棺长 2 米，重 250 公斤，由 7 块铜板组成。棺顶由两块铜板搭成两面坡的“屋项”，四壁由四块铜板组成。棺底垫一块铜板，铸有 12 只脚。棺的两侧壁

图 3.7　祥云大波那出土的铜棺

---

① （唐）张守节：《史记正义·秦本纪》。

遍铸几何形花纹、云雷纹;两横壁铸鹰、燕、虎、豹、野猪、鹿、鳄鱼等动物。经放射性碳素测定,出土该铜棺的墓葬年代为公元前465±75年,相当于战国早期。

从制作工艺看,铜棺的7块铜板是由一种单面范铸造而成的,范的制作和浇铸条件要求都很高,面上繁复的花纹表明其工艺水平十分精湛,反映了当时先民高超的冶铸技艺。铜棺顶部的化学成分为铜92.86%,锡5.16%,铅1.63%。显微组织分析表明,样品的基体为铸态组织,但有铸后冷热加工的痕迹(图3.8),说明铜棺铸成后,各块铜板的表面还进行过加热,再对整块铜板加工,并且修饰加工量不均匀。大波那铜棺盖后面的铜条是焊上去的,说明当时已经有焊接法出现。

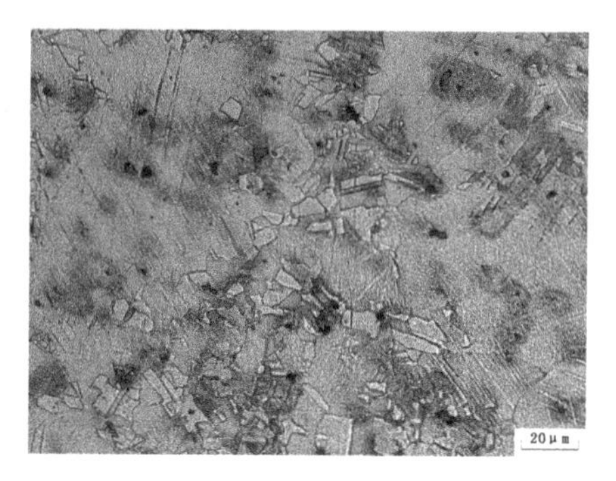

图3.8 大波那出土铜棺的金相组织

楚雄万家坝还出土了一些表面呈暗黄金色的金属片,曾被称为"鎏金"铜器,有人认为这是中国最早的鎏金铜器。但金相分析表明,这些铜器的表面没有发现金汞成分的鎏金层,基体都是铜锡合金。说明这些金属片只是经过地下的自然腐蚀,使表面有一层腐蚀的产物,并不是鎏金器物。

在楚雄、祥云、弥渡、南涧等地的青铜,除了常见的红铜、铜锡合金、铜锡铅合金外,还出现了一些特殊的合金,如铜砷合金、铜铅锌合金、铜锡铅锑合金等,说明已有丰富的合金配比知识。祥云、宾川等地出土了编钟,对检村出土的3件编钟进行成分分析,发现其化学配比为铜锡合金,锡含量分别为6.0%、11.1%、14.9%,锡的差别为4%~5%,具有较均匀的等比递增关系,说明合金配比已考虑声学效果的差别。

祥云大波那木椁墓出土了3支铜箸(图3.9),有2支铜箸长度约22厘米,上方下圆,上方部直径约0.7厘米,表面有刻纹。铜箸可能为锻制而成,制作工艺十分精湛,是迄今中国境内发现的最早的铜箸之一。其外形与今天的筷子完全相同。经过初步分析,成分为铜铅锌合金[①],为黄铜的一种,把锌作为合金元素,这在中国春秋战国时期极为罕见。

① 本次分析采用X射线荧光无损分析仪(XRF),有待更精确的实验手段做进一步检验。

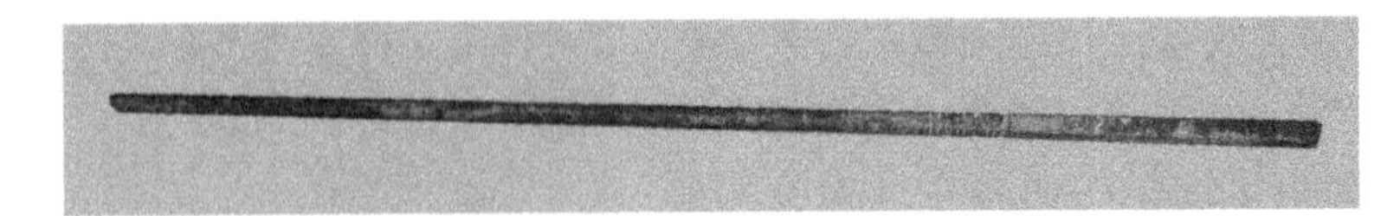

图 3.9　祥云大波那木椁墓出土的铜箸

总的来说，当时滇西各地铜器制作技术还有早期的特点，如浑铸法较多，器型较简单，多使用双合范，但铜器的合金配比知识已相当丰富。

四、其他金属制作技术

1. 锡器制作和镀锡技艺

楚雄万家坝还发现了一批锡器，有各种锡片和锡管。经成分分析表明，属锡含量达95%以上的纯锡片（表 3.1），金相分析表明（图 3.10），这些锡片往往是铸造而成，说明春秋战国时期云南地区已有纯度较高的锡器，是中国古代较早的锡器。

表 3.1　楚雄万家坝出土锡器的化学成分

实验编号	原号	名称	成分分析/ %	
			Sn	Fe
9322	楚万 M75:3	锡片	96.6	3.5
9353	楚万 M21:4	锡片	≥95.0	
9354	楚万 M23:28	圆锡片	≥95.0	

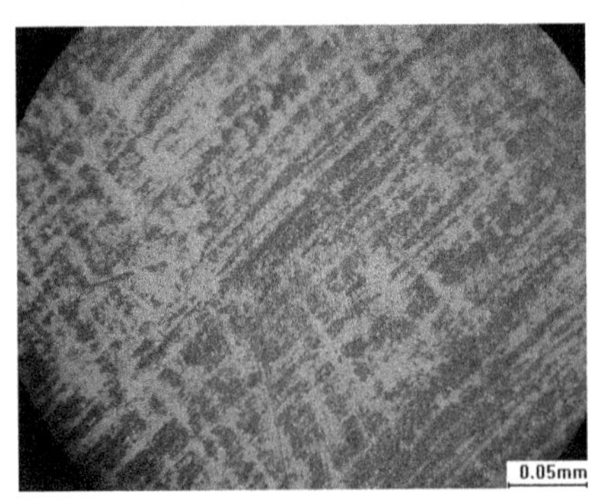

图 3.10　楚雄万家坝出土锡片的铸造金相组织

至迟到战国初期，滇西地区已出现镀锡技术。除前面所述古哀牢地区外，在洱源北沙春秋晚期到战国早期的墓葬中已发现镀锡的铜钺和铜镯，为双面镀锡，这是迄今在洱海北部首次发现铜器的表面镀锡装饰。在祥云红土坡出土的兵器（矛）和工具（斧）上更是大量出现镀锡装饰，年代多在战国中期。分析表明应为热镀锡工艺（图 3.11），镀锡层厚度平均为 5 ~ 6 微米，这些镀锡器外表更加美观，以作为礼仪之用。由于甘肃、青海地区在春秋以前就广泛存在热镀锡技术，在四川等地也有发现，说明这种技术应是从西北地区先传入四川再传到滇西地区的。

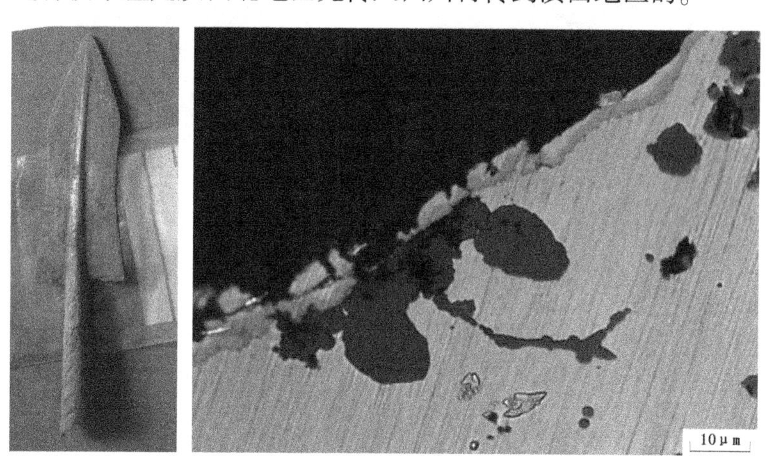

图 3.11　祥云红土坡出土的镀锡矛及其金相组织

2. 铁器技术

大约在春秋晚期或战国早期，云南滇西一带已出现了铁器。在剑川海门口遗址先后已发现数十件铁器，其中 2008 年第三次发掘，在第 6 层（青铜文化的最下层）发现了 2 件铁器，为铁镯（图 3.12）和铁环（图 3.13），在第 5 层发现了 1 件铁器，为铁锥（图 3.14）。对其中出土于第 6 层（青铜文化最下层）的 1 件铁镯（2008JCT0304⑥:36）进行了金相学鉴定，表明其材质为块炼铁（wrought iron），是一种人工铁，推测其时代应处于春秋晚期到战国早期之间。

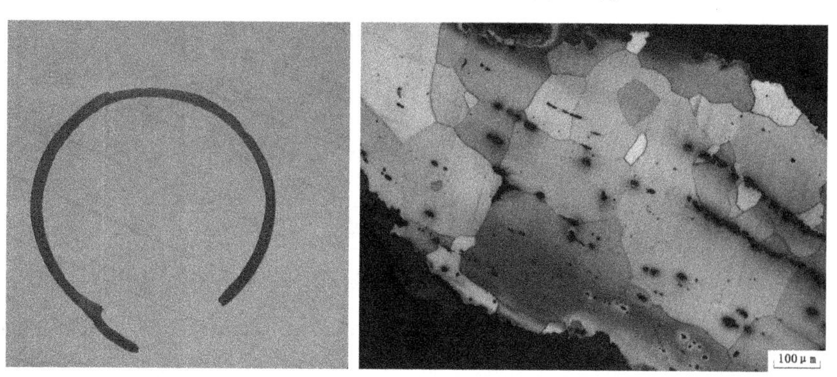

图 3.12　剑川海门口遗址第 6 层出土的铁镯及其金相组织

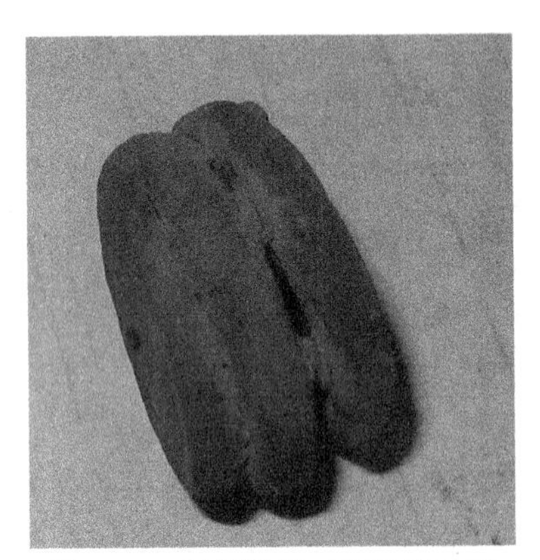
图 3. 13　剑川海门口遗址第 6 层出土的铁环

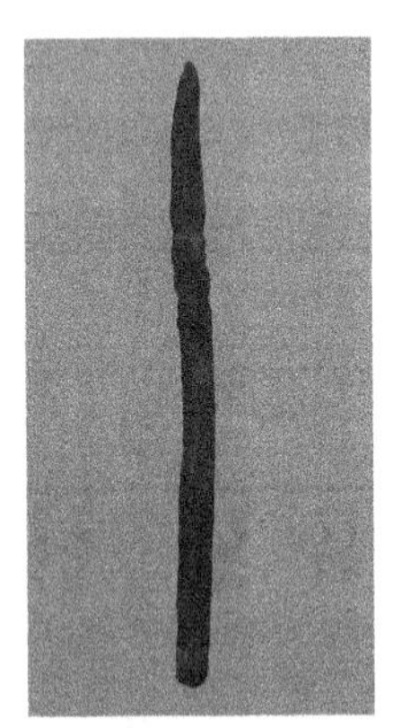
图 3. 14　剑川海门口遗址第 5 层出土的铁锥

1 件德钦永芝出土的铜柄铁刃剑，其年代约为战国时期，对其铁质部分进行的金相分析显示，剑刃基体为铁素体组织，是以块炼渗碳钢为原料锻打而成的，这件铜柄铁剑的材质为低碳钢。在南诏风情岛，也发现了铜铁复合器，有铜柄铁矛、铜柄铁剑、铜柄铁刃环首刀等，年代为战国中期。

另外，在祥云大波那木椁墓、宁蒗大兴镇、祥云红土坡都有铁器出土。其中，祥云红土坡石棺墓发现铁器数十件，是滇西地区发现铁器较多的古墓葬，有各种兵器和生活用具。曾对祥云红土坡出土的 1 件铁剑、2 件铁环和 3 件铁夹进行了金相分析和鉴定，材质有块炼渗碳钢和过共析钢，性能优良。说明战国以后，滇西地区已广泛使用钢制品了。

五、农业和畜牧业

1. 农业

洱海区域的各个坝子，土壤相当肥沃，很适于发展农业生产。考古发掘出土了部分农作物，以及大量农业工具，表明农业生产得到了较快发展。

在滇西剑川海门口遗址的地层中，出土了一些农作物。据报道有稻、稗子等。其中，稻粒经过中国及日本专家的科学鉴定，发现为栽培粳稻。2008 年的剑川海门口遗址第三次考古发掘表明，在青铜文化的地层中（第 5 层、第 6 层），除炭化稻外，还有炭化麦、炭化粟和其他农作物的遗存，说明当时已能种植稻谷、小麦、粟等主要粮食作物。是否当时洱海区域已出现了稻麦复种作业，有待进一步研究。在祥云大波那木椁墓还出土了铜杯，应为酒器，说明已使用粮食酿酒。

铜器技术的进步推动了农业生产的发展，滇西一带的农耕文化日益发达。在土坑墓和石棺墓都发掘出了大量的铜质农具，全部采用铸造制成，有各种起土器和中耕器等。其中，楚雄万家坝1号墓即出土近100件铜锄。在云龙等地也发现大量的铜锄，有各种条锄、方形锄和尖叶形锄等(图3.15)。金相分析表明，几乎都是红铜铸造，并且绝大多数都没有使用过的痕迹，说明这些出土的农具只是随葬品，并不是实用器。

图3.15　云龙出土的铜锄

2. 畜牧业与动物知识

商代以后，氐羌等西北游牧民族大量进入滇西地区，使洱海区域的畜牧业得到了较快的发展。

德钦纳古青铜时代墓地已出土了马饰，剑川海门口遗址出现了狗、猪、牛、马等家畜遗骨，祥云大波那铜棺墓已有牛、鸡、马、羊、猪、狗六畜模型，祥云红土坡更是出土了上百件六畜模型的铜器(图3.16，图3.17)，经分析多为红铜或低锡青铜所铸，宾川夕照寺也出土了几十件六畜模型的铜器，反映了畜牧业的繁荣兴旺，在人们的生产和生活中占有重要地位。其中，马饰的出现具有重要意义，应是古羌人从西北地区带入云南的。祥云大波那铜棺墓出土的铜马已被人骑乘，说明马已用于使役，这是非常重要的进步。而铜牛的头上均有很长的角，为水牛的形象，并且是从野牛驯化而来的。

祥云大波那出土的大铜棺上还饰有许多野生动物和各种鸟类的图像，其他器物上也有动物图像，包括鹰、燕、虎、豹、野猪、鹿、鳄鱼、蜥蜴、蛇、蟾蜍、鸡、鹞、鹭、狗、马、牛、羊等近20种动物，这反映了生物学知识的积累。

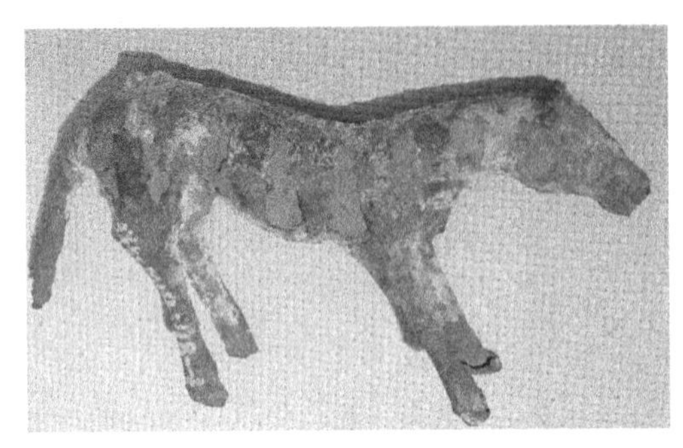

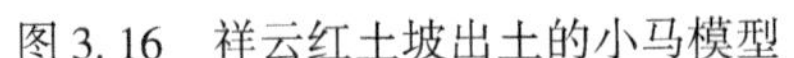

图 3.16　祥云红土坡出土的小马模型

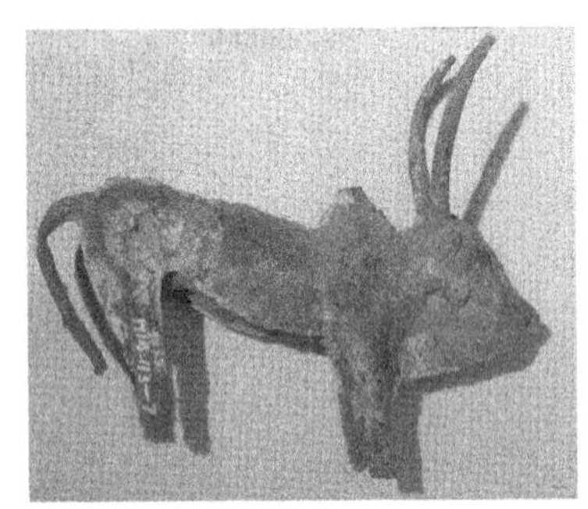

图 3.17　祥云红土坡出土的小牛模型

六、手工业技术

1. 纺织业

纺织业发展很快，表现在纺织工具的进步，特别是多种铜质纺织工具的出现。

剑川海门口遗址发现铜针、纺轮等纺织工具。在楚雄万家坝和祥云大波那木椁墓 M1、铜棺墓 M2 都出土了纺织工具（图 3.18），有卷经杆，作长条状，两端凹陷成槽；梭口刀，背部平直，刃部前端略成弧形，往往是两者为一套工具。经过金相分析，多为红铜所制，这几件纺织工具曾经被使用过。在大理的一个遗址中，考古工作者发现了苎麻，可见云南至迟在春秋以前，就已能使用麻制品了。

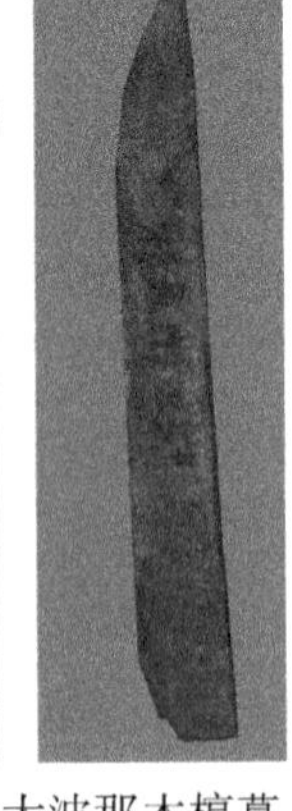

图 3.18　祥云大波那木椁墓出土的卷经杆、梭口刀

祥云大波那木椁墓 M1 和铜棺墓 M2 是云南青铜时代出土铜质纺织工具的两个最早的墓葬。以后，铜质纺织工具在滇池地区的江川李家山、昆明羊甫头等土坑墓也有大量出土，成为滇文化中较为常见的随葬器物，而铜质纺织工具在中国其他青铜文化中十分罕见。从出土器物时代的先后来看，这种随葬纺织工具的习俗很可能起源于滇西的祥云大波那一带，以后再向东传播到滇池地区。至今，卷经杆、梭口刀等古老的纺织工具在云南少数民族的纺织业中仍然使用着。

2. 建筑技术

剑川海门口青铜文化遗址于1957年发掘时,在剑河的河滨出土了224根桩柱,据考古学者安志敏推断这个遗址的建筑形式属于干栏式建筑[①],认为是中国较早的干栏式建筑之一。1978年和2008年,进行了第二次和第三次考古发掘,又发现更大量的木桩遗迹(图3.19)。但木桩年代跨度较大,排列无序,也很少发现建筑构件和其他有建筑特点的材料,是否为干栏式建筑还有待进一步深入研究。

图3.19 剑川海门口青铜文化遗址的木桩

到战国早期,干栏式建筑在滇西又有出现。祥云大波那墓葬出土的大铜棺,为房屋的形状,带有两坡屋顶,有4个脚,可判断应为干栏式建筑的形式。祥云当地气候炎热,这种建筑形式是适宜的。

3. 陶器技术

陶器在滇西很多青铜时代墓葬和遗址都有发现,但与新石器时代相比,并没有出现根本性的变化。滇西北的单耳罐是从西北地区传来的,以德钦纳古出土的单耳罐为代表。云南其他地区还发现一些双耳罐和小平底的陶器,应属于羌人或氐人等不同民族。这些陶器以夹砂黑陶为主,胎的断面里外墨黑,器形浑圆工整,转轮制陶技术得到了普遍的应用。有些遗址也发现了红色的夹砂陶,作为生活用品。陶器以素面磨光的最多,带纹饰的较少。

南诏风情岛青铜时代墓葬还出土了一些夹砂陶做的范和模具,用来铸造兵器和农具。

七、本章小结

商周以后,云南红土高原进入了青铜时代,滇东北的鲁甸、永善一带的金属矿产已被开发,并输入中国内地。青铜文化亦出现在滇西北的德钦一带,这与西

① 安志敏:《"干兰"式建筑的考古研究》,《考古学报》,1963年,第2期。

北地区的古羌人迁入云南有关。以后青铜文化从北到南进入洱海区域,再从西向东进入滇池区域。云南的科学技术有了初步发展,在冶金和金属工艺方面取得较大的成就。青铜文化成为云南历史上最有特色、最为辉煌的成就之一。

在大理、保山和楚雄地区都出现了较为发达的青铜文化。金属的使用主要是制作各种铜器,有兵器、工具和装饰品等,已有多种金属的加工方法,采用铸造、锻造、冷加工等。早期以石范铸造技术为主,云南滇西地区的石范技术与东南亚青铜文化有较多的联系,以后石范铸造技术发展为陶范铸造技术。当时先民已配制出各种合金,如铜锡合金、铜铅合金、铜锡铅合金、铜锑合金、铜锡锑合金和铜锡铅锑合金等,说明已掌握较多的合金配比知识。战国时期镀锡技术已从西北传入滇西地区,洱海区域和古哀牢地区的墓葬中发现了镀锡器。铁器制作技术已开始出现,有了锻造的铁兵器和其他铁工具。

农业、畜牧业也有了初步发展,当时在滇西一带种植的稻谷主要是粳稻,小麦也开始出现了。畜牧业出现六畜兴旺的景象,其中马的出现并能骑乘具有重要意义。手工业也有一定的发展,青铜文化墓葬中发现较多铜质纺织工具,说明纺织业较为发达,已有麻纺织品出现。滇西地区早期建筑以干栏式建筑为主,这是为适应当地的气候而出现的一种建筑形式。

金属的使用是文明出现的标志之一,商代以后,随着青铜文化的到来,云南一些地区开始进入了文明发展的阶段。而战国初期以后,滇西已有了铁器和骑乘的马①,更是具备文明进步所必需的重要工具。

---

① 黑格尔在《历史哲学》中认为铁和马是文明进步的必需工具。参见该书第126页,上海书店出版社,1999年。

第四章

战国中晚期到西汉云南的科学技术

（公元前350年至公元9年）

一、历史背景

战国中期以后，云南青铜文化逐渐发展到鼎盛时期，标志性事件是大放异彩的滇文化突然兴起，青铜文明之花盛开在滇池之滨。一般认为，这是氐人从北方进入云南，与云南土著民族的青铜文化结合之后，诞生的一种全新的青铜文化。这也是洱海区域青铜文明在滇池区域的升级，是云南历史上光辉的时期之一。

公元前286年左右，楚国将军庄蹻奉命率军溯沅江而上进入云南，征服了以“滇”为首的劳浸、“靡莫之属”，统一了滇池地区，当了滇王，“以其众王滇，变服，从其俗以长之”。他们带来了新的技术、文化，促进了云南的发展，滇池地区进入到新的发展阶段。古滇国是云南历史上第一个较有规模、较有影响的地方性政权，从此以后，“滇”成为云南的象征，并作为云南的简称保留至今。

战国中晚期，云南发生的一个重大事件是西北的氐羌民族进入云南，滇池区域的青铜文化出现了新的变化。

在滇池区域发掘了很多青铜文化的古墓群。有昆明羊甫头、晋宁石寨山、江川李家山、昆明天子庙、呈贡石碑村、曲靖八塔台、澄江金莲山等，出土了上万件具有地方特色的青铜器，内容极为丰富，工艺精妙绝伦，艺术成就尤为引人注目。器物既具有很高的冶金和工艺水平，又具有浓厚的民族风格，是当时贵族雇佣的专业工匠创作的艺术品。说明古滇人一旦掌握了铜器铸造，就拼命地创造，把技艺水平发挥到了极致，不愧是中国西南古代最大的工艺家。

滇池区域青铜器中既有原楚雄万家坝的文化因素，如铜鼓、农具等，又出现了北方草原文化的因素，如长胡戈、横銎啄、铜柄铁刃剑等，工艺特征上是表面镀锡和鎏金技术的出现。《史记 · 西南夷列传》中说，西南一带的居民“皆氐类也”，或椎髻、或辫发，滇王尝羌也是氐羌人。西北方来的氐羌文化和南方的濮人文化相融合[1]，产生了一些全新的文化因素，出现贮贝器、扣饰和跪俑等器物，这标志着一种全新的青铜文化——滇文化的诞生。滇文化集西南地区青铜文明的大成，是古代滇人对世界青铜文化做出的伟大贡献。

战国末期，李冰被秦昭王任命为蜀郡太守，即开始在川滇交界的僰道地区（今四川宜宾）开山凿崖，修筑通往滇东北的道路。秦代，在李冰修筑的僰道路基础上，又进一步向前延伸，修筑了“五尺道”，通到古代郎州，即今曲靖地区。秦曾在云南派官“置吏”，西汉时文学家司马相如说，邛筰地区（今四川西昌、盐源、云南宁蒗）“秦时尝通为郡县，至汉兴而罢”。可见秦在云南及其周围一部分地区确实曾经设置过郡县，标志着中央王朝对云南正式统治的开始，中国在云南西部地区的疆域已大体奠定。从《史记》中记述中国西南的蜀布、筇竹杖等货物已通过印度到达中亚的大夏来看，秦汉时南方陆上丝绸之路已经开通，这促进了云南与东南亚、南亚的对外联系。

公元前109年，汉武帝开始对滇动用武力，征发巴蜀兵数万人先击灭滇东北的劳浸、靡莫两个部落，在大军压境的情况下，滇王尝羌不得已降汉，汉武帝在滇王统治地区设置了益州郡，“赐滇王王印，复长其民”。以后作为独立政权的古滇国就逐渐退出了历史舞台。

二、有色金属制作技术

1. 铜合金技术

在滇池区域的青铜文化中，铜器的合金配比知识是逐渐成熟的。在鉴定的100多件铜器中[2]，主要有红铜、铜锡合金和铜锡铅合金。

战国时期的铜器共分析了34件，红铜器10件，占29.4%，占有较大的比例；铜锡合金18件，占52.9%；铜锡铅合金5件，占14.7%；铜铅合金1件，占2.9%。当时，滇人已掌握在铜中加入锡和铅的知识，但铜器中红铜占有一定的比例，所以生产工具中红铜器的比例最大。在铜鼓的铸造中，滇人已知多增加铅以加大浇注时铜液的流动性，反映了战国时期滇人已有一定的合金配比知识。

西汉时期，滇池区域的铜器分析了66件，红铜器4件，占6.1%，所占比例已大大减小；铜锡合金52件，占78.8%，比例有增加的趋势；铜锡铅合金10件，

---

① 有研究者认为滇人的族属为僰人，僰人原分布在中国西北到西南的广大地区，属氐羌系统的民族。

② 李晓岑、韩汝玢：《古滇国金属技术研究》，科学出版社，2011年。

占15.2%。以铜锡合金为主是古滇国铜器的特色。根据不同的使用目的,加入不同的锡成分。兵器和生产工具以锡青铜为主,一般不含铅,这样的成分有较好的硬度和韧性,避免了加入铅带来的脆性,适于实用。滇人的扣饰多为铜锡铅合金,体现了复杂器型对铸造性能的要求。而石寨山型铜鼓的合金成分有两种类型,一种以高铅的铜锡铅合金为特点,另一种以铜锡合金为特点。

根据成分分析,滇池区域少数青铜器应有外来的因素。例如,江川李家山出土的三骑马武士铜鼓(图4.1)的合金成分为高铅合金,而骑马武士为铜锡合金,两者不是同时铸造的,鼓面有凿孔痕迹,说明骑马武士是后来加上的饰件。此铜鼓为直腰的"东山式"造型,应来自越南东山文化①,以后被滇人改造为鼓面上有骑马武士的铜鼓。

图4.1　三骑马武士铜鼓

对江川李家山、会泽水城的东汉铜器进行成分分析,鉴定的10件样品都是铜锡铅合金,占100%。表明滇池地区铜器的合金成分已演变为铜锡铅合金,配比十分稳定。

青铜器的制作以铸造方法为主,根据器物的性能和使用目的,一些兵器及少量生产工具和生活用具还采用了热锻和铸后冷加工的方法。

2. 熔模铸造法

在青铜制作技术方面,滇国的一项重要技术就是熔模铸造法(失蜡法)的使用。

滇人已能在贮贝器的附件上制造大量复杂的房屋造型和人物、动物造型,有的贮贝器上有多达100多个人像和多种器物的捏蜡铸件,其形象生动逼真。因为是立体造型,不能分范,说明应为失蜡法所铸,并达到十分纯熟的水平。一般认为,石寨山贮贝器是中国最早被确认为熔模铸件的。

另外,古滇国出土的很多扣饰也采用熔模铸造法,战国末期的江川李家山M13号墓出土的二骑士猎鹿铜扣饰(图4.2),两个猎手,头饰羽翎,骑马作刺鹿状,造型惊险生动,是一件立体的熔模铸造法铸件。还发现1件保留有几个捏蜡

① 东山文化是东南亚青铜时代晚期至早期铁器时代文化,主要分布在越南北部,一般认为年代在公元前3世纪~公元1世纪。

指纹印的扣饰(图4.3),其上有4个凹入的指纹印,是古滇国存在熔模铸造法的重要证据。

图4.2 江川李家山出土的二骑士猎鹿扣饰

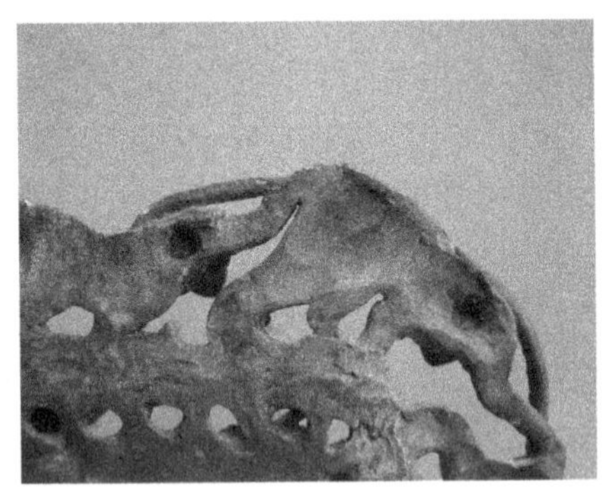

图4.3 江川李家山出土的有指纹印扣饰

由于滇国牛的形象有很多,熔模原料很可能是采用牛油这样的动物油脂。当时滇国的熔模铸造器物最具艺术性,技术上在中国具有领先水平。

有学者认为,失蜡法起源于云南,后来传到内地①。由于云南熔模铸造法主要是制作饰件,在技法上与美索不达米亚和古印度的熔模铸造法相同,而与中原地区的组合铸法有重大区别,这种技法应是从外地传入的。一种可能是西北斯基泰文化中牌饰工艺(有失蜡法)演变为云南的扣饰工艺,另一种可能是从印巴次大陆传入的。

3. 分铸及连接方法

古滇国青铜器制作技术的一大进步就是各种连接工艺出现了,方法极为多样,达到了难以置信的精巧。

滇人掌握了铸接、榫接、销接、焊料加固多种连接方法。铸接又有整铸、浑铸、分铸等方式。往往采用失蜡法、分铸法、浑铸法和榫接结合使用在一件铸件器物上,是多种铸造和连接工艺的组合。这一整套技艺,在世界各地青铜文明中,以古滇人的使用最为娴熟。

分铸连接法是制造高度复杂器物的关键,是古滇国青铜制造的一个重要法宝。考察表明,多数贮贝器的器盖与其上的人物、动物等附件采用了分铸连接。这种方法使器物的制作开出了新的境界,青铜器造型毕肖,形象鲜明(图4.4)。另

① 曹献民:《云南青铜器铸造技术》,《云南青铜器论丛》,文物出版社,1981年,第203~209页。

外,还有采用铆接式铸接法,如著名的铜牛虎案就采用了铆接式铸接法。少数采用榫卯式铸接法,用于一些贮贝器盖和器身之间的连接。器盖与附件扣榫合卯,铜液加固的方法也见于少数贮贝器,石寨山第五次发掘,出土了一件叠鼓型贮贝器(石 M71:142),贮贝器的盖内在相应的器盖人物位置均有凸起的榫头,并有疤状金属片,人像与贮贝器盖采用扣榫合卯,疤状金属用于加固。由于多种连接工艺的使用,古滇国的青铜器不拘一格,表现极为多样化,具有丰富的想象力。工匠们把科技变成了艺术手段,获得了很高的成就。

图 4.4　石 M13:2 贮贝器,人物与盖为分铸连接

与早期铜鼓相比,滇池区域的石寨山型铜鼓铸造技术更为成熟。采用铜质垫片设置撑芯,铸造时基准面的确定和分型都很准确,克服了铜鼓的粗糙和错位问题。有的铜鼓制作的精度很高,表面花纹十分繁复,是精美的艺术铸件。

4. 表面装饰

古滇国金属器的表面装饰技术发达,主要有鎏金和镀锡两种方式。其中,鎏金是新出现的工艺,而镀锡则在滇西青铜时代金属器中曾有发现。这两项工艺的采用,使铜器的外观和色泽大为改进了。

在晋宁石寨山、江川李家山等墓地都出土了较多的鎏金器,有鎏金铜鼓、鎏金马具、鎏金扣饰等(图 4.5)。很多器物表面鎏金平匀无瑕,金层很少脱落,亮度很高,显示了较高的技术水平。据扫描电镜分析,鎏金器的表面层含金量很高,与基体有明显的分界(图 4.6),鎏金层中还检测出汞成分,说明使用的是汞鎏金技术。

利用镀锡装饰器物表面的技术不仅发现于洱海地区,战国中期以后,这种技术在滇池区域进一步被发扬光大了。江川李家山、晋宁石寨山和曲靖八塔台出土的青铜器中,有些铜斧、铜锄、铜矛、铜鼓、铜盒及扣饰上,表面有一层白色的装饰工艺(图 4.7),呈亮丽的光泽。据金相观察和分析,表面锡含量很高,基体锡含量较低,基体和表面有明显的分界线,应是采用热镀锡工艺形成的(图 4.8)。这种镀锡工艺亦传自中国的西北地区,由氐羌民族带入云南。有些铜器上还形成漆古层,这是环境因素造成的现象。

图 4.5 晋宁石寨山出土的鎏金器

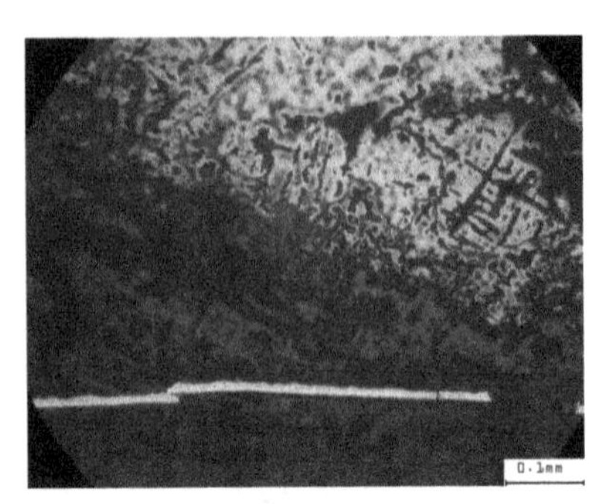

图 4.6 江川李家山出土的鎏金剑柄的金相图

图 4.7 晋宁石寨山出土的镀锡器

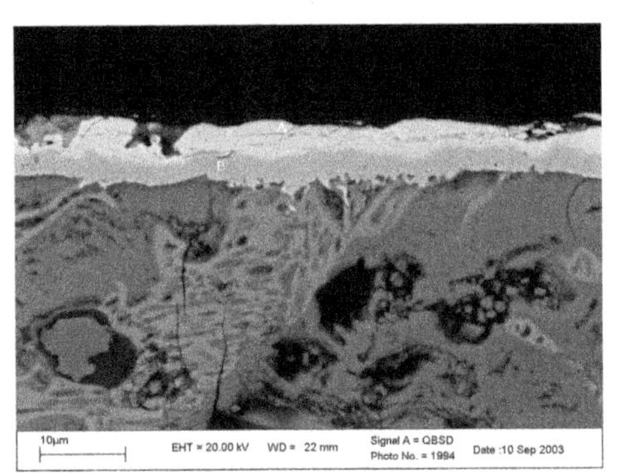

图 4.8 江川李家山出土的扣饰镀锡层的扫描电镜图

5. 金银器

从西汉中晚期以后，滇人开始大量开采金银矿，制作了各种精美的金银器，作为贵族使用的物品。这是冶金技术上一项新的重要进展。

晋宁石寨山发掘出相当多的金器物，有金剑鞘、金夹子、金臂甲（图 4.9）、金饰片、金发针、金珠、金项链等。而李家山两次发掘出土的金器更为丰富，金器几乎都集中出于男性大墓，女性大墓只有 M69 号墓，这反映了墓主人的身份和当时的习俗。在金器的种类和数量方面，江川李家山大墓的出土均多于晋宁石寨山大墓的出土，如江川李家山 M47、M51、M68 出土各种金器的数量竟达上千件。

银器出土相对较少，晋宁石寨山发现的银器有带扣、饰物等，江川李家山也有多件银器发现，如剑柄、金属片等，但与金器相比要少得多。说明当时主要产金而极少产银。

根据分析，滇池区域的金银器主要有银铜合金、金银合金、金银铜合金，纯金器和纯银器都很少。这是因为使用的是金银共生矿,但受冶炼水平所限,还不能有效地把金、银和铜分开,形成了金银或其他的合金。显微组织分析表明,这些金银器有铸造(图4.10)、热锻、冷加工等加工工艺,说明对贵金属加工已经有了多种方法。

黄金工艺方面,除鎏金外,古滇国还有错金、贴金和包金等工艺。例如,晋宁石寨山出土错金带扣、包以金皮的木质剑鞘和包金马具,江川李家山出土了错金剑柄,金的生产和应用达到了空前的繁荣。《后汉书·南蛮西南夷列传》称滇池地区有"金银畜产之富"。

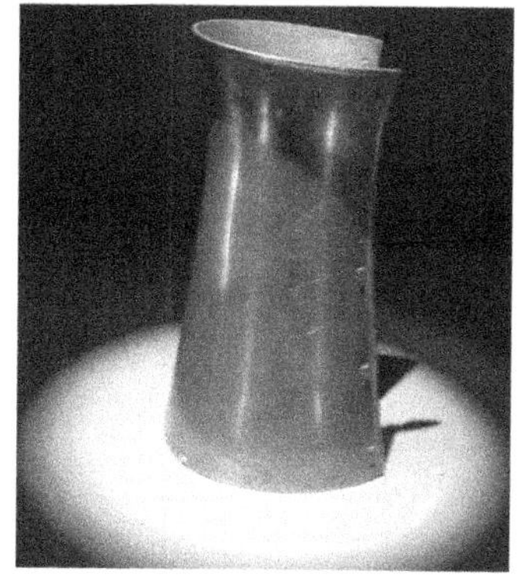

图4.9　晋宁石寨山出土的金器

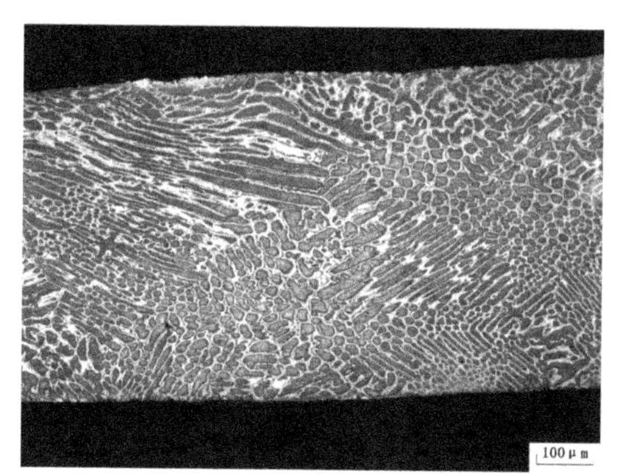

图4.10　晋宁石寨山出土金质马具的金相组织

三、铁器的出现及其制作技术

1. 铁器的使用和来源

滇西地区出现铁器的年代仍然有争议。但在滇池区域,铁器约出现于战国中期。

滇池地区属于早期墓葬出土铁器的是江川李家山21号墓和13号墓,出土1件铜柄铁剑和2件铜銎铁凿。呈贡天子庙M41号墓出土铁削1件。江川李家山21号古墓的碳十四测定值为公元前625±105年,但这个数据有争议,法国的皮拉左里认为不应早于公元前250年①,江川李家山发掘报告认为该墓是战国晚期,江川李家山13号墓与21号墓同为Ⅰ类墓,应处于同时代。天子庙滇墓发掘报告根据放射性碳十四测定,将41号墓的年代推断为战国中晚期。

① 米歇尔·皮拉左里:《滇文化的年代问题》,《考古》,1990年,第1期,第78~86页。

江川李家山出土了40多件铁器，为铜铁合制器物，有铜銎铁斧、铜柄铁凿、铜柄铁镰等。到西汉时期，云南的铁器已大大增加，晋宁石寨山古墓中已发现上百件的铁兵器，多为铜柄铁剑，也有一部分全部为铁质的器物，如铁矛、铁剑、铁斧、铁锸等。曲靖八塔台墓地出土铁器61件，出于西汉中晚期和东汉时代的墓葬。呈贡石碑村古墓群前后2次清理，出土铁器60件，时代为西汉到东汉。

一般认为，这些铁器是云南本地制造的。但当时四川的铁器确实也进入了云南，如《史记·货殖列传》说："蜀卓氏之先，赵人也，用铁冶富……致之临邛，大喜，即铁山鼓铸，运筹策，倾滇蜀之民，富至僮千人。"又说："程郑，山东迁虏也，亦冶铸，贾椎髻之民，富埒卓氏，俱居临邛。"

西汉中期以前，云南对铁的认识不足，只能锻打，在剑上作为刃部用，种类和数量都极少。在早期大墓中有零星的铁器出土，种类只有铜柄铁剑和铜銎铁凿，反映了当时铁料十分珍贵。这说明云南还不会冶铁，靠四川等地从外面输入铁器或铁料。

西汉中期以后，铁器数量大增，种类十分丰富。晋宁石寨山和江川李家山出土的一些铁器，其剑柄的装饰有滇文化的特点，并出现了较多的全铁器，表明滇人已会制作铁器。西汉中期以后，云南的制铁技术确实出现了一段快速发展的时期。

另一个现象是，在江川李家山的墓葬中，属于战国时期的早期墓，其墓坑都较浅，没有挖进岩石中。属于西汉中期和晚期的墓，其墓坑则较深，往往挖入坚硬的岩石中，出现了阶梯式的墓室。这种现象应与西汉中期以后大量使用铁工具密切相关，是当时铁器技术影响劳动生产力的一个证据。

2. 铁器的制作工艺

至迟到西汉中期，滇池区域铁器的加工工艺已经多样化，出现了贴钢、炒钢、亚共析钢和铸铁产品。

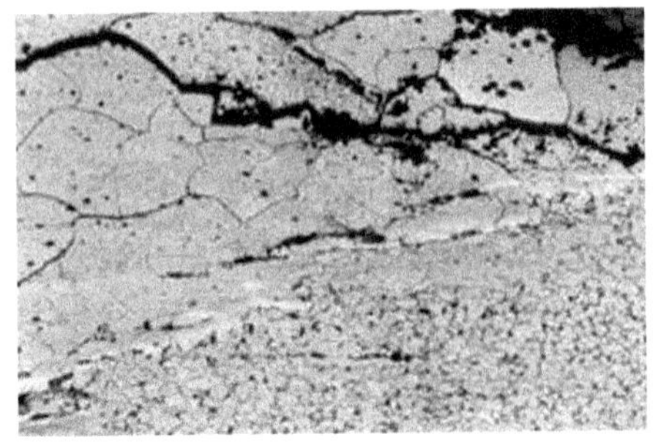

图4.11 江川李家山M68号墓出土的铁剑的金相组织，为贴钢制品

西汉中期，滇池地区已有了经过渗碳制得的性能优良的贴钢。这种贴钢工艺是在刃具的刃口部位锻贴上一块比其本体含碳更高的钢，以使刃口锋利。江川李家山M68墓出土的一把铁剑即为贴钢制品（图4.11）。在中原地区，贴钢技术首见于西汉时期的巩县铁生沟遗址，云南这项技术出现的时间与中原地区相当接近。

同时,云南还出现了优良的炒钢工艺。昆明羊甫头出土的一把环首铁刀、江川李家山M68号墓出土的一把铁剑和曲靖八塔台出土的一把铁刀,经过金相分析,均为炒钢制品。炒钢工艺是以生铁为原料,在空气中有控制地氧化脱碳,然后反复加热锻打成钢,或将生铁在半熔融状态下炒成熟铁,然后加热渗碳,锻打成钢。目前,国内发现最早的炒钢制品出土于徐州狮子山西汉楚王陵,年代为西汉早期①。

呈贡石碑村出土的铜柄铁刃剑的铁刃为亚共析钢制品,部分晋宁石寨山出土的铁兵器曾进行了金相分析,为折叠锻打的钢制品。

江川李家山出土的一把铁剑还经过淬火处理,提高了刃部的硬度。淬火是为提高钢制品的硬度和耐磨性进行的一项措施,中原地区在战国晚期就已发明淬火技术②。经过淬火处理的钢制品最迟于公元前1世纪已出现于云南,说明对铁的性质有了更深的认识。

西汉中期,云南已出现铸铁技术。曲靖的八塔台出土了铸铁釜(图4.12),是云南现存最早的铸铁制品。经过金相分析,材质为灰口铸铁,铸造性能十分优良。从锻铁到铸铁的发展,是当时制铁技术进步的见证。

图4.12　曲靖八塔台出土的铸铁釜

古滇国出土了大量铁质工具、兵器和生活用具,种类很多,制作方法多样化,反映了当时铁器制造业已经相当发达。从此,云南开始了生产工具和兵器的铁器时代,这具有划时代的意义,它加速了古滇国旧制度的崩溃。

四、手工业技术

1. 琉璃器

在古滇地区还发现了琉璃器物,这是云南考古发掘中一项新的事物。

在江川李家山、晋宁石寨山都发现一些琉璃珠之类的器物。有江川李家山

① 北京科技大学冶金史研究所等:《徐州狮子山西汉楚王陵出土铁器的金相实验研究》,《文物》,1999年,第7期,第84~91页。

② 柯俊等:《河南古代一批铁器的初步研究》,《中原文物》,1993年,第1期,第96~104页。

M22 出土的六棱柱形玻璃珠(图 4. 13),两端齐平,中有穿孔,长 2. 6 厘米,直径 1. 1 厘米。晋宁石寨山 6 号墓出土的 2 颗蓝色料珠,有数圈白色同心圆纹(图 4. 14),亦有穿孔。这是一种被称为“蜻蜓眼”的琉璃珠,最早出现于美索不达米亚,在中国的广东、广西和四川等南方地区都有出土,可能是从域外传入的。晋宁石寨山还出土了近 700 颗料珠串[①]。

图 4. 13　江川李家山出土的玻璃珠

图 4. 14　晋宁石寨山出土的“蜻蜓眼”的琉璃珠

云南出土的部分古玻璃经过成分分析,为钾硅酸玻璃(主要成分是 K_2O-SiO_2)。贵州赫章可乐汉墓发现了 293 颗玻璃珠,也有与古滇国的玻璃相同的成分,它们应有共同的来源,有人认为这些玻璃可能受中原或楚文化的影响。

汉代滇西的哀牢之地出产玻璃。《后汉书・南蛮西南夷列传》说云南哀牢地,“出铜、铁、铅、锡、金、银、光珠、虎魄、水精、琉璃……”《续汉书・西南夷条》也说:“哀牢夷出光珠、水精、火精、琉璃。”《华阳国志・南中志》载哀牢地:“有黄金、光珠、虎魄、翡翠……又有罽旄、帛桑、水精、琉璃、轲虫、蚌珠。”以上是我国古籍最早确切指明玻璃产地的几条记载,而在二三世纪时,中国知道的玻璃产地仅有云南、天竺、大秦几处。

2. 玉器制作

古滇国盛行玉石器加工,出土了大量造型很美的玉器,使用的玉材丰富多样,用钻打孔等技艺达到了很高的水平。

早在春秋晚期至战国早期,云南就已经有玉器出现。楚雄万家坝墓地出土了玉镯 5 件,玛瑙珠 61 件,琥珀珠 5 件,绿松石 88 件。战国中期以后,云南古滇地区青铜时代的墓葬中广泛地发现了有地方特点的玉器,多为古滇人佩戴的装饰品。呈贡石碑村出土玉耳坠 16 件、玉管 1 件、绿松石珠 2 件,玛瑙的耳环、扣和珠 17

---

① 樊海涛:《云南省博物馆藏古代玻璃述略》,《中国南方古玻璃研究》,上海科技出版社,2003 年,第 41 ~ 42 页。

件；呈贡天子庙出土玉镯4件、耳环31件、管200多件；晋宁石寨山出土了玉剑首、玉剑格、玉带钩、玉璧、玉环、玉镯、玉坠、玉耳环、玉覆面，以及玛瑙扣、绿松石扣、珠等万件以上；江川李家山出土大量的玉镯、玉环、玉耳环、玉剑首、玉管等（图4.15），以及数以万计的玛瑙和绿松石等。

图4.15　江川李家山47号墓出土的玉器

经过成分和岩石学分析，部分为玉石，有和田玉、透闪石玉、蛇纹石玉，也有石材为玛瑙、绿松石、琥珀、孔雀石等。云南本地产玛瑙、绿松石、琥珀、孔雀石，但并不产和田玉，这种玉器的材质是否来自遥远的新疆地区，有待进一步研究。

玉石器加工在古滇国十分盛行，尤其表现在玉块、突沿手镯、镶嵌玉片的铜扣饰等器物上。有的玉器直径达十多厘米，已有一定的开料制作水平。很多玉器的加工极为细腻，有磨制极薄的玉块，有的玉镯（玉环）加工很圆整，可能是用圆盘、圆轮进行琢玉加工，然后打磨光亮制成，这些玉器的外观往往十分光滑。出土的玉器中，小圆孔加工之精细十分惊人，在很小的绿松石和孔雀石的圆圈上也能做出直径不到1毫米的圆孔，说明用钻打孔的技艺已达到极高的水平。

江川李家山等地还出土了很多玛瑙扣（图4.16），呈圆片形，正中凸起为圆锥状，打磨光滑，制作甚为精美。另外，在江川李家山出土了一种蚀花的玛瑙圆管（图4.17），呈肉红色半透明状，表面有八道白色的平行弦线，这应是人工加工处理的蚀花工艺。据研究，其工艺源于南亚或中东一带地区，如何传入云南有待进一步研究。

图4.16　江川李家山出土的玛瑙扣

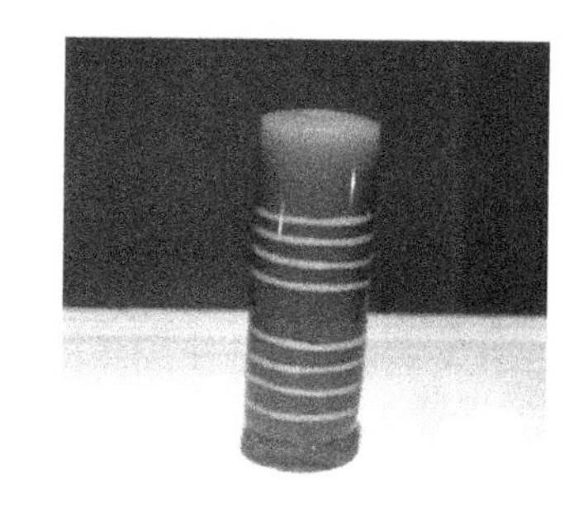

图4.17　江川李家山出土的蚀花玛瑙管

《华阳国志·南中志》和《后汉书·南蛮西南夷列传》均记载古哀牢地的土产有翡翠，与金银等贵重物品相提并论。这应是“翡翠”之名由来之始，但可能是指一种动物。翡翠是否指从缅甸输入的硬玉(jadeite)，并为古哀牢族人所使用，尚没有在考古实践中得到证实[①]。

3. 漆器制作

战国中期以后，云南开始出现漆器，滇池地区考古发现表明，当时已有较成熟的漆器制作。

在晋宁石寨山和江川李家山都发现了漆器，如漆案、漆耳杯、漆盘、漆奁等，在呈贡天子庙也发现十余件漆耳杯，因脱落严重，说明很可能是生漆。

图4.18　昆明羊甫头出土的漆器

1999年，昆明羊甫头发现了大量保存完好的漆木器(图4.18)，为历年云南最重要的一次漆器考古发现。主要有各种兵器、生产工具和漆木柲，也有少量生活用具，还有以表现人物和动物为主题的木雕饰件。多髹黑漆作地，用红漆描纹，也有部分用咖啡色或棕红色漆作为装饰[②]。有的还采用新的工艺技法，如嵌有锡片或缠以藤条、麻线。这些器物漆表精妙，造型生动，人物神态倨傲，有的彩绘色泽竟如同新制的器物。漆器的纹饰有涡旋纹、蜥蜴纹、蛙纹、点线纹、编织纹、点线条带纹、条带花瓣纹等，在红与黑交织的画面上，形成瑰丽多彩的艺术风格，制作工艺十分高超。

漆器材质经鉴定主要为杜鹃木，与现在云南彝族制作漆器的材质相同。云南很多地方分布有野生漆树，生产漆是有自然条件的，髹漆技术一直在云南较发达，以后为白族、彝族、滇西北的藏族等少数民族所继承。

有的日本学者(如佐佐木高明)以为云南是漆器的发源地。然而，中国内地使用漆已有4000年前的考古材料作为证据，并且在3000多年前，商代中原髹漆技术已十分发达，云南是使用漆的发源地的观点缺少依据。

---

① 一般认为，明代以后缅甸硬玉输入云南后，才冠以翡翠之名。

② 云南省文物考古研究所等：《云南昆明羊甫头墓地发掘简报》，《文物》，2001年，第4期，第33页。

4. 纺织技术

滇池区域出土了大量铜质的纺织文物，若干青铜器上还有古滇人的纺织图像，是古滇国纺织技术发达的见证，出土的纺织原料有麻和丝。

滇文化墓葬中，江川李家山、晋宁石寨山和昆明羊甫头都出土了纺织文物（图4.19），有大量的纺轮，另外一个重要特点是铜质纺织工具更加丰富。出土了铜质卷经杆（轴）6件，卷布轴7件，分经杆2件，工字形器6件，打纬刀4件，幅撑9件（铜质5件，漆木4件）。当时纺线用纺轮，织布则用腰机，并有各种辅助工具。这些工具制作规范，是当时纺织技术有较高水平的见证。

在晋宁石寨山和江川李家山出土了带有纺织场面的贮贝器，为一些滇人妇女正在从事纺织工作（图4.20）。当时已有纺织、络纱、卷纬、上机织布、上光五个主要过程①。

图4.19　昆明羊甫头出土的纺织工具

图4.20　江川李家山M69墓出土的纺织贮贝器

从晋宁石寨山纺织场面的贮贝器可见（图4.21），其上从事织布的4人，均使用足蹬式踞机织布。织者席地而坐，两脚前伸置于类似卷经杆的木棍两侧，用力压住。经纱平面绷直、呈环状，开口清晰，分上下两层。有双手握住类似纬刀的器具，身体后仰，完成打纬动作；有手持器具穿过开口处，完成引纬等动作；另外，还有提综、牵伸等纺织动作，场面颇为生动。

出土的纺织物原料有麻和丝。江川李家山出土了麻布，为苎麻产品，这是传

① 王大道、朱宝田：《云南青铜时代纺织初探》，《中国考古学会第一次年会论文集》，1979年。

图 4.21　晋宁石寨山纺织贮贝器人物图像

统的纺织原料。经测量,其经纬密度为 12×10 根/厘米^2。江川团山墓地出土的铜斧上残留有麻线头,长 10.8 厘米。昆明上马村五台山墓地出土铜剑,茎上缠有麻绳。丝织品在石寨山和李家山均有出品,说明可能已开始种桑养蚕,由于丝线放置在精致的青铜针线盒中,可见,丝在当时属于比较昂贵的产品。

五、建筑与交通

1. 建筑技术

与滇西青铜文化相同的是,在滇人的建筑中,仍然多见干栏式的建筑,这与 2000 年前云南的气候较热有关,今天这种形制的建筑为云南南部一些少数民族所继承。井干式建筑也出现在汉代文物中,这也见于今天云南西部的一些少数民族建筑。

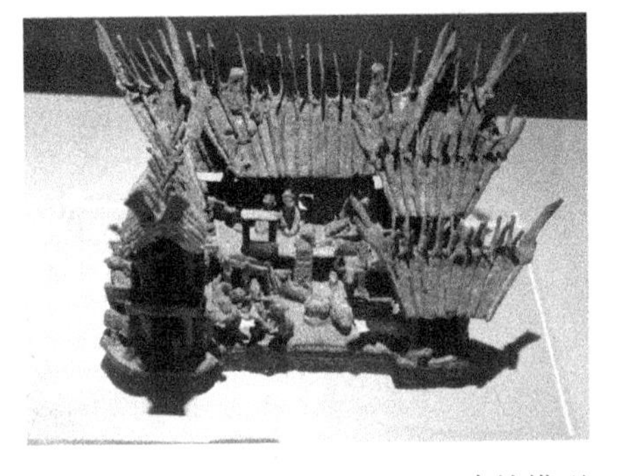
图 4.22　晋宁石寨山 M13:259 建筑模型

在贮贝器上有各种建筑的模型。晋宁石寨山 M13:259 建筑模型(图 4.22),是一座干栏式和井干式相结合的礼仪建筑,有长脊短檐人字形两面坡屋宇 5 座,正中主室为井干式建筑,木柱架平台围边,钩栏与其余建筑相连接。下段刻有阶梯 5 级,布局类似今天三合院住宅,底层为专门豢养家畜的场所,庭前柱间缚 2 牛、2 马、3 猪和 1 犬,庭院散布人物 28 个,大概属于比较富裕人家的住所,或认为是贵族议事厅的再现。

晋宁石寨山 M3:64 建筑模型(图 4.23),亦为干栏式和井干式相结合的歇山式大屋顶建筑形式。由粗木作柱搭成上、下两层的平台,边上三面设有栏杆和栏板。平台后是 1 座井干式房屋,屋壁上有浅显的多道横线,表示由枋木叠架形成。屋正面开窗子,屋与台面周边形成回廊,屋宇右侧置铜鼓一面,应当是为了显示富有。底层柱间缚有牛、马等，亦为豢养家畜的场所。

古滇国还有一种井干式建筑。晋宁石寨山铜贮贝器石 M12:1 上面的图像（图 4.24），按“井”字形将一根根木料搭起而成，尽管它的屋顶和干栏式建筑相同，但底架属于井干式，两者是完全不同的建筑。

西汉以前，就青铜器上的建筑模型所见，还完全没有砖瓦结构。

图 4.23　晋宁石寨山 M3:64 建筑模型

图 4.24　晋宁石寨山铜贮贝器（M12:1）井干式建筑图像

2. 交通

石寨山铜鼓上有大量的船纹，据认为有些船为海船的形象，而云南无海只有湖，是内陆省份，说明可能有沿海的民族进入了云南。

轿子等交通工具也在古滇国出现了，在晋宁石寨山出土的一件贮贝器上，有藉田出行图，图上就有轿子的形象，在江川李家山出土的贮贝器上，也有一个贵妇坐在轿子中的附件模型（图 4.25），这是中国古代较早的轿子形象之一。轿子曾在东西方各国广泛流行，是重要的交通工具。

图 4.25　贮贝器上的轿子

由于地貌的复杂，交通建设从来都在云南占有极为重要的地位。战国以后，云南的道路交通有了初步发展，李冰曾在川滇交界的僰道开山凿崖，修建通往云南滇东地区的道路。《华阳国志·蜀志》说："僰道有故蜀王兵兰，亦有神作大滩江中。其崖崭峻不可凿，乃积薪烧之，故其处悬崖有赤白五色。"采用火锻石的方法烧炙岩石进行开路，在山崖上留下了大量的烧石痕迹，到晋代，烧炙的赤白颜色还很明显。

秦始皇时期，全国大修驰道，在滇东北一带就修筑了"五尺道"，史称："栈道千里，无所不通。"汉武帝时，在秦"五尺道"的基础上，又修筑了通往云贵高原的"南夷道"。大大加强了云南与内地的联系。

六、农业和畜牧业

1. 农业技术

在古滇国的青铜文化中，农业生产工具是相当丰富的。滇人的墓葬中出土的农具有起土器（如钁、斧、锛、锸等）、中耕器（铲、锄）、收割器（镰）等，但尚未出现犁耕具。与楚雄万家坝早期墓出土的农具为红铜器不同，滇池区域出土的农具大多数为青铜农具，全部采用铸造制成，并往往是成批地出土，数量近千件，超过了中原地区出土的青铜农具总和。

图4.26　晋宁石寨山出土的镀锡铜锄

滇人墓葬出土的青铜农具，特别是各种铜锄，经过金相分析鉴定，几乎都没有发现使用过的痕迹，表明它们并不是实用器，而只是作为随葬品。说明在青铜时代，洱海区域和滇池区域都有使用农具作为随葬品的习俗。有些铜锄表面还经过了镀锡装饰（图4.26），进一步说明其使用功能发生了演变，已作为礼仪用具。

西汉晚期，农业生产技术进步很大。在贮贝器上，可看到古滇国经常举行各种盛大的仪式来庆祝农业丰收的图像，如"祈年"、"播种"和"丰收"等仪式。《史记·西南夷列传》说滇国一带有耕田，有邑聚，处于农耕社会。

2. 畜牧业和渔业

畜牧业也有了长足的发展，在滇文化出土的金属器中，家畜的形象已大量出现。晋宁石寨山古墓群出土的贮贝器上，有大量牛、鸡、马、羊、猪、狗的形象，出土的建筑模型表明，当时干栏式建筑的底层用于饲养家畜。据考古工作者研究，在滇国的墓葬中，只发现黄牛的形象，至今尚未见到水牛。有人认为，云南发现的水牛形象与印度的野牛有亲缘关系。当时牛不仅用于食用，还用于剽牛祭祀。马的形象也较多地出现在青铜器上，滇国大量把马用于骑乘，出现了上马的单边绳圈（图 4.27），与古印度的上马绳套十分相似①，青铜器上有放养马的图像。猪一直是普遍饲养的家畜，滇国已对猪进行了驯化，青铜器图像上有野猪和家猪数种，江川李家山 13 号墓还出土了二人猎猪铜扣饰。养羊业也有了发展，晋宁石寨山青铜器上有牧羊放猪的图像。狗、鸡也是古滇地区出土的青铜器上常见的图像。

图 4.27　骑马人脚肢上套的是上马用单边绳圈

当时滇池地区已有捕鱼业出现，昆明羊甫头出土青铜鱼杖头饰，上面鱼的形象应为滇池中出产的鲢鱼。江川李家山出土了捕鱼工具鱼钩，晋宁石寨山出土 1 件鱼鹰衔鱼的铜啄，铜啄两端有两只鱼鹰在游弋，其中一只嘴里衔着鱼，生动地表现了当时使用鱼鹰捕鱼的情景。

七、自然科学知识

自然科学方面，出土的青铜器中表现了很多滇人在自然知识方面的信息。

滇人已使用“○”号来记数，在晋宁石寨山出土的刻纹图片上（图 4.28），就有用“○”号和“—”号对牛、马、羊、虎和人的数目进行记数的描绘，还有这两种符号的混合使用以表示数字。从图中所示推测，“—”号和“○”号可能分别表示“个”和“十”。例如，图 4.28 中最上一段带枷的人，下面有一个“○”和三个“—”，可能表示这种带枷的人有 13 个，羊下面有两个“○”和三个“—”，则可能表示有 23 只羊，其中“○”号的使用，对以后零数的发明及“0”号的产生有重要意义。

① 有考古工作者认为是马镫，但图像上只是单足上马，不能用于稳定，所以功能上是供上马时踏足用的，骑好后就不再踏镫了。

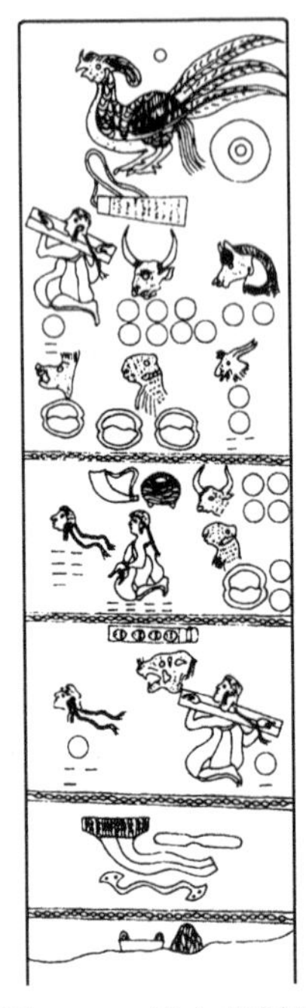
图4.28 滇人的刻纹记事铜片

在制造和使用铜鼓的过程中，采用了不同的成分和型腔，试听音质表明，石寨山型铜鼓的发音清脆激越，明显优于万家坝型铜鼓，这不仅是由于外形结构合乎声学原理，而且还由于铸造石寨山铜鼓的合金成分已有了很大的改进，合金比例更合乎要求。滇人的墓葬中还出现了刻漏明器，表明当时已有了计时技术。

滇人还有很丰富的生物学知识。据动物学者统计，青铜器上的动物形象达40余种，包括虎、豹、熊、狼、野猪、牛、羊、马、猪、鹿、兔、狗、猴、蛇、穿山甲、水獭、鹄、鹈鹕、凫、鸳鸯、鹰、鸮、燕、鹦鹉、鸡、乌鸦、麻雀、枭、雉、鱼、虾、蛙、鼠、蜥蜴、孔雀、蜜蜂、甲虫等。当时，滇人对生物与生态环境的有机联系也有深刻的认识，有的青铜器上还描述了物种之间的相互联系，表现了生物之间存在着相互利用、相互制约的弱肉强食的连锁关系。例如，江川李家山出土的战国至西汉间的青铜臂甲动物图像（图4.29），以图画的形式描绘了蜥蜴—雄鸡—野猫间的食物链①。另一件青铜剑上的野狸—虎—人之间的食物链，同样揭示了物种之间弱肉强食的现象。

各民族都流传了一些早期的宇宙观，这些宇宙观大同小异。认为宇宙的早期是混沌的，后来经过演化而成，其演化有个开端点，演化过程则由“无序”向“有序”发展。这些特征所体现出的宇宙有个创生期的思想已在现代宇宙学中得到肯定。有的神话还以拟人的神盘古、盘生作为宇宙起源的最初推动。在有的神话中，还有“天圆地平”的宇宙结构观念，这和汉族的“盖天说”是极为相似的。

图4.29 江川李家山出土的铜臂甲

秦代，中原的历法知识可能已对云南产生影响，例如，现今傣族传统历法把正月叫“登景”，二月叫“登甘”，这是今

① 刘敦愿：《古代艺术品所见“食物链”的描写》，《农业考古》，1982年，第2期。

人的音译，有专家指出，可能是先秦古历法的“正景”和“正竿”，从傣族用闰九月的方法判断，应是曾受秦历的影响[①]。

八、本章小结

战国中期到西汉，滇池区域建立了古滇国，云南的青铜文化达到了极盛的水平。科学技术更多地表现为古滇国的地域特色，以青铜冶金和制作工艺最为发达。

古滇国铸造技术空前发达，制作本领十分惊人。利用失蜡铸造、分铸、榫接、销接多种工艺的组合，制作出各种造型复杂的器物，也有少量器物如兵器和甲片等，根据制作的需要，进行了热锻加工和铸后冷加工。金属器物制作精美，装饰性强，贵族的器物往往采用热镀锡和汞鎏金的方法进行表面装饰，作为礼仪用具。这些青铜器以精湛的技艺表现了古代工匠的高超技艺，达到了很高的技术成就，地域性特征十分明显，在中国金属史上有重要地位，为今天认识古滇文化留下了宝贵遗产。

滇人的制铁技术也相当发达，锻打的钢制品在滇池地区已很常见，炒钢工艺和淬火技术也出现了，西汉中期以后则出现生铁铸造技术。

在冶金技术的带动下，其他科技也有了明显的进步。在滇人的墓葬中出土的农具有起土器（如斧、锛、锸等）、中耕器（铲、锄）、收割器（镰）等，滇池和洱海区域出土了铁锸等铁制农具。畜牧业有了长足的发展，在晋宁石寨山古墓群出土的贮贝器上，有大量的牛、鸡、马、羊、猪、狗的形象。手工业也有多方面的成就，滇人利用玉石、玛瑙、绿松石、琥珀等材质加工各种精致的玉器，钻孔和打磨玉石技术达到了很高的水平。昆明羊甫头发现大量保存完好的漆木器和漆陶器，有黑、红、黄等颜色，漆表精妙，制作技术高超。轿子等交通工具已在滇国制造出来了。滇人还有很丰富的生物学知识，青铜器上的动物形象达40余种。

总之，古滇国青铜文化以独具特色的工艺水平和成就，成为云南科学技术史上最具特色的时期，显示了古代先民的卓越智慧和思想情感，为灿烂的中国西南古代文明做出了巨大贡献。

---

① 李志超：《国学薪火——科技文化学与自然哲学论集》，中国科学技术大学出版社，2002年11月，第223页。

第五章

东汉到南北朝时期云南的科学技术

（公元10年至公元589年）

一、历史背景

东汉以后，滇国灭亡，中原统治者的势力开始进入云南，云南各地以郡县的形式纳入中国的版图。王莽时期，由于云南本土农民起义，汉政府前后派30多万军队从内地进入云南，中原文化开始从北方大规模地浸润红土高原，出土器物均变为纯汉式器物，光辉灿烂的古滇文化突然遭到了毁灭性打击，而变得荡然无存，这成为云南历史上影响最为深远的大事之一。云南的科学技术也出现了转型，突然带上了较多的内地科技的特征。表明东汉以后，云南的历史发生了极为巨大的剧变。

东汉永平十二年(69年)，哀牢王柳貌率领55万多人归附东汉，汉明帝在那里设立了永昌郡。永昌郡虽然僻处滇西，但珍奇物产却异常丰富，有铜、铁、铅、锡、金、银、琥珀、水晶等矿产，有旄牛、麝、犀、象、猩猩、孔雀等动物特产。汉章帝元和年间(84～87年)，王追为益州郡太守，“始兴起学校，渐迁其俗”[①]，是见于记载的云南最早开办的学校，内地的汉文化得到进一步传播。

这一时期，虽然滇池区域的青铜文化从高峰衰落下来，但以铜洗为代表的滇东北的文化却迅速崛起，成为云南又一个科技文化有历史地位的重镇。而铁器的普遍使用，使云南真正进入了铁器时代，对生产力的发展有重大意义。

魏晋南北朝时期，云南有“叟人”、“下方夷”、“上方夷”、“西爨白蛮”、“东爨乌蛮”等汉、白、彝诸族先民。由于部分“夷帅”起兵反叛蜀汉政权，225年诸葛亮为了稳定后方，亲率大军渡过泸水(今金沙江)南征，对孟获用“七纵七擒”的攻

① 范晔:《后汉书》卷八十六,《南蛮西南夷列传》。

心战术。平定后调整南中为七郡[①]，采取“和”、“抚”的方针，团结少数民族大姓，推行以农治国和“夷汉粗安”的政策，使社会经济都安定了下来，南中出产的金、银、丹砂、漆、牛和马源源不断地运到蜀地作为战备物质。诸葛亮在云南民间有极高的声誉，从古至今少数民族中一直有“诸葛亮老爹”的传说，并把一些科技成就当做是诸葛亮的发明。

西晋时，云南设立宁州，为全国十九州之一，下设四郡，但中原王朝对云南的控制力相当弱。东晋到南北朝时，中原南北对峙，战乱频繁，更是无力入主南中。云南爨氏的势力逐渐坐大，造成“窃据一方”的局面。社会经济相对稳定，文章教化日益成熟，称为“金宝富饶”之地。传世的《爨宝子碑》和《爨龙颜碑》，就体现了云南东部的爨氏，接受中原王朝的封号和委任。

云南与东南亚地区也有不少往来。史书称“大秦”(古罗马)“又有水道通益州、永昌，故永昌出异物”[②]。这里所说的“水道”当指缅甸的伊洛瓦底江河道，这条河道十分平稳，很宜于航船。永宁元年(301年)，掸国的国王雍由遣使到中国内地“诣阙朝贺”，献乐及能变化吐火的幻人，自言来自海西的“大秦”[③]。“幻人”应是技艺精湛的魔术艺人。永昌郡还有“僄越”、“身毒之民”，为来自缅甸和印度的居民，此后，他们与云南各族人民一直往来不绝。

但这条道路山川阻险，十分难行，“行者苦之”[③]，并有汉代的古老民谣：“汉德广，开不宾。度博南，越兰津。度兰仓，为它人。”表现了汉朝政府努力开拓边疆地区，人们艰难地打通滇西一带交通的情景。

二、金属的冶炼和制作

1. 铜、锡的冶炼和制作

东汉以后，滇池区域的青铜文化终于衰亡了，但滇东北昭通地区的冶金业却迅速发展，成为又一个继滇池地区之后的冶金中心，滇南的冶金业也开展起来，出现了一些重要成就。

汉晋时，云南各种铜矿产得到广泛开采。《汉书·地理志》和《后汉书·南

---

① 东汉、三国、两晋、南北朝时期，今云南、贵州及四川西南部统称为“南中”。东汉时期，南中地区共有四郡一属国，即牂牁郡、越嶲郡、益州郡、永昌郡和犍为属国。三国时期，诸葛亮平定南中后，重新划分为牂牁郡、越嶲郡、朱提郡、建宁郡、云南郡、兴古郡、永昌郡，史称“南中七郡”。其中，牂牁郡在今贵州省中部、西部地区，越嶲郡在今四川省西南部地区，其余五郡绝大部分均在今云南省境内。

② (晋)陈寿：《三国志·魏书》裴松之《注》引《魏略》。

③ (南朝宋)范晔：《后汉书》卷八十六，《南蛮西南夷列传》。

蛮西南夷列传》中记载了一些铜矿的产地,如俞元(今江川)、来唯(今南涧)和永昌(今保山)等,这些地区在今天也是著名的矿山。冶铜技术仍有相当高的水平,《南齐书·刘悛传》记载:“永明八年(490年),悛启世祖:南广郡界蒙山(即朱提山)下,有城名蒙城,可二顷地,有烧炉四所,高一丈,广一丈五尺,从蒙城南百许步,平地掘土,深二尺得铜。又有古掘铜坑,深二丈,并居宅处犹存。”从这段记载看,昭通地区在很早的时候就已采用高炉炼铜,技术水平是先进的。当时开采的是露天矿,故掘土二尺深就得到了铜矿石。

除滇东北外,滇南的个旧、金平等地发现了东汉时期的冶铸遗址,其中个旧冲子皮坡冶炼遗址出土的冶炼炉尺寸很大,长达3米,宽2米①,并有通风孔等设施。证实了汉代云南采用高炉冶炼的记载。经过技术分析,已有较为成熟的冶炼和熔铸技术,反映了冶金业向滇南等地扩展的态势。

东汉时期,云南铜器中滇文化风格消失了,出土器物的外形平淡无华,创新性全无,汉文化风格明显,合金配比则相当稳定。滇东的会泽水城等地出土的铜器,有提梁壶、铜洗、五铢钱等,经分析几乎都是铜锡铅三元合金,成分稳定。滇南的个旧黑蚂井出土了较多的东汉时期的青铜器,有提梁壶、博山炉、铜釜、鐎斗、铜抬灯、铜盆和五铢钱等汉式器物。经过分析,材质主要是铜锡铅合金,也有个别铜锡合金,与滇东地区的材质特点有明显的相同之处。是否有共同的来源,有待进一步研究。当时还出现了其他金属包铜线的工艺,这是十分罕见的。

在铜器中,“朱提堂狼铜洗”是滇东北最有名的产品,其特征为铸造,胎体较厚,形似大盆,表面呈黑色,敞口,宽折沿外侈,深腹,腹微鼓,平底。此类铜器铭文多由铸器年月和地点构成,年号有建初、元和、章和、永元、永初、永建、阳嘉、永和、建宁等,均处于东汉中晚期,地名以“朱提”或“堂狼”为主,其他地名偶有出现,其收藏遍及中国南北各地,为北宋以后的历代金石学家高度重视并有著录的器物。近年来,铜洗在云南滇东北和贵州的考古发掘中也有出土,十多件铜洗经过分析,成分主要为铜锡铅三元合金,也有少量是铜锡合金,采用的工艺有热锻和铸造两种。

东晋成书的炼丹著作《神仙养生秘术》最早记载了用雄黄、硝石和云南铜炼制砷白铜的方法。古代炼丹术士使用的药品是相当严格的,这段记载说明当时

① 云南省文物考古研究所:《个旧冲子皮坡冶炼遗址发掘简报》,《云南文物》,1998年,第1期。

云南铜在中原享有崇高的声誉。

在4世纪，云南滇东北一带出现了生产白铜的记载，例如，晋代的《华阳国志·南中志》说："堂螂县（今会泽、巧家、东川一带）因山名也，出银、铅、白铜、杂药。"说明可能当时滇东北的居民已掌握了镍白铜（镍铜合金）的冶炼，若得到证实，这是世界上对镍金属的首次记载。据认为，这种镍白铜产品在中国唐代时曾远销波斯阿拉伯地区，称为"中国铜"，并引起了阿拉伯炼金术士的科学研究兴趣。但遗憾的是，这一时期的镍白铜实物一直没有找到。所以，《华阳国志》记载的是指镍铜合金，还是指色泽发白的其他铜合金，有待进一步研究①。

《汉书·地理志》记载了贲古（今个旧）的南乌山及律高（今弥勒）的西石空山出产锡和铅。东汉时，铜、锡、铅常常共同配比为铅锡青铜。在大理大展屯2号东汉墓葬中出土了7件梅花形锡器，作为衣服上的装饰品②。

2. 铁的冶炼和制作

东汉以后，与制铜业的衰落相比，制铁业却得到高度发展，规模不断扩大，铁制品对生产力有重大影响，云南从此进入了铁器时代。

这时，云南产铁的记载已多次见于文献。《华阳国志·南中志》记载贲古出产铁，《续汉书·郡国志》又载益州郡的滇池（今晋宁）出铁，永昌郡的不韦（今保山）出铁，铁的生产已普及到许多地方。值得注意的是，《华阳国志·南中志》说当时东汉王朝在朱提（今昭通）设有"大姓铁官令"，在建宁（今滇池一带）也设有铁官专司其事。汉代官营冶铁业往往是在民间已经开发的基础上收归官府经营，这些冶铁炼铁工场的规模一般都很大，并有专业铁工，铁的产量应相当可观，反映了东汉时期云南冶铁业是相当兴盛的。

到东汉以后，制铁技术在兵器中得到普及，故兵器多为锻件，而农具中则有相当数量的铸件。昆明、大理和昭通地区出土的环首铁刀（昭通后海子壁画上也绘有这种环首刀）就常见于中国内地的东汉墓葬。铁器的加工水平也很高，在昭通东汉墓中出土的铁器，有一把铁剑长达135厘米，至今仍非常锋利。部分东汉的铁器进行过金相分析，例如，滇东北会泽水城出土了铸铁釜，

---

① 伦敦大英博物馆藏有几枚公元前2世纪巴克特里亚（Bactria）王国铸造的钱币，19世纪时，经分析发现是铜镍合金，英国学者认为其这种合金是从中国运去的，并认为与云南有关，由此引发100多年来的大争议。但迄今在云南没有发现早于明代的白铜，这一观点并没有得到证实。

② 大理州文物管理所：《云南大理大展屯二号汉墓》，《考古》1988年，第5期。

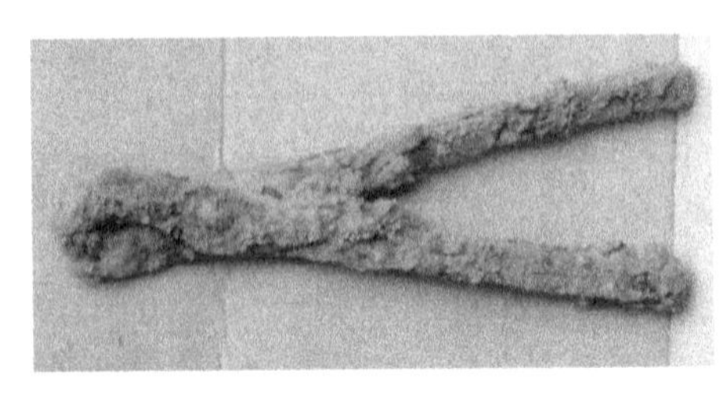

图5.1 会泽水城出土的东汉铁剪

经过分析，显微组织为共晶莱氏体，为白口铁。会泽水城出土了铁钉和有齿的铁锯片，为锻打的钢制品，还出土了一把东汉时的铁剪子（图5.1），说明近2000年前，云南已能使用剪子这种重要的日常工具了。

云南昭通、鲁甸等地出土了铁锸，上面有“蜀郡”、“成都”字样，下面多有“千万”两字的连文，当为蜀郡的铁官所铸，表明四川生产的铁工具进入了云南。由于其上文字是篆字书写，制作时代可能早于东汉，材质应为生铁。

3. 金银矿的开采和加工

东汉以后，由于滇西一带富于产金，云南成为中国主要的产金之地，黄金加工技艺保持较高水平。银矿得到广泛开采和冶炼，生产出“朱提银”这样的著名产品。

东汉时，云南采金业发达，中原思想家王充在《论衡》中，倍加称赞滇金的质量之高和日产量之富。炼金沙的方法是在水中“洗取”金沙，然后再用火力“融为金”。《续汉书·郡国志》记载了博南（今永平）的南界出产金，晋代文献明确说博南县：“兰沧水，有金沙，以火融之为黄金。”①采用了冶炼金沙的方法制取黄金。据梁朝的陶弘景说，当时云南“宁州”的水沙中出产生金，制作为金屑后，输入中原地区作为药物。

滇西的永昌郡盛产黄金工艺品，黄金加工技艺有了进一步发展。哀牢王出入射猎，所骑的马、鞍子和套在马头上的笼头都是用金银制成的②，生活十分奢侈。当时，永昌太守还把黄金冶铸成“文蛇”工艺品，献给东汉朝廷中权倾一时的大将军梁冀，但却被人举报③。

各地广泛使用鎏金或包金工艺作为铜器的表面装饰。会泽县水城汉墓、昭通市小湾子崖墓和广南县牡宜句町墓地都出土了一些表面鎏金或包金的铜器。其中，会泽水城东汉墓出土1件泡钉，经扫描电镜成分分析，为汞鎏金装饰，表面

① （晋）常璩：《华阳国志》卷四。

② （汉）佚名：《永昌记》：“哀牢王出入射猎，骑马，金银鞍勒。”引自王叔武：《云南古佚书钞》，云南人民出版社，1978年，第4页。

③ （南朝宋）范晔：《后汉书》卷五十六。据惠栋考证，这位永昌太守为刘君世。

含金85.5%,含汞9.5%,鎏金层厚约2微米。会泽水城还出土了铜壁,外表很像鎏金装饰,但经过成分分析,其金层中金含量高达97.8%,未检测出汞元素,说明应是一种包金工艺。

银矿也得到了广泛开采和冶炼。《汉书·地理志》记载朱提、贲古和律高出产银。《续汉书·郡国志》记载了双柏出银。在蜀汉刘禅政权时期,云南的银每年都作为贡赋,《诸葛亮书》称赞道:“汉嘉金,朱提银。”朱提银在汉代以质量高而著称,说明当时炼银技术有了突出的进步。王莽时期大量采用朱提银铸造钱币,当时有银货二品,“朱提银,重八两为一流,直一千五百八十,它银,一流直千”①。即朱提银比其他银要贵得多。在昭通象鼻山东汉墓中曾出土2件银碗和3件银镯,昭通鸡窝院子汉墓出土了3件银圈,可作为这一时期云南银器的代表。

云南的银曾作为纳贡的贵重物品,输入到蜀汉政权。《南中八郡志》说:“云南旧有银窟数十,刘禅时,岁常纳贡。亡破以来,时往采取,银化为铜,不复中用。”②说明当时开采的这些“旧有银窟”是银铜共生矿,但后来共生矿被采尽,只剩下铜矿,就不再开采了。

三、农业与畜牧业

1. 农业技术

至迟在东汉时期,水稻栽培新技术和犁耕技术从内地引入了云南地区,出现了最早的水利建设工程,使农业生产水平有了大幅度提高。

四川梓潼人文齐,他是见于记载的最早和云南科技有关的两位人物之一(另一位是僰道的天文学家任永),在东汉时期对云南的农业生产和水利建设有重要贡献。文齐在犍为属国(朱提郡)任都尉时,在当地僰人地区“穿龙池,灌稻田,为民兴利”,把水稻种植新技术引入了滇东北地区,并大兴水利,发展灌溉农业。史籍中称文齐“开造稻田,民咸赖之”,使这些地区更加富庶。《永昌郡传》说:“朱提郡,治朱提县,川中纵横五、六十里,有大泉池水口,僰名千顷池,又有龙池以灌溉种稻,与僰道接。”③

---

① (汉)班固:《汉书》卷二十四,《食货志》。

② (晋)魏完:《南中八郡志》,引自王叔武:《云南古佚书钞》,云南人民出版社,1996年,第9页。

③ 《太平御览》卷七九一引。

文齐后来调任益州郡太守,史书中称文齐"率厉兵马,修障塞"①,率领军队从事生产劳动。当时益州郡的人民不懂得怎样进行水利建设,文齐就组织当地人民"造起陂池,开通灌溉,垦田二千余顷",修建了云南历史上最早的水库——"陂池",开垦水田达2000余顷,并把水稻种植新技术又从滇东北带到了滇中地区,推动了灌溉农业的发展,改变了当地的经济面貌。文齐在云南农业生产和水利建设上都有重大的功绩,是云南灌溉农业的引入者和推广者,其开拓精神是可贵的。他去世后得到了云南人民的深深怀念,史书记载"南中咸为立祠"②,充分表达了人民对他的感激之情。

东汉时,滇西地区也出现了水稻种植技术,云南郡(今祥云一带):"土地有稻田畜牧,但不蚕桑。"③滇西的永昌郡"有蚕桑"、"土地沃美,宜五谷"①。所以,当时滇西、滇中和滇东北都已有水稻栽培,范围进一步扩大了。

当时,稻田养殖技术出现于大理和昆明等地区。在滇西、大理和滇中的呈贡中均发现了一些东汉时期的水田模型,这些模型不仅有规则的水田,还有养殖动植物的图像,生动地再现了洱海和滇池地区农田灌溉和养殖的情景。例如,下关大展屯东汉墓葬出土的水田模型(图5.2),一半是规整的水田,另一半则是内置捏泥成型的莲花、田螺、蚌、贝、泥鳅、青蛙、水鸭等12件水中动植物④,据观察其中还有鱼的形象。说明当时已有稻田养鱼等技术,这是一项集约型的农业技术,土地的利用率大大提高了。由于东汉时中原地区稻田养殖技术已相当普遍,这项技术应来自内地。

图5.2　大理大展屯出土的水田模型

犁耕技术也见于三国时期的云南,当时南中向蜀汉政权提供耕牛,作为军需:"赋出叟、濮耕牛、战马、金银、犀革充继军资,于时费用不乏。"⑤蜀建兴三年(225年)夏,"亮(诸葛亮)渡泸,进征益州……出其金、银、丹、漆、耕牛、战马给

① (南朝宋)范晔:《后汉书》卷八十六,《南蛮·西南夷列传》。

② (晋)常璩:《华阳国志》卷十下。

③ (晋)常璩:《华阳国志·南中志》。

④ 大理州文物管理所:《云南大理大展屯二号汉墓》,《考古》1988年,第5期。

⑤ (晋)《三国志·蜀志·李恢传》。

军国之用”①。说明至迟到225年,云南的滇东北和滇中地区已使用牛耕,这是一种利用牲畜的拉力把土地翻松的技术。云南原先以锄耕为主的农田建设,转变为以犁耕为主的农田建设,极大地提高了农业生产力。东汉以后,大量的农具如镰、锸、斧、锤等都为铁制,铁农具的广泛使用,对农业生产力的发展有十分重要的意义。

东汉时期,汉将陈立斩杀夜郎王兴后,“句町王禹、漏卧侯俞震恐,入粟千斛”②。句町和漏卧是位于滇东南的两个小方国,分属百濮民族和氐羌民族。句町王与漏卧侯能交出如此大量的粮食,说明其本土已有较多的粮食储蓄。

现在保山的诸葛堰为蓄水的水库,传说是蜀汉时期诸葛亮帮助兴建的。此堰在明景泰年间(1450~1457年)已有记载,明《正德云南志》说:“大诸葛堰,在司城南一十五里,其东有东岳堰及小诸葛堰,皆有灌溉之利。”③清人彭敬吉《重修大海子碑记》说:“汉武侯驻师永昌,即其垒之西南浚为堰,周遭八百九十余丈,引沙河水以注之,灌万余亩。”④清《永昌府志》卷十四记述:“诸葛堰有三,武侯所筑,俱在城南十里法宝山下,曰大堰,甃石为堤,厚一丈二尺,高一丈,周九百八十余丈。明成化年,御史朱皑加筑分水口为三,灌田数千亩。”直到现在,这个水利工程还存在着(图5.3),它位于保山市隆阳区南面的汉庄镇诸葛营乡的法宝山下,距城区4公里。明清以后这个水库不断扩建,周长达数千米,当地人一般称它为“大海子”水库。它的功能是对保山坝子进行农业灌溉,为云南使用历史悠久的水库之一。

图5.3　位于保山市的诸葛堰

2. 农产品

东汉以后,云南开始出现农产品的记载,品种不断增多,体现了农业生产的重要进步。

---

① (晋)常璩:《华阳国志·南中志》。
② (汉)班固:《汉书·西南夷南粤朝鲜传》。
③ (明)周季凤:《正德云南志》,卷十三。
④ (清)师范:《滇系·艺文系》。

当时除稻谷是全省的主要农作物外，豆也是云南重要的农产品，产于朱提（滇东北）、建宁（滇中）的重小豆一年三熟，是一种高产的农作物。㯃甘、白豆、刺豆和秬豆也是云南常见的食物，朱提和建宁郡的豍豆，苗似小豆，紫花，可以做成面①。另外，犍为僰道（今四川宜宾、云南水富一带）还出产可作为药用的巴豆。

云南产的芋共14种，产于叶榆（今大理）的百子芋、产于永昌的魁芋都很有名。“又百子芋，出叶俞县。有魁芋，无旁子，生永昌县”①。这种芋，就是现在的毛芋头。另有一种百果芋，每亩可产百斛。蔓芋可大到2～3升，黄色的有鸡子芋，还有君芋、车毂芋、旁巨芋、青边芋、卑芋、九面芋、蒙控芋、青芋和曹芋等。

4世纪的《南方草木状》记兴古郡（今文山一带）出产甘薯，民家常在2月种之，到10月份才成熟，其大者如鹅，小者如鸭，味甜。此种甘薯应为一种块茎植物，有人认为可能是指山药。

桄榔树是棕榈科植物，桄榔树经过加工提取其富含的淀粉。这是云南极有特色的食物，作为面食，在历史上多有记载。《华阳国志·南中志》说云南的兴古郡：“有桄榔木，可以作面，以牛酥酪食之，人民资以为粮，欲取其木，先当祠祀。”《后汉书·南蛮西南夷列传》也说句町县（在今文山一带）有桄榔木，可以做成面，百姓作为粮食。又有一种莎树，大四五围，长十余丈，树皮能出面，树大的可出面百斤，色黄，是鸠民（今壮族先民）部落的粮食②。这种莎树很似桄榔树，但更加高产。还有一种乙树，也是当时兴古郡可作为食物的植物。

东汉以后，云南附近地区已有茶叶的栽培：“平夷县，郡治……安乐水，山出茶、蜜。”③从地望看，平夷县应靠近今云南镇雄一带④。陆羽《茶经·七之事》记载：“傅巽《七诲》：蒲桃、宛柰……南中茶子、西极石蜜。”这是“茶圣”陆羽摘录三国时期史籍中有关茶事的记载，但这里的“南中茶子”是否指云南之茶，还需要再研究。

---

① （北魏）贾思勰：《齐民要术》卷二引《广志》。

② （晋）魏完：《南中八郡志》，《太平御览》卷九六〇引。

③ （晋）常璩：《华阳国志·南中志》。

④ 平夷县的地望有争议，有学者认为在今贵州毕节一带，也有学者认为是云南富源县，因明清时期富源县称为平夷县。

3. 畜牧业和渔业

东汉以后,云南一些地区畜牧业发展很快,逐渐从农业中独立出来,有些地区养殖的规模很大,出现了以名马为代表的畜牧产品。

当时,白族先民采用放牧而不是舍饲的方法养猪。《华阳国志·蜀志》记载:"蜻蛉县(今大姚),有长谷,石坪中有石猪,子母数千头。长老传言:夷昔牧猪于此,一朝猪化为石,迄今夷不敢牧于此。"虽然是传说,但也反映了该地夷人很早就牧猪,而且规模很大,达数千头之多。由于樊绰《云南志》说蜻蛉蛮是白蛮苗裔,当为白族先民。《后汉书·南蛮西南夷列传》对西南夷地区的牧业情况记载颇多,如益州郡徼外夷内附的有"大羊等八种",就是以养牧大型羊而闻名的夷人。

云南出产的名马有滇池驹,可日行五百里,被誉为神马[①]。《名马记》说:"晋武帝太元十四年,宁州刺史费统言宁州滇池县有神马,一黑一白,盘戏河水之上。"[②]表明当时滇池马有黑白两个品种。晋代还有著名的巴滇马,出产于川滇一带。据《水经注·沔水》记载,汉代有数百匹形体较小的巴滇马。三国时期,陆逊攻襄阳,又得巴滇马数十匹,送到东吴的都城建业。蜀使至时,有家乡在滇池的人,从马的毛色认出是其父所乘之马,马竟对之流涕。由于巴滇马体型较小,马的毛色不同于其他马,是晋人喜爱的名马之一。例如,著名的"竹林七贤"之一的王戎"好乘巴滇马",晋明帝也骑过这种"巴滇马"。又有一种"果下马",出产于云南,东汉时在中原地区十分有名。

《南史·梁睿传》称赞云南的宁州是"既饶宝物,又多名马"的富饶之地。《华阳国志·南中志》说,诸葛亮安定南中后,当地所出的赋就有战马,作为军国之用。这是云南产战马的较早记载之一。

牛、羊的养殖也相当繁盛。《永昌郡传》记载建宁郡"夷"人丧葬进行火化的仪式时:"烟气正上,则大杀牛羊,共相劳贺作乐。"《汉书·西南夷传》记载汉昭帝始元年间,汉政府出兵平定了席卷益州各地的少数民族反汉起义之后,"获畜产十万余"。建武二十一年(45年),东汉政府平息了益州诸夷的起兵反汉,又获"马三千匹,牛羊三万余头"[③]。东汉时,句町王禹、漏卧侯还曾使用"牛羊劳吏士"。从中可见西南夷地区畜牧业规模之大,牲畜数目十分惊人。到晋代,兴古

---

① (晋)常璩:《华阳国志·南中志》。

② 《古今图书集成·禽虫典》马部引。

③ (南朝宋)范晔:《后汉书》卷八十六,《南蛮西南夷列传》。

郡一带的“鸠僚”和“濮”等先民还懂得食用牛的“酥酪”[①]，这是对奶制品的成功应用。

早在汉代，滇池地区已有“盐池田渔之饶”的称誉，渔业较为丰富。晋《永昌郡传》记载，滇东南一带的“僚民”傍水而居，善于潜水捕鱼，技艺十分高超：“能水中潜行，行数十里，能水底持刀，刺捕取鱼。”[②]僰道县（今四川宜宾、云南水富一带）则出产黄鱼，《南中八郡志》记载：“江出黄鱼，鱼形颇似鳣，骨如葱，可食。”[③]又郭义恭《广志》说：“犍为郡僰道县，出臑骨黄鱼。”《魏武四时食制》还记述了一种发鱼：“带发如妇人，白肥，无鳞，出滇池。”[③]可见，当时在滇东南、滇东北和滇中等广大地区已有了捕鱼业。

四、纺织及相关技术

1. 纺织技术

汉代，滇西的永昌是纺织品的重要出产地，以木棉布的生产最为发达，其他还有麻、丝、草棉、毛等原料的纺织，说明哀牢夷等少数民族已有相当高的纺织技术。

棉纺织。木棉发源于印度，这是一种多年生的亚洲棉。在汉代，木本亚洲棉已经传到云南永昌郡一带，在云南又称为“桐华布”。中国最早提到棉的文献，主要在滇西永昌一带，是通过印度、缅甸方向传入云南的。以“桐华布”为代表的木棉布是东汉时期云南最为出名的纺织品，产品曾销往东南亚及中国内地。

木棉布的工艺采用“梧桐木”，即以木棉为原料，“其华柔如丝，民绩以为布，幅广五尺以还”[①]。其特点是洁白不受污，常用于丧葬习俗，然后服之或卖与人。永昌郡濮族的一支因擅长纺织木棉布而被称为“木棉濮”。另外，《华阳国志》说云南郡的上方夷（彝族先民）和下方夷（白族先民）也生产“桐华布”。晋张勃《吴录》说：“交州永昌，木棉树高过屋，有十余年不换者，实大如酒杯，中有棉如絮，色正白，破一实得数斤，可为缊絮及毛布。”[④]“高过屋”是木棉树的特征，这种木棉的果实很大，破一个果实竟可得棉数斤之多，可织为布或作为缊絮之用。

---

① （晋）常璩：《华阳国志·南中志》。

② （宋）李昉：《太平御览》卷七百九十六，四夷部十七引。此条原文无地名，王叔武先生系于牂牁郡下（今滇东黔西一带）。见：《云南古佚书钞》，云南人民出版社，1996年，第17～18页。

③ （宋）李昉：《太平御览》卷九百四十，鳞介部十二引。

④ 《佩文韵府》卷十六下引。

《华阳国志》等史籍说哀牢人有“帛叠”，也是棉布的别称之一，通“白叠”的称谓。日本学者藤田丰八考证“帛叠”应为草棉制品，名称源于波斯语“Bugtak”或“Pakhta”，巴利文为“Pataka”①。

麻纺织。永昌郡的麻布以质量高而著称。《华阳国志·南中志》记载，永昌郡的哀牢夷出产“兰干细布”的苎麻织品，为人们所喜爱，并用“织成文章如绫锦”的话来称赞它，说明这种优良的“兰干细布”可同“绫锦”这类丝绸品媲美，织工是极其精致的。《后汉书·南蛮西南夷列传》上也有相同的记载：“有阑干细布，阑干，獠言纻也，细成文，如绫锦。”“纻”即苎麻。同样说明“阑干细布”是用苎麻纤维制作的，质量相当精细。

丝纺织。丝纺织有多种技艺和产品，《华阳国志·南中志》记载永昌郡有“蚕桑”，并有“绵绢”、“文绣”的产品，说明当时永昌地区已生产“绵”（通“锦”字）和“绢”等丝织物。《后汉书·南蛮西南夷列传》也说在永昌郡一带：“土地沃美，宜五谷蚕桑，知染采文绣。”永昌郡的哀牢夷不仅种植蚕桑，生产锦、绢，还有发达的刺绣业。

另外，《史记·西南夷列传》说：“夜郎旁小邑，皆贪汉缯帛。”所以，至迟在汉武帝时汉地的丝绸品（“缯”）已传到现在的云南、贵州一带地区。东汉时期的《白狼歌诗》中也有“多赐缯布”的诗句。

毛纺织。毛纺织品亦见于记载，《华阳国志·南中志》记载永昌郡有“罽旄”，《后汉书·南蛮西南夷列传》又记载了“罽毲”，应为同一物，就是指羊毛的纺织品。细的毛纺织品称为“罽”，“罽毲”应是哀牢夷生产的一种质量很好的毛毯。

文献中还记载了当时的一些纺织品。汉明帝时，郑纯任永昌郡太守，与哀牢夷人约定，当地邑豪每年上交布、贯头衣二领，作为常赋。据《永昌郡传》记载，兴古郡的鸠民（壮族先民）：“咸以三尺布，角割作两襜，不复加针缕之功也。”②说明衣服的布料是一种“三尺布”。

2. 树皮布、石棉布及染色

东汉以后，云南还有树皮布、石棉布这样特殊材料的产品，染色技术也开始兴起。

---

① 藤田丰八：《中国南海古代交通丛考》，商务印书馆，1936年，第459～465页。

② （宋）李昉：《太平御览》卷七九十一，《四夷部》十二引。

汉代,有的少数民族已利用构树皮,制作成构皮布。晋代郭义恭《广志》说:“墨僰濮在永昌西南,山居耐勤劳。其衣服妇人以一幅布为裙,或以贯头。丈夫以榖皮为衣。”①“黑僰濮”为布朗族、德昂族和佤族等孟高棉语族的先民。文中直接指明是用构树皮制作为衣,显然是一种树皮布,应经过无纺织的加工处理。以后的文献也多有记载,说明云南少数民族一直有制作构皮布的传统。

云南少数民族还懂得使用石棉布,即古代著名的火浣布。例如,《后汉书·南蛮西南夷列传》记载,云南的特产“賨幏、火毳、驯禽、封兽之赋,骈积于内府”。唐代李贤注:“火毳即火浣布也。”这种火浣布耐火,很早就受到人们重视。賨幏又被解释为“賨布”,认为是古代賨人(西南少数民族之一)制作的一种纺织品,但其材质不详。

《后汉书·南蛮西南夷列传》说哀牢夷“知染采”,已有了印染技术。云南早期的染料有动物血和矿物质等,《华阳国志·南中志》讲哀牢夷物产时指出:“又有貊兽食铁,猩猩兽能言,其血可以染朱罽。”说明在汉晋时代,滇西的哀牢夷已用动物血作为朱罽(毛织品)的染料。同书还说哀牢夷有“采帛”,为彩色的丝织品。

五、手工业技术

1. 建筑技术与陶器、漆器制作

东汉以后,建筑技术最显著的进步是内地烧制砖、瓦的技术传入了云南,主要发达地区普遍采用汉式建筑。

在今滇东北和滇中等地区发现的几十座“梁堆”墓,其墓室的营建材料大多数是用砖砌造的,有些砖为画像砖,多以车骑、牛马、人物和动物为内容,也有一些是汉代文字砖,有“八千万侯”、“悲乎工哉”等篆字。大理和保山地区出土了一些带有纪年的砖,例如,大理有“嘉平年十二月造”、“太康四年”等纪年砖,保山有“建安”、“延熙”、“元康”“中平四年吉”等纪年砖。另外,这些地区还出土了大量纹饰砖(图5.4),多为几何纹或云雷纹,以及各种钱纹砖。

瓦也大量见于东汉以后的考古发现,大理大展屯东汉墓出土了残板瓦和筒瓦若干片,瓦上饰有沟纹。保山龙王塘东汉建筑遗址发现了板瓦8件、筒瓦13件、条瓦5件、滴水9件等。瓦的式样已经相当丰富。

---

① (宋)李昉:《太平御览》卷七九一,《四夷部》十二引。

砖和瓦的传入解决了房屋建设和防水的问题，极大地提高了云南的建筑水平。

图5.4　保山诸葛营城出土的汉晋纹饰砖

东汉以后，云南的建筑风格发生了重大的变化，主要发达地区普遍采用汉式建筑，古滇国时代有特色的干栏式建筑已不见于考古发现。在大理、会泽、昭通等地出土的大量陶制建筑模型，已出现了楼房，高的达3层，普遍采用了砖石结构，风格以汉式建筑为主。例如，大理大展屯出土东汉陶屋，为庑殿顶三重檐式方形楼阁（图5.5），在檐枋间安装有大小不等的斗栱，这显然是汉地传入的建筑技术。大理地区出土的东汉陶屋，与贵州赫章可乐出土的汉代陶屋形式完全相同。滇东北的会泽水城的东汉墓中，还发现了陶制的庄园式的建筑模型，有大门、前后庭院和围墙等，围墙中有树，房子为瓦顶，亦为典型的汉式建筑。

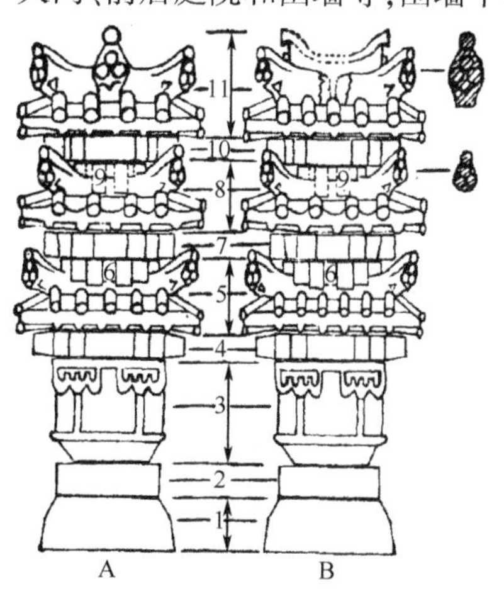

图5.5　大理大展屯出土的东汉陶屋

昭通、呈贡、姚安等地的墓葬表明，东汉时云南地下砖墓室多采用拱券式砖石结构，砖拱用泥浆作为胶结材料，这也是一种深受中原地区影响的墓室建筑形式。

东汉时期，云南已能制较大型的陶器，例如，大理地区出土的高达80多厘米的陶房，并出土了陶楼、陶马等造型复杂的器物。昭通、保山等地还出土了汉晋时期的画像砖，制陶技术得到了进一步提高。

《华阳国志·南中志》提到云南有“丹漆”。昭通桂家院子东汉墓出土了漆棺，上有红漆皮。个旧卡房镇黑蚂井东汉墓出土了盒、耳杯等随葬漆器，为黑底朱绘、饰有双钱纹、同心圆纹和云雷纹等。广南牡宜东汉墓亦出土大量墓器，有各种漆耳杯、漆盘、漆勺、漆几案和漆构件等，为红、黑相间，饰有美丽的花纹。说明继西汉滇池地区以后，东汉时漆器制作已扩大到滇东北和滇南等地区。

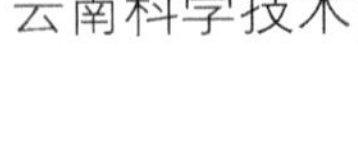

2. 食盐开采

东汉时期，文献中开始记载了云南的食盐产地，食盐在经济和生活中开始占重要的地位。

著名的盐产地有滇中的连然（今安宁）、滇西的蜻蛉和滇东北的南广（今镇雄）。其中，蜻蛉、南广两个县还设有盐官，表明当地盐的生产量很大，政府已对其生产进行了管理。但只出现盐泉而没有出现盐井的地名。例如，《华阳国志·南中志》记载："连然县，有盐泉，南中共仰之。"说明当时可能还停留在对自然盐泉的利用，而没有盐井的开凿。直到今天，安宁井和大姚的白井仍是云南著名的产盐地，而设有盐官的南广郡，在今镇雄、盐津一带，古代也是著名的产盐区，从南广郡北上不远，就是中国著名的盐都自贡。

明帝永平十二年(69年)，永昌郡太守郑纯"与哀牢夷人约：邑豪岁输布、贯头衣二领，盐一斛，以为常赋，夷俗安之"[①]。食盐作为哀牢民家的赋税，说明食盐生产在地方经济中已占有一定的比重。哀牢人的居住地为永昌郡，位于永平和保山一带，其旁边有比苏县，即今著名的盐区云龙县，"比苏"在白语中是盐的意思。《华阳国志·南中志》记载的民谣："汉德广，开不宾。"其中，"开不宾"在白语中有开盐矿的意思。到蜀汉政权时，还把盐作为战略物资储藏，"收其金、银、盐、布，以益军储"[②]。

3. 纸张的传入

东汉以后，内地的纸张开始传入云南，这是科技文化中非常重要的事件。

广南县牡宜东汉大墓出土了若干竹简，上面用墨写有汉字，说明当时云南的一些贵族已用竹简纪事，尚没有发现采用纸张的痕迹。

三国时期，云南的上层人士已使用纸张。《三国志·蜀志·吕凯》记载当时南中大姓雍闿在云南反叛蜀汉政权，"都护李严与闿书六纸，解喻利害，闿但答一纸"。这是目前所见云南用纸情况的最早最确实的记载。以后《华阳国志·南中志》说："诸葛亮乃为夷作图谱，先画天地、日月、君长、城府；次画神龙、龙生夷、及牛、马、羊；后画部主吏乘马幡盖，进行安恤。"其中"图谱"可能用纸所绘，有的可能还是地图。

西晋时，有的地区在祭祀时已大量使用纸张。例如，晋《九州要记》说："云

① （南朝宋）范晔：《后汉书》卷八十六，《南蛮西南夷列传》。

② 《旧唐书·张柬之传》。

南郡山，山有祠，处石室称黄石公，祀之必用纸一百张，笔一双，墨一丸。”当时还有笔和墨，说明纸已用于书写工具。纸的传入对云南科学文化知识的提高有极重要的意义。两晋时，西爨白蛮的书法已经达到很高造诣，如《爨宝子碑》、《爨龙颜碑》书法得汉、晋正传，在中国书法史上都有崇高的地位，这与书写工具——纸张的传入（甚至可能是造纸术的传入）是密切相关的。

六、自然科学知识

1. 天文历法

东汉初期，僰道（今云南水富、四川宜宾一带）的僰人中还涌现出一位天文学家，《华阳国志》卷十说：“任永，字君业，僰道人也。长历数，王莽时托青盲，公孙述时累征不诣……”即任永是王莽、公孙述时代的一位搞天文历法的人，历法是他的专长。《后汉书·独行列传》中也有任永的传记，他是见于记载最早的僰人科学家。

东汉以后，中原地区的农历也传入了云南，在今发现的一些墓砖的碑刻上，已采用中原地区的历法和干支记年月。例如，在大理一带出土的一些墓砖上，就有“嘉平年十二月造”（177 年）、“太康四年”（283 年）、“太康六年”（285 年）等字样，滇中一些晋碑上也有用中原的历法和干支记年月的情况。魏晋时期，中原历法更是在云南得到普及，陆良和曲靖发现的大小两爨碑就采用了中原农历纪年。

2. 计时技术

东汉时期，大理地区大展屯汉墓中已出现计时用的田漏。滇东北的会泽水城村东汉墓中还发现的了三件陶制的漏刻（图 5.6）。其中，1 件（M10：14）高 43 厘米，腹径 40 厘米，尊的口径 29.5 厘米，流口直径 2 厘米；另有 1 件（M8：26）高 34 厘米，腹径 43 厘米，尊的口径 29 厘米，流口直径 1.9 厘米。这是用流水的流量来测量时间的仪器。这些漏刻体积较大，流口制作规范，表明计时技术已达到了一定的水平。

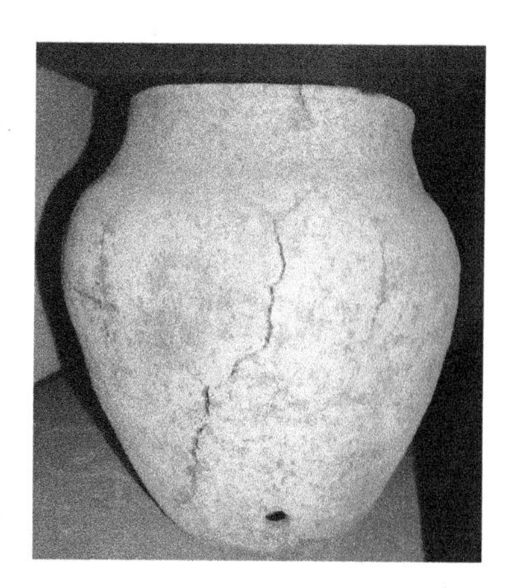

图 5.6　会泽水城东汉墓出土的陶制漏刻

大理下关大展屯 1 号汉墓（东汉）出土一

图5.7　下关大展屯出土的铜双龙抱柱

件铜双龙抱柱（图5.7），很显然是由圭表衍生而来的，这是一种测量太阳光线的装置。说明东汉时期云南已有较精密的时间观念，计时技术有了初步发展。

3. 生物学和医学

这一时期，生物学知识开始有较多的记载，很多云南药物得到了采集和使用，有些还输送到中原地区。

晋代的《广志》把云南的芋分成14种，对其性状及生理特点进行了详细的研究。僰人还多以种植荔枝为业，史称“园植万株，收一百五十斛”①。可见当时种植荔枝的规模。对中国著名的国宝——大熊猫的观察也十分精细，“貊大如驴，状颇似熊，多力，食铁，所触无不拉”②，指出大熊猫有食铁的生理特点，这在今天动物园对大熊猫的实验中得到了证实。有的史籍还记载大熊猫出于建宁郡：“貊兽，毛黑白臆，似熊而小。以舌舐铁须臾便数十斤，出建宁郡也。”③可见，当时滇池一带也是出产大熊猫的。

医药学方面，古籍中记载了若干味药材。例如，“治邪气，辟毒疫”的木香，治蛇毒的茶首，以及堂螂附子、升麻、茯苓、琥珀、杂药等多种中草药。兴古还出产丹砂：“丹、朱砂之朴也，大者如米，生山中。”④丹砂即可作为中药，也是中原炼丹家常用的化学药物。生于益州的“空青”（化学式为 $Cu(OH)_2 \cdot CuCO_3$），不仅作为延年益寿的药材，炼丹家还使用它“化铜铅作金”⑤，作为化学试验之用。

晋《南方草木状》记载的一些植物可作为药用。例如，漏蔻树：“子大如李实，二月花，七月熟，出兴古。”这里“漏蔻”应为豆蔻。兴古郡出产的橄榄：“子大如枣，二月华，八九月熟。生食味酢。”现在橄榄也是滇南的名产之一。书中

---

① 《太平御览》卷一九七引。
② 《后汉书》卷七六，李贤注引《南中八郡志》。
③ （晋）魏完：《南中志》，左思《蜀都赋》刘逵注引。
④ （晋）郭义恭：《广志》，《太平御览》卷九八五引。
⑤ 《本草经》，引自《艺文类聚》卷八一，《草部》上。

还记载了出产于兴古郡的藿香和榛生，这是“民自种之，五六月采”的药材。另有色黄味酸的“鬼目”，以及用草染为红色的“科藤”等，这些植物直到今天仍然是著名的中药材。

琥珀是一种树脂化石，中医常作为药用，古代盛产于滇西。晋《广志》说：“哀牢县有虎魄生地中，其土及旁不生草，深者八九尺。大者如斛，削去外皮，中成虎魄如升，初如桃胶凝坚成也。”[①]对琥珀的生成及性质有了初步了解。唐《酉阳杂俎》记载了云南的一种叫“牧靡”的解毒草，“建宁郡乌句山南五百里，牧靡草可以解毒，百卉方盛，乌鹊误食喙中毒，必急飞牧靡上，喙牧靡以解也”。建宁郡是两晋南北朝的建制。当时用蛊的习俗也出现了，史书中还常常记载瘴疠，对其危害性也有一定的认识。

尤为重要的是，宁州出产的硝石已有记载。唐《新修本草》记载：“芒消……旧出宁州，黄白粒大，味极辛苦。”宁州在滇池一带地区，治所在今华宁县。说明唐代以前，云南的硝石输到了中原地区，而硝石是中国古代极为重要的一种化学物质，也是中原炼丹家视为神物的丹药，宋代发明黑火药，硝石就是其必需的原料之一。

七、本章小结

东汉以后，云南纳入汉朝的中央政权，成为中国版图上的一部分。关于云南的文献逐渐增多了，可以较方便地利用这些文献来探索云南的科学技术。

东汉时期，汉文化大规模地进入云南，开始出现了学校和其他文教事业。科学技术中的古滇特色在东汉以后突然消失了，开始较多地注入中国内地科学技术的特征，并占据了优势，这与汉人大量入滇有重要关系。

云南与中国内地在科学技术方面有了更多的交流，特别在农业生产和建筑技术等领域，内地在很多方面都对云南科学技术产生了重大影响。比如，农业中牛耕技术的引进、水稻栽培技术的推广、各地水利工程的建设；建筑中砖和瓦的使用，斗栱风格的建筑出现于大理等地；文化领域中纸张输入云南，都是云南科技史上重要的事件。在自然科学方面，中原历法在云南的传播和使用，也是影响深远的重要事件。从域外还传入了木棉的栽培技术，对云南和中国西南的纺织业有极重要的影响。另外，农业水利专家文齐和天文学家任永，

① （明）刘文征：天启《滇志》卷三二引。

是汉代的两位科技人物,也首次出现在云南历史记载中。

这一时期,云南自己独立的科技成果并不多,但也有一些很有特色的成果,如医药学知识、生物学知识、井盐生产及漏刻计时等。特别是采矿技术有了可贵的发展,鎏金装饰技术更加成熟,朱提堂狼铜洗成为代表性的铜制品。而朱提银因质量高,在内地得到广泛流传。最为重要的是,东汉以后冶铁技术取得了重要的进步,出现了专业铁官,铁的产量相当可观,云南从此步入了铁器时代。

第六章

隋唐五代时期云南的科学技术

（公元590年至公元959年）

一、历史背景

597年，隋朝将领史万岁远征云南，消除了爨氏割据势力，中原王朝的势力重新进入云南。648年，唐太宗派梁建方征讨“松外蛮”，再次深入到西洱河。但8世纪初，吐蕃南下，与唐朝在滇西展开争夺，唐朝急于培植当地力量抵御吐蕃。洱海地区主要有“六诏”，不相统属，南诏为“乌蛮别种”，本来只是一个小部落，偏处在洱海南部的一隅之地。738年，在唐朝的支持下，南诏发动北伐战争，击败其他五诏，统一了洱海地区，是为“南诏国”，唐王朝册封皮罗阁为“云南王”。

以后南诏联合白蛮等民族，经过拓东、开南的扩张战争，在中国西南边疆急剧强大起来。先定都太和城，后迁都阳苴咩城，均位于大理洱海西岸。其疆域东接贵州，西抵伊洛瓦底江，南达西双版纳，北到大渡河。成为中国西南规模空前的多民族政权，也是第一个把云南各民族的力量都整合起来的政权。

南诏立国之初，就“西开寻传”，开发滇西大片地区，取得资源上的优势。同时，积极发展经济，学习先进的汉族文化，云南各民族的经济文化联系得到空前加强，科学技术的发展出现了新的高潮。南诏国率先采用稻麦复种制和梯田稻作法，这是两项杰出的技术发明，由此引发了一场农业生产革命，使南诏成为最先进的农业地区，在科学技术的诸多方面大放光彩，创造出大量财富，成为南诏国力强盛从而威震四方的基础。

南诏国横空出世后，就逐渐表现出一个强力国家的特征，不仅把劲敌吐蕃逐出剑川，征服了东、西两爨，还常常与唐朝分庭抗礼，多次打败大唐帝国，双边关系时好时坏。到南诏中期，唐王朝在成都创办了供南诏子弟学习的学校，有利于南诏科学文化知识的提高。南诏政权对科学技术采取鼓励政策，“一艺者给田”，奖励有一技之长的人，以推动科技发展。在南诏的“九爽”行政机构中，专门设有掌管手工业、贸易和畜牧的部门。

南诏权臣王嵯巅煊赫一时，是富于传奇色彩的人物①。他不仅创造了多次远征作战的记录，同时也为南诏科技的发展立下汗马功劳。829年，他率领南诏军队向北进军，攻破成都后掳掠了大批的工匠②，包括绫、罗纺织和髹漆的工巧艺人，来自波斯（或印度）的眼科医生，斩获甚丰。由于“百工”齐聚，南诏的科技成果辈出。王嵯巅又在823年和835年率军向南进军，席卷骠国（今缅甸）、弥诺国、弥臣国、昆仑国、女王国、真腊等东南亚国家，每次胜利都掳来了上千人，使东南亚的科技知识也传入了南诏。南诏对外扩张，进攻四川、广西、东南亚地区，给当地人民带来很大的危害和痛苦，但却推动了南诏的经济和科技向前发展，这大概就是历史和道德的悲剧性二律背反吧？

过多的战争，以及佛教的影响，使晚年王嵯巅的内心也酝酿着寻求心灵的宁静。在他的倡议和主持下，840年左右南诏重修了大理崇圣寺，并建立了昆明的东寺塔和西寺塔。

这一时期，国力的强盛，商业的发达，云南的对外交往和国际贸易空前发达起来，使得很多科技知识伴随着贸易传入了云南。南诏与亚洲各地有广泛的接触，与中国内地、东南亚和南亚都有普遍的官方和民间往来，南诏的首都阳苴咩城是各国交往的要枢，这是具有国际意义的事件。彝族、白族等先民在南诏时期终于第一次走上了亚洲的历史舞台，成为代表亚洲历史的民族之一，南诏史成为了亚洲史乃至世界史的一部分。

902年，中原人士郑回的后裔郑买嗣杀南诏王室800多人，建“大长和”国（902～928年），盛极一时的南诏国终于灭亡 。927年，宾川萂村的杨干贞又灭“大长和”国，先短暂建立“大天兴”国（928～929年），以后又建立了“大义宁”国（929～937年），但以后被白蛮贵族段思平推翻。

二、天文学、数学和地学

1. 天文学和数学

隋唐时期，洱海区域出现民族历法和中原历法并存的现象，印度的天文学知识亦传入了南诏。南诏的子弟还大量派遣到内地学习数学知识，当时除十进位

① 民间传说王嵯巅是鹤庆朵美人。

② 现在剑川仍有一些世居汉族，有四川口音，传说是南诏时入滇的汉族。

制外，南诏国内还使用十六进位制。

南诏建立之前，洱海地区生活着河蛮（白族先民）等少数民族，聚族而居，又称为“松外诸蛮”。《通典》卷一八七说松外诸蛮有很多大姓，“颇解阴阳历数……以十二月为岁首”。说明河蛮有自己的历法，并有了精通历法和数学知识的人才。从历法角度看，十二月应为建丑，而唐历是建寅，二者并不相同。但唐初中原的唐历也传入了云南的部分地区。唐高宗时，唐将李知古率军征伐云南，云南各地反攻，引吐蕃军攻杀了李知古。以后滇西其他部落与唐朝的关系断绝，只有蒙舍诏的诏主盛炎一直奉行亲唐政策，“独奉唐正朔”[①]，采用唐朝颁布的历法。所以，在南诏建立前，洱海地区就有“以十二月为岁首”的民族历法与中原历法并存的现象。直到20世纪中期，这种民族古历法仍然还在滇西的怒江地区使用着[②]。

南诏建立政权后，中原历法主要从官方的渠道传入大理地区。南诏王异牟寻在位时，为了和唐王朝修好，先主动采用唐历，打出“奉唐正朔”的旗号。唐朝皇帝也多次向南诏颁赐历法，从此以后，南诏官方与唐帝国交往时，往往都遵用唐朝的历法。另外，由于佛教徒从中原大量进入云南，带来了有唐历记年、月、日的中原历法。因此，无论是民间或是南诏官方，中原历法都得到了较普遍的传播。

当时已有一些恒星知识，在大理千寻塔出土了一张绢质符咒，上面绘有30多颗恒星的示意图。印度天文学中的“七曜”的星期制观念，南诏时通过汉地传来的佛经亦传入云南。另外，印度的寒季、热季、雨季三个季度划分法，以须弥山为中心的宇宙观等天文学知识也同样通过汉地佛经传入南诏，推动了南诏天文学的发展。

云南白族和彝族的“星回节”的记载出现于南诏时期，据五代时期的《玉溪编事》载南诏骠信（寻阁劝）歌咏星回节的诗，内有“不觉岁云暮，感激星回节”的诗句，清平官赵叔达贺诗中有“河阔冰难合，地暖梅先开”的对答，星回节应在隆冬时期。宋代《太平广记・南诏》更直接指明“南诏以十二月十六日谓之星回节”。表明南诏有十二月过年节的历法，这与河蛮的历法（“以十二月为岁首”）一致，再次说明南诏应有唐历和河蛮历法并存的现象。但后世文献还记载了夏季的星回节，有专家认为，星回节就是火把节，这是由于白族在古代也曾使用过

---

① （胡本）《南诏野史》，木芹会证本，云南人民出版社，1990年，第46页。

② 张旭：《白族的古老历法》，《大理白族史探索》，云南人民出版社，1991年。

十月太阳历，它有冬夏两个新年，所以有冬夏两个星回节。由于夏季的新年有点火把的习俗，故俗称火把节①。

南诏军中，专门设有一个官员负责天象观测等事宜："军谋曹长，主阴阳占候。"②"阴阳占候"是需要天象观测作为手段的，说明当时已有专人进行天象观测。南诏的天文学家已注意观察异常天象，在一些后世著作中就记载了南诏时期的天象记录。(胡本)《南诏野史》记载了唐太和三年(829年)"六月朔，星落如雨"，这是一次流星雨事件的宝贵记载。《康熙云南通志》记载了唐僖宗乾符元年(873年)彗星见于永昌，而中原地区的文献失载这次彗星的出现。

数学知识也比较普及，南诏子弟在成都学习，学习的科目中就有数学，前后达半个世纪，培养了上千名的南诏子弟。南诏对数学人才很重视，军中能算能书的士兵有优待。在南诏晚期的经卷上，还有"千百亿"等大数观念，"千百亿"是佛经中的常见称谓，可能只是信口的大数字，但却能打开人们的视野，给人以丰富的想象。

南诏时，云南除使用十进位制外，还使用十六进位制。《新唐书·南蛮传》说："以缯及贝市易，贝者大若指，十六枚为一觅。"这是一种特殊的进位制。其来源是中国内地抑或印度，尚待进一步研究。

2. 地学知识

南诏时已有地图出现，地理学知识也得到很大拓展。云南各民族与亚洲各国人民有普遍的联系和交往，大大拓展了人们的空间视野，南诏对整个亚洲南部已有相当多的了解。

南诏王异牟寻在神川击败吐蕃之后，向唐朝献地图："乃遣弟湊罗栋、清平官尹仇宽等二十七人入献地图、方物，请复号南诏，帝赉赐有加。"③这应是南诏官方绘制的地图。把地图作为进献朝廷的重要礼物，也是当时南诏臣服唐王朝的一种象征，推测进献的应是一种管理疆土的地图。今存的《南诏中兴二年画卷》中就有一个鱼蛇交纽图(图6.1)，其背景就是一个大理地区的地形图，并标出了"矣辅江"、"弥苴佉江"、"龙尾江"等周边河流，还用线画成鱼鳞状层层重叠，以示洱海波浪起伏的特征。

地理学知识也得到很大拓展。唐代樊绰所著《云南志》一书，是根据他在唐

---

① 陈久金等：《彝族天文学史》，云南人民出版社，1984年，第176~198页。

② (唐)樊绰：《云南志》卷九。

③ (宋)欧阳修等：《新唐书·南诏传》。

懿宗咸通年间任安南经略使幕僚时，对南诏的实地考察，并参酌唐人其他著作写成的。此书是中国最古的舆志，分云南界内途程、山川江源、六诏、名类、六睑、云南管内物产、蛮夷风俗、南蛮条教、南蛮界接连诸蕃夷国名等部分，涉及云南及周边国家和地区的历史、山川、气候、物产、风俗、宗教等情况，是有关这一地区现存最早最系统的综合性地理著作，为研究云南的历史和地理，留下了珍贵的文献资料。

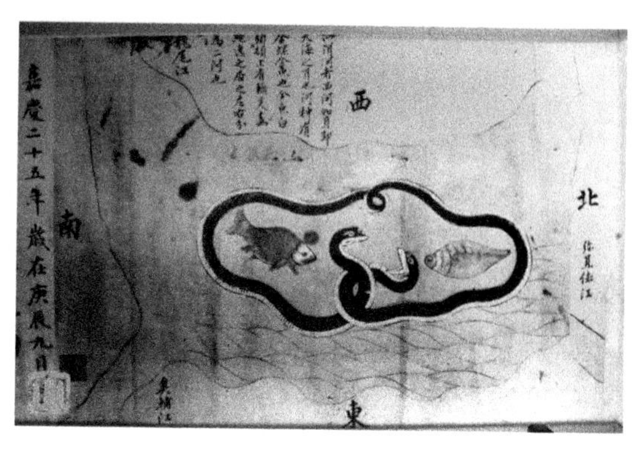

图 6.1　《南诏中兴二年图传》的二蛇交纽图，背景是地形图

《云南志》中有些记载在地理学上是很有价值的。书中说高黎贡山的地形特点是冬天“积雪苦寒”，夏秋山下又“毒暑酷热”，这实际上就是高山冰川地形，并注意到了气候与地形的关系。书中还记载了金马山、螺山、碧鸡山、玷苍山、囊葱山、大雪山等山脉的基本情况，扩大了地形学知识。

樊绰在《云南志》卷二中，分别记载了澜沧江、怒江、丽水（今伊洛瓦底江）是独立的河流。在中国的古籍中，此书最早区分了这三条江河的不同，这是南诏时期各族人民的一项重要地理发现。书中说：“兰沧江，源出吐蕃中大雪山下莎川，东南过聿赍城西，谓之濑水河。又过顺蛮部落，南流过剑川大山之西，兰沧江南流入海。”指出了澜沧江的源头在西藏。书中还记述了包括金沙江在内的数十条江河流域，这些记述尽管多限于源流和脉络，比较简略，但却丰富了当时水系分布的知识。

域外地理方面，樊绰在《云南志》卷十中，叙述了南诏与东南亚和南亚诸国的关系。其中，主要有在今缅甸的弥诺国、弥臣国、骠国、昆仑国和夜半国，在今印度的大秦婆罗门国和小婆罗门国，在今老挝的女王国，在今柬埔寨的水真腊国和陆真腊国，共 10 个国家。书中对其风土人情进行了翔实的描述，特别叙述了它们与南诏的政治和经济交往状况。书中还谈到南诏与更远的阇婆、波斯、大耳国、勃泥等国家和地区也有一定的交往。表明南诏几乎对整个亚洲南部的地理都了如指掌。这些域外地理知识，大大拓展了人们的空间视野，也是南诏各民族与亚洲各国人民有普遍联系和交往的反映。

9 世纪中叶，一批阿拉伯人沿印度—云南的路线进入云南，他们留下的珍贵记载如今还保存着，原文为阿拉伯文，后译为法文，现在已经以《中国印度见闻录》的中文名出版。这部著作比《马可波罗行纪》早4个半世纪,是一部最古老的中国游记。其中,谈到这批阿拉伯人来到南诏时对大理的观感:"在这些国王中,蒙舍(Moutcha)族是一个白人部落,衣着和中国人相似,这个部落拥有丰富的麝香,境内遍布白雪覆盖的大山,高耸云霄,世所罕见。蒙舍部落经常向周围的国王发动战争。这里出产的麝香极其优良,疗效极好。"①这段记载是关于阿拉伯人来到云南的最早最可靠的记录,也是外国人对云南的首次考察记录,在云南地理史上具有重要价值。

三、医药学知识

1. 医药学

医药学方面,南诏的医药学有自己的特色,出现了药酒疗法的记载。当时云南与各地有广泛的药物学交流,国外的医生还首次进入南诏国内。

南诏时已懂得把药物浸入酒中,进行药酒疗法。樊绰记载了一种蒦歌诺木,产于滇西丽水的山谷中,把这种药材配入酒中,作为药酒,治疗腰病和脚病,很快就见到疗效。这种疗法在今天白族民间仍十分盛行。当时还懂得利用温泉沐浴治病,《南诏德化碑》记载:"灵津蠲疾,重岩涌汤沐之泉。"陈寅恪认为,这种方法是从印度传来的。但由于汉代张衡的《温泉赋》、北魏郦道元《水经注》中都有温泉疗法的记载,陈寅恪的说法尚不能作为定论。

南诏攻打成都时,特地从成都掳来一个"眼科大秦僧",这是一位从波斯或印度来的眼科医生,有景教(基督教的支派)的背景。当时波斯和印度的眼科技术在中原非常有名,南诏掳来这样一位眼科医生,表明在医学上对他是有期望的。

樊绰在《云南志》中记载了南诏有雄黄、青木香、麝香、柑橘、椒、姜、桂等药物。贞元十年(794年),南诏曾向唐朝进献了当归、朱砂、牛黄、琥珀、犀角等珍贵药材。外来的各种药物也不断输入云南。《云南志》卷十记载了昆仑国(今缅甸)出产青木香、柴檀香、槟榔、蠡杯等香药,为南诏所知晓。同书卷六又说南诏在"大银孔"与昆仑诸国贸易,"以黄金、麝香为贵货",昆仑国的药物通过贸易也输到了南诏。

---

① 穆根来等译:《中国印度见闻录》,中华书局,1983年,第14页。

晚唐波斯人李珣在《海药本草》中说贝子："云南极多，用为钱货易。"[①]实际上，贝子也是一味中药。云南的有些药物在史籍中有详细记载，例如泸水南岸有余甘子树，"子如弹丸许，色微黄，味酸苦，核有五棱。如柘枝，叶如小夜合叶。"[②]这种云南的余甘子树还收入宋代的国家药典《证类本草》中。唐代云南有大腹槟榔，在树枝花朵上颜色很青，每一朵有二三百颗，"又有剖之为四片者，以竹串穿之，阴乾则可久伫，其青者亦剖之，以一片青叶及蛤粉卷和嚼，咽其汁，即似减涩味。云南每食讫则下之。"[③]这种大腹槟榔也是一味著名的中药。

2. 毒药与瘴气

南诏境内一些少数民族善于使用毒药。有的在箭头上抹上毒药，望蛮的外喻部落，在箭镞傅毒药，所中人立毙[④]。当时，毒药常常用于武器上，以加大杀伤力。唐人段成式说："毒槊，南蛮有毒槊，无刃，状如朽铁，中人无血而死。"[⑤]毒槊即铎稍，它是一种有名的武器，南诏加入了毒药的工艺。史书还记载郁刀的制作工艺中也加入了毒药，"中人肌即死"[⑥]，这大概是一种很烈性的毒药。南诏在战争中还大量使用毒药，贞元十五年(800年)，吐蕃袭击南诏，军队屯在铁桥一带，南诏就在水中下毒，人畜多死[⑦]。在这次战争中，南诏显然使用了相当数量的毒药。

樊绰在《云南志》还记载了对瘴气的认识。如该书卷二说，在永昌西北有大雪山："地有瘴毒，河赕人至彼，中瘴者，十有八九死。阁罗凤尝使领军将于大赕中筑城，管制野蛮(景颇族)，不逾周岁，死者过半，遂罢弃，不复往来。"卷二又说，高黎共(贡)山有瘴气。卷五记载蒙舍一带"地气有瘴"。卷六说："自寻传、祁鲜已往，悉有瘴毒，地平如砥，冬草木不枯，日从草际没。诸城镇官，或避在他处，不亲视事。"这些记载，全部位于滇西地区，而永昌西北所谓"中瘴者，十有八九死"，表明瘴气很重，与现代学者认为有"腾越重瘴区"的地理位置相符[⑧]。瘴气，有认为是恶性疟疾，云南俗称"打摆子"，有认为是伤寒

① (宋)唐慎微：《证类本草》，卷二二引。
② (唐)韦齐休：《云南行记》，《太平御览》卷九七三引。
③ (唐)韦齐休：《云南行记》，《太平御览》卷九七一引。
④ (唐)樊绰：《云南志》卷四。
⑤ (唐)段成式：《酉阳杂俎》卷十。
⑥ (唐)樊绰：《云南志》卷七。
⑦ (清)顾祖禹：《读史方舆纪要》卷一一七，《云南》五。
⑧ 周琼：《清代云南瘴气与生态变迁研究》，中国社会科学出版社，2007年，第158页。

病,还有认为是中暑,未有定论。

云南常有流行病暴发,但古人往往以为与“瘴”有关。唐天宝十二年(753年):“剑南节度使杨国忠执国政,仍奏征天下兵,俾留后、侍御史李宓将十余万,辇饷者在外。涉海瘴死者相属于路,天下始骚然苦之。宓复败于大和城(今太和村)北,死者十八九。”①天宝战争是改变云南历史的大事,也使云南有瘴毒的传闻名满天下。然而,古人的医学知识不足,把途中士兵大量死亡归结于遭遇瘴气是没有道理的。所以《新唐书》对此事的记载为:“涉海而疫死相踵于道,宓大败于大和城,死者十八。”②没有用“瘴”气而是用“疫”情记录了此事,表明实际情况应是水土不服,导致流行病蔓延。

贞元十年,“东蛮和使”杨传盛去安南的途中,“年老染瘴疟,未得进发,臣见医疗,使获稍损,即差专使领赴阙廷”③。在途中染疟疾,但采取了相应的治疗措施。

3. 金丹术

南诏时期,道教金丹术已传入大理地区,并流行于大理的宫廷之中。

关于金丹术传入大理地区的情况,《康熙蒙化府志 · 艺文》留下了一段珍贵的记载:“蒙氏强盛,蜀人有黄白之术售于蒙诏者,蒙人即俾其地设蒙化观(即玄珠观)以为修炼之所,今之观井,其遗墟也。”“黄白之术”指的就是金丹术,“黄”是炼金,“白”是炼丹。这条史料记载的时间是否可早到南诏,还需要再研究。但却表明大理地区曾传入了道教金丹术,并有明确的修炼地方及其遗墟。

巍山古称蒙化,是南诏王室蒙舍诏的发源地。巍宝山在巍山境内,以拥有众多的道观著称。据说巍宝山的道观在南诏时期就已建立,千百年来该地的道教兴旺发达。在很早的时期金丹术从四川传入巍山一带是有可能的。玄珠观作为古代遗下的寺观,一直是巍宝山的著名风景区之一。

从文献记载看,南诏末期金丹术在大理已很流行,进入了宫廷之中。(胡本)《南诏野史 · 大长和国》记载,郑买嗣之子郑旻(音 mín)即大长和国王位后,“仁饵金丹,躁怒,常杀人,遂暴卒”。在《南汉书》和《僰古通纪浅说》中也有类似记载。这与唐朝几位皇帝服丹药致死的情形十分相似。

---

① (后晋)刘昫等撰:《旧唐书》卷一九七,《南蛮传》。

② (宋)欧阳修等撰:《新唐书》卷一四七,《南诏传》。

③ (唐)樊绰:《云南志》附录。

有些密教徒也研究金丹术，例如，大理国碑《故溪氏谥曰襄行宜德履戒大师墓志铭并叙》中提到的大长和国溪智的祖先曾经“洞究仙丹神术”。

四、农业和水利建设

1. 农业技术

南诏在农业上取得了极为重要的成就，出现了稻麦复种制和梯田建设这两项领先性的贡献，堪称云南红土高原上创造的伟大奇迹，耕作技术也得到了广泛利用，对生产力的发展有巨大的推动作用。

南诏是一个非常重视农业的国度，史称其国内“专于农，无贵贱皆耕”[①]，达到了全民参加耕种的程度。在开阔的坝区，当时大片的土地已经被开发出来，农作的区域往往绵延达30里[②]，农田出现了规模化。农业是南诏的主要生产部门，其发达程度是南诏国力强盛的主要标志。

南诏立国之初，南诏国内的粮食生产就极为富足。在南诏太和城遗址金刚城内，发现了一块南诏时期的仓贮碑（图6.2），其中记载一所南诏的官仓，一次收粮就达9549石以上[③]。由于农业发达，渠敛赵（今凤仪）等白蛮居住地，人烟稠密，出现“村邑连甍（音méng），沟塍（音chéng）弥望”的兴盛景象[④]。而在今姚安和祥云一带的“大勃弄、小勃弄二川蛮（也是白蛮），其西与黄瓜、叶榆、西洱河接，其众完富与蜀埒”[⑤]。以上白蛮地区堪称富庶，生产力水平与蜀地已不相上下。

图6.2　南诏仓贮碑拓片

稻麦复种制的出现是南诏最为突出的一项科技成就。樊绰在《云南志》卷七说：“水田每年一熟，从八月获稻，至十一月十二月之交，便于稻田种大麦，三四月即熟，收大麦后，还种粳稻。”以上记录，是唐代文献中唯一记载稻麦复种制

---

① （宋）欧阳修等：《新唐书·南诏上》。

② （唐）樊绰：《云南志》卷七：“佃疆畛连延或三十里。”

③ 《二十世纪大理考古文集》。此碑现陈列于大理白族自治州博物馆，第613页。

④ （唐）樊绰：《云南志》卷五。

⑤ （宋）欧阳修等：《新唐书·南蛮下》。

(又称为稻麦两熟制)的史料,也是中国关于这项农业技术的最早记载。这是南诏在农业上最重要的一项领先性的成就,显示了古代云南人民的伟大智慧。

稻麦复种制对提高农田单位面积的产量有重大意义。这项农作技术的采用,农田单位面积的产量陡然提高了一倍,使南诏的农业生产发生了根本性的变化,对南诏农业经济有根本性的影响。《新唐书·南诏传》记载:"不徭役,人岁输米二斗,一艺者给田,二收乃税。"因南诏农业为稻麦两熟制,一年有两次收获,"二收乃税"是指一年两次收获后再交赋税,即田赋。而"人岁输米二斗"指的是人头税。由此可推知,由于实行稻麦复种制,南诏的农田税收同样提高了一倍。

由于稻麦复种制的出现,南诏的单位农田产量提高了一倍,农业税收也随之提高了一倍,政府的财政收入成倍地增加。南诏因此率先在中国唐宋时期开始了一场农业生产革命,其财力和国力都大大增强。《南诏德化碑》称赞阁罗凤功绩说:"易贫成富,徒有之无。家饶五亩之桑,国贮九年之廪。"完全是富足的小康社会景象。大量劳动力被解放出来,使得手工业和其他行业得到进一步发展,南诏的军力随之卓然高出于四周的大小部族,成为崛起于中国西南、对周围国家和地区发生重要影响的强大政权。而农业生产力的发展,又使得生产关系和上层建筑发生一系列变革,最后引起南诏国和大理国政权的相继更替。

稻麦复种制传入内地后,从江南一带再推广到了全国各地,同样使内地的农田单位面积产量得到了大大提高,这很可能是引起宋代发生了一场中国历史上伟大的农业生产革命的重要原因。宋代因此成为中国封建社会时期经济最为发达、科技成就空前巨大的朝代。宋代以后,稻麦复种制逐渐成为中国农业技术中最重要的耕作制度之一。

梯田建设是南诏在农业上的又一项杰出的技术发明。梯田可改变地形坡度,拦蓄雨水,增加土壤水分,防治水土流失。樊绰在《云南志》卷七称:"蛮治山田,殊为精好……浇田皆用源泉,水旱无损。"此处"山田"即为梯田,并且梯田建设的水平达到了"殊为精好"的高度。南诏时还出现了水稻梯田法,《南诏德化碑》说:"高原为稻黍之田,疏决陂池。"这是关于梯田种植水稻的记载,而建在山坡上的"陂池",保证了对稻田的水源供给。以上两条是中国已知文献中关于梯田的最古记载,也是关于梯田种植水稻的最早记载①。可以认为,云南滇池区

① 梯田之名始于南宋范成大《骖鸾录》,其中记载了他游历袁州(今江西宜春)时看到的情景:"岭阪上皆禾田,层层而上至顶,名曰梯田。"

域和洱海区域一带,很可能就是中国梯田作业技术的发源地。今哈尼族、白族等民族也有很高水平的梯田作业技术。

梯田建设不仅适应了云南山地的农作特点,也利用了水源的条件,是为适应云南的地理条件而产生的。梯田技术产生后,使云南的山地得到充分的利用,大大拓展了农业生产用地,以后农业可以向整个山地区域扩展。这成为继稻麦复种制之后,南诏发生农业生产革命的另一个重要因素,这也是中国农业史上一项十分重要的成就,与稻麦复种制的出现有同等重要的意义。这两项技术影响久远,深刻改变了各族人民的命运。

南诏时期,耕作技术已得到较广泛的利用,这是提高农业生产力的一项重要农业措施。《新唐书·南诏传》说:“自曲靖州至滇池,人水耕。”说明南诏时期,滇东的曲靖直到滇中的滇池地区,水田耕作已经很普遍。据记载,每耕田用三尺犁,格长丈余,两牛相去七、八尺,一佃人前牵牛,一佃人持按辕,一佃人秉耒①。采用了“耦耕、二牛三人法”的耕地技术,这种耕地技术是西汉时赵过推广的,它是曾在中国农业史上起过重大作用的深耕技术。在《南诏中兴二年图传》(899 年)上,绘有一个耕作的犁(图 6.3),当是文献中记载的“三尺犁”,从其可直观地看到这种二牛抬杠的耕作方式,也可以了解到南诏时期农业生产中使用“三尺犁”的构造细节。

图 6.3 《南诏中兴二年图传》上的犁

稻麦复种制、梯田作业法和牛耕技术,在技术上有机统一,可谓三位一体,构成了南诏国的农业技术特色,成为当时最先进的农业地区,这对生产力的提高,进而引发深刻的社会经济变革,无疑具有极为重要的意义。

南诏时期,云南还广泛采用象耕。樊绰《云南志》卷四记茫蛮诸部时说:“象大如水牛,土俗养象以耕田,仍烧其粪。”卷七说:“开南已南养象,大于水牛,一家数头养之,代牛耕也。”又说:“象,开南以南多有之,或捉得,人家多养之,以代耕田也。”这说明当时德宏和西双版纳都用大象耕田,这是云南极有特色的一项农业技术,在中国没有发现第二例。当时还以大象运物,唐《岭表录异》的作者

① (唐)樊绰:《云南志》卷七。

刘恂说,他曾有亲朋奉使云南,见云南的豪族各家都养有大象,用于搬运重物到远处,如同中国内地用牛马搬运。

2. 农产品

南诏时期,由于农业技术的巨大发展,粮食、蔬菜和水果等农产品已经相当丰富了。

当时已有麻、豆、黍、稷、水稻、大麦、小麦等农作物[①],其中水稻和大麦是主要农产品。南诏还发展了菜园、果园等种植业。《南诏德化碑》谈到了"园林之业",已通过发展园林种植来美化自己的家园。唐人樊绰谈到"南俗务田农菜圃",有了菜圃和各种园林之业。东洱河蛮和西洱河蛮(均为白族先民)在两岸肥美的田园阡陌中生产劳动,湖中盛产鱼禽,蔬菜和水果都十分丰盛,成为日常饮食中必不可少的食物。

南诏立国前,西洱河蛮的菜有葱、韭、蒜、菁,水果则有桃、梅、李、柰[②]。南诏立国后,蔬菜特别是水果的品种又继续增多。唐人韦齐休说云南出柑橘、甘蔗、柚、梨、蒲桃、李、梅、杏[③]。增加了 8 种水果。樊绰《云南志》记载,除柑橘外,水果又增加了荔枝、槟榔、诃黎勒、椰子、桄榔、波罗蜜果、芭蕉等 7 种,调味品增加了椒和榝(音 shā,即茱萸),蔬菜则有胡瓜(黄瓜)和冬瓜等原产于域外的作物,胡瓜也可作为水果食用。其他史籍又记载南诏出产石榴、核桃等,水果总数达 20 多种,真是应有尽有。其中多是云南原产植物,栽培水平自然随之提高了。从此以后,云南有"一年四季瓜果香"的称誉,奠定了作为中国水果之乡的重要地位。据统计,多数水果出产于永昌、丽水、长傍、金山等滇西广大地区,即南诏西开的"寻传"地区,这是物产多么丰美的好地方哟!令人羡慕不已。

唐人韦齐休说,南诏遣使送来云南的诸种水果,其中有椰子,形状像大牛心。破开第一重粗皮,刮尽后;又有一重硬壳,上面有小孔,以筷箸穿开,内有果浆二合多,为白色,味甘甜[④]。韦齐休又说云南多椰子,当时已用蜜把椰子渍之作为蜜饯。

茶叶生产也见于记载,蒙舍蛮从"银生城"等地散收来,说明早在南诏时期,

---

① (唐)樊绰:《云南志》卷七。

② (唐)杜佑:《通典》卷一八七。

③ (唐)韦齐休:《云南行记》,《太平御览》卷九六六引。

④ (唐)韦齐休:《云南行记》,《太平御览》卷九七二引。

滇南的普洱地区已成为茶叶的集散之地。“以椒、姜、桂和烹而饮之”[①]，这种饮茶方式一直是大理民间的风俗，可视为今白族三道茶的雏形。以后茶叶生产在云南各民族中一直呈欣盛之势。

《全唐诗》中有一首唐代诗人薛能撰写的题为《西县途中二十韵》的诗，其中提到了大理的散茶：

野色生肥芋，乡仪捣散茶。
梯航经杜宇，烽候彻苴咩。

3. 畜牧业和狩猎

南诏的畜牧业很发达，以越赕马的养殖最为著名，奶牛、耕牛、黄牛和牦牛等品种在云南都已具备，还养殖羊和鹿。人们从事虎、豹、犀牛、野牛和野猪的狩猎活动。

马的饲养和繁殖占有重要地位。其中，越赕马作为一种用于骑乘的马，在当时有很高的声誉。唐人樊绰说，越赕马出于“越赕川东面一带”[①]，世称“越赕骏”或“越赕骢”。马是食草牲畜，而越赕川有“泉地美草”，草地开阔，属水草丰美之地，具备养好马的必要条件，成为南诏政权的主要养马场。越赕川靠近今保山附近，处于“寻传”地区。《南诏德化碑》说“越赕天马生郊”。越赕马的特点是尾高，尤善驰骤，可日驰数百里。

越赕川和洱海地区出产的马，采用修造厩舍，用“槽枥”的方法喂养。在三年内主要采用米清、粥汁等喂养幼驹，在不同年龄给予合理的饲料。以后，经四五年稍大，六七年后方能成就一匹极能奔驰的好马。其喂养方法符合现代养马法，是先进的。而乌蛮民族养马的方法则采用“一切野放，不置槽枥”，即野放于自然环境中，这种方法不同于滇西养越赕马，应与彝族曾是游牧民族有关。

奶牛、耕牛（水牛）、黄牛和牦牛等品种在南诏时都已具备了，与今日相差无几。樊绰谈到滇西和滇东地区养殖“沙牛”，这些地区地多瘴，但水草丰肥，在天宝年间，每家养牛达数十头[②]。其中，弥诺江以西出产犛牛（牦牛），大于水牛，每家亦养数头，作为牛耕之用。滇西的黑僰濮还出产“白蹄牛”[③]，为一种特殊的品

---

① （唐）樊绰：《云南志》卷七。

② 樊绰《云南志》卷七：“沙牛，云南及西爨故地并生沙牛，俱缘地多瘴。草深肥，牛更蕃生犊子。天宝中，一家便有数十头。”

③ （唐）杜佑：《通典》卷一八七。

种。望蛮部(今佤族先民),"其地宜沙牛,亦大于诸处牛,角长四尺以来,妇人惟嗜乳酪。"[1]韦齐休的《云南行记》也记载云南有"酪"。说明食用奶酪的习俗已出现在滇西少数民族中。现在,大理地区养牛仍极为普遍,成为大理白族生活习俗的一个重要特征。

南诏时期,马和牛的养殖作为基本的经济生活,一直有相当大的规模。天宝年间,在广大的西爨白蛮和东爨乌蛮地区,就有"邑落相望,牛马被野"[1],一片田野牧歌的壮丽景观。南诏政权还专门设立机构,对养马业进行管理的部门称为"乞托",而管理养牛业的部门称为"禄托",由清平官、酋望、大军将等高官兼任[2]。

滇西北主要盛产藏系绵羊,这种羊由古羌人所驯化。南诏时西羌和吐蕃来交易的大羊多达二三千只,境内以磨些蛮(纳西族先民)养羊最为突出。樊绰曾说磨些蛮地区多牛羊,每家都养有羊群,男女皆披羊皮。

白蛮的语言中,鹿称为"识"。西洱河傍的诸山都有鹿,南诏王的鹿养在龙尾城东北的息龙山(今洱海公园)上,需要时则取之。所养的鹿叫做"龙足鹿",白天"群行啮草",三十、五十成群地漫步在息龙山上。

在南诏立国前,洱海地区就已是"畜有牛、马、猪、羊、鸡、犬"[3],六畜俱全。到南诏时期,更是"猪、羊、猫、犬、骡、驴、豹、兔、鹅、鸭,诸山及人家悉有之"[4],在诸山及南诏人家,可以想见各种牲畜狂奔乱跑,活泼跳跃的图景,畜牧业确实兴旺发达。

南诏时狩猎的兽类很多。老虎又称为"波罗",这是当地白蛮的语言,南诏国内有披老虎皮的习俗。犀牛、野牛和野猪也是常常狩猎的野生动物。唐代白蛮的语言中,犀称为"矣",出产于滇西寻传地区的越赕、丽水两地,当地人以陷阱取之,加工好的犀皮则出产于寻传川和谷弄川的地界,人们利用其坚韧的特性,制作出士兵的甲胄和腰带。野牛属大型凶猛野兽,南诏时还大量存在着,通海以南多野牛,或一千、二千为群[4],是人们狩猎的目标。野猪产于南诏西部,"寻传蛮"(景颇族、阿昌族先民)等部族持弓挟矢,"射豪猪,生食其肉"[1]。

① (唐)樊绰:《云南志》卷四。
② (宋)欧阳修等:《新唐书》南诏上。
③ (唐)杜佑:《通典》卷一八七。
④ (唐)樊绰:《云南志》卷七。

当时还出现了野生兽类的驯养业,南诏时有人狩猎豹子后,就把它养于家中[①]。这在古代极为少见,因为豹子作为一种猛兽,是很难驯化的野性动物。

4. 水利建设

由于对农业很重视,南诏政权领导和组织了大理地区水利灌溉工程的修建。

南诏王丰佑派遣军将(即将军)晟君专门负责水利灌溉工程的建设,841年,在晟君的主持下修筑了苍山"高河"蓄水工程,"导山泉池流为川,灌田数万,源民得耕种之利"[②]。"高河"水库在后世的文献中如元郭松年《大理行记》及康熙《大理府志》都有记载,表明这个水库在元、明、清时期仍发挥着重要的作用。"高河"的确切位置尚不清楚,有观点认为,"高河"的位置就是现今大理民众称为"洗马潭"的地方。晟君还领导军民修建了引磨用江水至大理城的"横渠道",这是一个小型的运河工程,灌溉了大理一带东郊和城南的农田,最后与龙佉江合流进入洱海。南诏的晟君是继汉代的文齐之后,云南古代的又一位治水英雄。

另外,南诏时还修建了邓川罗时江分洪工程等,这个工程主要是为了防治洪涝,对洪水有阻挡作用,并增加了灌溉面积。这些工程对后世大理地区的水利建设产生了积极影响,反映了云南各族人民在工程活动方面取得的成就。

五、金属技术

1. 制铁技术

南诏时期,云南的制铁技术高度发达,制作的兵器十分锋利,闻名于中国内地。南诏铁柱的铸造和铁索桥的建立是制铁技术高度发达的标志。

铎稍(音 shuò,是矛的古写)是南诏的代表性兵器。据《南诏德化碑》记载,铎稍最早出现于越析诏(族属为纳西族先民),为越析诏主于赠持有,后来部落被击败,成为南诏王的兵器。樊绰在《云南志》卷七说,铎稍是"今南诏蛮王出军,手中双执者是也"。同书附录载,袁滋册封南诏,异牟寻出迎时"执双铎"。这种兵器用"天降"的陨铁作为材质制成,唐人樊绰说,这种兵器的形状如刀戟残刃,锋利程度被称为"所指无不洞",是南诏尤所宝重的著名兵器。唐段成式《酉阳杂俎》卷十云:"毒槊,南蛮有毒槊,无刃,状如朽铁,中人无血而死。言从天雨下,入地丈余,祭地方撅得之。"明确指出毒槊(即铎稍)所用铁料是从天上

① (唐)樊绰:《云南志》卷七。

② 《南诏野史·南诏古迹》。

坠落的，显然应是陨铁，这种陨铁含镍量高，具有钢的性能。

铎稍共有六种，出产于丽水，即今伊洛瓦底江一带，这种兵器曾作为南诏的珍贵礼物进献给唐王朝。

南诏剑是南诏“不问贵贱”都佩带的兵器，樊绰说：“造剑法，锻生铁，取迸汁，如是者数次，烹炼之，剑成。”采用“锻生铁”指以生铁为原料，炒炼过程中反复锻打，以加速氧化和脱碳，“取迸汁”，为舍弃“迸汁”（杂质）之意，再“烹炼之”，意为炒练数次，或反复淬火。若是后一种工艺，可能会形成镔铁工艺，这种工艺来自国外。南诏剑用犀皮作为剑鞘，并饰以金碧，人人佩带，剑不离身。

另一种著名兵器是郁刀，为浪人所铸。樊绰说：“造法：用毒药、虫、鱼之类，又淬以百马血，经数十年乃用，中人肌即死。”郁刀采用白马血淬火制作而成，这是由于动物血中有较多盐分，冷却能力强，用以淬火，可提高硬度。据宋《续博物志》记载，郁刀用熟铁为刀背。这是在熟铁中夹嵌高碳钢的技术，可提高刀的韧性。现在户撒阿昌刀中也有这种技术。

以上三种都是南诏名重一时的兵器，有的兵器到南诏时已流传了六七代的时间，大理地区的“剑川”地名也因出产优质刀剑而得名。

今保留下来的南诏铁柱，是南诏时期铸铁技术高度发达的见证。此柱又名天尊柱，立于弥渡县城西北的铁柱庙内，柱高3.30米，圆周长为1.05米，重量约2100公斤，柱顶以一形似铁锅的铁笠覆盖。铁柱上有阳文题款一行，“维建极十三年岁次壬辰四月庚子朔十四日癸丑建立”，表明是872年建立的，已有1100多年的历史。《南诏中兴二年画卷》上有一幅“祭铁柱图”，其文字卷解释道：“《铁柱记》云：初，三赕白大首领大将军张乐进求并兴宗王等九人，共祭天于铁柱侧。”为关于铁柱的最早记载。

元人郭松年在《大理行记》记述他到达白崖甸，参观了这一巨大铁柱：“甸西南有古庙，中有铁柱，高七尺五寸，径二尺八寸，乃昔时蒙氏第十一主景庄王所造……土人岁岁贴金其上，号天尊柱，四时享祀，有祷必应，或以为武侯所立，非也。”这是中原人士对南诏铁柱的首次记述。

该铁柱是现存南诏大理国时期的最大金属器物。仔细观察表明，铁柱的地面部分共采用了7块范，铁柱的两侧留下纵向凸出的范缝线，柱体的上部和下部还留下了铸造缺陷孔（图6.4）。对顶部观察表明，南诏铁柱是一根空心的铁柱，采用的是内外合范的方式一次浇铸而成。

南诏铁柱的材质主要是灰口铸铁（图6.5），但也有部分麻口铁残存。灰口铸铁是一种铸造性能优良的材质，在云南已有很长的使用历史。对铁柱的表层样品

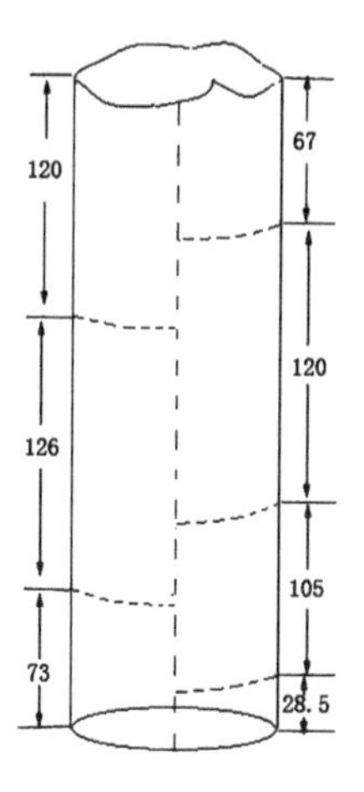

图 6.4　南诏铁柱及其铸造范线示意图

扫描电镜能谱分析（SEM-EDS）和 X 射线衍射分析（XRD）表明，铁柱的锈蚀层有赤铁矿（α-Fe_2O_3）、针铁矿（α-$FeO(OH)$）、磁铁矿（Fe_3O_4），混有石英。铁柱在表面致密锈层的保护下，使腐蚀反应暂停了。

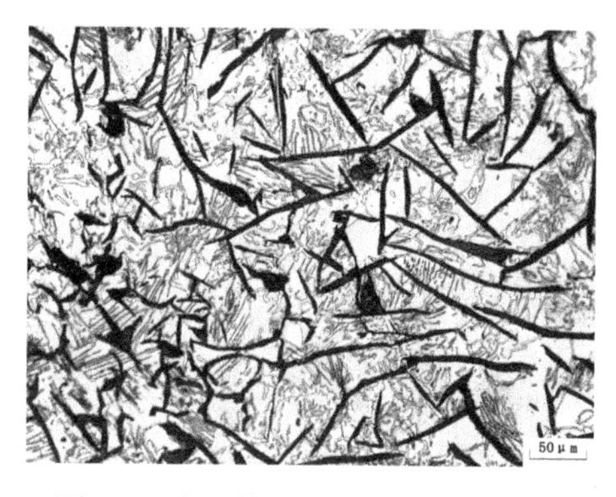

图 6.5　南诏铁柱 NZA 样品的金相图

南诏铁柱与印度的德里铁柱十分相似，两者的表面都不生锈，但德里铁柱为锻造工艺，而南诏铁柱为铸造工艺，制作技术有独自的来源。

云南的铁索桥最早记载于 8 世纪初《大唐新语》卷十一，其中说："时吐蕃以铁索跨漾水、濞水为桥，以通西洱河，筑城以镇之。"这是吐蕃为了打通西洱河，在今滇西大理一带的漾水和濞水上架设的铁索桥，这种建桥方法，在中国是首次出现，大理地区遂成为中国铁索桥的发源地，反映了吐蕃工匠和云南本地工匠的杰出贡献。由于中亚和印度古代很早就有了铁索桥①，这种桥可能是从印巴次大陆传入中国西南地区的。据科学史

① 北魏时期（386～534 年）杨炫之《洛阳伽蓝记》第五卷说孝明帝神龟二年（519 年）比丘惠生："从钵卢勒国向乌扬国（在今中亚一带），铁锁为桥，悬虚为渡。"这是世界上关于铁索桥的最早记载。玄奘《大唐西域记》中也有铁索桥的记述。

专家李约瑟研究，中国铁索桥技术曾远传中东和西方，对世界桥梁技术产生了重要影响。

云南另一历史悠久的铁索桥在丽江金沙江一带，此地吐蕃曾设铁桥节度。樊绰在《云南志》卷六记载贞元十年（794年），异牟寻在剑川北“斩断铁桥”。明《正德云南志》记载：“铁桥，在巨津州北一百三十余里，跨金沙江，桥之建或云吐蕃，或云隋史万岁及苏荣，或云云南诏阁罗凤与吐蕃结好时置……桥所跨处，穴石锢铁为之，遗址尚存，冬日水清，犹见铁环在焉。”[①]铁索桥使用的铁环拉链是承受巨力的重要零件，在世界机械和建筑史上具有重要意义。此铁索桥也是长江上架设的最早桥梁，可以说是长江的祖桥了。

2. 铜器制作

南诏的铸铜技术有很明显的发展，以崇圣寺的雨铜观音像和梵钟为代表，部分铜器已使用黄铜作为材质，成为南诏铜器的一个特色。

雨铜观音像，是崇圣寺内的重器之一。（王本）《南诏野史》说：“光化二年（899年），铸崇圣寺丈六观音，郑氏（郑买嗣）合十六国铜所铸也，蜀人李嘉亭塑像。”明《滇略》崇圣寺说：“观音像，高二丈许，蒙氏董善明者，吁天愿铸。是夕，天雨铜，取以铸像，仅足而止。像成之日，瑞光五色。”[②]从记载可见，有认为雨铜观音像是南诏末期蜀人李嘉亭所铸[③]，也有认为是南诏国的乌蛮工艺师“蒙氏董善明”所铸，但很可能是他们合作的作品。此观音铜像高2丈4尺，铸造这样巨大的铜像，难度是相当大的。此铜像在晚清时曾被补铸过，到20世纪60年代，不幸毁于“文化大革命”期间。

图6.6　崇圣寺雨铜观音像

从留存的照片，仍可目睹雨铜观音像的风姿（图6.6），它应采用云南传统熔模铸造法制成，其面部表情优雅慈祥，身体线条细腻流畅，全身美丽而华贵，具有极高的工艺价值，是中国青铜冶铸史上的光辉创造。

---

① （明）周季凤：《正德云南志》卷十一。

② （明）谢肇淛：《滇略》卷二，《胜略》。

③ （胡本）《南诏野史》记为“李嘉亭”。

梵钟也是崇圣寺内的重器之一，为南诏时期铸造的一件巨大青铜器。其上有铭文："维建极十二年岁次辛卯三月丁未朔二十四日庚午建铸。"建极是南诏王世隆的年号，建极十二年为871年，历史文献记载此钟重达数万斤，在云南古代铸件中极为罕见。此钟采用泥范法铸成，铸造这样的大型器物极不容易，范型很易冲毁，要有相当高超的技术才行。明人徐霞客游历大理崇圣寺见到："楼有钟极大，径可丈余，而厚及尺，为蒙氏时铸，其声可闻八十里。"①由于铜钟低音频率高而衰减慢，所以声音传播很远。这件梵钟在清咸同年间的事变中曾有损坏，光绪年间还有人修补过，有修补记，但以后却毁坏了。

铜鼓作为云南少数民族发明的源远流长的乐器，南诏时期仍然在使用着。当时云南达到了音乐的高潮，各种异国曲调《龟兹乐》、《骠国乐》在苍山洱海间齐鸣。南诏遣使向西川节度使韦皋奉献的音乐有《南诏奉圣乐》、《骠国乐》、《菩萨蛮》等名目，唐代大诗人白居易描写了观看演出的情景："玉螺一吹椎髻耸，铜鼓千击文身踊。"史书记载"贞元中，骠国进乐，有玉螺铜鼓"②，说明"玉螺铜鼓"可能来自骠国，但已为南诏的乐舞中所使用，充实了内地的乐坛。宋代的《玉海》中有"南蛮进铜鼓"的记载。《南诏中兴二年画卷》中，还绘有铜鼓一具，表明当时铜鼓仍是贵族使用之物。《南诏中兴二年画卷》的文字卷谈到佛教传入大理后，当地信仰佛教的人开始砸烂"�鼓"（即铜鼓）③，以解铸佛像。这是佛教文化取代本土宗教文化的必然结果。

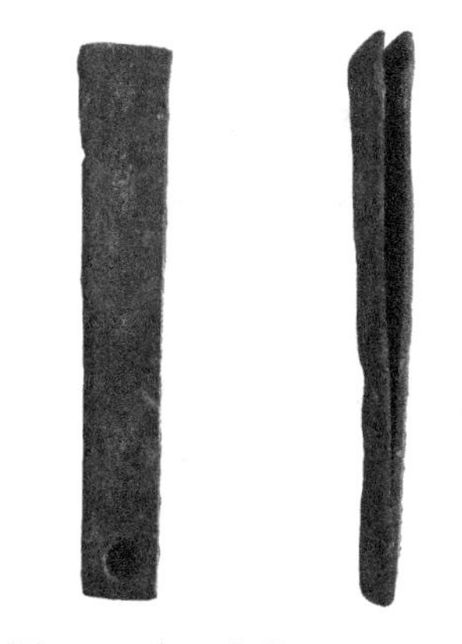

图6.7　崇圣寺塔出土的镊子状器物，材质为黄铜

南诏时，已使用黄铜制作器物。《南诏德化碑》记载了一种"鍮石"饰物，"大军将大鍮石告身赏紫袍金带"、"大总管兼押衙小鍮石告身赏二色绫袍金带"。这里"大鍮石"、"小鍮石"作为一种饰物，应是黄铜而不是矿石。只有大军将和大总管才赏"鍮石"告身，其他仓曹长赏小银告身，军将户曹长赏小铜告身。说明"鍮石"的价值超过银和铜，是很珍贵的东西。在崇圣寺塔出土了一件镊子状器物（图6.7），经过分析，成分为铜锌合金（铜74.5%、锌

① （明）徐霞客：《滇游日记》卷八。

② （唐）刘恂：《岭表录异》。

③ "緟"为白语"铜"的意思，也是古汉语"铜"的读音。

22.6%、砷 0.9%、铅 1.6%），即黄铜，并且含锌量很高，证实了南诏时已有黄铜制品的记载。而在中国唐代，黄铜器是极为罕见的。

3. 金银的开采和制作

南诏境内盛产金和银，由于南诏政府的重视，以及经济上的需求，开采非常兴盛，金银器的制作相当发达。

金矿产于云南的金山、长傍诸山及腾冲北部的金宝山等地区。当时采选的办法是：因为山中缺水，在春冬季节先挖一个深丈多，宽几十步的大坑，然后利用夏季的积雨，将采掘到的坡积型砂金放在水中淘洗拣选。“有得片块，大者重一斤，或至二斤，小者三两五两，价贵于麸金数倍”。[①] 这是凿坑采金砂，并将淘洗法和人工手选法结合起来。

《新唐书·南诏上》说：“长川诸山，往往有金，或披沙得之，丽水多金。”南诏在西部的丽水地区也设有淘金场，开采河中的砂金。南诏的“河赕法”规定，丽水淘金场为南诏犯人服苦役的地方。太和九年(835 年)，南诏曾攻破弥诺国和弥臣国(均在今缅甸)，不仅劫掠了金银，还掳走当地的居民两三千人，全被发配到丽水淘金[②]。

银也是南诏时开采的贵金属。在南诏会同川的银山出产银[①]，《南诏德化碑》又记载“建都镇塞，银生于墨嘴之乡”，说明“墨嘴”(傣族先民，嗜嚼槟榔致齿黑)所在地是南诏前期产银的地方。五代十国时期的南汉政权，与南诏关系很密切，曾从广东遣使至滇开采银矿，亦表明云南银矿在全国占有重要地位。在唐朝管辖的地区以外，云南银与新罗银、波斯银、林邑银齐名，并称“精好”[③]。

金银器制作有相当的水平，“南蛮宣尉回，得蛮人事物金盏，银水瓶等”[④]。南诏王室使用各种精美的金银器，“南诏家食用金银”，“南诏家则贮以金瓶”[⑤]，生活极为奢侈。南诏官员还普遍系金腰带，“自曹长以降，得系金佉苴”。贵族妇女“多缀真珠、金”，以金为装饰物，为官员和贵族所喜爱。而乡兵则可戴朱鞮(音 dī)鍪，即银盔，说明使用金银器之普遍。南诏时金银还作为交换的手段。樊绰说，南诏国本土交易不用钱，交易中采用金、银等物，充当货币的作用[⑤]。

---

① (唐)樊绰：《云南志》卷七。

② (唐)樊绰：《云南志》卷十。

③ (明)李时珍：《本草纲目·金石部》第八卷引。

④ (宋)《册府元龟》卷四三四。

⑤ (唐)樊绰：《云南志》卷八。

樊绰在《云南志》附录记载南诏“用银平脱马头盘二面”，说明中原地区的银平脱工艺品传入了云南。平脱技法，是用金银薄片，断成各种文样，以胶漆粘于器上，再髹漆数次，然后细磨之，现出文样遂成。

南诏后期大量采用黄金制作佛像，劝龙晟在位时，就用3000两黄金制作金佛像3尊①。而隆舜在位时，尤其喜用黄金铸造观音像和佛像：“乃以兼金铸阿嵯耶观音。”“辛亥年（891年），以黄金八百两铸文殊、普贤二像，敬于崇圣寺……用金铸观音一百八像。”②大量用黄金铸造众多的佛像，反映了统治者靡费黄金的风气。

六、兵器技术

为适应战争的需要，南诏制作了许多精良的兵器，有各种木弓、竹弓、弩机、枪、盾、甲胄和马镫等，有些兵器受到中原地区的影响。南诏称雄于中国西南和东南亚地区，除经济发达外，坚甲利兵也是不可忽视的因素。

1. 弓和弩机

弓和弩机都属于抛射兵器。南诏大理国时期这两种兵器都被广泛使用着。

南诏时期，弓是用滇西山谷中的野桑木制造的。樊绰说，野桑木产于永昌西部的山谷，生于石上，根据月份选制弓的木材，“先截其上，然后中劄之，两向屈令至地，候木性定，断取为弓”，不施胶漆，制成的木弓称为“瞑（音míng）弓”，其劲力超过一般的筋弓③。大理地区的鹤庆也产岩桑，“取以为弓，发矢可千步，不筋漆而利，名曰螟弓”④。这里的“螟弓”显然就是南诏时期的“瞑弓”，但材料的产地却有所不同。射程达千步之远，属于一种强弓。

南诏境内善于用弓的少数民族有很多。勇悍矫捷的扑子蛮（今布朗、德昂族祖先）善用泊箕竹弓，深林间射飞鼠，发无不中。寻传蛮（今景颇族、阿昌族祖先）“持弓挟矢”射杀豪猪。裸形蛮（景颇族支系）“尽日持弓”，有外来侵暴者则射之。望蛮外喻部落（今佤族的祖先）能用木弓短箭⑤，并在箭镞上傅毒药以加大杀伤力。以上扑子蛮、寻传蛮、裸形蛮和望蛮外喻部落均居住在滇西的寻传地

---

① （胡本）《南诏野史·劝龙晟》。

② 尤中：《僰古通纪浅述校注》，云南人民出版社，1989年，第81～82页。

③ （唐）樊绰：《云南志》卷七。

④ （清）邵远平：《续弘简录》卷四二。

⑤ （唐）樊绰：《云南志》卷四。

区,处于南诏做弓材料——野桑木的产地。

除木弓和竹弓外,云南还使用弩机。唐咸通十一年(870年),为了与唐朝共同击败吐蕃,剑南节度使韦皋还派内地的工匠教南诏制作弩机[①],南诏得以引入中原先进的制弩技术,产品以"精利"闻名。

2. 枪和盾

南诏时使用的长兵器有枪、长矛、铎矟、戟等,短兵器有南诏剑和腰刀,防御武器用铜盾和金属头盔。

枪是一种刺击兵器。南诏时,制作枪的材料用大理地区蒙舍(今巍山)、白崖(今弥渡)出产的斑竹,其特点是心实,圆紧,柔细,极力屈之不折,其他地方所出的皆不及它[②]。说明其韧性很强,是优良的兵器材料。唐人韦齐休也记载了云南的这种实心竹,认为其外表文采斑驳,非常好,可作为器物,当地人用它制作枪杆和交床[③]。

除南诏士兵外,境内有些少数民族也善于用枪。滇西寻传地区望苴子蛮(佤族先民),主要居住在澜沧江以西,其人勇捷,善于马上用枪铲[④]。这是骑兵作战时使用的枪。《新唐书·南诏传》则记望苴蛮善用矛、剑,此处矛与枪应指同一物。居住在开南、银生和寻传等广大地区的扑子蛮(布朗、德昂族先民),也是性格勇健,善用枪、弩[⑤],都是勇敢善战的民族。

长矛的形制与枪相类似,枪头更为锐长,用于刺击。唐朝使臣徐云虔到达善阐府(今昆明),"见骑数十,曳长矛,拥绛服少年"[⑥]。又有"执矛千人",表明南诏的兵器中有长矛,执矛人数亦颇有规模。贞元十年,南诏王异牟寻出阳苴咩城迎唐朝使者时,"子弟持斧钺"[⑦],斧钺是劈杀的武器,在云南青铜时代较常见,但南诏文献中,"斧钺"仅见于此,作为皇家仪仗用的器物,已不用于实战。

以上记载的都是南诏的长兵器,南诏也有实战的短兵器,樊绰记载召集士兵试的兵器中就有剑(即南诏剑)、腰刀等,说明这些兵器都是常见之物。

---

① (宋)司马光:《资治通鉴》卷二五二。懿宗咸通十一年。中华书局,第17册,1956年,第8156页。

② (唐)樊绰《云南志》卷七。

③ (唐)韦齐休《云南行记》,引自王叔武:《云南古佚书钞》,云南人民出版社,1996年,第26页。

④ (唐)樊绰:《云南志》卷四。

⑤ (元)李京:《云南志略·诸夷风俗》。

⑥ (宋)欧阳修等:《新唐书·南诏传》。

⑦ (唐)樊绰:《云南志》附录。

防御武器方面,南诏士兵用的是铜盾,其乡兵“戴朱鞮鍪,负犀革铜盾而跣,走险如飞”[①]。说明士兵是披犀甲,手持铜盾赤足作战的。樊绰也记载士兵“负犀皮铜股排,跣足”[①]。唐代盾也称为排,可见“铜股排”指的是铜盾。《张胜温画卷》利贞皇帝礼佛图上,后有一人执盾牌,盾近1人高,上面饰有三爪龙的纹饰,盾中间是黑色,两边则为金黄色,制作相当精美。铜盾的防护能力很强,但体积太大,笨重不便。

南诏士兵打战时“戴朱鞮鍪”,鍪就是头盔,是头部的防护装备。此处“朱鞮鍪”,可能是指漆为红色的头盔。另外,由于滇东北朱提盛产银和铜,早在汉代就有著名的“朱提银”,所以南诏士兵戴的“朱鞮鍪”也可能是指用银或铜制作的头盔。

3. 甲胄

南诏时期,士兵主要用犀皮甲和牛皮甲防护身体:“蛮排甲并马统备马骑甲仗,多用犀革,亦杂用牛皮。”[②]说明骑兵和战马身上所披的甲主要用犀皮甲(一种极坚固的甲),其次是普通的牛皮甲。南诏盛产犀和水牛,显然这些甲是就地取材制作的。南诏王所披的甲则要尊贵得多,唐朝使节袁滋册封南诏,异牟寻出迎时衣着的是金甲。当然,这种耀眼的金甲是装饰性的,并不用于实战。南诏境内的一些少数民族士兵,也有披甲习俗,但所披的都属于短甲。例如,望苴子蛮(佤族先民):“跣足,衣短甲,才蔽胸腹而已,股膝皆露。”[③]《新唐书·南诏上》同样说望苴蛮“短甲蔽胸腹”。

南诏已有骑兵出现,并有披甲的战马。史籍中常有“马军一百队”、“马军二百队”的记载,樊绰说,南诏有“统备甲马”、“甲马二百人引前”、“甲马一十队引前”等,都是披甲的战马。《新唐书·南诏传》记载唐军曾夺得南诏军的“铠马”,这是披铠甲的战马,而铠甲就是金属质地的甲,显然是专门用于战马身上的。

今天,在《张胜温画卷》上仍可目睹大理甲胄的风姿。例如,《利贞皇帝礼佛图》上,后面有7位武士,皆身着甲胄,甲胄呈片状,用小皮片连缀而成。

---

① (唐)樊绰:《云南志》卷九。

② (唐)樊绰:《云南志》卷七。

③ (唐)樊绰:《云南志》卷四。

七、纺织、造纸和玻璃技术

1. 纺织技术

南诏是高度重视纺织业的国度,曾通过战争掳来纺织工匠以发展技术,纺织中心已从保山转移到大理地区,各种棉、锦、绢、绫罗、毛等棉织品、丝织品和毛织品都有了非常明显的增长,纺织业出现了繁荣的景象。

棉纺织。唐代,中国内地尚无棉花的种植,但云南棉纺织源远流长,是各少数民族一直都很擅长的技艺,以木棉产品为主。据记载南诏的银生城、柘南城、寻传等地都有棉纺织,织品有先"纫"、再"织"、后"裁"等纺织工序[1]。木棉树称为"娑罗树","娑罗笼段"则是它的纺织产品,是野生亚洲棉传入云南的译名。

居住在今茫市一带的茫蛮部落,是傣族的先民之一,其妇女穿的是"五色娑罗笼"[2],这是用多种染色的棉布,制成华丽的傣族筒裙。扑子蛮(德昂、布朗族先民)穿着的是"青娑罗段",即染为青色的棉布。史书中还有"波罗树",同样也是木棉树,例如《新唐书·南诏传》记载:"大和(今大理)、祁鲜而西,人不蚕,剖波罗树实,状若絮,纽缕而幅之。"以上地望在大理西部,其处理工艺显然是针对木棉树的方法。

南诏产的棉布称为"吉贝",且纺织尤为精好。宋人周去非说:"南诏所织尤精好,白色者,朝霞也。国王服白氎,王妻服朝霞。唐史所谓白氎吉贝、朝霞吉贝是也。"[3]有的学者认为,吉贝一词来自古梵语,也有认为来自马来语。"朝霞"为南诏王妻所穿,应为质量上佳的棉布。南诏境内的"汉裳蛮",也用"朝霞缠头"作为装饰。

丝纺织。内地的桑蚕法很早就传入了云南洱海一带,河蛮已有了养蚕业:"早蚕以正月生,二月熟。"并有了丝纺织业:"有丝麻女工蚕织之事,出绳、绢、丝,布,幅广七寸以下。"[4]说明在唐代初期,河蛮的妇女已用桑蚕从事纺织,有绢、丝等产品。"女子絁布为裙",采用较粗的丝绸作为裙子。由于织机较小,布的幅宽仅在七寸以下。

---

① (唐)樊绰:《云南志》卷七。

② (唐)樊绰:《云南志》卷四。

③ (宋)周去非:《岭外代答》卷六,《吉贝》

④ (唐)杜佑:《通典》卷一八七。

到南诏时期，丝织业已很发达。《德化碑》记载，“家饶五亩之桑”，说明养蚕业相当普遍。《新唐书．南诏传》亦记：“食蚕以柘，蚕生越二旬出茧，织锦缣精致。”以柘桑作为饲料养蚕，是南诏养蚕业的特点。蚕从卵到出茧一般需要20多天，这就是“蚕生越二旬出茧”的意思。由于自己种桑树养蚕，说明当时养的应是家蚕，产品为锦和缣，质量达到了精致的程度。《德化碑》上有“大利流波濯锦”的赞语，说明大利（今喜洲或大理）所产的丝织品之光彩美丽。

大和三年（829年），南诏攻打了四川成都以后，“驱尽江头濯锦娘”①。掳走了大量蜀锦女工。随着大批纺织工技的掳来，从四川传进了织绫和织罗的新工艺。四川蜀锦闻名天下，其绫、罗工艺在全国也非常著名，传入南诏后，大大推进了南诏丝织技术的进步，“南诏自是工文织，与中国埒”②。技术提高到与中国内地同样的水平。

从丝织品的工艺看，樊绰记载南诏时抽丝的方法“稍异中土”，在蚕丝的处理工艺中有自己的特色。有绫、锦、绢、刺绣等品种，货色齐全；上好的服装染为红色和紫色（朱紫）。锦文的工艺达到了“密致奇采”的水平，可见其精致程度，为南诏王及其家属所享用，锦绣是南诏王和清平官的礼服。如果是制作较粗的绢，不能裁为衣服，就织成衾被，允许普通百姓披在身上作御寒之用。

毛纺织。披毡是南诏时人们的普遍习俗。“蛮其丈夫一切披毡”，“贵家仆女亦有裙衫，常披毡”③。表明南诏各阶层的人都有衣着羊毛毡的现象。

树皮布。一些少数民族采用树皮布为衣。滇西寻传城西三百里，有一种称为“裸形蛮”的少数民族（景颇族支系），“无农田，无衣服，惟取木皮以蔽形”④。社会发展水平较为落后，纺织业尚未出现，仅采用木皮为衣。《新唐书·南诏传》也说滇西有“野蛮”（即上述“裸形蛮”）“漫散山中，无君长，作槛舍以居，男少女多，无田农，以木皮蔽形”。这种“木皮”作为蔽体之用，可能就是树皮布。

唐初，云南黑僰濮居住在永昌西南方，“丈夫以縠皮为衣”⑤，黑僰濮为布朗族、德昂族和佤族等孟高棉语族的先民。《新唐书·南蛮下》也说黑僰濮

① 《全唐诗》卷四七四。
② （宋）欧阳修等：《新唐书·南诏传》。
③ （唐）樊绰：《云南志》卷八。
④ （唐）樊绰：《云南志》卷四。
⑤ （唐）杜佑：《通典》卷一八七。

“丈夫衣榖皮”,直接指明是用构树皮制作而成的,是一种真正意义上的树皮布。

2. 染色工艺

早在唐初,洱海地区的河蛮就已有染色工艺:“染色有绯帛。”①这是把丝织品染为红色。南诏时“贵绯、紫两色”,“其纺丝入朱、紫,以为上服”②,提到以红色和紫色为贵,上好的服装是红和紫的丝织品。《新唐书·南诏传》则说南诏有“尚绛紫”的习俗,更看重黑色和紫色。从南诏《中兴二年画卷》和大理国《张胜温画卷》的描述看,当时贵族穿着的衣服中,红色较多,但也有黑色、黄色、青色和白色等多种颜色的服饰。人们确实通过衣服的不同颜色,把自己打扮起来了。

一些染色的原料也得到了利用,如蒙舍川(今巍山)出“雄黄”③,《桂海虞衡志》又记载云南出产“丹砂”,它们作为矿物,都是可以作为染料的。各种染料的使用,使人们能穿上各色各样的衣服。南诏时期,一些特殊穿着衣物的印染水平相当高超。《新唐书·南蛮下》记曾献给唐王朝的《南诏奉圣乐》,其中的舞衣是:“裙襦画鸟兽草木,文以八彩杂华。”说明当时舞台上的衣服染色多样,有百彩千辉的效果。

3. 造纸技术

南诏时期,云南已经有了造纸业,为云南科技和文化史上的重要事件。

史载“南诏及清平官用黄麻纸”④,这可能是从四川传来的麻纸。唐天成二年(927年),大长和国的宰相布燮等上“大唐皇帝舅”奏疏一封:“其纸厚硬如皮,笔力遒健,有诏体……有彩笺一轴,转韵诗一章,章三句共十联,有类击筑词,颇有思本朝姻亲之义。”⑤由于是厚硬如皮的纸,说明应是采用浇纸法生产的纸张,与当时内地生产的薄纸明显不同。

以上为南诏晚期已有造纸业的可靠记载,并且造出的纸张,已用于诗、章句等文学作品的书写。其纸上写的汉字也极见功力,形成了南诏特有的“诏体”字。“有彩笺一轴”是云南出现染色纸的最早记载。

---

① (宋)《册府元龟》卷九百六十。
② (唐)樊绰:《云南志》卷八。
③ (唐)樊绰:《云南志》卷七。
④ (宋)《玉海》卷六四,《唐王言之制》。
⑤ (宋)《五代会要·南诏蛮》。

4. 玻璃的传入

唐代,中国的玻璃主要由国外输入,当时国外的玻璃制品亦通过贸易不断传入了云南。

樊绰在《云南志》卷十说,骠国离永昌城 75 天的日程,阁罗凤时期,南诏国与之有交通关系,其“移信使”(送信的使者)到南诏国后,在大理的河赕一带,用琉璃等物品与南诏的民众进行贸易,从而把缅甸出产的玻璃传入了南诏。在南诏《德化碑》上,就有“大玻弥告身”、“小玻弥告身”的记载,说明已使用玻璃作为装饰品。在大理千寻塔的考古清理中,也发现了大量的彩色琉璃珠,直径在 0.2 厘米以下,而在亚洲,彩色是印度古代玻璃的特征之一,说明千寻塔发现的琉璃珠应是从古印度输入的。

八、井盐、制糖和酿造

1. 井盐开采

井盐生产在南诏时期有了重要的发展,采卤的盐井分布于云南的滇西、滇中和滇南等广大地区,是南诏的主要手工业部门之一。大理地区白蛮“盐谓之宾”,东爨(彝族先民)称盐为“眴”(音 xuàn)[①]。

在滇西地区,剑寻东南的傍弥潜井、沙追井、西北若耶井、讳溺井及剑川细诺邓井都很有名[②]。它们都是开采盐泉的井,即液相盐矿床,南诏时均属剑川节度管理。“傍弥潜井”位于剑川县沙溪古镇西面的弥沙河畔,即现在的弥沙盐井[③],该井出产滇西北著名的“马蹄盐”,已于 1964 年封井。“沙追井”应是弥沙盐井的子井。“若耶井”和“讳溺井”,大致在今兰坪县境内的拉鸡镇,明清以后,此地多有井盐生产的记载,生产供怒江流域的“桃花盐”。有的南诏盐井一直到现代还生产着,例如,位于今云龙县的诺邓井(图 6.8),直到 1996 年仍在生产,已开采了 1200 多年。樊绰记载了磨些蛮地区的龙怯河,“水中有盐井两所”,说明唐代纳西族地区出现了河中造井技术。

滇中地区有安宁井、郎井等,南诏时也已经凿井采盐,这一带地区除白蛮外,还有徒莫祇、俭望蛮等彝族先民分布。他们主要食安宁井生产的盐:“安宁城中

① (唐)樊绰:《云南志》卷八。
② (唐)樊绰:《云南志》卷七。
③ 《新纂云南通志》卷三三:“又西为傍弥沙井,则今之弥沙井也。”

图 6.8　南诏时期开采的云龙诺邓井

皆石盐井……城外又有四井，劝百姓自煎……升麻、通海以来，诸爨蛮皆食安宁井盐。”[①]安宁的盐井深八十尺，应是汲卤的大口直井，产品则有块盐和颗盐两种。郎井盐井位于览赕城（今楚雄），所产的盐“洁白味美”，品质非常好，只供给南诏王室食用。

南诏时滇南地区出现了一些生产盐的城镇，如威远城、奉逸城和利润城一带的盐井就有100多口[②]。威远城在今景谷，奉逸城在今普洱，利润城大约在今勐腊。今天，景谷的益香、普洱的磨黑、勐腊的磨歇，都是滇南一带著名的产盐地，以生产岩盐为主。

当时主要用煮卤成盐的方法，即用火力蒸发制盐。但边远地区的昆明（今盐源）却采用焚薪洗碳的方法：“昆明城有大盐池，比陷吐蕃，蕃中不解煮法，以咸池水沃柴上，以火焚柴成炭，即于炭上掠取盐也。”[①]这是吐蕃民族采用的一种原始的刮炭制盐方法，其生产流程为“咸池水沃柴”—“焚柴成炭”—“炭上掠取盐”几个步骤。从原理上看，应属于无锅蒸发制盐。但贞元十年，南诏占领了“昆明”城后，“蛮官煮之如汉法也”，用煮卤成盐的先进方法代替了原来的刮炭制盐法，并设官员进行管理。

据《南诏德化碑》记载：“盐池鞅掌，利及牂、欢。”说明南诏时期，云南的食盐还远供贵州和越南一带。所以，樊绰《云南志》附录称：“盐井之利，赡乎列郡。”井盐成为南诏销往各郡的重要经济物质，获利超过其他地区，产盐之地成为有重要经济价值的地区。南诏时已立有盐法，“蛮法煮盐，咸有法令”，但边远地区并无榷税。为争夺滇西北井盐的控制权，南诏、吐蕃和唐王朝之间经常发生战争。

南诏时食盐产品还作为货币，充当等价物的作用，这在中国货币史上是非常有特色的。当时井盐产品每颗重一二两，以颗为单位用于交易[①]。一直到近代，这种以盐为货币的方式还在云南保留着。

---

① （唐）樊绰：《云南志》卷七。

② （唐）樊绰：《云南志》卷六。

2. 制糖和酿造技术

韦齐休《云南行记》说云南有“糖”，又说云南出产“甘蔗”，他出使云南时，会川都督刘宽曾遣使送其甘蔗，蔗节稀如竹节，皮削去后有甜味。说明植蔗制糖技术开始在云南地区出现。南诏的制糖技术极可能是在西南古代制作“石蜜”的基础上发展而来的。

隋唐时期，云南的大理一带已有较发达的酿造技术。洱海地区的河蛮人，娶妻时多事铺张，用酒达数十瓶[①]，已有不小的生产量。南诏时期，“每年十一月一日盛会客，造酒醴……三日内作乐相庆，惟务追欢”[②]。说明过年时，会客饮酒作乐是民间的习俗。丽江磨些蛮的风俗也喜欢饮酒和歌舞[③]。可见，南诏时期，饮酒作乐的习俗已存在于云南各民族中。但酿造时，加曲技术似乎不过关，樊绰说：“酝酒，以稻米为麴者，酒味酸败。”[④]酒变坏了，产生了醋。

九、建筑技术

1. 建筑特点

隋唐以后，在大理等地兴建了许多规模宏大的城池、宫殿、寺塔、楼阁等，多为云南首次出现，说明建筑技术取得了极为辉煌的成就。

当时建筑的形象在《南诏中兴二年图传》和《张胜温画卷》上都有反映，从图6.9中可以看出，采用的是全木构架建筑，已有了屋角起翘的处理手法，充满了汉地建筑的特征，可见大理地区的木构建筑技术已经非常成熟。木柱和屋檐上面均有淡淡的彩绘，说明在南诏时期，大理地区已在房屋建筑中使用了彩绘工艺。巍山㟆屽图山南诏王宫遗址出土的瓦当、方砖、滴水，与唐长安兴庆宫故址遗物相似，表明其建筑技

图6.9　《南诏中兴二年图传》的房屋形象

① (宋)《册府元龟》卷九〇。

② (唐)樊绰:《云南志》卷八。

③ (宋)《太平御览》卷七八九卷录《南夷志》:“磨些蛮，俗好饮酒歌舞。”

④ (唐)樊绰:《云南志》卷七。

术深受唐朝的影响。唐人樊绰说:“城池郭邑皆如汉制。”①这是符合实际的评论。

南诏的民居:“凡人家所居,皆依傍四山,上栋下宇,悉与汉同,惟东西南北不取周正耳,别置仓舍,有栏槛,脚高数丈,云避田鼠也。上阁如车盖状。”②其中“依傍四山”的选址方法与大理的地形有关③,但也有防御上的考虑,从而出现“上栋下宇”层叠房屋的建造方式。由于根据周围山地环境进行组群布局,自然有“东西南北不取周正”的现象,今天大理一带建造的房屋仍然如此。民居旁边建的仓舍有栏槛,为防避田鼠,建成“脚高数丈”的高脚房。

南诏时期的建筑,无论是宫廷建筑,还是民居建筑都很讲究整体规划和与环境的谐调,设计中充分运用了结构力学的原理。当时南诏大厅的建筑形式是“重屋制如蛛网,架空无柱”,这是六朝以来,中原地区通行的一种无梁殿式建筑④。这种高敞的宫殿,要充分考虑建筑物的支撑强度,必须具备一套完整的构架体系,才能达到室内“架空无柱”,构造空灵的无梁无柱效果。当时的都城阳苴咩城就有外城、内城和宫室之分。

在今邓川出土了南诏时期的地下陶水管,说明当时对城镇的地下排水和供水系统的修建也下了一番工夫,城市管理已有一定水平。

图 6.10　大理千寻塔

2. 千寻塔

唐代以后,由于佛教的传入,砖石技术的发展,云南兴建的砖塔逐渐多起来了。耸立在大理古城西北的著名千寻塔是云南古塔的代表作(图 6.10),高 69.13 米,共 16 层,是中国唐代现存最高的砖塔。其造型雄伟壮观,是大理古代悠久灿烂文化的象征。

根据《南诏野史》的相关记载,一般认为此塔建于 840 年左右。但研究表明,此塔在唐初的文献中已有踪迹。写于 664 年的《道宣律师感通录》卷下说西

① (唐)樊绰:《云南志》卷六。

② (唐)樊绰:《云南志》卷八。

③ 从今天遗留的太和城遗址可看出,当时房屋主要建在山坡上。

④ 向达:《蛮书校注》,中华书局,1962 年,序言,第 5 页。

洱河有古塔:“每年二时供养古塔。塔如戒坛,三重石砌,上有覆釜。”[①]明代,李元阳在嘉靖年间曾维修过崇圣寺塔,发现此塔“顶有铁铸记曰:大唐贞观,尉迟敬德造”。此塔的东门木质过梁曾进行了碳十四测定,年代为 BP1445±75 年,大致处于 7 世纪初。说明此塔极有可能建于 7 世纪贞观年间,这比现在公认的时间提早了 200 年[②]。

此塔的外部是密檐式,内部则为筒形楼阁式,这种兼而具有密檐式和楼阁式相结合的砖塔在中国建筑史上具有十分鲜明的特色。塔的整个外形呈方形,但又采用空心筒式结构,这种空心筒式结构具有很均匀的向心拉力,能减少横剪力的影响,因而抗震能力和抗风能力都很强。这就是为什么一千多年来,大理历史上发生过多次强烈地震,并且大理地区又属多风地区,但千寻塔仍然巍然耸立在苍洱之滨的根本原因。

崇圣寺三塔具有最美丽的造型艺术,千寻塔和两个小塔呈品字形排列,既有主次,又显得统一;既有鲜明的对比,又在造型上相互渗透和衬托,并和谐协调。整个建筑形象焕发出一种音乐般的节奏和韵律,崇圣寺三塔堪称是中国砖塔建筑的典范性作品。

3. 佛图塔

大理苍山马耳峰下的佛图塔(图 6.11),建立于南诏晚期,塔址在大理古城南 9 公里处阳平村旁,位于洱海西岸几座古塔的最南面。古往今来,此塔一直是下关到大理路边的著名景观,近年被地方宣传部门建的别墅区所遮蔽,殊为可惜。明代中期的《景泰云南图经志书》卷五记提到佛图寺,即为此塔所在的寺院,民国期间尚存[③],新中国成立后被废止,近年又得以恢复。

图 6.11　佛图塔

---

① (唐)《道宣律师感通录》卷下,引自《大正新修大藏经》,第 52 册。

② 进一步的考证参见李晓岑著《南诏大理国科学技术史》,科学出版社,2010 年,第 196～203 页。

③ 1938 年,古建筑学家刘敦桢曾访佛图寺并摄有照片,见:赵寅松主编:《白族文化研究》,2005 年,民族出版社,第 26 页。

佛图塔的外形亦呈四方形，底层长宽均为4.55米，13层，高30.07米，用青砖砌成，每块砖宽约15厘米。民间俗称此塔为“蛇骨塔”，把它与斩蟒除害的英雄段赤城联系起来。此塔是大理古塔中最为尖秀的一座，塔身外形呈优美流畅的抛物线形，显得格外挺拔屹立。内壁中空呈筒形，四面砖壁的佛龛内存放有佛像。此塔西边有明代万历年间立的石碑《重修佛图塔记》。

4. 昆明东西寺塔

昆明的东寺塔（图6.12），位于昆明市东寺街，高40.57米，四方形，砖砌，空心密檐式13层。昆明的西寺塔（图6.13），位于昆明市书林街，高35.5米，四方形，砖砌，空心密檐式13层，南面设券门。两塔均由塔基、塔身和塔刹三部分组成，第二级以上塔面渐宽，各层间距较短并设有券洞和佛龛，用青砖层叠出檐，外檐四角反翘，塔的外轮廓呈曲线形。两塔的外形极为相似，仅高矮不同而已。相距约500米，东西对峙，遥相呼应，为昆明城南一大景观。现在两塔已是昆明地区历史最悠久的古建筑。

图6.12　昆明东寺塔

图6.13　昆明西寺塔

东西寺塔最早记载于元代的《纪古滇说集》，其中谈到建塔人员的情况：“遣弄栋节度使王嵯颠诣善禅，创建觉照、慧光二寺，命大匠尉迟恭烧造砖石，皆勒其匠名，始建双塔以为善禅浮屠。”表明双塔的建造与南诏权臣王嵯巅有关，可能是南诏著名的工匠尉迟恭作为工程负责人修造的。

（王本）《南诏野史》则谈到东西寺塔始建于元和三年（809年）：“建东寺塔，

高百五十尺，西寺塔，高八十尺，大中十三年（850年）完。”即建于809年，完成于850年，并且两塔是同时建造的。《景泰云南图经志书》卷一“古迹”说：“双白塔，在城之南，一在□□寺，一在慧光寺，相峙而立，蒙氏嵯巅所造，盖自四方来者莫不远见之，亦云南之望也。”两塔均经过后世重新修造，与南诏时塔的面貌不完全相同，所在寺院均早已无存。

1983～1984年重修了昆明西寺塔，修建工程中发现上有纪年、月、日的大砖：“天启十年正月廿五日段义造砖处题书。”说明此砖确实为849年所造，证实了《南诏野史》记载的南诏权臣王嵯巅修建东西寺塔的历史事实，时间之吻合令人惊讶，也证实了“烧造砖石，皆勒其匠名”的记载是准确的，此处造砖的“段义”无疑应为段氏白蛮。

5. 五华楼

大理古代有一个宏伟的建筑——五华楼。大理古代很多重要历史事件均与五华楼有关。（胡本）《南诏野史·蒙舜化》记载，郑买嗣“起兵杀蒙氏亲族八百人于五华楼下”，说明南诏王室被灭于五华楼下。同书又记载，大理国王段智廉时，“使人入宋求《大藏经》一千四百六十五部，置五华楼。”

更早的记载是，唐刘恂《岭表录异》说，他有亲表曾奉使云南，“蛮王宴汉使于百花楼前，设舞象会”①。此处南诏的“百花楼”字形近于“五华楼”（或称“五花楼”），若指同一楼，则是“五华楼”的首次记载，肯定了五华楼建于南诏时期，值得进一步研究。

元代，庐陵人罗观有咏大理五华楼的诗句，其中有“不堪楼上吊今古，断雁西风两袖轻”②，说明罗观曾登上过五华楼。《元史·地理志》大理路军民总管府下注文：“城中有五花楼，唐大中十年（856年），南诏王劝丰佑所建。楼方五里，上可容万人。世祖征大理时，驻兵楼前。至元三年（1267年），尝赐金重修焉。”五华楼能容纳万人之多，如此宏大的建筑，这是南诏之前从来没有出现过的，也是以后的建筑所赶不上的，充分表现了南诏作为一个伟大的时代，各族人民具有的磅礴气概和聪明才智。

明景泰年间，五华楼仍然还立于大理城内，《景泰云南图经志书》卷五说：“五华楼，在府治之右，元时创建。”这里说元时创建是不对的，应是重修。但到

---

① 引自宋《太平广记》卷四四一，《畜兽》八。

② （明）陈文：《景泰云南图经志书》卷五。

正德五年(1510年),出现了此楼已毁的记载。《正德云南志》卷三说:"五花楼,在府治西,唐大中十年南诏劝丰佑所建,以会南夷十六国,楼方广五里,高百尺,上可容万人,元世祖征大理时驻兵楼前,至元二年尝赐金重修,前有宋高相国公辅政碑,僧子云撰文,楼今废。"也表明五华楼应是南诏时建立的,作为"会南夷十六国"的国宾馆,但毁于明景泰年以后,明正德年以前。

十、本章小结

这一时期,云南建立了强大的地方政权——南诏国,南诏幅员广大、人口众多,在经济上和军事上都非常强盛,带有地方特点的科学技术重新获得生机,并以极快的速度发展起来,达到了一个新的阶段,成就之盛是空前的。

南诏时期,无论是天文学、地理学和生物学都有很大的进步,冶金与金属工艺、纺织、制盐和兵器等技术更是有极为显著的提高。特别是发生了以稻麦复种制和梯田作业法为特征的农业生产革命,大大提高了生产力,成为南诏迅速崛起的最关键因素,但也改变了南诏国内的生产关系,引发了社会变革。可以肯定,这两项技术深刻改变了云南各民族的命运,对中国传统农业科技产生了重大影响,是云南红土高原上创造的两项伟大成就。

南诏后期,年年攻打周边地区,又年年建造佛塔,既是穷兵黩武对外侵略的顶峰,亦是回归内心寻求安定的开始。在南诏后期,佛教影响很大,对科技的各个方面如医药学、冶铸工艺、建筑技术和水利建设有深远的影响,特别是佛塔为代表的建筑技术取得了辉煌的成就。

南诏实行科技奖励政策,"一艺者给田",对有一技之长的人给予奖励,提高了生产兴趣,推动了科学技术的发展。这种科技奖励制度的出现,在中国历史上可能是独一无二的,也是南诏在科技政策方面成熟的标志。当时虽然有多种外来的科技文化融合进云南的科学技术,但科学技术的主流基本上是独立发展的,这是南诏科技的一个重要特征。

由于科学技术的巨大成就,南诏的经济文化有了很大的发展,史称南诏国"畴壤沃饶,人物殷凑;南通渤海,西近大秦。"①这里渤海指印度洋,大秦则在南印度,说明南诏在经济和文化上的国际性交流很广泛。东南亚和周边的国家、部族,纷纷向南诏国纳贡和贸易,或建立官方和民间交流,南诏得以吸收四

① 《南诏德化碑》。

方文化的精华,地区性大国风范尽显。云南第一次与亚洲各国建立了普遍性的联系,云南各民族终于走上了亚洲的历史舞台,成为代表亚洲乃至世界历史的民族之一。

南诏是云南历史上繁荣富强的时代,也是云南科技史上最值得回味的时代,在很多领域都有极为灿烂的创造,很多成就是云南科技史上的大手笔,堪称云南历史上的最大骄傲!

第七章

宋元时期云南的科学技术

（公元960年至公元1367年）

一、历史背景

937年，大义宁政权的通海节度使、白族人段思平联络滇东三十七部起事，挥戈西指，破下关，执杨干贞，灭大义宁国，建立了以白蛮为主体的大理国，结束了云南的纷乱时代。大理国基本上继承了南诏的疆界，其政权存在了300多年，几乎与宋朝相始终，都城仍然在洱海西岸今大理一带。

大理以佛教立国，被誉为"古妙香国"，是一个崇尚和平、与南诏对外侵略扩张根本不同的国度。在中国历史上，大理国也是一个精神面貌十分新异的国家，宗教氛围极浓，以至忘记了记述世间的历史[①]。境内的白蛮，性格温良可亲，家无贫富，皆有佛堂，无论少年还是长者，均手不释念珠，和平的氛围令人神往。这个国家的人民虔诚而优雅，国王视皇位如敝屣。历史记载有8位国王(一说10位)曾经看破红尘，出家当了和尚。大理国的这种独特精神面貌，表现了某种理想国的色彩，同样具有世界历史意义。

大理国政权积极向宋朝称臣，其国王先后被宋朝封为"云南八国郡王"、"大理王"等，并成为南宋王朝抵御蒙古贵族西部战线的助手。宋朝也是一个爱好和平的国度，但对大理国总是战战兢兢、如履薄冰，把大理国视为外国，拒绝对大理国的册封达10多次。而大理国对宋朝则是真心实意地称臣纳贡，从无侵略之野心。在这一点，宋朝统治者可真是大错特错。从大理国建立到灭亡的300多年间，两个政权之间从来没有发生过武装冲突，出现了永久性和平，这在中国历史上是绝无仅有的。

---

① 今天只发现大理国的佛经，但极少发现记述世俗生活和大理历史的当地文本文献，这除了明初沐英"全付之一烬"外，可能也与佛教信仰太出世有关，如同印度中古时代缺少历史记述一样。

虽然宋王朝对外有怯懦心理,消极地对待与大理国的交往,官方的来往并不多。但大理国并不闭关自守,与宋朝的经济往来十分频繁。其中,大理战马的交易占有重要地位,其优良品质受到了中原人士的称赞,在宋朝抗金战斗中,大理战马驰骋疆场,发挥了重要的作用。大理国还用手工业品和药材交换宋朝的纺织品和食盐。由于两地交通日渐发达,云南各少数民族与内地汉族之间的科技文化交流从未间断,风格和水平都越来越接近。到大理国晚期,大理地区的宫室、楼观、言语、书数等社会文化生活的各个方面,都与内地汉族地区差别很小。

1253 年,蒙古贵族忽必烈率领部队乘革囊,渡过波涛汹涌的金沙江,从滇西北南下攻入大理,大理国英勇抵抗,将军高禾战死沙场。蒙古人随即攻破了大理城,大理国末代国王段兴智弃城逃到昆明,但终于被蒙古军擒获。以后蒙古人平定云南各地,采取怀柔政策,放段兴智回云南管领原属各部,作为“大理总管”,对大理地区继续进行统治。

蒙古人灭大理国后,1274 年,建立云南行省,忽必烈选派能干的回回人赛典赤・赡思丁(al-Sayyid Ajjal Shams al-Din Omar)(1211～1279 年)为“云南行中书省平章政事”(相当于今代省长),把省会从大理迁到中庆(今昆明),昆明从此成为全省的政治、经济和文化中心。云南行省下设置路、府、州、县,宣慰司“兼行元帅府事”,置于行省的控制之下,分掌了原属宗王的部分军权,使行省成为全省最高行政机关。这是云南行政机构的一大进步。云南行省的建立,开创了中央政府治理云南的新纪元。赛典赤在云南修水利、办学校、改善民族关系,这一系列治滇举措,推动了云南经济和文化的发展,是迄今最有贡献的云南行政长官。

宋元时期,云南不仅在经济上相当繁荣,科学技术亦保持隋唐时期的发展水平,并在水利、矿产、医药学等方面有较大的进步。与东南亚和其他地区仍然有十分广泛的交流,伊斯兰教、基督教等许多宗教流派都先后传入云南地区①。大理是大理国的都城,元代的昆明则是云南省城,都是“城大而名贵,商工颇众”的手工业中心城镇。

二、数学、天文学和地学

1. 数学

数学方面,云南出现了一些特殊的进位系统,有的是从国外传入的,使用于

① 南诏时期已有景教(基督教的支派之一)传入的痕迹。

生产和生活之中。

元初，郭松年来到大理，称赞当地的“书数”知识，说明大理的数学水平受到中原知识分子的肯定。元李京《云南志略》记载白人的风俗有：“交易用贝，贝俗呼作贝儿，以一为庄，四庄为手，四手为苗，五苗为索。”当时贝币计算使用的是“四四五”进位制，而明《瀛涯胜览》“傍葛剌国”条说：“国王发铸银钱名曰倘贝，殆仿自天竺国。其贝子计算之法，以一为庄，四庄为手，四手为苗，五苗为索。”因为是“殆仿自天竺国”，说明孟加拉的这种进位制应来自古印度。而白人的“四四五”进位制与孟加拉的进位制相同，也应是从印巴次大陆传入云南大理一带的。

一直到明代，大理一带的白族仍然在使用这种特殊的计数方法，李元阳在《嘉靖大理府志》“物产”中说：“贸易用贝而不用钱，俗以小贝四枚为一手，四手为一缗，五缗为一卉。”就是指这种计数方法。

宋元时期，大理地区还有一种“二四四”进位制，见于元代陶宗仪《南村辍耕录》卷二十九：“白夷……犁一日为双，以二乏为己，四己为角，四角为双，约有中原四亩地。”记载表明田亩计量中采用的是“二四四”进位制，这又是一种独特的进位方法，面积单位有双、角、已、乏数种。据研究，“双”的单位从印度传入，其他面积单位为白语读音，应为云南所特有。

2. 天文学

天文学和历法知识主要受中原王朝的影响，白族还向兄弟民族传授历法知识，火把节也开始见于记载。

宋初，由于宋王朝出于政治上的顾虑，不予册封大理国王，但大理国仍然继续奉行中原正朔。政和五年(1115年)，大理国的使臣得以入贡接受封号，并受宋王朝颁赐的历日。政和八年(1118年)，宋朝的科举考试，其词科还以“代云南节度使、大理国王谢赐历日表”为考题[1]，把大理国受宋王朝的历日作为当时的一大盛事。以后大理国一直采用宋王朝颁布的农历进行推算。今天所发现的这时期的经卷、画卷、碑刻上的题款日期均用宋王朝政府颁布的历法进行推算，仅改换成大理国王的年号[2]。与中原历法基本上是相符的。

宋范成大《桂海虞衡志》记大理人到广西贸易，求购中原书籍，其中就有历

---

① (明)张志淳：《南园漫录·辞学指南》：“王厚伯《辞学指南》，历载词科赋题，政和戊戌，以代云南节度使、大理国王谢赐历日为表题。”

② 本书的年号以《南诏大理纪年表》为准，载汪宁生：《云南考古》，云南人民出版社，1980年，第221～225页。

法书《集圣历》。这件事表明,大理国的民间已经主动学习中原的历法知识了。当时还注意观测彗星及行星犯月等异常天象。在大理国的写经中,出现了汉地二十八宿的记载。据《云龙记往》记述,有些白族商人还留住云龙阿昌族地区传授历法。

元代,在科学家郭守敬的主持下,全国设有27个测景所,即天文观测台,其中之一就设在滇池地区。史载测景所的设置范围:"东极高丽,西至滇池,南逾朱崖,北尽铁勒。"这是见于记载的云南最早天文观测台。当时曾派人深入云南,进行天文点的测候。这些测景所的任务是:"凡日月薄食、五纬凌犯、彗孛飞流、晕珥虹霓、精昆云气等事,其系于天文占候者,具有简册存焉。"①对天文现象进行了综合的观测。

云南的火把节是一种极有特点的民族节日,与民族历法有关。元《云南志略》说:"六月二十四日,通夕以高竿缚火炬照天,小儿各持松明火,相烧为戏,谓之驱禳。"这是第一个明确记载火把节日期的文献。明代以后,火把节也有很多记载,并逐渐成为彝族、白族、纳西族、拉祜族、哈尼族和普米族等民族的传统节日。

在一些边远地区,天文历法还很不发达。明洪武年间,钱古训到达滇西南的麓川地区,看到傣族使用历法仍然很原始:"不知时节,惟望月之盈亏为候。"②反映了元末明初当地还处于使用自然历阶段。

3. 地学

宋元时期,制图知识开始发达起来,大理出现了有各种地理要素的地图,中外人士也纷纷进入云南,记述了云南的各种地理情况。

大理国时,云南已出现了若干地图,其中有《大理图志》一书。忽必烈平定大理后,就命令手下人姚枢等搜访地图。大理末代王段兴智投降后,《元史·信苴日传》说:"乙卯(1255年),兴智(即段兴智)与其季父信苴福入觐,诏赐金符,使归国。丙辰(1256年),献地图,请悉平诸部,并条奏治民立赋之法。"这里,段兴智对元朝献出了大理的地图,并作为军事用途。赛典赤主滇后,也大力寻访云南的地图:"访求知云南地理者,画其山川、城郭、驿舍、夷险,远近为图以进,帝大悦,遂拜平章政事,行省云南。"③地图上绘有山川、城郭、驿舍、夷险等要素,说

---

① 《元史》卷四八,《天文一》。

② (明)钱古训、李思聪:《百夷传》。

③ 《元史》卷一二五,《赛典赤瞻思丁列传》。

明制图知识得到了发展。

大理国时绘制的《张胜温画卷》利贞皇帝礼佛图上，有一个表现山脉的背景图。这张图非常明显地描绘了山谷更生的地质现象，突出了地貌的特征，对距离、方位、高下等要素的表现都有一定的水平，山峦起伏的表示准确性也比较高。

元代，意大利旅行家马可·波罗不远万里来到中国，并周游了云南各地，在其著名的游记《马可波罗行纪》中，对昆明、大理、保山等地区的物产、风俗、山川及相关人文地理状况进行了有意义的记述，开拓了人们的空间地理知识。特别是他用大量的篇章，记述了云南的黄金、白银、井盐、酒、稻、麦等物产，以及马、牛、羊、鱼等动物的养殖情况，是研究元代云南科学技术的重要资料。马可·波罗作为西方人，第一次对云南地理情况进行了较全面的报道，展现了元代云南多民族的民俗风情，在西方产生了极大影响①。

另外，元人郭松年游历云南，留下了文笔优美的《大理行记》，李京来到云南，著有云南第一部省志《云南志略》。这些游记和著述，描述了元代云南的山川、地貌、物产、风俗和古迹诸方面的地理状况，对云南古代地理学有一定的贡献。

三、医药学

1. 医学

大理国时期，在佛教盛行的氛围中，印度的解剖学知识传入了云南。中原的一些精通医术之士纷纷进入大理国行医传业，使得中医逐渐在云南取得了主导地位。

1956年，在风仪北汤天发现的大理写经残卷上有一个人体示意图(图7.1)，表明大理国时已知人体的心、肝、胆、肾、胃，以及泌尿和生殖系统的部位，对消化、泌尿、生殖系统也有一定的描述，表明解剖学知识已出现于大理国。这些知识为人体脏腑器官的部位提供了形象资料，有助于各科医学的发展。图7.1中人的双手和双足上标有地、火、水、风四字，这四字为印度哲学的“四大”，被认为是宇宙万物的基本元素，并且印度古代也有很发达的解剖学，所以这张人

---

① 尽管百年来国内外不断有学者提出马可·波罗是否到过中国的疑问，但他对云南的描写是真切翔实的，记录的路线也是准确的。

体示意图的医学知识应受到印度医学的影响,并通过佛教徒传入大理国。

在大理刻经《佛说长寿命经》中,内有:“命根尽时……乃至身骨,散在于地。脚骨异处,髆骨、肶骨、腰骨、肋骨、脊骨、手骨、头骨、髑髅骨各各异处,身、肉、肠、胃、肝、肾、肺、臓为诸虫薮。”明确地指出了人体各部位有各种骨骼的生理解剖学知识,并且对人体内脏器官有系统的了解。由于是汉译佛经,这些医学知识应是先传入中原,再传到大理的。

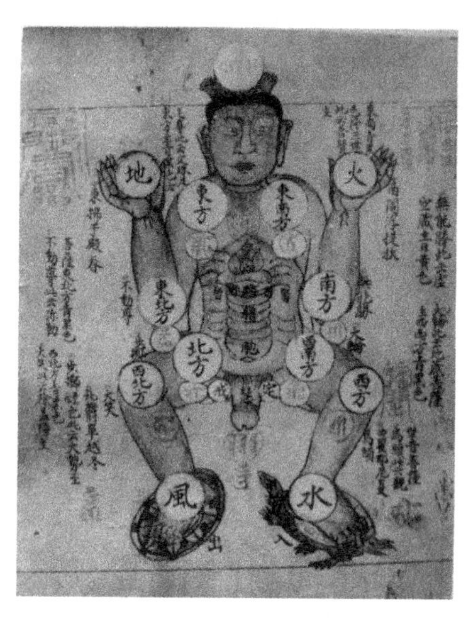

图 7.1　大理写经中的人体示意图

大理国从官方到民间都不遗余力地吸收中原的医学和药物学知识,中原的一些精通医术之士为了适应这种需求,也纷纷进入大理国行医传业。其中,包括白居易的后人白和原,据记载白和原在大理医术高明,称为“其医术之妙则和原。”白和原的后人白长善也是名医,曾任大理国权臣高隆之子高庆充的医疗侍从,常常立功受赏,他以脉象的方法断病,用针灸的方法治病,效果很好[①]。这种情况使得中医在大理地区迅速发展,逐渐在大理国的医药学中取得主导地位。

当时,医疗经验不断提高,宋人庄绰《鸡肋编》卷上说:“孙真人《千金方》有治虱症方,以故梳篦二物烧灰服,云南人及山野人多有此。”又说:“又在剑川见僧舍,凡故衣皆煮于釜中,虽裤袴亦然,虱皆浮地水上。”虱能传染伤寒和回归热等疾病,以上是唐宋时云南的灭虱方法。又有一种治心痛病的石瓜树,其坚实如石,出产于茫部路[②]。

元代,云南设立了惠民药局,官给钞本,以利息备药物,这是有记载的云南第一个官方医疗机构。然而,在一些民族地区,医学知识还比较落后。元人李京就说,罗罗地区是:“有疾不识医药,惟用男巫,号曰大奚婆。”金齿百夷地区:“有疾不服药,惟以姜盐注鼻中。”[③]马可·波罗也提到,云南的哈剌

① 大理元碑《故大师白氏墓碑铭并序》。

② (元)李京:《云南志略》。

③ (元)李京:《云南志略》,王叔武辑校本,云南民族出版社,1986 年,第 89 ~ 92 页。

章(今大理)、押赤(今昆明)和永昌等地区很少有医生,有病就找巫师作法。反映了大理国晚期至元初,云南各族对巫师还很迷信,影响了当地医药学的发展。

2. 药物学

宋元时期,云南与中原地区有频繁而广泛的药物学交流,内地的医药书籍和药物大量输入云南,云南的药材也大量运到了中原地区。

宋代,大理人到广西贸易时,购入了一些中原地区的医药学著作,如《都大本草广注》、《五藏论》等①。特别是宋崇宁二年(1103 年),高泰运奉大理国之命入宋,向宋王朝取得药书六十二部。这些书籍输入大理国后,提高了大理国的医药学水平。大理国的商人到广西贸易,购买了沉香木、甘草、石决明、井泉石、密陀僧、香哈、海哈等药②。从内地输入的中草药材,推动了大理国中药知识的发展。

中原地区对云南的药物有了更多的了解。北宋国家药典《政和政类本草》中,记载的云南药物达 20 多种,有扁青、金屑、银屑、理石、青琅玕、升麻、木香、独自草、牛扁、琥珀、蘗木、莎木、莽草、杉材、榧实、木鳖子、蔡苴机屎、犀角、贝子、海松子等药物。这些药都是作为中草药,被中原的医家所采用,表明云南与中原地区药物交流达到很广泛的程度。到元代,太医院还专门遣使来云南取药材,花费很大③。

大理古塔中曾出土过两批大理国时期的药物,一批是在千寻塔出土的,有朱砂、沉香、檀香、麝香、珊瑚、金箔、云母、香哈、松香及水君子等中药和草药,其中以松香最多④。另一批是在洱源火焰山塔出土的,种类多至 30 余种,其中有金箔、珊瑚、玛瑙、孔雀石、水精石、水中石子、珍珠、贝、琥珀、象牙、松香、檀香、干姜、槟榔、荜拨、荜澄茄、胡椒、桃仁、蚕豆(即胡豆)、扁豆等⑤。在以上大理古塔出土的药物中,有些药物可能来自内地,如《桂海虞衡志》提到的沉香、香哈;而有些应为外来的药物,如荜拨、珊瑚、胡椒、胡豆⑥。

---

① 《都大本草广注》、《五藏论》似乎在中原的文献中已失载。

② (宋)范成大:《桂海虞衡志·志蛮》。

③ 《元史·本纪》卷二十三:"太医院遣使取药材于陕西、四川、云南,费工帑,劳驿传……乞禁止。"

④ 云南省文物工作队:《大理崇圣寺三塔主塔的实测和清理》,《考古学报》,1981 年第 2 期,第 259 页。

⑤ 张增祺:《洱源火焰山砖塔出土文物研究》,《云南铁器时代文化论》,云南人民出版社,1992 年,第 279 ~ 291 页。

⑥ 张星烺:《中西交通史料汇编》第三册,中华书局,1978 年,第 172 页,167 页。

宋代，云南"化外诸蛮"所用的一种药箭，弩虽小，而以毒药濡箭锋，被射中者立死，其箭毒药采用"蛇毒草"制作而成[①]。元初马可·波罗在云南，也描述了大理一带居民用的都是有毒的箭头。

四、农业与水利工程

1. 农业技术

宋元时期，云南的农业生产仍有较高的水平，以洱海地区最为发达，内地的先进技术进一步传入云南，但各地的农业发展并不平衡。

北宋熙宁七年(1074年)，宋人来到大理国买马，进入束密之墟(今姚安一带)，看到土地上生长着庄稼，当地的山川风物，很像四川的资中和荣县[②]，说明姚安一带农业发展与内地不相上下。元人郭松年在《大理行记》中描述了他看见大理一带居民辏集，禾麻蔽野的现象。《元一统志》说威楚(今楚雄)地区"壤土肥饶"，十分利于农业生产。

元代，张立道(？～1298年)任大理劝农使，他是元朝派来的官员中一位很能干的人，曾把汉地的先进技术传入大理地区。《元史·张立道传》记载，当时"爨僰之人"虽知蚕桑，但种植不得法，张立道开始教他们饲养，收利十倍于从前，云南人民由此更加富庶。新方法的采用，大大提高了生产力。张立道"官云南最久，得土人之心，为立祠于鄯城西"。他与赛典赤对云南科技的贡献，可谓各领千秋。

但云南农业发展一直是不平衡的，例如，彻里(今景洪)傣族地区较早就知道用犁耕，但金齿所属麓川傣族地区："地多平川，土沃人繁，村有巨者，户以千百计，然民不勤于务本，不用牛耕，惟妇人用钁锄之，故不能尽地利。"[③]反映了元末明初，此地仍然没有传入牛耕，还处于锄耕的阶段。而在一些落后地区，如叙州南的"土獠蛮"，更是处于"山田薄少，刀耕火种"的粗放农业状况。

农产品方面，元代种植的农作物有水稻、麦、麻和蔬果等。云南的茶叶生产有了进一步发展，傣族地区的人民以毡、布、茶、盐互相贸易。有的少数民族(土僚蛮)不仅种植稻谷，还常以贩茶为业[④]。

---

① (宋)范成大：《桂海虞衡志》。
② 《续资治通鉴长编》卷二六七，引《云南买马记》。
③ (明)钱古训、李思聪：《百夷传》。
④ (元)李京：《云南志略》。

2. 畜牧业

大理国时期,畜牧业非常繁盛,是宋元时期云南最重要的成就之一。大理马大量贩到广西等地出售,成为大理国联系宋朝的主要纽带。

当时大理国内已是"牛马遍点苍",点苍山上马驰牛走的图景扑面而来,牲畜数量之多可以想见。其中,大理马十分有名,这是云南引进的一种高大的西北马种,进行科学合理的喂养,作为战马使用,与西南其他地区的"羁縻马"绝不相同。宋人曾指出:"川、秦市马,分为二:一曰战马,生于西边;二曰羁縻马,产于西南诸蛮。大理地连西戎,虽互市于广南,犹西马也。"①肯定了大理马的西北马种因素。宋人又说:"其一曰战马,生于西边,强壮阔大,可备战阵……其二曰羁縻马,产于西南诸蛮,格尺短小,不堪行阵。"②显然,西马强壮而大,可作为骑乘的战马;羁縻马短矮而小,不能作为战马。

周去非《岭外代答》说:"南方诸蛮马皆出大理国,罗殿、自杞、特磨岁以马来贩之,大理者也。……闻南诏越赕之西产善马,日驰数百里,世称越赕骏者,蛮人产马之类也。"大理马可日驰数百里,是一种极能奔跑的骏马。

大理马的尺寸在史籍中也有所记载:"马必四尺三寸,乃市之,其值银四十两,每高一寸,增银十两,有至六、七十两者。"③这种马还有"大口、项软、趾高"等特征④。元代,马可·波罗游历云南,曾大大赞叹这个省繁殖了许多最好的马匹,并称赞大理马"躯大而美",再次说明高大的大理马与西南地区矮小的"羁縻马"是不同的。

大理战马极善驰骋,用于战争有如虎添翼的作用。北宋时就专门在广西邕州设置了购买大理马的官员,在宋朝抗金事业中,大理战马也投入了战斗,当时抗金名将岳飞、韩世忠、张俊等大将都从广西得到不少大理马作为战马。例如,南宋绍兴二年(1132 年),命广西经略司买广马(大理马),以三百骑赐岳飞、以百骑赐张俊、以七纲(三百五十骑)赐韩世忠。除此之外,大理马还远销到印度。马可·波罗曾看到阿木州(今滇南一带)产马不少,多售之于印度,是当时的一种极兴盛的贸易⑤。

元成宗初年(1295 年),云南一年贡献给梁王的马就达 2500 匹。亦奚不薛

① (宋)《玉海》卷一四九引《绍兴孳生马监》。
② (宋)李心传:《建炎以来朝野杂记》,甲集卷十八。
③ (宋)李心传:《建炎以来朝野杂记》,甲集卷十八,《广马》条。广马主要是大理马。
④ (宋)周去非:《岭外代答》,卷九。
⑤ (元)马可·波罗:《马可波罗行纪》,一二七章,冯承钧译本,上海书店出版社,2001 年,第 313 页。

是直属元王朝御位下的14处牧地之一，由罗鬼首领，八番顺元宣慰使铁木儿不花主管所牧的国马。

彝族地区“地多健马”，每年祭祀时，宰杀牛羊动辄以千数，少者不下数百①，养牛羊的规模之大可见一斑。白族地区则盛产绵羊，而傣族地区的牲畜有牛、马、山羊、鸡、猪、鹅、鸭等。特别是滇南的傣族地区以养羊著称，元人李京就谈到，“金齿百夷”地区有“少马多羊”的现象。元代，马可·波罗来到云南，称赞位于滇南的阿木州有良土地，好牧场，故牛及水牛亦甚多②。

大理国有一种有名的长鸣鸡，在广西市场出售。其特点是体形矮，羽毛大，毛很有光泽，声音圆润而长，可鸣叫半刻时光，每只鸡值钱一两③，是一种供玩赏的鸡。总之，宋元时期的畜牧业是兴旺发达的。

3. 水利建设

宋元时期，由于农业生产建设的需要，在富有灌溉之利的大理、丽江和昆明又修筑了一些水利工程，其中以元代赛典赤领导挖筑的昆明松花坝水库为代表，是云南古代有重大影响的水利工程活动。

大理地区修筑了清湖（今祥云县）、赤水江（今弥渡县）、神庄江（今大理市凤仪）等水利工程，它们的灌溉面积均有数千至上万顷。元人郭松年游历大理，在洱海西岸，看到了苍山十八溪及水利灌溉的情景：“若夫点苍之山……派为十八溪，悬流飞瀑，泻于群峰之间，雷霆砰轰，烟霞晻（音 yǎn）霭，功利布散，皆可灌溉。”④反映了当时引点苍山十八溪悬流飞瀑的泉水，进行农田灌溉的壮丽图景。当时，大理地区已是河渠纵横、田畴苍翠的景象。

滇西北通安州（今丽江）的“珊碧外龙山”（今玉龙雪山）则有“山半数泉涌出，下注成溪，灌溉民田万顷”的现象⑤。昆明的春登堤：“筑土石为二堰于河之要处，障其流以灌田，凡数十万亩。”⑥元代，云南行省平章政事赛典赤·赡思丁对此堤又再增修。赛典赤和劝农使张立道还对滇池水利进行了大规模的治理，并挖筑了松花坝水库（图7.2），这是云南水利史上的一件大事。

---

① （元）李京：《云南志略》。

② （元）马可·波罗：《马可波罗行纪》，一二七章，冯承钧译本，上海书店出版社，2001年，第313页。

③ （宋）周去非：《岭外代答》，卷九。

④ （元）郭松年：《大理行记》。

⑤ （元）《一统志》。

⑥ （明）诸葛元声：《滇史》卷八。

图 7.2 昆明松花坝

赛典赤是元初来自中亚的色目贵族(回回人),信奉伊斯兰教,生前任云南省的第一任行政长官,去世后追封为咸阳王。他对云南水利史有重要贡献,其后裔明代的郑和、清代的马德新、丁拱辰都是中国科学史上的重要人物。

松花坝水库是在昆明东北滇池上源盘龙江上修建的,具有灌溉、城市供水和防洪等多种功能。它始建时为拦河坝,系木框填土堆筑而成的大坝。在盘龙江的左岸凿出一个干渠,名为金汁河,渠南行 70 余里,尾水亦流入滇池,灌溉面积号称万顷。至今,这个水库对昆明的城市供水仍然发挥着十分重要的作用。松花坝水库作为云南古代有深远影响的重大工程活动,在其设计、建造、运行等方面,都为后人提供了光辉的范例。

五、采矿和金属工艺

1. *采矿*

宋元时期,云南金属矿产的开采相当旺盛,特别是元代,云南的金课(课即矿产税)、银课和铜课都位居全国首位,表明云南矿产开采在全国的重要性。

宋初,有人就对宋太祖赵匡胤说:“云南虽僻壤,实产五金,国用藉以不乏。”①注意到云南金属矿产的巨大潜力。大理国时期,采矿业仍然很旺盛,从金属制作业相当发达可见一斑。到元代,统治者以很重的岁课并加以各种巧立名目来掠夺云南的金属矿产,被称为“民害”。元政府还在云南行省设立了“人匠提举司”,为管理云南矿产的专门机构。

《元史·食货志》中记载云南中庆、大理、金齿、临安、曲靖、澂江、罗罗、建昌等地都产铁;铜产于大理和澂江,当时全国只有云南有铜课。云南的金产地有威楚、丽江、大理、金齿、临安、曲靖、元江、罗罗、会川、建昌、德昌、柏兴、乌撒、东川和乌蒙等 15 个地方,几乎遍布云南各处,而以金沙江一带产量最盛。马可·波罗游历滇西,一再描述当地盛产黄金的情况:“从前述之押赤城(昆明)道途后,西向骑行十日,至一大城,亦在哈剌章州中,其城即名哈剌章(大理)……此地亦

① (明)诸葛元声:《滇史》卷八。

产金块甚饶，川湖及山中有之，块大逾常。"[①]《元一统志》说："金，出金沙江，淘沙得之。"云南省参政怯剌还建言元王朝，在建都冶炼金矿："建都地多产金，可置冶，令旁近民炼之以输官。"[②]云南金课约占全国岁课总数的1/3强。

云南开采的银矿位于威楚、大理、金齿、临安、元江等地，至元二十七年（1290年）五月，"尚书省遣人行视云南银洞，获银四千四十八两。奏立银场官，秩从七品"。当时，各地银矿采炼所得，提出30%作为银课缴纳给政府。云南的银课约占全国的一半，例如，元天历元年（1328年）各省银课收入总额中，云南银课多至36 784两，占47.8%，位居全国第一，表明云南银矿在全国经济中的重要性。

2. 铸铜技术

大理国的铸铜业盛行不已，以铸造铜佛像尤为发达。段思平在位时，铸佛像就达上万尊之多。直到今天，大理国铸造的铜佛像仍然较多地保存着，主要是造型为细腰的阿嵯耶观音像、大日遍照鎏金铜佛像及其他小铜佛像等。失蜡铸造、鎏金装饰在铸造铜佛像中得到普遍使用。

阿嵯耶观音像。大理三塔出土了大理国阿嵯耶观音立像，这种铜像呈立式细腰状，亭亭玉立。在中国、美国、日本、英国等国内外发现约30尊[③]，是各博物馆收藏的艺术珍品。国外学者对6尊阿嵯耶观音立像进行了成分分析，成分都是低锡和低铅，Sn和Pb的数值都为<2%，说明冶炼时并未有意加入锡和铅。化学成分的另一个特点是有4件为铜砷合金，砷含量不超过6%，另两件含有少量砷元素。砷铜在古代铜器中较少见，可能使用的铜矿为含砷铜矿，或砷为有意加入。

云南省博物馆保存的一尊阿嵯耶观音铜像（图7.3，编号4:21-1），经分析，基体成分为铜砷合金，含铜96.2%，砷3.0%，该观音像鎏金层表面成分为金78.4%，汞7.9%，铜9.6%，说明使用了汞鎏金技术进行表面装饰，这与古滇国的汞鎏金技术是一致的。

云南省博物馆保存的另一尊阿嵯耶观音像（图7.4，编号13:7-84），采用铜质上髹有红漆，漆面上再鎏金的特殊工艺。经分析，成分基体为铜砷铅合金，含铜93.0%，砷2.5%，铅3.8%，仅此件观音像含有铅的合金成分。该观音像鎏金层表面成分为铜86.0%，金13.2%，汞9.4%，说明仍然使用了汞鎏金技术。

① （元）马可·波罗：《马可波罗行纪》，一一八章，冯承钧译本，上海书店出版社，2001年，第290页。

② 《元史》卷一六。

③ 新近不断有发现，但是真品还是仿制品有待鉴别。

图 7.3 观音像(4:21-1)

图 7.4 观音像(13:7-84)

以上分析过的 8 件阿嵯耶观音像,有 6 件是铜砷合金,1 件是铜(砷),只有 1 件阿嵯耶观音像不是砷铜,但也有微量砷存在。说明材质为砷铜是阿嵯耶观音像的基本特征(表 7.1)。

表 7.1 云南省博物馆藏阿嵯耶观音像的化学成分表

阿嵯耶观音像		化学成分/%					
		铜	锡	砷	铅	金	汞
编号 4:21-1	足部(基体)	96.2	—	3.0	—	—	—
	身部表面	9.6	—	—	—	78.4	7.9
编号 13:7-84	插角(基体)	93.0	0.2	2.5	3.8	—	—
	腰部表面	76.0	—	—	—	13.2	9.4

对云南省博物馆保存的 2 件阿嵯耶观音铜像,以及大英博物馆、美国大都会博物馆收藏的阿嵯耶观音铜像进行实地观察,表明均为立体造型,周身没有范线,无疑应为失蜡法铸造而成。美国学者的观察也证实了这一点①。这种技艺在云南有

① Denise Patry Leidy, Donna Strahan: Wisdom Embodied—Chinese Buddhist and Daoist Sculpture in the Metropolitan Museum of Art, New York, Yale University Press, 2010, 136 ~ 138.

久远的渊源。其浇注口应开在观音像的下部,背部有两个矩形凹槽。有的观音像鎏金技术十分高超,金粉无脱落,表面极为光亮。美国圣地亚哥艺术馆藏的阿嵯耶观音铜佛像,其背面的下部铸有一段铭文,文字凸起,共43字,开头说:"皇帝骠信段正兴资为太子段易长生,段易长兴等造记。……"[1]表明是大理国王段政兴(1148~1171年在位)出资为太子段易长生和段易长兴所铸的观音像。

在《南诏中兴二年画传》中,描绘了一位老人坐在火盆前,地上放置剪刀、水盆之类的东西,老人右手握工具,正在修整左手拿着的一个阿嵯耶观音像。旁边的说明文字是"老人铸圣像时"。他手里拿着的观音像与云南现存细腰观音铜像的大小是一致的,说明南诏后期以降,阿嵯耶观音铜像的制作地点就在大理本地。

大日遍照鎏金铜佛像。上海博物馆收藏的"大日遍照鎏金铜佛像"是一尊坐佛(图7.5),像高48厘米,两膝间最宽35厘米。表情恬静安详,身着袒右式袈裟。左手结定印,右手作触地印。此像造于大理国盛明二年癸未(1163年),造像的施主为彦贲张兴明等人。大日遍照鎏金铜佛像是除雨铜观音铜像外,南诏大理国保留下来的最大铜佛像。

图7.5　大日遍照鎏金铜佛像

大日遍照鎏金铜佛像最有特点的工艺为铜质上髹有红漆,漆面上再鎏金,这在前述的阿嵯耶观音铜像上亦有发现。一般来说,漆表面是无法鎏金的,迄今这种工艺在其他地方极为罕见,现代也较难做到。而大理国却反复出现了这种有创造性的工艺,这在中国金属工艺史上是了不起的,是白族人民在科学技术上的一项光辉贡献。此像为立体造型,整体浇铸而成,两侧没有发现范线,为失蜡法制造,是大理国保存至今最大的失蜡铸件。

此铜佛像造型端庄典雅,有高度的艺术价值,制作技艺表现了多种技术的应用,如失蜡铸造、鎏金和髹漆等,技巧十分纯熟,臻于完美的境地。

小铜佛像。大理崇圣寺三塔和弘圣寺塔还出土了很多小型的铜佛像,数量已超过100尊,均为大理国时期的造像。例如,崇圣寺三塔出土的铜鎏金六臂观

---

① 李霖灿:《南诏大理国新资料的综合研究》,1967年,第12页。

音坐像、铜鎏金不空成就如来坐像、铜鎏金明王坐像，弘圣寺塔出土铜鎏金净水观音立像、铜鎏金甘露观音立像、铜杨枝观音立像、铜鎏金力士立像、铜多闻天王立像等①。这些铜像均为立体造型，形状复杂，生动逼真。经仔细观察，像身并无范缝存在，应为失蜡铸件无疑。

美国大都会博物馆收藏了几件大理国时期的小铜佛像，推测也是崇圣寺三塔出土流失海外的，其工艺亦为失蜡铸造。一件千手观音像是其中最精美者（图7.6），据分析成分为砷铜，表面汞鎏金，经X射线分析表明各部分组织均匀②，确实是失蜡法整体铸造的，对细部观察表明，此像应为倒立浇铸而成。这再次说明大理国时期铜佛像的铸造流行过失蜡工艺。

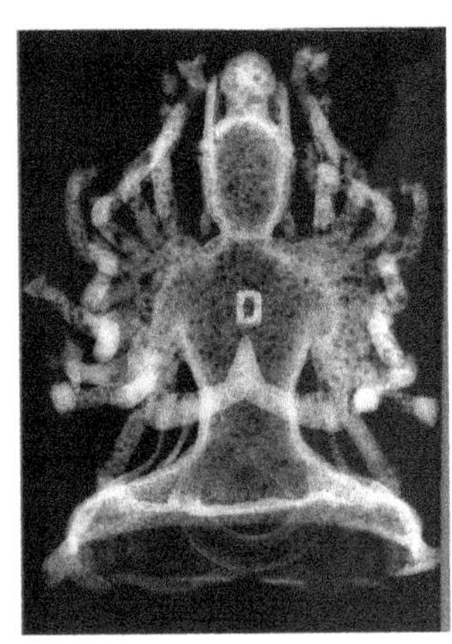

图7.6　美国大都会博物馆收藏千手观音像及其X射线分析图像

崇圣寺塔出土的小佛像有多种合金成分。例如，该塔出土的一尊小佛像（图7.7，编号TD中13）表面经过成分分析，铜27.7%，金54.4%，银5.0%，锡6.%，铅1.7%，砷3.7%，为金铜银锡砷五元合金；另一尊小佛像（图7.8，编号TD中14）背面的表面成分为铜40.8%，金1.3%，锡6.9%，铅47.5%，砷2.6%，为铜锡铅砷合金，含有少量金成分，这是受到佛像正面鎏金的影响，表明铸造铜佛像时，进行了复杂的合金成分配比。这些佛像中又出现了含有砷的现象，说明加砷确实是南诏大理国制作铜佛像的一个重要特征。

---

① 这些铜像现在均陈列于大理白族自治州博物馆。

② Denise Patry Leidy，Donna Strahan：Wisdom Embodied——Chinese Buddhist and Daoist Sculpture in The Metropolitan Museum of Art，New York，Yale University Press，2010，26，138～140.

图7.7　小佛像(TD中13)　　图7.8　小佛像(TD中14)

崇圣寺三塔还出土了一些其他铜器。例如,有一面铜镜(图7.9,编号TD下34),表面光洁,正面成分为铜68.2%,锡11.9%,铅18.7%,背面成分为铜49.2%,锡12.4%,铅32.2%,砷2.3%,两者成分不一样,说明制作铜镜时,表面经过了处理。三塔出土的铜镜再次出现含有砷元素,与小佛像的成分相似,表明这面铜镜可能是大理本地制作。但大理国时,外来铜镜也有输入了大理的,例如,崇圣寺塔曾发现铸有“成都”(TD中:43)、“湖州”(TD上:74)制造字样的宋代铜镜。

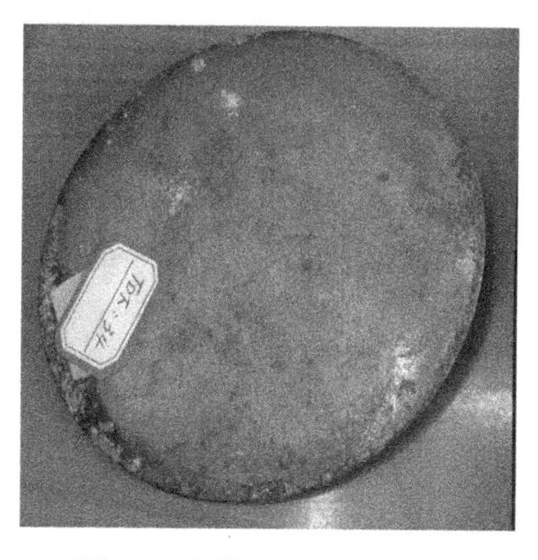

图7.9　铜镜正面(TD下34)　　图7.10　金刚杵(TD下89)

三塔还出土了大量的金刚杵,其中一件(图 7.10,编号 TD 下 89)经分析,成分为铜 86.0%,锡 8.5%,铅 2.0%,为铜锡铅合金;另一件(编号 TD 下 90)经分析,成分为铜 45.5%,银 50.4%,砷 1.2%;主要为铜银合金。不同的金刚杵尽管造型相同,但却有不同的成分配比。

《宋史·蛮夷传》说,罗氏鬼主(彝族)"莫保铜鼓",表明宋代时,彝族仍有使用铜鼓的习俗。元人李京说,元代白族仍保留有"击铜鼓送丧"的习俗[①]。

云南永胜县有一口大铜钟,时代未定,传说为大理国古钟,但也可能是元代的。文献记载重达万斤,铸成这样的大钟,自然需要高度发达的工艺。现在大铜钟虽然已经毁坏了,但钟纽和钟体的残件仍然保存于永胜县当地的博物馆(图 7.11)。对大铜钟残存的纽部进行了成分分析,铜 93.6%,锡 3.5%,为铜锡合金。另外,永胜县博物馆收藏一个"至元二年(1265 年)吉日造"的三面八臂明王像(图 7.12),外观分析为失蜡法所造。其化学成分铜 67.3%,锡 11.6%,铅 15.7%,砷 3.7%,为铜锡铅砷四元合金,佛教器物中再次出现复杂的合金成分。

图 7.11　永胜铜钟纽部

图 7.12　三面八臂明王

3. 金银制作

大理国时期,金银器主要用于佛教制品,有很高的工艺水平,元代还出现了纯度较高的银器。

20 世纪 70 年代,大理三塔维修时,发现有大理国明治年间金佛七尊。其中,一尊三塔出土的大理国金质阿嵯耶观音立像(图 7.13,编号 TD 总 00019,云南省博物馆藏),其合金成分为金 90.9%,银 7.8%,说明采用了金银合金。另一

① (元)李京:《云南志略·诸夷风俗》,王叔武辑校本,云南民族出版社,1986 年,第 88 页。

尊金质阿嵯耶观音立像(图 7.14,编号 TD 中 57-3),金 85.6%,银 12.4%,其背光金 87.0%,银 11.4%,也是金银合金。这些金佛像采用了各种铸造和锻打的方式制成。其他金器的成分亦多为金银合金,极少有纯金,这是云南金器的一个特点。

图 7.13　金质观音像(TD 总 00019)

图 7.14　金质观音像(TD 中 57-3)

崇圣寺塔曾出土银质的佛像 15 尊。对一件该塔出土的银质佛像座(图 7.15)进行化学分析,成分为银铜合金(银 86.6%,铜 5.7%,金 0.7%),银铜合金是云南古代银质器物常见的特征。对崇圣寺塔出土的一个银莲座进行分析,发现为成分较纯的银(银 96.4%,铜 0.4%,金 0.2%)。

崇圣寺塔还出土了一个鎏金镶珠的银质金翅鸟(图 7.16),通高 18.5 厘米,重 125 克。金翅鸟头饰羽冠,展翅欲飞,尾羽镶有水晶珠五粒,双足踏在莲花座上。其制作精细,栩栩如生,艺术上达到高度完美。银胎鎏金曾偶见于汉代云南江川李家山出土的器物,但这种技法在中国冶金史上十分罕见。

图 7.15　佛像座

图 7.16　银质鎏金飞鸟

图 7.17　元代威楚路生产的银锭

元代,银的生产水平有了新的提高,在经济贸易中占的比重越来越大。对几件元泰定年间威楚路(今楚雄)生产的 50 两银锭(图 7.17)进行分析,发现其中一件含银 98.7%,另 1 件含银 97.6%,纯度达到较高的水平,说明已有银矿的精炼技术。

元代,云南出产著名的叶子金,元代佚名所著《居家必用事类全集》中“宝货辨疑”说叶子金出于云南。可能是对山金进行加工而成的。明洪武年间《格古要论》记载了叶子金的性能:“云南叶子金,西蕃回回金,此熟金也,其性柔而重色赤,足色者面有椒花凤尾及紫色,如和银者性柔,石试则色青,火烧色不黑。”既然为熟金,说明是经过冶炼获得的。叶子金是南宋和后世很重要的货币,又称为“金叶子”,至今一些博物馆仍有收藏。

据马可·波罗说,大理一带金和银的比值是每金一两值银六两,而保山一带则是每金一两值银五两。可能大理出产的金纯度要高一些,或保山金的产量要高一些。

洪武二十九年,钱古训等人到麓川一带,见到“惟宣慰用金银,玻璃,部酋间用金银酒器”,在市场上“凡贸易惟用银,杂以铜铸若半卵状,流通商贾间”[①]。虽然是明初的记载,但也反映了元代地处滇南的傣族,不仅很喜欢使用金银器,并且已经把渗有铜质的银铸为“半卵状”银锭,作为普遍使用的货币。

4. 铁器与锡器制作

在制铁技术上,宋元时期,云南同样取得了可观的进步,以制刀技术最为发达,锡器的制作也开始兴起。

大理刀由于工艺特殊,又有先进的淬火技术而闻名全国。宋人推测由于大理国有“丽水”,水质特殊,因而能生产良刀。并称大理出产的刀“铁青黑,沉沉不鎺,南人最贵之”。大理刀有大刀和小刀数种,锋利程度可以吹毛透风。宋神宗熙宁九年(1077年),大理国派遣使者贡刀和剑[②],可能就是大理刀、南诏剑之类的兵器。大理刀在广西南宁市场出售时,受到了热烈欢迎,被评价为“蛮刀以大理所出为佳”。宋人说,大理人到南宁卖马,背长刀,“刀长三尺,甚利,出自大理者尤奇”,因此大理国被誉为“地广人庶,器械精良”[③]。

大理有一种有名的兵器,称为龙头剑。段正淳在位时,善阐(今昆明)高观音来朝,大理国王段正淳赐予高观音“龙头剑”[④],由国王亲自赐予,可见龙头剑的名贵。在《张胜温画卷》的利贞皇帝礼佛图上,身披虎皮的小儿后面,有一个官员,就手持这种龙头宝剑。

大理国时期,还有铁器的失蜡铸造。例如,在大理市弘圣寺塔出土一件铁质的大黑天神头像,高约23厘米,为立体造型,两侧未见范缝,推测应为失蜡铸造,而古代铁器的失蜡铸造是极为少见的。

元代,云南彝族的冶炼技术也有一定的发展,“善造坚甲利刃,有价值数十马者”[⑤],表明彝族能造一种极为贵重的刀。傣族地区的武器则有刀、槊、手弩

---

① (明)钱古训、李思聪:《百夷传》。

② (元)脱脱等撰:《宋史》卷四八八,《外国列传·大理》。

③ (宋)范成大:《桂海虞衡志.志蛮》。

④ 此据(王本)《南诏野史·段正淳》的记载。(胡本)《南诏野史·段正淳》记为李观音得来朝,赐与龙头剑。

⑤ (元)李京:《云南志略》。

等,傣文史料《泐史》中还有长钢刀的记载。大理地区和丽江地区多产“名铁”,纳西族还有一种有名的“短刀”。

元末明初,云南已出产高质量的锡器,明洪武年间《格古要论》说:“蕃锡出云南,最软,宜厢碗盏,花锡亦出云南,大花者高,小花次之。”说明云南的“蕃锡”已用于制作碗、盏等生活用具了,而且锡还按不同品质分为大花和小花。以上是云南生产锡器的首次记载。

5. 珐琅器的制作

元代,云南出现了珐琅器的制作,有些云南人到北京传播技艺,导致中国著名工艺品景泰蓝的产生。

珐琅银器又称为银蓝,在滇西永胜,它的制作已有很长的历史。在大理国末期,忽必烈进攻云南时,蒙古军中一部分士兵流落在滇西北一带,其中有些人身怀绝技,把珐琅工艺传入了云南。以后这种工艺一直在永胜一带传承着,现在永胜民间仍然保留有以银作胎的珐琅器制作工艺,当地的艺人相传,这是由元代蒙古军带入的技艺①。

明《新增格古要论》中记载云南人在京烧制“大食窑器”(景泰蓝),多作酒杯等器皿:“以铜作身,用药烧成五色花者,与佛郎嵌相似……又谓鬼国窑。今云南人在京多作酒盏,俗呼曰鬼国嵌,内府作者,细润可爱。”“佛郎嵌”为錾胎珐琅,以铜作胎的工艺已是今景泰蓝工艺,是先前以银作胎技艺的推陈出新。以上是中国关于景泰蓝的最早记载,此书反映的是元末明初的事②。说明云南人把景泰蓝工艺从云南传入京城之中,初期的工艺应为錾胎珐琅,应早于掐丝珐琅。以后,景泰蓝工艺在北京逐渐享有盛名,成为北京最主要的传统工艺,在中国传统工艺中占有十分重要的地位。

至今,北京的景泰蓝工匠仍然代代相传,说制作珐琅的工艺是经由云南师傅传到北京的一种技艺③,而学术界根据对《新增格古要论》的考证,也同样公认景泰蓝是从云南传入北京的这个观点④。

---

① 李晓岑、朱霞:《云南民族民间工艺技术》,中国书籍出版社,2005 年,第 143 ~ 149 页。

② 明洪武年间的《格古要论》已有“大食窑”条,明中期《新增格古要论》补充了“云南人在京多作酒盏,俗呼曰鬼国嵌”等记载。

③ 北京市政协文史资料委员会选编:《艺林沧桑》,北京出版社,2000 年,第 394 页。

④ 杨伯达:《论景泰兰的起源——兼考“大食窑”与“拂郎嵌”》,《故宫博物院院刊》,1979 年,第 4 期,第 16 ~ 24 页。

六、兵器技术

1. 甲胄制作

甲胄是防护性工具,可以保护将士身体免遭敌方进攻性兵器的重创。古滇国时云南就已出现青铜甲胄,大理国时期甲胄的制作日趋成熟,产品非常精致。宋人周去非记载大理的甲胄以象皮为材质,涂上坚厚的黑漆,再用红漆刻花,又用小白贝“缀其缝”。前后掩心都用大片象皮,披膊则用中片象皮,“皆坚与甲等,而厚几半寸。敬试之以弓矢,将不可彻,铁甲殆不及也”。这种甲胄通体采用厚而坚韧的象皮制作,刀箭不易穿透,达到了卫体的要求。

宋代诗人范成大也记载了大理国的象皮甲:“蛮甲,惟大理国最工,甲胄皆用象皮,胸背各一大片,如龟壳,坚厚与铁等,又连缀小皮片为披膊护项之属,制如中国铁甲,叶皆朱之。兜鍪及甲身内外悉朱地间黄黑漆,作百花虫兽之纹,如世所用犀毗器,极工巧。”[①]象皮甲不仅质坚如铁,并饰以各种黄、红、黑漆及花纹,制作工艺相当完善,外表光彩耀人。

其他少数民族也有披甲的习俗。元人李京说,在澜沧江以西的蒲蛮(又名“扑子蛮”,德昂、布朗族先民)有衣短甲的习俗[②]。使用短甲,主要为了防护上身,有身手轻捷的便利,所以士兵能“驰突若飞”,但相对一般甲胄而言,短甲的防护能力较差。

2. 马镫

马镫是骑乘时用来踏脚的马具,以发挥骑马的优势,是一种极为关键的工具。南诏以前,云南是否已出现马镫,尚未找到充分证据。在西昌凉山博什瓦黑发现的石刻,一般认为是描述南诏的某一代王巡幸凉山之事。其中有六人骑马出行图,上面已有马镫的图像,说明南诏王室已使用马镫。

宋元时期,一些少数民族已普遍使用马镫,宋《桂海虞衡志》记载:“蛮鞍,西南诸番所作,不用鞯,但空垂两木镫,镫之状,刻如小龛,藏足指其中,恐入荆棘伤足也。”元李京《云南志略》记云南彝族地区:“剜木为蹬,状如鱼口,微容足指。”说明早期的马镫均为木质双镫,但镫很小,仅“微容足指”。这里,马镫的使用主要是为了乘骑方便,而不一定用于骑兵作战。

---

① (宋)范成大:《桂海虞衡志》。

② (元)李京:《云南志略·诸夷风俗》。王叔武辑校本,云南民族出版社,1986年,第96页。

元人马可·波罗说：大理人骑马时用长马镫，恰恰和法国人一样。可能是一种长柄的马镫。

3. 火器技术

元代，火器技术已传入云南。火器就是使用火药的武器，而火药则是中国科技史上的四大发明之一。据史籍所见，火药和火器技术在元初就已传入大理一带地区，1254年，元军兀良合台的部队进攻押赤城，与大理末代国王段兴智进行最后的激战，元军"选骁勇以炮推其北门，纵火攻之，皆不克"①，这次战役中使用了火器"炮"攻打城门，是云南出现火药、火器技术的开端。

七、造纸、印刷、装帧和纺织技术

1. 造纸技术

宋元时期，纸张除用于日常生活外，还大量用于佛教的写经，并出现了加工纸技术。

大理人到广西贸易时，宋人范成大说："其人皆有礼仪，擎诵佛书，碧纸，金银字相间。"②描述的"佛书"为碧色纸上写金、银字的佛经，这实际上是一种经过加工的色纸，可能类似后来的瓷青纸。当时纸主要用于佛经的抄写，在大理发现了一些经过装潢的佛经。民间还出现生活用纸，宋周去非《岭外代答》说："西南夷大率椎髻跣足……其髻以白纸缚之。"说明云南、广西一带少数民族，纸张的用途在扩大，已渗透进人们的日常生活中，不限于书写工具了。

除大理外，元代丽江纳西族地区也出现了造纸技术，《元一统志》说通安州（今丽江）土产有纸。这是云南产纸地点的明确记载。

1956年，在云南大理凤仪北汤天法藏寺发现了佛教经书3000余册，其中年代最早的写经是《护国司南抄》（图7.18），年代为1052年，这是今大陆现存出土于云南地区的最早纸张，现分三段收藏在云南省社会科学院和云南省图书馆。20世纪90年代，曾对这卷写经首尾两段的纸质进行观察，首尾两段写经的纸质完全相同，均为白色，泛黄，纤维都很均匀。近来对云南省图书馆收藏的《护国司南抄》中间的一段经卷也进行了仔细观察，初步鉴定表明，纸张的纤维形态应为麻质，纸质较厚。此麻纸的质地稍厚，纤维分布较为均匀，偶见麻筋，在古纸中

① 《元史·兀良合台传》。
② （宋）范成大：《桂海虞衡志·志蛮》。

仍属匀细的纸，说明对纸料的舂捣是比较精细的。这两部分写经上均有明显的帘纹，密度为5道/厘米，但帘纹不均匀，应为抄纸法制造，并且抄纸设备已有一定程度的进步。此纸宽度为30.6厘米，字幅宽24.5厘米。长度则参差不齐，一般为1米左右，最长的达131.6厘米，远远超过今天的白棉纸尺寸，在中国唐代的古纸中，如此长的纸幅，也是极为罕见的。

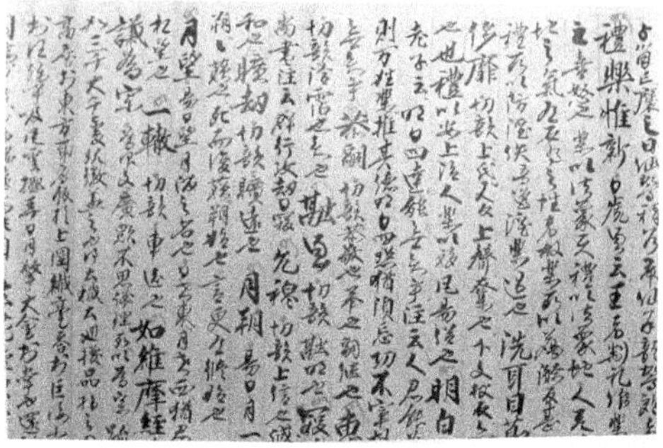

图7.18　大理写经《护国司南抄》

图7.19　大理国《张胜温画卷》

白族画工张胜温的《张胜温画卷》（图7.19），现藏于台北故宫博物院，为滇中艺术珍品。乾隆皇帝御笔题："楮质复淳古坚致，与金粟笺相埒。"纸面上有明显帘纹，约5道/厘米，应是抄造法造出来的。纸质平整，纤维分布均匀，但因纸表面经过加工和装裱，暂无法判断是麻纸还是树皮纸①。乾隆御笔称其上为"傅色涂金"，而台北故宫博物院李霖灿说："审视原画，多是贴金，比涂金尤可珍贵。"②但考察所见应为涂金为是。金层往往较厚，大量使用涂金是此画卷的一大特点。

宋元时期的经卷多采用抄纸法造纸，极少数为浇纸法造纸。纸张有麻纸、树皮纸、竹纸和桑皮纸数种，如大理刻经《佛说长寿命经》，据观察其纸质有明显的竹纤维，帘纹为竖纹，密度9道/厘米，纸幅长55厘米，宽23厘米。应为当时生产的竹纸无疑。竹纸的出现，是造纸技术的重要进步。

大理佛图塔出土了一批佛教经卷（图7.20），大部分属元代，少部分属大理国时期。对其纤维进行鉴定，发现几乎都是桑皮纸，多数进行过染潢。有的纸面进行过淀粉施胶，浆内有胶填料（图7.21）。有的纸面还混有蜡质，类似唐代的硬黄纸。

① 2011年10月，笔者在台北故宫博物院亲见此画卷。

② 李霖灿：《南诏大理国新资料的综合研究》，第16页。

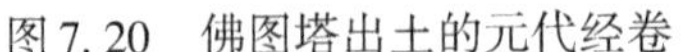

图7.20　佛图塔出土的元代经卷

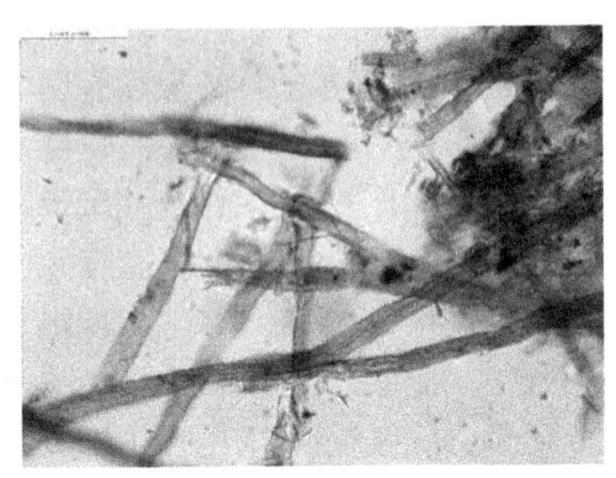

图7.21　该写经纤维为桑皮，浆内有胶填料

2. 印刷技术

宋元时期，印刷技术已从内地传入云南，同样对科学文化产生了极为重要的推动作用。

北宋时，就有内地的书籍输入大理。南宋时大理的李观音得等人到广西，购入了《文选》、《五臣注》、《五经广注》、《春秋后语》、《初学记》、《押韵》、《切韵》和《玉篇》等内地的汉文书籍。(胡本)《南诏野史》记载大理国段智廉元寿元年(1205年)[①]，曾遣派使者“入宋，取大藏经置五华楼，凡千四百六十五部”，这套《大藏经》是从南宋都城临安(今杭州)取来的大部头书籍。大理发现的《金光明经》，卷末有“嘉熙三年杭州王初书，陈秀刊”的题字，嘉熙是宋理宗的年号，时为1239年，说明这一经卷是在杭州刻印，从南宋传入大理国的。内地刻书大量带入大理，不仅是重要的文化交流，也推动了云南印刷技术的发展。

宋元时期，云南出现了成熟的雕版印刷术。在凤仪北汤天发现的大理经卷《佛说长寿命经》(图7.22)，印刷史家张秀民认为是刻本，曾引起了不同意见，2002年侯冲对其进行了重新鉴定，因其断笔断墨现象十分明显，并有印版的特征，再次确证应为刻本[②]。一般认为，它的年代应在大理国晚期，这是云南现存

① 《滇云历年传》认为是嘉泰二年(1202年)，使人入临安，取得的经书。

② 2002年1月，侯冲先生鉴定《佛说长寿命经》为刻本。2002年9月，在云南省博物馆馆长郭净教授的大力支持下，笔者约同侯冲教授，现场并有云南省文物鉴定中心主任张永康教授、云南省博物馆马文斗副馆长、中国社会科学院宗教研究所罗炤教授等有关专家，确认此经卷为刻本。参见李晓岑：《云南印刷业的开端问题》，《大理民族文化研究论丛》，第3辑，民族出版社，2008年，第624～629页。

较早的雕版印刷品。此经刻字极为流畅,水平十分高超,以致被长期误认为是写经。另外,在佛图塔出土的经卷中,佛教史研究者侯冲也发现了数种大理国的刻经。

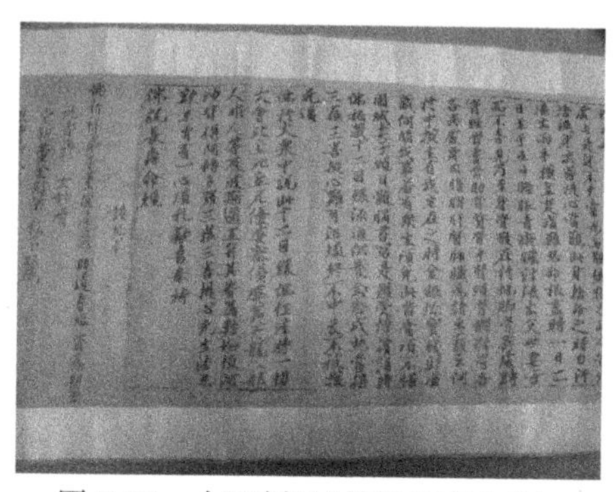

图 7.22 大理刻经《佛说长寿命经》

元代,云南的雕版印刷业进一步发展,集中在昆明和大理两地。凤仪北汤天发现的大量佛教经卷中,有纪年的最早的经卷是元延祐五年(1318 年)的刻经《大华严方广普贤灭罪称赞佛名宝忏》,这是一部在昆明刊刻的佛教经卷,上有严谨的构图,所刻线条相当细腻。元至正四年(1344 年)大理刊刻的《大方广佛华严经》,内有"苍山僧人赵庆刊造"及"董药师贤男华严保为法界造"的题记,说明是苍山僧人赵庆和董贤刊刻的。元至正四年(1344 年)大理僧人杨胜刊刻了《般若真言》。这些刻本的水平,较之内地刻本,亦无逊色之处。

3. 书籍装帧

在书籍装帧方面,凤仪北汤天发现的大理写经中,多为蝴蝶装或旋风装残卷。侯冲考察凤仪北汤天大理写经,发现了一批旋风装的实物,有《密教散食仪》、《密教观行次第》等经卷,为这种罕见的装帧方式提供了众多实例①。旋风装出现于中国唐代,宋人张邦基《墨庄漫录》(1131 年)卷三说:"(唐)吴彩鸾善书小学,尝书《唐韵》鬻之……今世所传《唐韵》,犹有□(缺字)旋风叶,字画清劲。"吴彩鸾是唐代的女道士,民国时故宫博物院曾购得吴彩鸾写的《刊谬补切韵》卷,即张邦基所说实物。侯冲发现的旋风装均为大理国時期遗物,与吴彩鸾写的《刊谬补切韵》卷在黏结方式上稍有不同,但仍然表明大理国曾流行过这种特殊的装帧形式。

4. 纺织技术

宋元时期,纺织业仍然是云南手工业中的一个重要部门,在丝、棉、毛、麻方面都有一些重要的产品,地方特色明显。考古发掘表明,当时纺织技术已达到很高的水平。

丝纺织。北宋时,苏轼在四川淯井监曾得到一件"西南夷人"卖给他的"蛮

① 侯冲:《从凤仪北汤天大理写经看旋风装的形制》,《文献》,2012 年,第 1 期。

布弓衣”,上面的花纹织成梅圣俞的《春雪》诗。苏轼把这件弓衣送给了欧阳修,欧阳修十分喜爱,用它来装饰古琴,对其称赞不已,“真余家之宝玩也”[①],这应是有汉文化修养的“西南夷人”织手的作品,因上面有精美的花纹织成诗句,说明很可能是一种丝织品。

大理国的段正严在位时,各方部落向大理王进贡了大量的罗绮,数量多以万计[②]。到元代,养蚕业继续有所发展,例如,李京在《云南志略》说傣族地区“地多桑柘,四时皆蚕”。而丝绸为主要原料的傣锦在元代也很有名,傣族“衣文锦衣”,富贵者以锦绣为筒裙[③]。

毛纺织。大理国的毛织品原料以绵羊的毛为主,羊毛披毡十分普遍。“自蛮王而下至小蛮,无一不披毡者”[④]。王室贵族披考究的“锦衫披毡”,平民则赤身披毡,白天是衣,晚上是被。有北毡和南毡两种,北毡较坚厚,南毡则又长又宽,长度达三丈以上,宽度有一丈六七尺。大理国的披毡上面有核桃纹(不知是绣毡工艺还是刻毡工艺),长大而轻巧,为最好的上品。披起毡来,再系于腰上,“婆娑然也”!

大理国曾多次向宋王朝贡献毛织品。北宋熙宁九年(1077 年),大理国遣使向宋朝廷进贡的“毡罽”,即较细的毛毯,政和七年(1116 年),大理国又遣使再贡“细毡”,都是优质的羊毛织品。直到元代,彝族织造的毡衣还是元王朝征取的主要物品之一。

另外,在广西横山市场上,大理国出产的披氈也一直深受人们欢迎。宋代诗人范成大高度称赞:“蛮毡出西南诸蕃,以大理国者为最。”[⑤]虽然当时西南各民族生产毛毡很多,但以大理国羊毛毡的质量为最佳。

棉纺织。元代金齿和元江地区盛产木棉,每年三月和八月采集,纺织成白氎、兜罗锦等布料。其中,“兜罗锦”是梵文“tula”在中国的译名。这种布在印度榜葛剌(Bengal)的当地方言中叫做“沙塌儿布”[⑥]。元末明初,滇南麓川一带的哈剌“以娑罗布被身上为衣”,漂人(即缅人)以“娑罗布为裙,两接,上短下

① (宋)欧阳修:《六一诗话》。
② (清)胡蔚本:《南诏野史》,木芹会证本,云南人民出版社,1990 年,第 274 页。
③ (元)李京《云南志略》。
④ (宋)周去非:《岭外代答》,卷六。
⑤ (宋)范成大:《桂海虞衡志·志器》。
⑥ 马欢《瀛涯胜览》一书在沙塌儿布条下说“榜葛剌国出沙塌儿布,即兜罗锦也”。

长”[1],所谓“娑罗布”就是棉布。

麻纺织。大理国时,麻制品是生活中十分常见的东西,人们能有效地利用麻索。宋人范成大记载,云南人到广西卖马时,“胸至腰骈束麻索,以便乘马。取马于群,但持长绳走前,掷马首络之,一投必中”[2]。从胸到腰的装束都用麻索作为衣饰,以便于骑乘马,并能敏捷地使用麻绳套中马头,一投必中,达到很高的准确率。

四川峨眉人杨佐到大理买马,路上看到大理国居民大量去四川铜山买麻和荏,用大包背回来,布囊漏撒麻籽和荏籽,积年累月,路上麻和荏又长出了,以致形成了一条麻荏丛生的道路。大量买麻的目的,推测就是用于纺织麻布。

绍兴三年(1133年),属于西南蛮的阿永部(在泸南,今滇东北一带)至泸州贩马,“诸蛮从而至者几二千人。”[3]他们用船筏带去众多货物,其中就有麻,说明滇东北出产的麻产品也大量带到了四川。

元人郭松年游历大理,来到滇西的白崖甸(今弥渡县)时,记载当地有“禾麻蔽野”的景象,描述了当地大麻种植的普遍。元代李京说,大理地区麻的栽培,颇同中国内地。大麻(cannabis sativa),俗称“火麻”,其纤维白而柔软,是优良的纺织原料,可进行单纺或混纺。

考古发掘出土了这一时期丰富的纺织品。例如,大理崇圣寺三塔曾出土棉、绢、沙、锦、罗、绫绮等,这些出土的丝织品上有各种云彩、云雷纹及几何图案、花卉图案、彩蝶图案、飞天图案等(图7.23),优美多样,说明当时织工极精,纬线起花技术达到了很高水平。经测量,出土的绢类丝织物中幅宽有两种:一种为27~28厘米,另一种则在50厘米以上,很可能使用两种以上织机制出的,前者应为腰机所织,后者则可能为踏板织机所为。

图7.23　大理崇圣寺三塔出土的丝织品

姚安德丰寺现存大理国石碑《兴宝寺德化铭》,首行有:“皇都崇圣寺粉团侍

① (明)钱古训、李思聪:《百夷传》。

② (宋)范成大:《桂海虞衡志》,胡起望、覃光广辑佚校注本,四川民族出版社,1986年,第208页。

③ 《续资治通鉴》卷一百十二,高宗绍兴三年。中华书局,第7册,1957年版,第2975页。

郎,赏米黄绣手披。”[①]另一块石碑也提到:“由是道隆皇帝(大理国王段祥兴)降恩,赏以黄绣手披之级。”[②]以上所说的“米黄绣手披”和“黄绣手披”都是同类的东西,应为刺绣类的衣饰,说明刺绣作为一种工艺品,也是大理国王室用于赏赐的东西。千寻塔中发现刺绣手披1件,长52厘米,宽28.5厘米,经纬线纠结呈网状,疑为罗地。正中绣三圆形图案,中绣凤鸟一对,两侧亦绣凤凰及牡丹,四周绣梅、菊等花卉,均用彩线平绣或加叠锁针[③]。

图7.24 纽约大都会博物馆收藏的绢本《维摩诘经》(局部)

大理国的纺织品还用于撰写经书,纽约大都会博物馆收藏的《维摩诘经》(图7.24),是大理国段正严时期的作品,为文治九年(1118年)所写,紫色,在绢上绘画和写字,经卷的表面是以金银色线条加彩色绘成,又称为《绀纸泥经书》,卷首画文殊菩萨问疾的故事,经纸中上下页绘花草装饰,此经卷为台湾李霖灿披露而为世人所知[④]。从实地考察看,虽然经过了近900年,但整个经卷仍然色泽绚丽,绘画神采生动,是一件有高度工艺价值的纺织品。

八、化工技术

1. 井盐开采

宋代,大理国的井盐开采极少见于记载,但从大理人不断用药材等换取宋朝的食盐可看出,当地的食盐生产较为短缺。元代,云南井盐开采以滇中地区较为兴盛,马可·波罗说押赤(昆明):“其他有盐井而取盐于其中,其地之人皆恃此盐为活,国王赖此盐收入甚巨。”[⑤]井盐是当时很重要的经济物质。《元混一方舆胜览》说姚州:“产白井盐,云南盐井四十余所,推姚州白井、威楚黑井最佳。”白井在今大姚县,黑井在今禄丰县,均位于今楚雄彝族自治州境内。直到现在,白井和黑井也

① 姚安德丰寺存大理国段智兴元亨二年(1186年)石碑《兴宝寺德化铭》。
② 《故溪氏谥曰襄行宜德履戒大师墓志并叙》。
③ 邱宣充:《南诏大理塔藏文物》,《南诏大理文物》,1992年,第139页。
④ 李霖灿:《南诏大理国新资料的综合研究》,第3页。
⑤ (元)马可·波罗:《马可波罗行纪》,一一七章,冯承钧译本,上海书店出版社,2001年,第286页。

是云南最重要的井盐生产之地。所以,《元一统志》称赞威楚是“地利盐井”。

除此之外,《元一统志》还谈到滇西的丽江地区“有盐七井之货”,虽然七井之名不详,但所产之盐已作为商货贩卖。由于大规模的井盐生产,元代以后,丽江地区迅速崛起,成为滇西北的经济和文化重镇,也是滇西地区向藏区运盐的必经之道。滇南地区亦有盐井:“至治三年(1323 年)……云南开南州大阿哀,阿三木、台龙买六千余人,寇哀卜白盐井。”[①]开南在今景东,哀卜白盐井在今景谷,从唐代以来,此地域的盐井甚多,并且一直在开采着。记载表明,元代曾为争夺盐井,当地民族之间发生过战争。

食盐是重要的经济物质,宋代滇东南一带的自杞国,还侵夺大理国的盐池[②],以供其境内之人食用。元人李京谈到“金齿百夷”(保山一带的傣族)每五天有集市,以食盐互相贸易[③]。反映了食盐在少数民族经济中的重要地位。《元史》英宗本纪说,至治三年(1323 年),设大理路白盐城榷税官,秩正七品;中庆路设榷税官,秩序七品,为专以职事食盐赋税的。

由于食盐在云南一带较为贵重,一些地区仍然使用盐作为货币。元代马可·波罗游历到建都(今西昌)时,看到小货币是用盐煮之而成的,然后用模型范为块,每块约重半磅,每 80 块值一个金币。而在边远地区,可用五六十块,甚至 40 块盐饼换得一个金币。由于建都和云南相连,云南的情况应与之相同。

2. 陶器工艺

大理国出现了各种上釉的陶器,工艺达到了颇高的水平。鹤庆金敦出土了大理国时期的生肖纹绿釉盖罐,大理市绿桃村出土的大理国时期的 5 件绿釉碟和 1 件绿釉罐(图 7.25)。这些陶器釉色亮丽沉厚,外形美观,烧造工艺相当成熟。特别崇圣寺塔出土的绿釉高足碗(图 7.26),胎质十分细腻,已经非常接近瓷器的品质了。

从釉色分析,大理国的陶器,以施绿色的釉为工艺特色。这种绿色釉可能含有较多的铜铅元素,属铅釉系统。从陶器光润的外观看,其施釉技术已有很高的水平。但绿釉的烧成温度往往不太高。有些陶器格调富丽,胎质坚致,形成中国传统陶器中独特的大理风格。

---

① 《元史》卷二十九,泰定帝一。

② (宋)吴儆:《竹洲集》卷九,《邕州化外诸国土俗记》。

③ (元)李京:《云南志略·诸夷风俗》。

图 7.25　大理市绿桃村出土的绿釉罐

图 7.26　崇圣寺塔出土的绿釉高足碗

大理市天井村还出土了两件陶质大理国时期的大型鸱吻,为天井村砖瓦窑中烧造出来的,用于建筑屋脊的装饰。一件长约 130 厘米,宽 60 厘米,残高 5 厘米。另一件长 125 厘米,宽 60 厘米,残高 58 厘米[①]。此两件鸱吻均为青灰色陶质,作张口吞物状,有如铃的巨眼,虎视眈眈。其造型复杂,体积之大甚为罕见,制作和烧造都相当不易。

宋代,内地的瓷器已输入大理国。范成大《桂海虞衡志》说,大理人李观音得等到广西横山贸易时,所需要的众多物品中,就有"浮量钢器并碗"。元代学者马端临认为,"疑即饶州浮梁磁器,书梁作量"[②]。饶州的浮梁县即今江西景德镇,在宋代便是中国著名的瓷都。20 世纪 80 年代,在崇圣寺千寻塔的清理中,发现了 6 件白瓷和影青瓷器,皆青釉白胎,有文殊像、普贤像、观音像和狮纽印等,确实为景德镇产品,证实了《桂海虞衡志》的关于"浮量"瓷器输入大理国的记载。

3. 酿酒技术

大理国时期,四川人杨佐来到云南买马,在距阳苴咩城 150 里的地方,当地的束密王以"藤鞴酒"热情招待。其实,这种酒就是流行于云南少数民族地区的

---

① 田怀清:《大理市天井山发现南诏大理国古窑址》,《二十世纪大理考古文集》,云南民族出版社,2003 年,第 563 页。

② (元)马端临:《文献通考》卷三二九。

“钩藤酒”,应是一种蒸馏酒(见第八章第七节)。直到现在,饮“钩藤酒”在少数民族中仍有很大的影响。南宋绍兴三年(1133 年),西南蛮至四川的泸州卖马,去的人近 2000 人,用船带去的货物中就有酒①,反映了当时云南少数民族酿制的酒已输入内地。

元《云南志略》记载,在白族古代的语言中,酒称为“尊”。云南制造的酒往往加入香料,以改善口感。马可·波罗游历云南时,看到昆明人“用其他谷物,加入香料,酿制成酒,清香可口”。而在滇西永昌见到“酒用米酿制,掺进多种香料”,称赞这是一种上等的酒品。

明洪武年间,钱古训等人出使麓川,看到当地缅人已能酿制烧酒:“缅人,甚善水,嗜酒,其地有树笋,若棕树之杪,有如笋者八九茎,人以刀去其尖,缚瓢于上,过一宵则有酒一瓢,香而且甘,饮之辄醉。其酒经宿必酸,炼为烧酒,能饮者可一盏。”②这反映了元末明初的情况。因为是用发酵的酒“炼为烧酒”,应经过蒸馏过程,且“能饮者可一盏”,无疑应是酒精度高的烧酒,再次说明蒸馏技术已经出现,这是一项很重要的成就。

九、建筑技术

大理国的建筑承南诏之习,仍然是兴建宫廷、园林和古塔。大理国王段素兴曾在东京(今昆明)营造宫室园林:“广营宫室于东京,多植花草,于春登堤上种黄花,名绕道金棱;云津桥上种白花,名萦城银棱。每春月,挟妓载酒,自玉案三泉,溯为九曲流觞。”③当时东京宫廷园林的主要特点是因地制宜,广建宫室,掘池造堤,在碧波荡漾的堤桥上布置花草,充分利用环境构成悠闲雅逸的意趣。民间传说云南很常见的素馨花与段素兴爱花有关。

在边远地区,其他民族则有不同的建筑风格。元人李京记载金齿百夷(傣族)的习俗:“风土下湿上热,多起竹楼,居滨江。”④现在傣族也是住竹楼。靠水而居的,俗称为“水傣”。明洪武年间,钱古训撰《百夷传》,大体上反映了元代滇南傣族民居建筑的情况:“所居无城池濠隍,惟编木立寨,贵贱悉构以草楼,无窗壁门户。”

---

① 《续资治通鉴》卷一百十二,《宋高宗绍兴三年》,中华书局,1957 年,第 2972 页。

② (明)钱古训、李思聪:《百夷传》。

③ 《南诏野史·段兴素》(胡蔚本)。

④ (元)李京:《云南志略·诸夷风俗》,王叔武辑校本,云南民族出版社,1986 年,第 92 页。

图7.27 大理一塔

1. 大理国古塔

弘圣寺塔(图7.27),俗称"一塔",塔址位于苍山玉局峰下,大理古城西南隅,与崇圣塔南北对峙。弘圣寺塔的平面呈四方形,16层,高43.87米。发掘报告认为此塔年代稍晚,属大理国早期建筑①。但古建筑学家认为其外轮廓线过于硬直,且所用之砖,尺度较小,其建造年代,似不能超逾大理国时期。② 这是有见地的,但此塔与崇圣寺塔外表颇为相似,都是少见的16层密檐式③,出土文物也相同,时代不应相差太多。《景泰云南图经志书》卷五中提到"一塔寺",即指此塔所在的寺。现在已没有了寺院,塔被大理古城的苗圃围在其中,但民间仍称此地为"一塔寺"。《大理县志稿·古迹六》记载:"弘圣寺塔,在城南弘圣寺,高二十余丈,十六级。世传周时阿育王建,明李元阳重修。"1981年维修此塔时,从塔基杂土中出土一件碎碑,其上有"李元阳立"四字④,证实了历史记载。

此塔用极为规整的青砖砌成,砖上往往模印有梵文,或梵汉相间的两种文字。其青砖品类繁多,规格齐全,烧制质量甚佳,砖质细密,砖面平整,硬度较高。高水平的烧砖技术保证了高质量的造塔技术。1981年,维修弘圣寺塔时,出土了几十尊大理国时期的铜质佛像,以及其他众多的佛教文物。

大理崇圣寺三塔中,有南、北两小塔在主塔之西,与主塔等距70米,南北对峙,相距97.5米,两塔形制一样均为10层,高42.4米。两塔均为八角形密檐式空心砖塔,外观装饰成阁楼式,每角有柱,顶端有鎏金塔刹宝顶,每层出檐,角往上翘,造型精巧,在建筑艺术上有重要的价值。这两座小塔有宋代古塔的特征,一般认为是大理国时期的建筑,表现了宋代云南与内地的密切联系。

---

① 云南大理白族自治州文物管理所:《云南大理弘圣寺塔清理报告》,《二十世纪大理考古报告文集》,云南民族出版社,2003年,第513~529年。

② 刘敦桢:《云南西北部古建筑调查日记》,载赵寅松主编:《白族文化研究》,2005年,民族出版社,第26页。

③ 中国古代的塔,层数一般为单数,如三、五、七、九、十一、十三层,而大理的崇圣寺塔和弘圣寺塔却是16层双层建筑,这也表明了这两座塔的地方特点。

④ 李朝真、张锡禄:《大理古塔》,云南人民出版社,1985年,第32页。

2. 滴水和瓦当

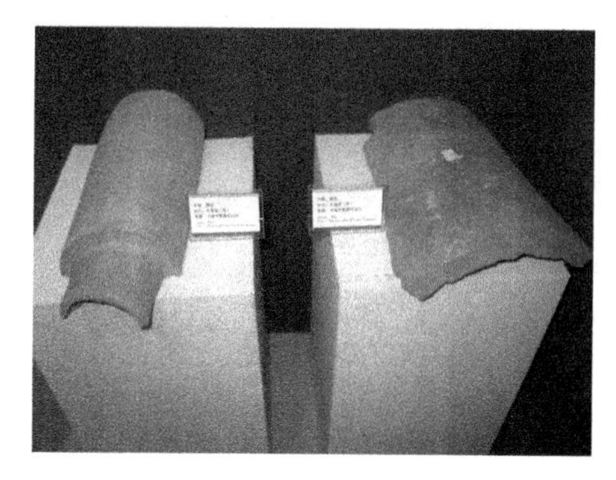

图 7.28　大理市葱园村遗址出土的筒瓦和板瓦

考古发掘还出土了大理国的滴水、瓦当等建筑用瓦。例如，大理市葱园村遗址出土了凤纹滴水、虾纹滴水和花草纹滴水 7 件，并出土莲瓣纹瓦当、卷草纹瓦当、兽面纹瓦当、梵文瓦当和花鸟纹瓦当 18 件[①]。纹饰多样，表现了当时的建筑风格。

该遗址还出土了一些大型的筒瓦和板瓦，外表为青色，质地十分细密。例如，一件半圆形筒瓦，长近 50 厘米，宽 14 厘米，板瓦长约 45 厘米，宽 30 厘米，比现在的瓦大得多(图 7.28)。此为南诏之前所没有出土过的大瓦，说明烧造技术有了新的提高。这种筒瓦的制作方法是先用泥条盘筑成圆筒形坯，再切割成两半，就成为两个半圆形的筒瓦，最后放入瓦窑中烧造而成。

3. 西双版纳飞龙山白塔林

图 7.29　西双版纳飞龙山白塔林

西双版纳飞龙山白塔林(图 7.29)，位于云南景洪市大勐龙乡曼飞龙寨的后山上，已接近中缅边境。据说建于傣历 565 年(1204 年)，年代在大理国时期，是云南境内上座部佛教最古建筑之一。传说该塔林是由勐龙头人和高僧祜巴南批等人主持建造的。

此塔林由大小 9 座白塔组成，均为砖砌，巍峨参差。中为主塔，高 16.3 米，雄伟挺拔。其余 8 座小塔分列八角，各高 9.1 米，拱卫着主塔，恰似群星拱月。这 9 座塔均建在高 4 米的圆形基座上，基座上面砌出 8 个房屋形的角，每个角内均含有 1 个佛龛。此塔林瑰丽多姿，为当地一大胜景。

---

① 大理州文物管理所:《大理葱园村古建筑遗址清理报告》,《二十世纪大理考古文集》,云南民族出版社,2003 年,第 530～540 页。

图 7.30 曹溪寺正殿

4. 曹溪寺

位于安宁县城西北 5 公里的曹溪寺,始建于宋元时代。《景泰云南图经志书》卷一记载:"曹溪寺,在新生里,傍有潮水一脉,潮汐如期,亦安宁之佳致也。"寺内建筑除主殿(图 7.30)外,有后殿、庑廊、钟鼓楼等,主殿壁间竖有《重修曹溪寺碑》。曹溪寺脍炙人口的奇景为"曹溪印月"[①],在昆明地区家喻户晓。

从建筑上看,主殿外檐 3 间,内柱 5 间,前檐设廊,由立柱、斗拱、梁枋组成抬梁式结构建筑。屋顶举折较陡,转角起翘较大。其明显特征是采用硕大的斗拱承托,给人有厚重之感。20 世纪 40 年代,建筑学家梁思成游历曹溪寺,认为主殿的梁柱为斗拱结构,以斗拱为支点,保留有宋代建筑特有的风格。该寺大殿壁后"华严三圣"(释迦中坐,文殊、普贤胁侍)木雕像,1956 年经中国佛教协会副会长周叔伽鉴定,为国内已经少见的宋代原物。若以上的鉴定正确,则曹溪寺主殿当属云南现存最早和比较完整的一座木结构建筑,具有重要的科学和文化价值。但主殿显然是重修过的,因为其他装饰物明显是后世的遗物。曹溪寺的其他建筑,一般认为主要是清代的建筑。

曹溪寺的年代虽然可追溯到大理国晚期,但其风格完全是汉式建筑,印证了元人郭松年在《大理行纪》中说,云南的"宫室、楼观……略本于汉"的记载。

5. 建水指林寺

建水指林寺,位于建水县临安镇,始建于元代的元贞二年(1296 年),明永乐年间扩建,坐南朝北。指林寺为临安(今建水)首寺,流传"先有指林寺,后有临安城"的说法。《景泰云南图经志书》卷三记载:"指林寺,在府治西,建于元时,内有砖塔二座,今为僧纲司,凡行庆贺礼,则先于此习仪。"明人何登《重修指林寺记》说:"元贞间,郡人何文明始建一殿二塔,以为修息之所。"[②]证明了指林寺正殿是元代的元贞年间(1295~1297 年)修建的。明代学者、状元杨升庵谪滇期间,曾到建水"游颜洞,栖

① 曹溪寺主殿前檐下有一圆孔,传说每逢甲子年秋分之夜,皓月初升,月光由佛的鼻梁、心胸移至佛脐,此景誉为"曹溪印月"。

② (明)刘文征:《天启滇志》卷二一。

指林”，作有《指林寺》诗一首：“梵音妙音海潮音，前心后心皆此心。试询禅伯元无语，白水青岑环指林。”明清时期，指林寺内增建了天王殿、地藏殿、藏经阁、准提阁、环翠亭等，现仅存正殿（图7.31）、牌坊。

图7.31　建水指林寺大殿

指林寺正殿为元代建筑，亦属典型的汉式风格。为两层木构架建筑，五开间重檐歇山顶抬梁式屋架，回廊式建筑。面阔23米，进深21米，全殿由32根巨柱支撑，殿两侧为砖墙，以红漆为基调，显得庄重大方。建筑方法是在石基上立木柱，殿的内外柱和梁枋互相连接，形成稳固的整体。采用宏大的斗拱，形制雄厚有力，出檐深远，有宋元时代建筑的特征。正殿为云南年代较早的古建筑之一，但累为后世重修，已非原貌。正殿北前面的檐和斗拱彩绘十分浓艳，应是清代以后描上去的。

6. 大理石的开采

大理石的开采可能在大理国时期。大理石又名础石、点苍石，主要成分是碳酸钙（化学式 $CaCO_3$），它是由中国云南大理点苍山所产的具有绚丽色泽与花纹的石材而得名。在南诏时修建的崇圣寺塔的基石和塔身上，考古工作者发现有部分大理石，但这些大理石是否与塔的建造时代相一致，需要进一步分析。北宋熙宁九年（1077年），大理国遣使向宋朝廷进贡了“金装碧玕（音 gān）山”；政和七年（1116年），大理国又遣使再贡“碧玕山”①。《新纂云南通志》卷一四二认为，“碧玕山即大理石也”。从字面分析，“碧”为青绿色，“玕”指美石，“碧玕山”确实符合大理石的特征。

大理石的大量开采应是在元代以后，大理石的元碑在下关七五村等地曾有发现，上面有确切的元代年号。更早期的关于大理石记载，目前尚没有找到充分的依据。到明代中期，始出现大理石开采的确切记载，例如，明《景泰云南图经志书》大理府条记载：“点苍石，出点苍山，其色青白相间，有山水纹。”明《嘉靖大理府志》卷二说点苍山：“山腰多白石，穴之腻如切肪，白质墨章，片琢为屏，有山川云物之状，世传点苍山石，好事者并争致之。”说明已用大理石制

① （元）脱脱等：《宋史》卷四八八，《外国列传·大理》。

作为屏风之类的器物，受到欢迎。明代以后，大理石成为白族最为驰名的产品之一，全国都以此命名这一类岩石。例如，明代《金瓶梅》第四十五回叙述众人抬了一座“三尺阔、五尺高，可桌放的螺钿描金大理石屏风”，并且此高雅的屏风价值不菲，50两银子也买不到。这是迄今所见关于“大理石”三字的最早记录。

在世界历史上，古希腊人在距今约5000年时已开采大理石（英文名Marble），作为酒杯等器皿，在距今约2500年前已使用大理石作为建筑材料①。古代印度人在8世纪也学会了大理石的切割技艺，此后大量地使用大理石作为建筑材料。云南大理使用大理石的时间较晚，其切割技术是否来自印巴次大陆，有待进一步研究。

十、本章小结

宋元时期，云南的科学技术又有了很多新的创造。进一步形成云南本地科技的风格。这种风格既有地方和民族特色，也受到了中国内地和其他地区科学技术的影响。

与南诏国向外扩张迥然不同，大理国是向内心回归的国度。虽然精神上完全不一样，但大理国的向内特征也是南诏对外全面出击的一种反叛，是南诏过分使用武力后必然出现的一种结果，同时也折射出彝族和白族不同的民族性格。在科学技术方面，两者有一点是相同的，都是地方政权下出现的科学技术，都属于云南历史上特色鲜明的时代。科学技术的发展虽然相对独立，但引进的科技知识也发挥了极为重要作用，特别是内地加工纸技术、印刷技术、旋风装等装帧形式的传入对云南文化的发展有深远影响。从印巴次大陆还传入了数字的“四四五”进位制，在大理国的对外交流史上有重要意义。

大理国是中国历史上最有宗教人文精神的国度，整个国家都充满了和平、美好的氛围，在历史上被誉为“古妙香国”，这个国家的精神具有世界历史意义。在大理国的科学技术中，可看到宗教的深刻影响。科学技术的发展方向很大程度上服务于极为盛行的佛教文化，使得以阿嵯耶观音像和佛塔建筑为主的宗教艺术品高度发达，产生了不少影响至今的优秀杰作，还出现了铜佛像上髹红漆，

① 据笔者实地考察，今天希腊雅典的卫城、宙斯神庙都可见大量的大理石作为建筑材料，距今约2500年。

漆面上再鎏金这样的独特工艺。另外,大理国与宋朝世世友好,从无兵戎相见,大理战马的贸易成为两国经济交往最重要的纽带。

所以,从南诏到大理国,科学技术上呈现了完全不同的风格,服务于宗教的东西代替了先前服务于战争的东西,科学技术的发展方向出现了巨大的变化,内涵也随之发生了改变。

元代,是云南实现与中央政权统一的时代,科学技术受内地的影响日益加深。元代建造的昆明松花坝是云南古代有重大影响的工程活动,为云南科技史上具有历史意义的事件。

第八章

明代云南的科学技术

（公元1368至公元1661年）

一、历史背景

1381年，明王朝以傅友德为统帅，蓝玉、沐英为副将，调集了30万大军进攻云南，这又是一次从北向南的统一之战。明军败梁王的兵于曲靖一带。以后，明朝政府对云南进行大规模的移民，以军屯、民屯、商屯、谪戍、充军等方式迁徙了大量汉民，汉族在云南逐渐成为主体民族，云南的社会经济和文化面貌越来越接近内地了。

为了使云南长治久安，朱元璋派来云南的将军沐英采取了一系列严厉的行动，包括摧毁西南著名的文化古城——阳苴咩城，以及收缴南诏、大理、元代云南的图书和文献，“在官之典册，在野之简编，全付之一烬”。①从此，云南的地方文献特别是大理国的文献，几乎毁于一旦。国破家亡，但史不能亡，《白古通纪》就是大理学者在愤时悲世的心境下写出来的心史②。以后，云南地方系史书出现了，用悲凉而高扬的话语讲述着云南的历史和命运。靠着这些地方史书，才复原了先民们的发展历程，使各民族有了自己的精神依托。

明代，云南处在中原王朝的强有力统治下。1382年，建立了云南布政使司（相当于省政府）和都指挥司（相当于省军区），云南内地设府、州、县，实行以流官为主的统治，在边远地区则设立“土司制度”，建立宣慰司、宣抚司、安抚司、长官司、“御夷”府州等，由当地的土司管辖。

明朝政府从四川购买了万头耕牛，发给云南的军屯户，用以耕垦。军民积极垦辟田亩，兴修水利，开发西南边疆。农业生产随之进一步发展起来，农作物品

---

① （清）师范：《滇系·沐英传》。

② 侯冲：《白族心史——<白古通记>研究》，云南民族出版社，2002年。

种也增多了，各种手工业日益发达，采矿冶炼业得到很大发展。但云南冶金业的发展是建立在对矿工及冶炼工的压榨上的，繁重的矿税不断激起了矿工们的反抗，矛盾日趋严重。随着经济的发展，云南定期的集市——街子繁荣了起来，云南使用的货币开始废贝行钱，全国通行的白银、铜钱开始取代贝币在云南流通开来。

这一时期，汉文化又一次大规模地在云南传播，云南各地广泛地建立了学校，这深刻影响了云南文化和科技事业的发展。在昆明、大理等腹心地区，内地的科技影响力越来越大。云南的地方科技终于较大程度与中国的科学技术融合在一起了，这次“中化”是一次有深远影响的演变。

儒学进一步传入云南，通过科举考试等方式，其影响日盛一日，使知识分子的思想发生了根本性改变。云南的士人学习汉文化蔚然成风，出现了一些精通汉文化的知识分子。但中原儒学思想的羁绊也产生了很多副作用，云南部分少数民族知识分子的思想出现定于一尊的现象，其精神意气均趋近于汉族知识分子，影响了思想的丰富性和多样性。

云南的哲人们开始探讨一些根本问题，理论科学开始见于记载。杨士云、李元阳等白族天文学家和地理学家都有关于科学思想的见解，代表了当时云南思想界的认识深度。明代后期，著名才子杨慎谪戍云南，此后 35 年间他基本上是在云南度过的，在学术上对云南的历史文化有突出贡献。中原大思想家李贽曾任云南姚安知府 3 年，常入鸡足山静思。地理学家徐霞客游历云南，则是内地著名科学家首次到云南进行科学考察，并取得了卓越的成就。

明末，大西农民军在孙可望、李定国等的率领下进入云南，立永历帝，开展抗清斗争。1658 年 12 月，清军三路入滇，南明最后一个小朝廷覆灭。

二、天文学和历法

1. 杨士云的天文学成就

明代，云南在理论科学领域出现了重要成果，以大理白族学者杨士云的天文学成绩为代表。

杨士云(1477～1554 年)，白族，字从龙，号弘山，大理喜洲人。明弘治十四年(1501 年)应云南乡试中举，获第一名解元，正德十二年(1517 年)丁丑科进士，选翰林庶吉士，转给事中，后辞官退隐归籍。以后他几乎是在遁世的心境中度过余生。每到夜晚，他就登上楼顶，仰观天象。今喜洲故居“七尺书楼”尚存(图 8.1)。

图 8.1 喜洲杨士云的故居——七尺书楼

他精于诗文、多才多艺，广涉文学、音乐学、物理学、天文学、数学和地理学等多个领域，其广博而专精的学识在云南古代学人中无出其右者，是云南历史上罕见的科学天才。有意思的是，他用优美的诗歌描写了他的所有科学成就，准确把握了自然的神韵，有些诗篇为人所传诵，不愧是中国科技史上之绝作，今存有《杨弘山先生存稿》。天文学方面，他在恒星和行星观测、计时技术、古代历法、天文仪器等多方面都有突出的成绩，并著有《天文历志》一卷。由于这些成就，使他足以成为中国古代名列前茅的天文学家。

杨士云在天文学上最重要的贡献是提出了月食成因理论。他的著名诗歌“月上地之中，日居地之下，地影隔日光，月食知多少”，表达的是地球居中，月亮和太阳居地球两边成一直线时即发生月食，这完全符合现代对月食成因的认识，是中国古代最为准确的月食成因理论。杨士云对月球运动的不规则性进行了研究，他说：“月行有迟疾，似迟日十二，度算极疾日，十四度半迟，渐疾疾渐迟。”即描述了月亮运动的不均匀性现象及月亮运动有个最快点问题，而且这个点是不断变动的。

杨士云在《天文历志》中，研究了一些恒星，如牵牛星、弧星、建星、昏中星、构星(可能是极星)等。他意识到有的恒星位置与古代所测位置有变化，对此，他没有进一步做出正确解释，其实，由于岁差，恒星的坐标总是不断变化的。另外，对昏中星位置的测定是我国古代测定冬至点和岁差的重要方法，《天文历志》中留下了关于昏中星的多次观测记录，这也是一种确定季节的标准方法。

古代测量岁差较精确的方法是在月食时测量月亮的位置，在 4 世纪，我国古代用这个方法实测得冬至点的位置在斗十七度。对此，杨士云采用了相同的办法，他说：“月食：月离斗十七，日缠井廿三，鹑首与星纪，东北当西南。”他的观测数据是准确的。

与内地汉族地区使用月躔不同的是，杨士云在《天文历志》中以日躔为准进行天文观测，留下了很多价值较高的观测资料。杨士云确定恒星位置用黄道坐标而不是赤道坐标，这与汉族地区并不相同。

杨士云在《天文历志》中采用一天 100 刻的划分法，这是用漏刻计时，他说：

“日行地上疾，四十一刻漏声急，日行地下迟，五十九刻漏声随。”这里反映的是冬天日短夜长的情况，它近似等于大理地区冬至昼夜的时刻。杨士云还研究了用各种圭表、日晷特别是漏刻确定时刻的方法和原理，杨士云说：“立晷测三光，欲正天下纪。”“日短晷长丈三尺，岁占美恶二曜食。”他更是写道：“测景凭圭尺，观星验漏壶。”表明当时杨士云已懂得用测定日晷的时刻来校准漏刻。有了这些仪器就可以精密地测定太阳回归年的长度。

杨士云对漏刻计时也有深入的研究。他说：“上渴乌流下渴乌，均调水势入莲壶，四十八箭分升降，昏晓中星次第书。”渴乌就是一种虹吸管，由于采用上渴乌流进下渴乌再流入莲壶，所以这是燕肃莲花漏（图 8.2），这种漏刻采用漫流系统，水位能基本保持稳定，很大程度上消除了水位变化对流量的影响，所以精度很高。刻度不同的 48 支浮箭，会根据不同地区的昼夜长短，使测定的时间更为准确。文中测定“昏中星”的意义是定出日出日没的时刻，取其中点，就能求到夜半的时刻，从而确定日期分界标志。

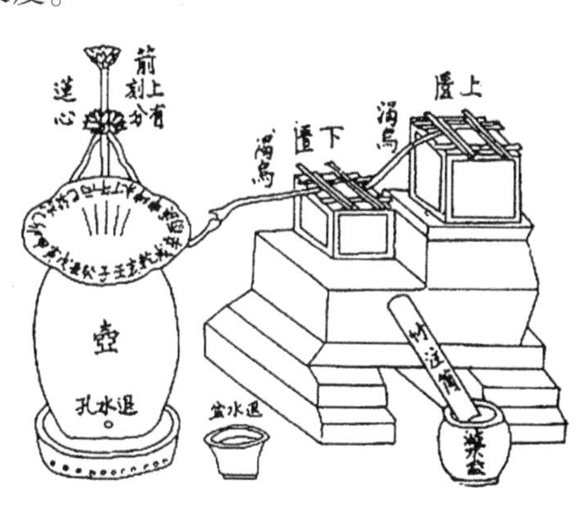

图 8.2　燕肃莲花漏

杨士云在“古漏刻”中介绍了另一种漏刻：“夜天池入日天池，平万分壶递入之，水海满时浮箭出，分明百刻报人知。”这里介绍的是四级补偿式浮箭漏，其中夜天池、日天池、平壶、万分壶均为漏壶，水海为箭壶，如图 8.3，使用的时制为百刻制。这也是一种相当精确的天文计时器，模拟实验表明，每天的相对误差竟只有 10 秒左右[①]。这是中国人计时技术的奇迹。

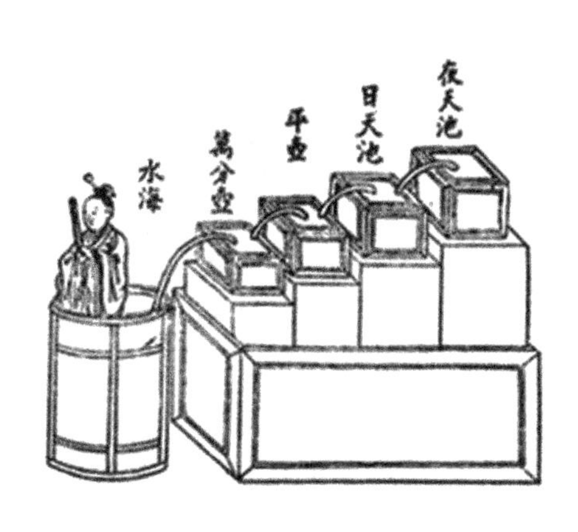

图 8.3　四级补偿式浮箭漏

杨士云生活在明代中晚期，中国内地在明万历以前的 200 年间，天文学的发展

① 华同旭：《中国漏刻》，安徽科技出版社，1991 年，第 163 ~ 165 页。

已陷于停顿状况，而这时杨士云却在滇西一隅独树一帜，取得了十分突出的成绩。他的天文学知识虽然主要是从汉文典籍中习得的，但也有很多自己的创造性发挥，不仅丰富了中国天文学史的内容，对大理地区科学知识的普及和提高，亦功不可没。

2. 其他天文学成绩和计时技术

明代，云南还出现其他的一些天文学家，西方的地圆说开始传入云南，云南一些城市的城楼上已使用漏刻报时，少数民族的天文历法知识继续有所发展。

明初，弥渡北汤天的董贤是阿吒力教徒，因“通阴阳历数之术”，受到明成祖的接见。其他，明代保山人张升撰有《中星图说》，今已失传。晋宁人黄拱斗也是一个天文气象学家，史称：“每夜升屋仰观天象，熟察星缠，遂书一月雨旸风雷及地震妖异之事，一一符合；有不合，则更升屋而观，愈久愈精，至不失丝发。”[①] 说明他的观测精度是很高的。

明末，刚刚传入中国的西方天文学知识已传到了边远的云南。《天启滇志》引利玛窦的话说：“大地在天中仅一点，中国在大地中仅八十一分之一。”这是地圆说和新的“世界”观念，无疑大大开阔了云南知识分子的视野。这也是迄今所见西方科技成果在云南史籍中的最早记载。

漏刻作为古代常见的计时仪器，明代在云南各地已有较多使用。景泰年间，昆明的南楼置有铜漏，其中铭文有：“当极精致……水注箭浮，时乃无妄。”[②]这是明代昆明城中的铜漏刻，采用浮箭漏，制作精致。楚雄府的崇庆楼：“在府治之南，上置更鼓，复置铜漏以明时。”[③]曲靖军民府的钟鼓楼：“在府城中，洪武二十年建，重屋二层，有铜漏，景泰间指挥梅坚置。”[④]说明昆明、楚雄和曲靖等云南重要城市的城楼上均放置有漏刻，采用铜质制作，用以计时和报时。

因云南与内地的纬度不同，从内地来云南的人士，偶尔有人做漏刻实验，以验日差。明人王士性记载了一件事：“余善水刻漏，李月山说，滇中夏日不甚长，余以漏准之，果短二刻。今以月食验之，良然。”[⑤]

白族民间也有丰富的天文学知识，云龙县诺邓村的玉皇阁是明嘉靖年间修

① （明）刘文征：《天启滇志》卷三二。
② （明）陈文：《景泰云南图经志书》卷一。
③ （明）陈文：《景泰云南图经志书》卷四。
④ （明）周季凤：《正德云南志》卷九。
⑤ （明）王士性：《广志绎》卷五。

造的建筑,其顶上画有星宿所代表的动物(图8.4),由于画顶失落了几块,所以无法判断画顶是取二十七宿,还是取二十八宿,但诺邓在康熙时期曾以二十七天把分卤制度作为一个周期,当地白族应实行过与二十七宿有关的历法。

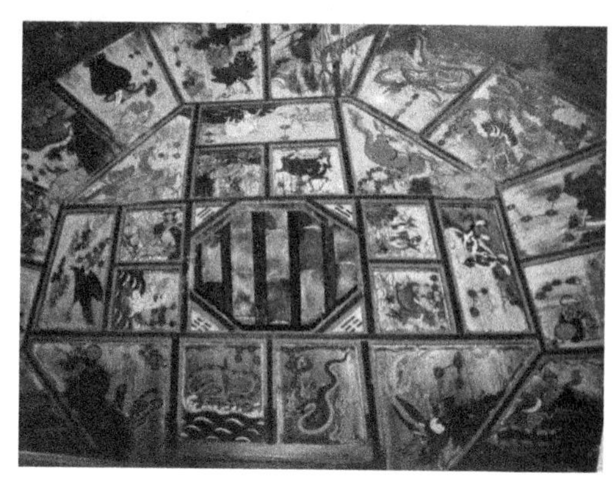

图8.4　诺邓村玉皇阁的星宿图

在历法方面,中原王朝颁布的历法继续在少数民族地区传播,明朱孟震《西南夷风土记》记载傣族地区的情况:“岁时:三宣六慰皆奉天朝正朔。摆古无历,惟数甲子,今亦窃听于六慰,颇知旬朔矣。”傣族地方政府三宣六慰“奉天朝正朔”,采用的是明王朝的历法,这个中原历法应与民间的傣历并行使用。清代以后,两种历法并行使用的情况仍然在延续着。

三、物理学成就

1. 声学知识

明代,白族学者杨士云在声学方面做出了重要贡献。他著有《律吕》一卷,存于《杨弘山先生存稿》第四卷。他的声学知识,涉及十二律的计算、音调的数学计算、管口校正方法、三分损益律等方面,是内地科学知识在云南的传播。

杨士云说:“黄钟九寸全,乃生十一律,有十二子声,正律正半律,仲吕六寸奇,又生十一律,有十二子声,变律变半律,正变及半间,四十八声出(实用三十六声又用二十八而已)。”这是涉及十二律的计算,先令黄钟律长九寸,经过多次计算,得出“四十八声出”的结果。它的原理是为了消除最大音差而不断增加律的个数,以后多于十二的律就称为“变律”,随着律的增加,音差便逐渐缩小。

又有六觚算法:“径一分,长六寸,二百七十一枚竹成六觚,为一握径象乾,黄钟律之一,长象坤,林钟吕之率数以大衍。四十九乾策,二百一十六用成六爻,象其数。”这是音调的数学计算。

《律吕》中又谈到:“黄大姑林南得位生五子(五五二十五本五凡三十),太夹仲射无失位生三子(三五十五并本五凡二十,合三十成五十)。蕤宾应钟交际间不得不失生四子(二四为八,并本二为十,十统五十合六十)。”以上“黄”:黄钟,

"大":大吕,"姑":姑洗,"林":林钟,"南":南吕,"太":太簇,"夹":夹钟,"仲":仲吕,"射":无射,又有蕤宾、应钟。这些都是十二律的名称,涉及了管口校正方法。

杨士云又有"黄钟"为题的记述:"黄钟八十一分管,含少三十九分声,五音六律何由定,千古伶伦学凤鸣。"其表达三分损益法:

$9 \times 9 = 81$——宫

$81 \times 2/3 = 54$——徵

$54 \times 4/3 = 72$——商

$72 \times 2/3 = 48$——羽

$48 \times 4/3 = 64$——角

以上,杨士云以黄钟为宫声(81),则羽声为 $81 - 39 = 48$。

2. 力学及度量衡知识

明代,徐霞客在《滇游日记·六》中对鸡足山的一个巧妙应用大气压强原理的装置进行了记述:

> 轩中水由亭沼中射空而上,沼不大,中置一石盆,盆中植一锡管,水自管倒腾空中,其高将三丈……此必别有一水,其高与此并……至此问之,果轩左有崖高三丈余,水从崖坠,以锡管承之,承处高三丈,故倒射而出亦如之,管从地中伏行数十丈,始向沼心竖起,其管气一丝不旁泄,故激发如此耳

鸡足山的这个装置实际上就是应用了物理学上的虹吸管原理,其技术关键是"其管气一丝不旁泄",即锡管必须密封,否则大气压强不平衡,将达不到"倒射三丈"的效果。这是中国古代应用大气压强的一个典型事例。

白族学者杨士云在《天文历志》中还记述了中国古代著名的力学装置——候风地动仪:

> 尊中树都柱,八道隐机关,覆盖密无际,畴能测其端,尊外环八龙,印首衔铜丸,蟾蜍下张口,各各仰面观,地震丸自吐,倏忽蟾蜍含,一首声自激,七首寂莫干,由兹验方面,万里只尺间,制作侔造化,巧妙绝垂班。

以上,杨士云非常准确地描述了汉代张衡发明的候风地动仪的构造,表明他对这种仪器的物理性能是相当了解的。特别值得指出的是,近现代物理学家对张衡的发明进行了大量的研究,对《后汉书·张衡列传》原文"中有都柱"一语历来有两种看法,一种看法认为都柱树在樽中,另一种看法认为都柱悬在樽中。而

杨士云在明代就认为是“樽中树都柱”。说明他对这种仪器的研究有自己的体会，并有所阐发，这对中国物理学史的研究是有贡献的。

傣族升放孔明灯亦是应用大气压强原理。孔明灯用傣族生产的坚韧的构皮纸糊成一个大球状，直径达十多米。用柴火熏时，灯内空气热膨胀，比重下降，灯内的大气压强低于灯外的大气压强，产生升力，使孔明灯冉冉升空。每年傣族的泼水节各地均燃放孔明灯。《滇海虞衡志》记载了一种“气煞风灯”，很可能就是指这种孔明灯。

度量衡方面，明代朱孟震《西南夷风土记》记载了滇南傣族使用度量衡的情况：“贸易多妇女，无升斗秤尺，度用手，量用箩，以四十两为一载，论两不论斤，故用等而不用秤。以铜为珠，如大豆，数而用之，若中国之使钱也。”由于傣族“无升斗秤尺”等度量工具，只用手、箩作为精度很粗的度量单位。滇南威远州的傣族，也采用篾箩为度量单位交易：“凡交易无秤斗，止以小篾箩计多寡而量之。”[①]反映了傣族原始的度量衡方法和知识。

四、地理学

1. 地方志与地理学

明代，云南编撰了以地方志为主的大量地理学著作，重要者有白族学者杨士云的《苍洱图说》、《郡大记》，李元阳的《嘉靖大理府志·地理志》、《万历云南通志·地理志》，以及刘文征的《天启滇志》等，这些著作深受中国内地地方志的影响。其中，山记多以描述风景古迹寺观为主，水道记大都记载了水道的来龙去脉，反映了明代云南的自然面貌。这些记载有一定的科学价值，特别对了解古今水道的改变情况，提供了可靠的依据。

李元阳（1497～1580年）对云南地理学上的贡献尤为突出。他是大理上鸡邑人，号中溪，明朝嘉靖五年（1526年）中进士，授翰林院庶吉士。他晚年回到大理老家定居，与谪居于云南的状元杨升庵相契最深。他博闻强记，著述甚多，有《李中溪全集》行于世。李元阳与隐居的杨士云不同，他热衷于家乡的文化建设，公认为是对大理文化最有贡献的历史人物。

地理学方面，李元阳有《嘉靖大理府志·地理志》、《万历云南通志·地理志》等，这些著作不仅记载了大量的云南物产、矿产、地形、民族分布等，对大理地区的

① （明）陈文：《景泰云南图经志书》卷六。

古代气候、植物分布、经济地理和景观地理也有很好的记述。他描写的叶榆十观(山腰云带、晴川溪雨、群峰夏雪、榆河月印、灵峰天乐、翠盆叠崿、龙湫石壁、瀑泉丸石、嵌岩绿玉、天桥唧月)均为大理的著名景点,对今天开发大理的旅游资源亦有重要的参考价值。

从明代开始,云南的地方志中就出现了很多地图,多为地形图,大都合乎比例,对于山脉逶迤,峰峦起伏等要素都有较好的表现。有些以测量为基础,精度比较高,说明当时测绘技术已有一定的水平。

2. 徐霞客在云南的地理学成就

明末,徐霞客游历云南,在地理学上做出了超越前人的贡献,是云南乃至中国地理学史上的一件大事。

图 8.5 徐霞客

徐霞客(1587～1641 年,图 8.5),名弘祖,号霞客,江苏江阴人,他是明代中国著名地理学家,也是一位大游历家,一生冒险远游。他于 1638 年由贵州进入云南,从滇东直至滇西边境腾冲,1640 年返回家乡,这是他一生中最重要的一次出游。他广泛考察了云南的地貌、岩溶、水系、地热、火山等,并留下《滇游日记》这样珍贵的地理地质资料。他在云南系统地观察自然,描述自然,深入地解释地理现象,并上升到理论思维高度,跳出了传统疆域沿革地理和仅仅为扩张地理上空间视野的老路,其成绩具有现代地理学意义。

徐霞客对石灰岩溶地貌和岩溶洞穴进行了系统考察,成绩最为突出。他在云南、广西等地区探查了各种奇巧万状的洞穴,大都有方向、高度、宽度和深度的具体记述,并初步论述了其成因。他指出一些岩洞是水的机械侵蚀造成,钟乳石是含钙质的水滴蒸发后逐渐凝聚而成的,等等,有些见解与现代地理学的解释完全一致。由于卓越的成绩,徐霞客被公认为是中国和世界广泛考察喀斯特地貌的先驱。

他调查了云南腾冲打鹰山的火山遗迹,记录和解释了火山喷发出来的红色浮石的质地及成因;他对地热现象的详细描述在中国也是最早的;他对云南 19

个地方的温泉进行了考察和记述。徐霞客在云南最大的发现是认为长江的正源是金沙江,否定了自《尚书·禹贡》以来流行1000多年的"岷山导江"旧说,这是符合实际的卓见。他还纠正了文献记载的关于中国西南水道源流的一些错误。

他在昆明棋盘山考察时,描述了植物垂直分布现象:"顶间无高松巨木,即丛草亦不深茂,盖高寒之故也。"他在丽江时,谈到植物与纬度的关系:"其地杏花始残,桃犹初放,盖愈北而愈寒也。"他的分析,是植物生态学关于"植物随海拔高度分带"原理的科学说明。

他在鸡足山编写《鸡山志略》中谈到山上出现的"放光瑞影"一事,他解释为:"川泽之气,发为光焰,海之蜃楼,谷之光相。"并说峨眉山、五台山也有类似现象。今天已经知道这种现象是山泽之气在光线折射下形成的,与海市蜃楼景观的原理相同,徐霞客的解释是相当科学而机智的。

徐霞客在云南期间,深入到壮、苗、布依、瑶、回、彝、纳西、白、傈僳、傣等十余个少数民族的生活环境中,不仅考察了当地的民情风俗,而且对云南的采矿业、滇西红铜贸易、安宁井盐生产、大理石开采、云南豆腐制造、造纸业、茶业、宝石贸易、围棋制造、硝和磺的生产等都有记述,内容十分可观。这些记述生动反映了明代云南的经济地理面貌。

英国科学史家李约瑟曾经这样评价徐霞客:"他的游记读起来并不像是17世纪的学者所写的东西,倒像是一位20世纪的野外勘测家所写的考察记录。"①这是很恰当的评论。

3. 郑和七次下西洋

明代,云南人郑和率领船队七次下西洋,是世界航海地理史上的重大事件。

郑和(1371～1433年,图8.6),本姓马,回族,其故里在滇池南岸的昆阳。他少年时入燕王府当"侍童",后燕王朱棣即皇帝位(即明成祖)后,擢升太监,赐姓郑,世人称为"三保太监"。明成祖时,派郑和为正使,出使西洋各国。郑和船队有官兵、翻译、水手、工匠等27 800多人,乘坐62艘"宝船"出航。这些宝船最大的可容千人,其中大船:"修四十四丈,广十八丈者六十二。"每船帆十二张,水手二三百人。据此考证,郑和宝船长度超过了100米,排水量超过万吨,是当时世界上第一艘万吨巨轮。

---

① 李约瑟:《中国科学技术史》,第5卷,科学出版社,1975年,第62页。

图 8.6　郑和

1405～1433 年，郑和先后七次出使西洋。他率领浩浩荡荡的船队，向西乘风破浪，“首达占城，以次遍历诸番国，宣天子诏，因给赐君长，不服则以武慑之。”①郑和船队到过越南、印尼、印度、斯里兰卡、柬埔寨、泰国、马来亚，直至南也门、索马里等 39 个亚非国家和地区，与所到地区进行了广泛的科技文化交流。宣德八年（1433 年），郑和 63 岁时第七次下西洋，于归国途中，积劳成疾，在古里（今印度卡利卡特）病逝。七月船队回国，宣宗赐葬南京牛首山南麓。

郑和下西洋，在科技史上的一个重大意义是首创了中国人横渡印度洋的记录。郑和的船队还发展了中国与东南亚、南亚诸多国家和地区的友好关系，促进了中外贸易，产生了深远的历史影响，其事迹载誉世界，郑和也因此成为云南历史上唯一具有世界影响的人物。

五、医学和生物学

1. 医学

明代，著名的医学著作有兰茂的《滇南本草》（图 8.7），此书是云南历史上保存至今最早、价值最大的中草药专著。

兰茂（1397～1470 年），字廷秀，云南嵩明人，一生布衣，在医学、音韵学、文学方面都有广博的知识和造诣。他流传至今的著作还有《韵略易通》、《医门揽要》、《玄壶集》、《信天风月通玄记》和 170 多首诗作②。由于著有《滇南本草》，兰茂成为云南籍中第一位有科学专著流传下来的科学家，对云南科学技术史做出了开创性的贡献。

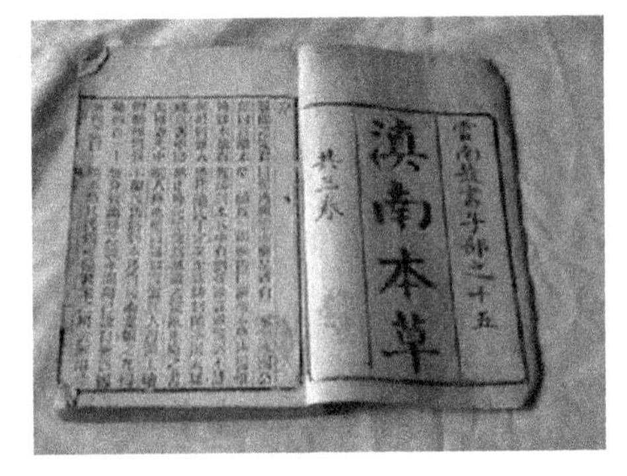

图 8.7　《滇南本草》

《滇南本草》共 3 卷，收药 500 多种

① 《明史》卷三〇四，《郑和传》。

② 苏石：《兰茂评传》，云南人民出版社，1997 年。

（该书有不同版本，收药多少不一），主要有植物和动物两类药物，其中有300多种是少数民族的药物，有彝族、白族等的惯用药。其书出版的年代不详，但早于明代李时珍的《本草纲目》，既是云南第一部药物学著作，也是中国第一部地方本草专著，对地方本土医药研究具有宝贵的价值。许多常见的中医药，如川草乌、川牛膝、贝母都始载于《滇南本草》。每种药列名称、用途、性味、功能，很多药物都有附方和附案，有些还有形态的简要描述及附图，有的药物则记有在云南的产地，例如，“法罗海，产东川”；金线鱼“滇中有名，出昆池中，多生石洞有水处，晋宁多有之”等，全书行文简要而切实。可以说，此书对云南各地的药物进行了空前的发掘和整理。

《滇南本草》在云南民间辗转传抄，迭经明清两代的后人补录，版本十分复杂，有所谓“务本”、“丛本”和“范本”等，其中一些药物可能不是兰茂原本中的内容。例如，1978年出版了《滇南本草》整理本，其中提到的“玉米”、“烟草”都不是兰茂时代有的植物和名称，书中还有一些“民族地区”等明显的近现代词汇，说明其中的具体内容不宜轻易看做是明代的材料。但此书的内容由于后代不断完善，仍有重要的医药学价值，一直被“滇中奉为至宝”，在云南中医界颇受推崇。直到今天，其地位亦确立不移。从这个角度看，兰茂应是云南历史上对后世影响最大的科学家。现代著名植物学家吴征镒曾为《滇南本草》中提及的植物做了详细的分类和审定。

兰茂另编有《医门揽要》二卷，上卷为“四诊总论”，论望、闻、问、切四诊及脉法，使用了浅显的文笔，但说理清晰明透；下卷列内外科诸病症及附方，内容多本于《金匮要略》，但也结合云南实际，简要论述了治疗常见疾病的原则和具体药方。论者认为，其所举各种例子特别与云南的地方气候及多发病相符。兰茂说：“切不可心矢大利，而泯救病之思。”充分反映了他的高尚医德。

明代，大理地区也是云南中医药的中心，白族学者杨士云和李元阳都有医学著作，但已失传。李元阳《嘉靖大理府志》收有大理地区药物177种，为当地民族药物的空前整理。陈洞天有《洞天秘典》，李星炜有《奇验方书》、《痘疹保婴心法》，陈书“人争购之”，李书则“多发前人未发之旨”，皆为一时影响之作。

云南著名的药材——冬虫夏草，在明代的文献中已有记载。明《滇略·产略》说：“雪蛆，产丽江之雪山，形如竹榴，土人于积雪中捕得霍食之，云愈心腹热疾，有脯至鹤庆鬻者，然不恒有也。”从性状来看，显然是冬虫夏草，为久负盛名的滋补药品。明代李时珍在《本草纲目》中记载了主要产于云南的名贵药材三七，誉之为“金不换”。

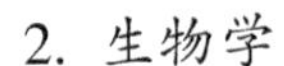

2. 生物学

明代，白族学者李元阳的《嘉靖大理府志》在生物学方面有出色的贡献。例如，在辨识动植物方面，依据不同的外观特征，把植物分为稻、糯、黍秫、麦、荞稗、菽、菜茹、瓜、薯芋、菌、果、篗、香、竹、木、花等属，以下再细分为种，种下分品，植物分类大体上反映了生物从低级到高级的进化顺序。动物则分为禽、兽、鱼等属，以下同样细分为种，基本上概括了整个动植物分类的全貌。

保山人张志淳撰有《永昌二芳记》，此书专论云南的山茶花和杜鹃花，全书分三卷。《四库全书总目提要·谱录类存目》说："是编以永昌所产山茶、杜鹃二花为一谱，上卷山茶花品三十六种，中卷杜鹃花品二十种，下卷则二花之故实诗文。"又说："其论踯躅、山榴、杜鹃之名自唐已无别，谓杜鹃但可名山石榴，不可名踯躅。踯躅为杜鹃别种，其花攒为大朵，非若杜鹃小朵各开，俗名映山红，无所谓黄紫碧者。"此书应为云南最早的植物学专著，至今在浙江民间仍有传本，但已不易详见。

徐霞客游历云南时，观察和记述了多达 62 种植物的生态品种，明确提出了地形、气温、风速对植物分布和开花早晚的各种影响。他十多次采集植物标本，并在云南保山打索街亲自做植物试验，这在古代学者中是难得的。

六、农业、食品科学与水利建设

1. 农业生产

云南农业生产技术得到显著提高，一些地区已利用水车、水碾、水碓和水磨等水力机械，但农业发展的不平衡在云南各地仍然广泛存在着。

明代采取实边的政策，大量的汉族军民来云南屯田，他们带来了中原地区的耕牛和农具："……精兵二万五千人，给军器农具，即云南品甸之地屯种。""往四川市耕牛万头，时将征百夷，欲令军士先往云南屯田。"[①]内地先进的生产工具和技术的输入，使云南农业生产水平有了显著提高。

晚明时期，徐霞客进入云南，在富源县的黄泥河一带，记载了当地的米价问题。游历丽江时记载了纳西族的农业休耕制，他说当地的田是三年种禾一番。本年种禾，次年就种豆菜之类，第三年停歇不种，再下一年复种禾[②]。这种休耕

---

① 《太祖实录》卷一八四。

② （明）徐霞客：《滇游日记·七》。

制是为了保持土地的肥力,在云南少数民族的农业生产中很盛行。有些作物在明清时期已是很优良的产品,例如,徐霞客在鹤庆记道:"川中田禾丰美,甲于诸郡,冯密之麦,亦甲诸郡,称为瑞麦,以粒长倍于常麦。"这种瑞麦长度比通常的麦子长1倍,是"甲于诸郡"的上佳品种。他在鸡足山还记述了炼洞米有"食之易化"的特点。

云南的水利资源相当丰富,在农业上早已充分利用水车、水碓、水碾和水磨等水力机械进行排灌和加工粮食。明代的一些文献中记载了云南的传统水力机械,例如,《滇史》记载:"舂碓用泉,不劳人力,石家金谷园最夸水碓,此地独多。"[①]李元阳说在大理地区,仅太和一县就有水碓、水磨数百所[②],生产效益大为提高。徐霞客在弥渡时,描述了当地用水磨加工粮食的情景:"峡中小室累累,各就水次,其瓦俱白,乃磨室也,以水运机,磨麦为面,甚洁白;乃知迷渡川中,饶稻更饶麦也。"[③]这是在磨室中利用水磨把小麦等粮食碾磨成粉,质量达到了洁白的程度。

在民族地区,农业发展不平衡的状况始终没有改变。明《西南夷风土记》记载滇南傣族地区:"五谷惟树稻,余皆少种,自蛮莫以外,一岁两获,冬种春收,夏作秋成。孟密以上,犹用犁耕栽插,以下为耙泥撒种,其耕犹易,盖土地肥腴故也。"所以,孟密以上的地方傣族采用的是犁耕,农业较为发达,孟密以下傣族则处于"耙泥撒种"的粗放阶段。但"一岁两获",种植的都是双季稻。《西南夷风土记》又说:"惟阿昌枕山栖谷,以便刀耕火种也。"说明阿昌族采用了刀耕火种的原始耕作方式。至今,农业发展不平衡在云南各地仍然广泛存在着。

2. 农产品

由于农业生产的发展,云南发达地区的农作物品种有了大幅度的增长。

据《嘉靖大理府志》记载,明代仅大理地区农作物就已十分丰富。如稻类有25种,糯类有14种,黍类有9种,麦类有5种,豆类有12种(表8.1);菜类有38种,瓜有7种,菌类有8种。主要的农作物品种都已齐备,与现在相比已相差很小。据《天启滇志》记载,在昆明、永昌等发达地区,也有了相当丰硕的农产品,呈现出富足的农业社会景象。

---

① (明)诸葛元声:《滇史》卷八。

② (明)李元阳:《嘉靖大理府志》卷二,《风俗》。

③ (明)徐霞客:《滇游日记》卷一二。

表 8.1 《嘉靖大理府志》记载的农作物

类别	品种
稻之属二十五	白麻线、红麻线、大黑嘴、小黑嘴、白鼠牙、红鼠牙、大香谷、小香谷、红皮、倭栖、麻雀皮、白鹭丰、青芒墨谷、大麦谷、高脚谷、乾谷、长芒、光头、毛稻、金裹银、银裹金、旱吊谷、叶里藏、老鸦翎、白粟谷
糯之属十四	黑嘴糯、虎皮糯、响谷糯、柳叶糯、铁脚糯、香糯、麻线糯、饭油糯、乌糯、红糯、白糯、圆糯、大糯、小糯
黍秫之属九	红小黍、白小黍、黑小黍、黄黍、霸黍、饭芦、粟麦、芦粟、灰条稷
荞稗之属六	甜荞、苦荞、龙爪稗、鸭瓜稗、铁稗、糯稗
来麰之属五	大麦、小麦、玉麦、燕麦、秃麦
菽之属十二	蚕豆、黄豆、狮子豆、赤豆、绿豆、茶褐豆、羊眼豆、羊角豆、蟹眼豆、鸦眼豆、湾豆、改豆

当时出现了一些较特殊农作物。《景泰云南图经志书》记载云南元江一带傣族:“其田多种秫,一岁两收,春种则夏收,夏种则冬收,止刈其穗,以长竿悬之,逐日取穗舂之为米。”其处理方式明显是高粱。在缅甸靠近云南的板楞,还有野生稻的生长和利用:“野生嘉禾,不待播种耘耨而自秀实,谓之天生谷,每季一收,夷人利之。”[①]

景泰年间,原产于非洲的西瓜也见于云南一些地区,例如,寻甸出产“西瓜,圆长如枕样,俗呼为枕头瓜,其味甜美,非他郡所产者可比也”。[②] 说明其他郡县也有西瓜了,但以滇中的寻甸西瓜较为甜美。

豆类植物营养丰富,既可作为佐餐的食物,也可煮为豆羹作为主食。云南的豆类植物栽培历史悠久,中国学者大多认为野生大豆的原产地在云贵高原,栽培大豆是从野生大豆通过长期定向选择、改良驯化而成的。《嘉靖大理府志》记载了大理地区有蚕豆、黄豆、赤豆等 12 个品种(表 8.1),其中应包括大豆和小豆。《天启滇志》也记载了云南出产羊眼豆、黑豆、黄豆、茶褐豆、青皮鼠豆等品种,已从野生豆类植物驯化为栽培豆类植物。现在云南仍然是中国著名的大豆和小豆产地。大豆栽培技术曾从中国传至日本,并经欧洲、美国等地传向世界,目前已成为一种世界性的主要农产品。

3. 美洲作物

哥伦布发现美洲新大陆后带到旧大陆的玉米和甘薯,在晚明时期已经传入

① (明)朱孟震:《西南夷风土记》。
② (明)陈文:《景泰云南图经志书》卷二。

云南地区了。

原产美洲的玉米早在明代就已传入云南,其中以李元阳的《嘉靖大理府志》(1563年)和《万历云南通志》(1577年)记载的“玉麦”为最早。《嘉靖大理府志》说:“来辫之属五:大麦、小麦、玉麦、燕麦、秃麦。”这是中国历史上关于这一作物的最早记载之一,一般认为是从滇缅道传入云南的。《万历云南通志》则谈到云南全省有云南府、大理府、永昌府、鹤庆府、蒙化府、姚安府、顺宁府、景东府,以及北胜州、蒗蕖州等八府二州产“玉麦”。这里说的“玉麦”虽然没有性状描述,但据吴其浚《植物名实图考》说:“玉蜀黍,于古无徵,云南志曰玉麦,山民恃以活命。”所以,“玉麦”就是指玉米,今云南民间仍称玉米为“玉麦”。以上《嘉靖大理府志》和《万历云南通志》所记“玉麦”也是中国关于玉米的较早记载之一。以后记载很快增多,例如,《万历赵州志》(1588年)记载赵州(今下关、凤仪一带)有“玉麦”,《天启滇志》(1632年)说云南府、蒙化府产“玉麦”。

葡萄牙人到达印度西岸是在16世纪初,而云南文献中有玉米出现却在16世纪中期,这短短的50~60年传播如此之快之广,令人惊叹。

原产美洲的甘薯也于明代传入了云南。最早记载于李元阳《嘉靖大理府志》(1563年),其中说:“薯蓣之属五:山药、山薯、紫蓣、白蓣、红蓣”,以上“紫蓣、白蓣、红蓣”,据历史学家何柄棣考证,即今日之甘薯(番薯)。这也是中国最早记载甘薯的文献之一,学术界同样认为,甘薯应是从印度缅甸方向传入云南的。甘薯是高产农作物,适宜于山地种植,在云南山区很受欢迎,明《万历云南通志》(1577年)卷三就曾谈到姚安州、景东府、顺宁州产红薯。直到清代,甘薯还常作为云南灾年救饥荒的主要粮食。

玉米和甘薯传入云南后就大受欢迎,在各族人民的农作中突飞猛进地传播。红须的玉米花和淡紫色的甘薯花盛开在红土高原各地,它们粗生贱养,既耐旱又抗涝,产量很高,对提高明代以后云南的人口有很大影响。这些高产的作物中迅速从坝区向广大山区传播,各少数民族得以大量向山区迁移,使云南山区的农业生产状态发生了根本性改变。

但事物总有其两面性,这些高产作物广泛种植后也加大了山地土壤裸露的空间,促使山区水土流失、土壤退化等现象发生,对生态环境的恶化造成了严重影响①。另外,彝族等少数民族大量向山区迁移,导致有些民族的科学技术和生

① 周琼:《清代云南瘴气与生态变迁研究》,中国社会科学出版社,2007年,第310~317页。

产力出现了早前先进后来落后的局面。

4. 食品科学

在云南特色的食品中,以米线和饵块最具代表性,是迄今最著名的云南小吃。高河菜和鸡宗是天然植物食品,从古到今在民间也有较大的影响。

米线。米线约起源于明代,李元阳曾记载了称为"米缆"的小吃:"米缆:粉粳作煸,园细如灯草,引长不绝,脆润不粘,盘结成团,经汤则解。"①这是云南少数民族中常见的凉粉,为米线的前身。清代以后,米线多见于文献记载,吴大勋说:"米线:磨稻米作粉,如制香法,用水调润,以管注成线,煮之以代面食,颇可口。"②今天,以蒙自过桥米线最为驰名,成为云南最有代表性的名特小吃。

饵块。系用优质大米加工制成,一般分为块、丝、片三种。饵块约起源于明代,清初桂馥说:"大理人作稻饼,若蝶翅,呼为耳块。询其名义,云形似兽之两耳。"③饵块是大理、昆明一带最著名的食品之一,与云南米线齐名,制作工艺以大理为最佳。饵块的发明,在云南食品科学史上占有重要地位。另有一种叫"大救驾"的炒饵块,起源于滇西的腾冲。传说明朝灭亡后,1655 年李定国、刘文秀等率大西军拥永历帝朱由榔辗转来到昆明。以后吴三桂的军队逼近昆明,永历帝随李定国西走。至腾冲时,曾几断炊食,危及性命,腾冲老百姓炒饵块奉上,才算解围。永历帝叹,这真是救了朕的大驾。因此,腾冲炒饵块就被称为"大救驾"。

高河菜。大理有名的高河菜,在明代的文献中多有记载。例如,景泰六年(1455 年)的记载:"海菜:产于苍山顶高河内,一名高河菜,茎红叶青,状如芥菜,五六月间,军民采之,若高声则云雾起,风雨卒至,未审的否。"④正德五年(1510 年)的记载:"高河菜,点苍山高河出,茎红叶青,味甚辛辣,五、六月采之,土人相传凡采此菜登山约十里许,必投稻皮以识路,又须默行,若作声,则云雾便起,风雹卒至,盖高河乃龙湫也。"⑤清代也有较多关于高河菜的记载,今人称高河菜为甘和菜。白族民间用于腌制,其味先辛后甘,是从古至今大理有名的民间菜。

鸡宗。又名鸡葼,是一种著名食用菌,因其内部纤维结构、色泽状似鸡肉,加

---

① (明)李元阳:《嘉靖大理府志》,卷二。

② (清)吴大勋:《滇南闻见录》卷下。

③ (清)桂馥:《滇游续笔》。

④ (明)陈文:《景泰云南图经志书》卷之五。

⑤ (明)周季凤:《正德云南志》卷三。

之食用时又有鸡肉的特殊香味,故得名鸡葼。其滋味很鲜,为菌中珍品。在中国仅见于西南诸省,尤以云南为多。明景泰年间,安宁州土产有“菌子,土人呼为鸡宗,每夏秋间,雷雨之后,生于原野。其色黄白,其味甘美,虽中土所产,不过是也”。[①]明正德年间,武定军民府的土产有鸡宗:“出本府,六、七、八月,遇雷雨则生,色青白,煮食味如鸡肉,视汴菌尤佳。”[②]

明代,保山人张志淳详细记载了鸡葼的情况:鸡葼是一种菌类,唯有永昌所产的又多又好;祥云一带亦有,但颇为粗糙。在永昌以东至永平县界鸡葼尤其多,镇守官员动辄索要百斤。当地人制作得太粗莽,故都不可食。此物唯有在六月份打大雷才出于山中,或长在松树下,或在林间某处。生长出一天就采的,花朵小而嫩,五六天后就烂了。采到后清洗去土,加入以盐煮后烘干,少有烟就不堪食。采后过夜,则香味俱尽,所以很为难。[③]

清初,姚安学者高奣映在《鸡足山志》中称赞鸡宗:“清香醇美,又饶一种大家风度。”点出了鸡宗的儒雅滋味。现在鸡宗菌在云南民间广受欢迎,不论炒食、炸食或油腌,味道均极佳,被人们推为云南的菌类之冠,山珍之王。

5. 水利建设

明代云南大兴水利建设,大理地区出现了极有特色的“地龙”水利工程,在政府的主导下,昆明地区南坝闸的修建、横山水洞的开凿都是影响至今的重要成就。

明代大理一带出现了“地龙”水利工程,今天,这种古老的“地龙”水利工程在大理州比较干旱的祥云、弥渡、宾川、南涧、巍山仍有遗留,这些地区除白族外,也是明代汉族移民的居住地。经调查,仅弥渡县就有近百条地龙,分布在红岩、新街、太花、寅街等地,仍在发挥显著效益的达24条[④]。现在著名的地龙有祥云米甸“地龙”遗址(图8.8),弥渡果子园地龙(图8.9),弥渡施安景村地龙、宾川宾居镇李英村地龙群等,大都是明代建造的。

---

① (明)陈文:《景泰云南图经志书》卷之一。

② (明)周季凤:《正德云南志》卷十。

③ (明)张志淳《南园漫录》原文:“鸡葼,菌类也,唯永昌所产为美,且多;云南亦有,颇粗。永昌以东至永平县界尤多。但镇守索之,动百斤。夷人制之卤莽,故通不可食。此物唯六月大雷后斯出于山中,或在松下,或在林间不定也。出一日采者,朵小而嫩,五六日即烂矣。采得洗取土,量以盐煮烘干,少有烟即不堪食。采后过夜,则香味俱尽,所以为难。”

④ 张昭:《弥渡文物志》,云南民族出版社,2005年,第57~63页。

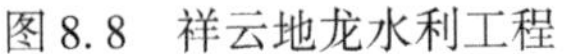

图8.8　祥云地龙水利工程

图8.9　弥渡果子园地龙

地龙实际上是一种地下蓄水池和灌溉网,其修造的方法是挖出许多互相连接的鱼鳞坑道,夏天将雨水积聚起来,平时不易蒸发,旱时备灌溉之需,集山箐流水于一池,供农田灌溉和人畜饮用。地龙的起端一般连接山箐流水及地下水源丰富的地方,另一端或中部又再筑以龙塘,作为集水用水之地。

地龙有几种形式。有的是作为埋藏式的沟道,有的是埋瓦筒的管道。其出水口,有的是潭池式,如弥渡果子园地龙,有多池递流使用;有的是为沟渠式,建在河边田间,如弥渡安景村地龙。

地龙构筑于地下,不占地表土地,既保护了耕地,减少了水的蒸发量,也避免了山水冲坏田地,为一种高效节水的灌溉系统。有的地龙水利工程在地下绵连达数里,极类似于新疆地区的坎儿井。地龙作为滇西古代人民的宝贵创造,对研究历史上云南的水利建设和设施,有着重要的价值。

明代大理地区还修筑了其他一些水利工程,例如,穿城三渠是一项影响深远的工程:“一以防备火灾,一以灌溉城东之田。”可谓一举多得,但“经年久不浚,往往壅塞”,必须经常疏导才行。著名的水利工程还有弥苴佉江堤和宝泉坝,这两个堤坝直到近现代仍然还在发挥作用。李元阳《嘉靖大理府志》记载,大理府还有城北渠堤、麻黄涧、赵州东晋湖闸、双塘、城西堤、新兴坝等30余座水利工程。在蒙化府、鹤庆府也修建了很多水利工程,它们在大理地区的水利史上,曾发挥了十分重要而深远的作用。

滇池区域也是明代修筑水利工程的重点之一,这些水利工程是在政府的主导下进行的。《正德云南志》卷二说:“滇池为云南巨浸,每夏秋水生,弥漫无际,池旁之田岁饫其害,弘治十四年,巡抚右副都御史应大猷、金谋协、镇守太监刘泉、总兵官黔国公沐昆令军民夫卒数万,浚其泄处,遇石则焚而凿之,于是池水顿落数丈,得池旁腴田数千顷,夷汉利之,众谓是役功倍于金汁河。”这是明代滇池的一次大规模的治理活动,发动民众达数万人,采用疏通河道、导引滇池水、让水位下降的方法,最后得到数千顷良田。历史上常采用这种治水方法治理滇池,但滇池水位下降太多也会导致滇池面积越来越小。

景泰五年(1454 年),由沐璘主持改建盘龙江上的南坝闸。此闸门位于昆明城南 5 公里,为盘龙江入滇池的最后一道闸,元代至正年间(1341 ~ 1368 年)已建成,但属土木结构,容易损坏,决定改为石闸。于景泰五年(1454 年)八月开工,历时半年,“甃石为闸”,共有 8 万多人参加施工,受益农田几十万亩。

万历四十八年(1620 年),云南府水利道水利佥事朱芹重建了松花坝的渠首。在盘龙江中修建分水闸,闸口宽 4. 16 米,高 3. 2 米,闸身长 9. 6 米。闸墩迎水端如牛舌状,下接侧向溢流堰,全长 117 米,高 3. 84 米。闸系大条石砌筑,“长短相制,高下相纽。如犬牙,如鱼贯,而钤以铁,灌以铅”。闸门为叠梁门。工程完工后,改称为“松花闸”。据水利学者研究,这种以闸门控制干渠配水、泄洪,闸堰结合,设施完备的工程枢纽,是古代无坝引水工程的又一典型。

松花坝水利工程经历元明清三朝的经营,在盘龙江和金汁河沿岸陆续修建了多级引水涵洞和灌排渠系。松花坝渠系与滇池水系的其他河道银汁、宝象、马料、海源,成为滇池地区的水利工程体系,统称昆明六河水利,是许多工程项目的有机集成,其复杂性在云南古代的各项工程实践中首屈一指,具有长远的经济价值、生态价值和社会价值。

除松花坝外,滇池区域的另一个重要水利工程是横山水洞的开凿。明隆庆四年(1570 年),在云南省布政使陈善主持下,在今昆明西山区龙院村三里处的自卫村开凿了横山水洞,当地距滇池不远,但地势较高,“以故池水不可逆行而仰灌,村之负山而田者,无论愆阳,即旬日不雨,土脉辄龟裂,岁辄不登”[①]。因此,决定开凿横山隧道引泉灌溉。隧道“长五十有八丈(实测为 248 米),洞高五尺,广二尺”,采用采矿开巷道的方法,掘进后用镶木支撑隧道,并以石衬砌,又

① 《光绪云南通志稿》卷五二,《水利》一。

凿白石崖沟引水，历时两年多，于隆庆六年（1572 年）二月竣工通水，可灌溉自卫、龙院、澜田等 8 个村庄的 45 600 亩农田。横山水洞是云南最早开凿的隧道工程，500 多年来一直在使用着。清代康熙年间，因洞内坍塌堵塞，当地村民集资后再次修复，并将规模扩大。

云南宜良县引阳宗海灌溉的文公渠，也是明代著名水利工程。嘉靖年间由临源检事道文衡督修，先在县北江头村大城江上，修筑一座拦河低坝，又于坝上游开渠至宜良县城下，长 70 公里，沿途筑水硐 72 所，“溉军民田二百余顷”①。后人称此渠为“文公渠”。清代以后，此渠多次扩建，至今仍然灌溉农田 6 万多亩。1937 年，曾引进近代水利技术对该渠进行了改造。

明代，傣族的水利建设也很发达，并在灌溉方面形成比较完整的系统，傣族比较有名的水利工程是明代位于景东的文哈水利工程。

七、酿酒、制茶、制糖和榨油

1. 酿酒

明代云南已有较发达的蒸馏技术，少数民族的钩藤酒更加流传开来，傣族地区还出现了称为“树头酒”的果酒。

明《西南夷风土记》说滇南地区：“茶则谷茶，酒则烧酒。”《嘉靖大理府志》记程本立在大理饮酒的诗：“金杯哈喇吉，银筒咂鲁麻；江楼日日醉，忘却在天涯。”这里提到的哈喇吉，即烧酒。在元初忽思慧的《饮膳正要》中被称为阿拉吉酒，据考证，这是东南亚“Arradk”一词的音译（一说来源于阿拉伯语），为一种用椰子做原料，经发酵、蒸馏所得的蒸馏酒。以上表明当时云南已有较发达的蒸馏技术。

以上提到的“咂鲁麻酒”就是流行于少数民族地区的钩藤酒。明《嘉靖大理府志》记载了这种酒的制法：“酿酒米于瓶，待熟着藤瓶中，内注熟水，下燃微火，执藤饮之，味胜常酒，名咂鲁麻。”所以，钩藤酒又称“咂鲁麻”酒，其特点是“执藤饮之”。《滇略 · 产略》有更详细的记载：“钩藤，藤也，可以酿酒，土人渍米麦于瓮，熟而着藤其中，内注沸汤，下燃微炎，主客执藤以吸，按钩藤即千金藤，主治霍乱，及天行瘴气，善解诸毒，其功似与槟榔同也。”饮这种酒时以钩藤管吸饮，钩藤是一种小灌木，中空可吸。往往客人和主人围在酒坛边，轮流吸酒。钩藤实际上是一种冷凝管，酒在加热时开始挥发，通过藤管遇冷凝聚，说明这种酒应是蒸

① 《康熙宜良县志》卷一，《山川》。

馏酒，即烧酒，其历史可追溯到大理国时期。现在，用钩藤饮酒的方式在滇南的苗族、壮族中仍有流行。

另外，《滇南本草》中提及大量的酒，据统计最多的有水酒和烧酒，其他还有黄酒、米酒、净酒、谷酒、真谷子酒、无灰酒、坎离酒等①。因为该书有清代材料混入，这些酒可能只有一部分属于明代。

滇南傣族地区又有一种“树头酒”，明人严从简说：树头酒树类似棕树，高五六丈，结的果实大如手掌，傣族人用罐悬置在果实下，用刀划开果实，果汁流于罐中，可作为酒汁，亦可以熬成白糖。② 说明“树头酒”应是一种果酒。

云南少数民族常把强身健体的中药与酒“溶”于一体，作为药酒，往往有良好的效果。例如，楚雄府的土产龙胆草，其叶子细而尖，花为黄白色，其味很苦，但当地人五月采之，作为酒药之用③。这种习俗从古到今在云南民间都有传承。

2. 制茶

云南饮茶之风盛行起来，尤以大理出产的感通茶名重一时，云南著名的普洱茶也开始见于记载。

李元阳《大理府志》记载：“感通茶，性味不减阳羡（今江苏宜兴），藏之年久，味愈胜也。”《明一统志》说大理的感通茶为感通寺所出产，称赞其茶味之佳，胜过其他地方出产的茶④。《滇略・产略》亦称其为云南名茶。明人冯时可在《滇行记略》中说：“感通茶，不下天池伏龙，特此中人不善焙制尔。”明人徐霞客游历大理时，对感通茶的制法有所记载：“茶味甚佳，焙而复爆，不免黝黑。”⑤即感通茶要经过焙烤和炒制等工艺，再制成黑茶。直到今天，大理市上末村还有生产感通茶的工序，仍然是制为黑茶，大致与上述记载相同。

徐霞客说鸡足山有“初清茶、中盐茶、次蜜茶”⑥的三道茶，这是白族传统三道茶的首次记载，现在三道茶已成为白族旅游业中的标志性产品。

景泰年间，湾甸茶产于今昌宁县的湾甸坝孟通山，当时属湾甸州，为当地傣

---

① 苏石：《兰茂评传》，云南人民出版社，1997年，第130页。

② （明）严从简：《云南百夷篇》：“树头酒，树类棕，高五六丈，结实大如掌，土人以罐悬置实下，划实，汁流于罐，以为酒汁，亦可熬白糖。”

③ （明）陈文：《景泰云南图经志书》卷四。

④ （明）李贤、彭时等：《明一统志・大理府物产》。

⑤ （明）徐霞客：《滇游日记・八》。

⑥ （明）徐霞客：《滇游日记・六》。

族生产的一种细茶,在滇南的茶中相当有名,特别是谷雨前采的茶,质量最佳①。至今,当地的茉莉花茶亦深受各族人民喜爱。

滇南的思茅和西双版纳一带出产的普洱茶,属黑茶的一种,用云南大叶种晒青毛茶为原料,经过发酵加工制成散茶或紧压茶。明人谢肇淛谈到了云南著名的普洱茶,他说:"士庶所用皆普茶也,蒸之成团。"②这里"普茶"即今之普洱茶,说明当时士人和平民中出现了饮用普洱茶的习俗。明末清初的科学家方以智说:"普洱茶,蒸之成团,西蕃市之,最能化物。"③这是"普洱茶"一名首次见诸文字,说明早期普洱茶产品主要是采用蒸成团茶的方式制得。

3. 制糖和榨油

明代,云南出产的蔗糖多见于记载,因质量颇佳而受到了高度称赞。明《景泰云南图经志书》和《正德云南志》记载芒市(今德宏芒市)的土产有甘蔗,《正德云南志》还记载临安府(今建水)纳楼亏容甸出产糖。《万历云南通志》说云南府(今昆明)产"砂糖",永昌府(今保山)产"糖"。《天启滇志》说临安府的物产中以甘蔗为最佳,取其精华以为糖,可以供全省之需要④。现在,滇南一带也是产蔗糖的重要地区。

明人徐霞客游历滇西,在鸡足山看到一种石蜜,盛赞其品质之佳,认为其白若凝脂,看上去有肥腻之色,并有一股特异的香气⑤。他的《滇游日记·六》还记载了丽江纳西族地区有一种优质的发糖:"白糖为丝,细过于发,千条万缕合揉为一,以细面拌之,合而不腻。"说明纳西族地区已有高质量的白糖。据明代严从简《云南百夷篇》记载,傣族地区还有一种用"树头酒树"熬制白糖的方法。

榨油就是将油脂从油料中挤压出来。白族自古擅长榨油,《嘉靖大理府志·物产》记载了大理的红花油和核桃油,其中说:"红花油,即染大红膏子之实也,油香胜诸品。""核桃油,即核桃舂泥榨油,香美与红花油等。"现在红花油已不多见,但漾濞核桃油仍是白族地区有名的产品。

徐霞客游历云南,在游记中记载了顺宁地区用核桃榨油,其出油率比芝麻、菜籽的出油率高。直到现在,滇西地区也是中国核桃榨油的著名产区。

---

① (明)陈文:《景泰云南图经志书》卷六。

② (明)谢肇淛:《滇略·产略》。

③ (明)方以智:《物理小识》卷六。

④ (明)刘文征:《天启滇志》卷三。

⑤ (明)徐霞客:《滇游日记·六》。

八、金属的开采与冶铸

1. 铜的开采和冶铸

明代,云南的冶金技术得到了空前的发展,特别是冶铜技术十分发达,已成为中国最重要的冶金重镇,在铸造技艺方面也有一定的进步。

云南采矿冶炼业已有相当大的规模,分工很细,有各种"硐头"、"义夫"、"矿徒"、"炉户"等,自成一个完整的行业组织系统。大的矿场由"硐头"出资开采,硐大者有用本银至千百两的。"硐头"雇用"义夫"即采矿工人生产,产出矿砂后,除缴纳官课及扣除公私经费外,其余在"硐头"和"义夫"之间分配。"硐头"所得到的是他投下资本的利润,而"义夫"所分到的则是其劳动的报酬。所谓"采矿事惟滇为善"①。

徐霞客游历永昌时,记述当地玛瑙矿:"以巨木为桥圈,支架于下,若桥梁之巩,间尺余辄支架之。"②这是采用封闭式支架,以防止底部上鼓,采铜矿应与此相同。

明代,云南一些地方采矿时,"硐口列炉若干具"①,说明当时的矿场往往设炼炉在矿洞旁,以就近冶炼。徐霞客《滇游日记·九》说腾冲固东一带的冶炼厂:"有明光六厂之名……惟烧炭运砖,以供此厂之鼓炼。"说明此地的冶金燃料用的是炭,而不是木柴,燃料的使用出现了进步。《天启滇志》还记载了楚雄府出产的一种栗色铜:"楚雄所产,五金与铅,而铜为盛,坚炼密致,铸器无几时,彗之日中,即凝为古色,土人呼为栗色铜。"③这应与成分配比不同有关。

明代有赋诗《采山炼金》,是数百年来云南冶金业的生动写照④:

……

山骨骨断髓如脂,和云和雨红炉煎。
红炉旋点苍山雪,不羡金丹九转诀。
烈火焚残五夜星,轻烟抱出元宵月。

现存明永乐二十一年(1432年)铸造的大铜钟,放置在昆明金殿的钟楼中,钟高3.5米,口径周长6.7米,壁厚15厘米,重达14吨,为云南省现存最大的古

① (明)王士性:《广志绎》卷五。
② (明)徐霞客:《滇游日记·十一》。
③ (明)刘文征:《天启滇志》卷三。
④ (清)《光绪鹤庆州志》卷三十一《艺文》引。

钟。经分析,永乐大钟的化学成分为:铜 68.4%,锡 12.2%,铅 8.9%,为铅锡青铜,并有砷和铁等元素夹杂。其制作精良,声音洪亮悦耳,反映出明永乐年间云南铸铜技术的水平和实力。

大理市博物馆藏有一个万历二十六年(1598 年)铸造的铜钟(图 8.10),上铸"万历戊戌年大理卫掌印指挥官",其高 127 厘米,下径 110 厘米,纽高 23 厘米。钟体化学成分为:铜 77.6%,锡 14.7%,铅 2.1%,砷 2.1%,为铜锡铅(砷)合金。大理现存有明代弘治三年(1490 年)造的铜质礼花炮(图 8.11),上铸有:"弘治三年玖月吉旦大理卫造"。材质分析为:铜 77.3%,锡 13.2%,铅 4.6%,砷 2.2%,也是铜锡铅(砷)合金。两件铜器都铸造于大理,尽管年代相差 100 年以上,但化学成分却差别很小,推测大理的铜匠应有稳定的技术传承。

图 8.10　明代大理铸造的铜钟

图 8.11　明代大理铸造的礼花炮

在滇南地区,天启年间江川的孤山上曾铸有一个铜塔,为学使杨师孔铸造,并有佛像、铃铎和匾额等。明末,当代人曾避兵于其上,后被南明政权的将领李定国攻破,即销毁铜塔铸为钱币以充兵饷,塔遂废[1]。

明代中期以后,铜钱需要量增大,滇铜在全国受到重视,滇铜铸钱冲击着云

① (清)张钟:《康熙江川县志·古迹》。

南传统的贝币，最终铜钱取代了贝币，在全省逐渐通用起来，这是云南社会和经济的一大进步。

2. 白铜、黄铜和炼锌

明代，云南开始出现生产镍白铜的记载。例如，万历乙酉年（1585年）成书的《事物绀珠》说："白铜出滇南，如银。"明代《本草纲目》也说白铜出自云南。滇南的特产锡器，明代亦出现于文献记载中，《滇略·产略》说："锡则临安者最佳，上者为芭蕉叶，扣之声如铜铁，其白如银，作器殊良。"以后滇南的个旧锡器一直十分有名，现在仍是云南的著名产品。

云南已有确切的关于炼黄铜的记载。景泰年间，车里军民宣慰使司的土产有"鍮石、铜、木香、沉香。"①此处"鍮石"应指黄铜，"车里"在今西双版纳，明代在其地设立了军民宣慰使司。明末清初，顾祖禹说临安州："木角甸山，在州东百三直里，地名备乐村，产芦甘石，旧封闭，嘉靖中，开局铸钱，取炉甘石以入铜，自是复启。"②即在嘉靖年间，将炉甘石与红铜配炼，得到黄铜。这是中国古代关于炉甘石升炼黄铜的最早记载，对蒸馏炼锌的产生有很大的意义。自此以后，中国铸钱所用材料，基本上完全由原来的红铜转变为铜锌合金，对中国经济产生了重大影响。由于锌的本名叫"窝铅"，这是云贵一带的方言，说明炼锌应产生于云贵一带。

云南和贵州一带炼锌已有悠久的历史，是我国主要的锌产地。至今在云南滇东北的会泽，滇西的祥云、永胜等地仍有大量的土法炼锌。据传统工艺调查，其主要步骤是用耐火材料制作蒸馏罐、制炭、配矿石、填兜、封盖、24小时的蒸馏操作、出炉后淘出作为残渣的铅，最后将锌液浇铸成锌锭。然后是清理反应罐和炉子，准备下一炉的冶炼。使用这种方法，锌的总回收率可达85%～90%。这种传统炼锌法与宋应星《天工开物》中记载的坩埚炼锌法接近，但对环境污染很大。《天工开物》的记载遗漏了炉料中必需的碳粉等还原剂和坩埚（泥罐）中的冷凝装置，这是炼锌技术的关键。

3. 制铁技术

明代，云南产铁也很兴盛。景泰年间，邓川州东部的青索鼻山出产铁矿，每

---

① （明）陈文：《景泰云南图经志书》卷六。

② （清）顾祖禹：《读史方舆纪要》卷一一五，《云南》三。

年产铁达45 000斤[①]。安宁州南35里有山叫险陵岗,当地产铁矿,为官立的铁冶,所以有赋税之利。另外,蒙化、陆凉、沾益等地亦出产铁。

一些地区还出产有名的铁制品。丽江府出产珍贵的"古宗白金",史称这种金"每一金可当常用之五。"[②]其价值是普通金属价值的五倍,质量是极为优良的。由于"古宗"是云南一带民众对藏族的俗称,"古宗白金"应是指藏族的产品。丽江军民府的纳西族还有佩带刀的习俗:"土人男女无论老少长,出入常带大小二刀,以锋利为尚。大者长三尺许,头有环者谓之环刀,无环者谓之大刀。"[③]直到现在,纳西族某些地区,民间仍有随身佩带刀的习俗。

制铁工艺方面,丽江的摩些盔刀及鹤庆的刀剑都驰誉四方。明《滇略·产略》记载:"鹤庆刀剑,驰誉四方,其法取古宗铁,濯以鹤川水,利可砚犀,柔者可以绕腹,然古宗铁不易得,贸之四远者,皆凡铁耳。"可见,这种刀剑的制造是用藏族地区买来的铁料("古宗铁"),经过精心的淬火而成,制成后刀剑锋利可刃犀牛,而柔软则可绕腹。推测"古宗铁"是一种百炼钢,历史上百炼钢因质地纯也可达到"绕指柔"的程度。直到近现代,鹤庆的铁器制造在西南各民族中仍享有盛誉,特别以工具的精制闻名遐迩。

4. 金银的开采和冶炼

明代,中国最重要的采金地区是金沙江,金的产量和质量都名列中国之最。云南的银大量作为货币,需求极旺,银矿开采也兴盛起来。

《天工开物·五金》说:金多出西南,水金多者出云南金沙江,此水源出吐蕃,绕流丽江府,至于北胜州,回环五百余里,出金的地方有数截,皆于江沙水中,淘洗取金。从以上记载可见,在金沙江上,有不止一处流段上是产金的。明谢肇淛《滇略》记载,"金生丽水,今丽江其地也,其江曰金沙……沙泥、金麸杂之,贫民淘而煅焉、日仅分文",这是产于江沙中的砂金,淘洗法一直是云南的主要采金方式。该书又记载了产于山中的脉金:"永平山中,间有金沙,色更赤,而利甚微。丽江之金,不止沙中,又有瓜子、羊头等金,大或如指,产山谷中,先以牛犁之,俟雨后即出土,夷人拾之,纳于土官。"除沙金外,还有较大的瓜子金和羊头金,都是明代云南有名的金种。

---

① (明)陈文:《景泰云南图经志书》卷五。

② (明)刘文征:《天启滇志》卷三。

③ (明)周季凤:《正德云南志》卷十一,《丽江军民府》。

当时,云南金的产量和质量都名列中国之最。例如,1957 年在北京发掘了明定陵,在万历皇帝的梓宫中,发现了金元宝 79 锭,这些金元宝的背面均有铭文,表明是云南布政司纳奉的贡金,这些金成色足,质量极高,是明代云南制金工艺十分发达的见证。

15 世纪以后,银矿开采在世界各地大兴起来,在中国各地的银矿开采中,云南银矿更是长期占有特别重要的地位。云南出产的银大量作为货币,需求极盛,例如,天顺四年(1460 年):"课额浙、闽大略如旧,云南十万两有奇,四川万三千(两)有奇,总十八万三千(两)有奇。"①说明当时云南银课就占全国的半数以上。

明人宋应星说,当时全国产银省,除云南外还有浙江、福建等八省,"然合八省所生,不敌云南之半,故开矿煎炼,唯滇中可永行也。"②再次说明云南开采银矿在中国的地位。宋应星接着说:"凡云南银矿,楚雄、永昌、大理为最盛,曲靖、姚安次之,镇沅又次之。"所以,明代出产最旺盛的银矿,位于以大理为中心,东至楚雄,西至永昌的广大滇西地区。明《正德云南志》更是明确记载了大理府的大理、新兴、白崖五山头、梁王山;建水州的判山、蒙自的判村、嶍峨(今峨山)的宝严等地出产银矿,地点包括滇西和滇南。

北京首都博物馆收藏了八枚明代永宣时期的银锭,每银重五十两,称为大元宝。根据上面的铭文,是由大理卫、洱海卫和楚雄卫等地的银场制造的③,生产地在滇西和滇中偏西一带。

当时开采的主要是银铜矿石,冶炼时工艺程序较为繁复,需先炼出银,然后再从炼渣中提取铜。例如正德年间,楚雄冶炼银的情况:"银,出南安州表罗场,有洞曰新洞,曰水车洞,曰尖山洞,矿色有青绿红黑,煎炼成汁之时,上浮者为红铜,名曰海壳,下沉者为银。"④这是铜银共生矿,银的比重大,铜的比重小,导致铜上浮,银下沉。

还有一种矿石含铅特别少,例如,《天工开物 · 五金》说:"其楚雄所出(银矿石)又异,彼洞砂铅气甚少,向诸郡购铅佐炼。每礁百斤,先坐铅二百斤于炉内,

---

① 《明史》卷八十七,《志第五十七》。

② (明)宋应星:《天工开物 · 五金》。

③ 王显国:《首都博物馆藏明代永宣时期银锭研究——兼论明初云南银矿的开采和管理》,《中国钱币》,2012 年,第 2 期,第 51 ~ 58 页。

④ (明)周季凤:《正德云南志》卷五,《楚雄府》。

然后煽炼成团。其再入虾蟆炉,沉铅结银则同法也。”这种方法必须加大铅量,以后吹灰法富集银才能成功。明末清初《物理小识》在这段话的后面又加上注:“炉底佗僧样者,别入炉炼,又成扁担铅。”炼银时,剩余的含铅炉渣即“佗僧样者”,可以再进行还原熔炼得到铅。

九、硅酸盐技术

明代,云南在硅酸盐技术方面取得多项成就,料丝灯、云子围棋都是输入内地的有名产品,瓷器烧制工艺也出现在建水和玉溪等地。

1. 料丝

保山地区出现了玻璃纤维布——“料丝”,这种东西极可能早在元代就已发明了[①]。在明代《万历云南通志》和《天启滇志》中都有记载,认为是永昌的特产。料丝共有两种配方:

一种是清《滇海虞衡志》等书记载的用紫石英、钝磁、赭石为原料烧制而成。紫石英和瓷的主要成分均为二氧化硅(SiO_2),赭石为三氧化二铁(Fe_2O_3),其中“紫石英”又称为“紫英石”,为明代永昌地区著名的矿产。紫石英和瓷经煅烧将形成玻璃态二氧化硅(石英玻璃),然而需在高温条件(1750~1900℃)才能制备,所以加入有易熔组分的赭石来“冲淡”它,最后形成以石英为主要原料的高质量硅酸盐玻璃。

另一种是明末清初方以智《物理小识》记载的用玛瑙、石英屑汁及“北方天花”点之而后凝为丝即成。玛瑙盛产于永昌地区[②],主要成分是二氧化硅,和紫石英高温焙烧亦得到玻璃态二氧化硅,即以石英为主的高质量玻璃。其中“北方天花”为一种菌类,在这里作为助熔物质。

料丝作为一种玻璃纤维布,其工艺较之西方同类产品早200年以上。檀萃说,明成化年间,镇守云南的钱能用这种料丝制作的灯,“以此进上,不使外人烧造,能去,始习为之”。说明当时料丝的制作由官方垄断,禁止其他人烧造。钱能走后,才成为一种常见的技术。明清时期,“料丝灯”作为贡品传到了北京一带,是一种享有盛名的玻璃工艺品,对北京的民俗也产生了重要的影响。例如,《帝京景物志》说:用料丝灯作为节日的装饰灯。《红楼梦》元宵节贾母宴花厅一

---

① 张江华:《“料丝”——明代我国生产的一种玻璃纤维布》,《中国科技史料》,1991年第4期。

② (明)陈文:《景泰云南图经志书》卷六。

回里,其中提到了料丝灯。

2. 永子围棋

明代,保山地区制造出历史上久负盛誉的玻璃围棋子,世称“永子”,即今日著名的“云子围棋”。明《万历云南通志》和《天启滇志》都记载了永昌府出产“料棋”,后者称“其佳考列郡第一”。明末,徐霞客游历到永昌,曾说棋子出云南,以永昌者为上[①]。《南中札记》说:“滇南皆作棋子,而以永昌第一,盖水土之别也……其色以白如蛋清、黑如鸦青者为上。”

明《滇略·产略》记载了永昌围棋子的制法:“又以玛瑙合紫石粉而煅之,以成棋子,莹润细腻甲于天下。”清《光绪永昌府志》记载了更为详细的永子生产原料和工艺:“永棋,永昌之棋甲于天下。其制法以玛瑙石合紫英石研为粉,加以铅、硝,投以药料合而煅之。用长铁蘸其汁,滴以成棋。”[②]玻璃围棋子的烧制主要用玛瑙、紫石粉(即紫石英),再加上铅硝和其他药料(助熔剂),经过高温焙烧成液态,最后得到以石英为主的高质量玻璃。其质地结实沉重,特点十分突出[③]。

明代,山东的博山一带也出产玻璃棋子,但声誉不及云南永子。清代永子被推为“永昌之棋,甲于天下”。直到现在,云子围棋也是举世公认的棋中圣品,受到世人珍重,往往用“国宝云子,高原明珠,棋中极品”等美誉倍加赞扬,一直作为国内外围棋比赛中最重要的棋子。

3. 制瓷技术

至迟到明初,云南已有多地烧制瓷器,产品为有本地特殊风格的青花瓷器,这些瓷器逐渐取代了陶器,迅速进入人们的日常生活之中,成为主要用具。

明《万历云南通志》记载临安府(今建水)的物产有“瓷器”。今天发现古窑遗址的地点有建水碗窑村、玉溪红塔山、禄丰德川和白龙井,由于这些地区为明代云南的汉族移民聚居地,说明烧瓷技艺应是从内地到云南戍边的汉族移民带入的。烧制年代约处于明初到明末,也有研究认为其起始年代可早到元末。在古窑遗址出土的瓷器有碗、盘、杯、壶、瓶、罐等器物,表明瓷器已成为较普遍的日常生活用品。明代云南主要烧制青釉瓷器和青花瓷器,禄丰窑还

① 《徐霞客游记》卷十八。

② 《光绪永昌府志》卷六十二。

③ 世人总结永子的特点:由于使用天然玛瑙、紫石英等原料烧制,导温性低,有冬暖夏凉之感;放在棋盘上黑白分明,将黑子对光照视,便呈现翡翠般的蓝绿色;将白子对光照视,呈现润柔的嫩黄之色。其色泽没有眩目刺眼的光亮。

烧制少量酱釉瓷器。

从技术上看，这些瓷器的烧成温度很高，表明当时使用的龙窑达到了相当高的炉温。现在这些古窑遗址都残留有几座阶梯形龙窑，例如，建水窑，其窑壁及拱顶均用砖砌成，其形制对研究明代云南的烧瓷技术提供了实物资料。有研究认为，建水窑不是采用“匣本单位装烧”的，而是主要用垫圈和支钉作为窑具，或是叠烧法[①]。这与景德镇的匣钵装烧有很大的不同，这在今天碗窑村烧制土陶的工序中可得到印证。建水碗窑村出土的瓷器白度不太高，泛白黄色，说明原料选得不精细，胎质淘洗不净。由于温度不够高，多数瓷器的釉面也不够平滑光亮。瓷器的表面有青黑色花纹装饰，被称为“云南青花”。对建水窑和玉溪窑出土的几件青花瓷器进行分析，属于比较典型的石灰釉。

为什么明代云南能生产有本地特殊风格的青花瓷器？这是由于云南盛产钴土矿（今会泽一带仍有钴土矿，民间俗称“碗花土”），即青花料，这些瓷器的纹饰都采用本地所产的青花钴料绘制，多呈蓝中泛黑灰的青黑色。绘画题材有花果纹、动物纹、鱼澡纹、山水纹等，大多采用实笔画法，粗率自然，地方风格十分突出。有观点认为，云南是中国青花瓷器的发源地之一。一直到近现代，江西景德镇烧制瓷器的青花料，仍然多采用云南出产的钴土矿。

图 8.12　大理大丰乐出土的明代“云南青花”瓷

这种青花瓷器在云南的曲靖、大理、思茅、丽江等地的古墓葬中都有出土，与景德镇的青花瓷器风格迥异，其原因值得进一步研究。例如，大理大丰乐明代墓葬出土了一些云南青花瓷器，其中有一种“玉壶春”，外形为束颈、腹下垂、圈足，这是具有云南地方特色的器物（图 8.12），代表了明代云南青花瓷器的烧制水平。另外，明代云南一些少数民族的风俗实行火葬，往往采用云南产的青花大罐作棺椁之用，称为火葬罐。

---

① 葛季芳：《关于云南古代陶瓷的几个问题》，《思想战线》，1993 年，第 1 期，第 91 页。

明代云南还使用外国出产的回青(生产青花瓷器的重要原料)炼为“伪宝”，再烧制“窑器”：“回青者出外国。正德间，大珰镇云南得之，以炼石为伪宝。其价初倍黄金，已知其可烧窑器，用之果佳。”[①]这里“伪宝”应该是指蓝色玻璃，直到今日还有人用蓝色玻璃冒充蓝宝石，价值自然高出黄金数倍。这是中国有关“回青”用于烧制器物的较早记载。

十、漆器与井盐

1. 漆器技术

大理人制作的雕漆器，因技艺特殊，形成了滇派的风格，在北京有较大的影响，成为元明时期影响北京的两项云南传统工艺之一[②]。

雕漆工艺，是先在木胎上涂抹漆料到一定厚度，再用刀在堆起的漆胎上雕刻花纹的技法。早在大理国时，云南漆器已有各种彩绘和刻花技术，称为“宋剔”，这是一种雕漆器，传入内地后，促进了内地汉族雕漆技术的发展。蒙古灭大理国后，将大批云南工匠带到北京的宫廷，以至到明代时，“滇工布满内府，今御用监供用库诸役，皆其子孙也”[③]。明沈德符《万历野获编》载，“今雕漆什物，最重宋剔”，是明代收藏家所推重的器物。明代宫廷对雕漆器具也十分看重，徐树丕《识小录》记载，明朝的宣德皇帝特地从云南招来精于漆器的艺人，拘入柯延厂(果园厂)内，终身以此为业，至死不能还乡。《金瓶梅》第三十五回提到，西门庆家的棋童儿，用“云南玛瑙雕漆方盘”端茶待客，可见是一种雕漆工艺品。

滇派雕漆以刀法快利、不多打磨而见长，在明代流行渐广。据明《遵生八笺》卷十四记载，明代云南人在北京制作雕漆器，风格是“用刀不善藏锋，又不磨熟棱角，雕法虽细，用漆不坚”。滇派漆器工艺对北京的雕漆工艺产生了重要影响，一直受到人们的青睐，其制作风格延续到清乾隆时期。这种技艺对今天北京著名的传统雕漆器技艺也有影响。

大理人精于雕漆器的“剔红”工艺，使得这一工艺在元明时期的北京城流行开来。内地人士曾高度评价大理人的这一技艺，认为剔红漆器无论新旧，好的标准是漆厚、色鲜、红润而坚重。若剔的花纹是山水人物及花木飞鸟之类，虽用工

---

① (明)王世懋:《窥天外乘》。

② 另一项是景泰蓝工艺。

③ (明)沈德符:《万历野获编》,卷二六。

细巧，也容易脱起。若漆薄而红者，价格就较低。云南大理专业名手制作的剔红漆器，工艺精湛，技艺高超，所以明代仿造作伪的也很多[①]。明代作伪的情况亦见于记载，《新增格古要论》说："假剔红用灰团起，外用朱漆漆之，故曰堆红，但作剑环及香草者多，不甚值钱，又曰罩红，今云南大理府多有此。" 这种"罩红"只是一种仿剔红的效果。

明代以后，大理本地漆器在技术上逐渐失去本来的精细，地位在全国的漆器中日益衰颓。明代晚期，白族学者李元阳就说大理的雕漆器"古造精致，今不逮"[②]。

滇西金齿、腾冲等地的土产有漆，金齿还有漆齿的习俗[③]。滇南傣族地区的器用有陶、瓦、铜、铁，尤善于采漆画金的工艺，其工匠皆外来的两广人士，与中国内地水平一样。制作的"采漆画金"器物可贮鲜肉，数日内没有臭味；用这种工艺制作的铜器贮水，几天都不冷[④]。

2. 井盐开采

明代，滇西和滇中等地的井盐开采日渐兴盛。明初在全国设有 7 个盐课提举司，其中 4 个设在云南的黑井、白井、五井（在今云龙）和安宁，以后数量有变化。各地煮卤成盐的技术亦更为成熟，但在滇南的边远地区，还保留有较原始的制盐方法。

盐井开采的数量已大为增加了。明人谢肇淛说，云南的盐都出自盐井，盐井分布在滇中楚雄 7 井、姚安 10 井、安宁 5 井、武定 2 井，共 24 个盐井；分布在滇西大理 11 井、鹤庆 2 井，共 13 个盐井（表 8.2），其他小井就更多了，其开采之旺可想而知。这些盐井"皆熬波成盐。迤西者，圆如瓜，迤东者，如岩石，惟顺荡自岩穴涌出，有池盛之，熬作檠形，最洁白" [⑤]。说明各地开采井盐的方式各有特色，大多数为卤水开采，迤西的盐制成圆瓜状，迤东的盐制成岩石状，云龙的顺荡井则是自流井开采。以上各井主要采用煮水成盐（熬波成盐）的方式。其中顺荡井盐"熬作檠形"，质量高，色泽最为洁白。

---

① （明）曹昭撰、王佐补：《新增格古要论》。原文："剔红器皿无新旧，但看朱厚、色鲜、红润、坚重者为好剔，剑环香草者尤佳，若黄地子，剔山水人物及花木飞走者，虽用工细巧，容易脱起。朱薄而红者价低。……云南大理府人专工作此器，然伪者多。"

② （明）李元阳：《大理府志·物产》。

③ （明）周季凤：《正德云南志》卷十三。

④ （明）朱孟震：《西南夷风土记》。

⑤ （明）谢肇淛：《滇略·产略》。

表 8.2　《滇略·产略》记载的各地盐井

地名	盐井名
楚雄	黑井、白石泉井、严泉井、东井、琅井、阿陋井、猴井
姚安	白羊井、白石谷井、观音井、旧井、桥井、界井、中井、灰井、尾井、阿拜小井
大理	诺邓井、大井、山井、天耳井、师井、顺荡井、石门井、洛马井、石缝井、河边井、天生井
安宁	大井、石井河、中井、大界井、新井
鹤庆	弥沙井、桥后井
武定	只旧井、草起井

滇西历来是井盐的重要产区，明代以滇西北的“马蹄盐”最为著名。《景泰云南图经志书》说剑川州的弥沙盐井，在州西南 150 里的弥沙浪乡，“出卤泉，煮为盐块，形如马蹄，今置司课之”。桥后井则在州西南 140 里，“亦有卤泉，煮以为盐，附于弥沙井课之”。由于地位重要，盐井由官府置司进行管理。直到近代，弥沙盐井、桥后盐井仍是滇西重要的产盐之地，生产的“马蹄盐”畅销于滇西北。

由于滇西云龙一带盐业生产十分兴盛，有重要的经济利用价值，明初在云龙设立了五井提举司，治所设在离县城 5 公里的诺邓井。五井提举司的设立影响一时，对滇西的盐业生产起了较大的作用。但万历四十二年(1614 年)，五井提举司被裁除，改为盐课司大使①。

滇中亦是井盐的重要产区，以安宁盐井最为重要，明朝曾在这里设有盐课提举司。《景泰云南图经志书》记载安宁盐井有 4 口，为大井、秀才井、石井和大界井。徐霞客游历安宁时，描述当地的盐井和开采技术：“有巨井在门左，其上累木横架为梁，栏上置辘轳以汲，乃盐井也。其水咸苦，而浑浊殊甚。有盐者一日两汲而煎焉，安宁一州，每日夜煎盐千五百斤。城内盐井四，城外熡井二十四。每井大者煎六十斤，小者煮四十斤，皆以桶担汲而煎于家。”②这是一种凿井汲卤，然后以辘轳提升，再用桶把盐卤挑回家煎熬的传统方法。辘轳提升一般是针对垂直盐井采用的汲卤方式。当时安宁一州，每天煎盐为 1500 斤。城内仍然有 4 口盐井，而城外有盐井多达 24 口，反映了安宁井盐生产的兴旺。另外，滇中和滇中偏西的黑白两井也是著名的盐井，明朝曾设有盐课提举司。

① (明)刘文征:《天启滇志》卷五。

② (明)徐霞客:《滇游日记》卷四。

滇南地区也生产井盐，宣德年间曾在西双版纳设置管理盐井的官员："置云南车里靖安宣慰使司盐井巡检司。"[1]滇南的某些边远地区，还保留有焚薪成炭后浇卤水取盐的原始方法。例如，明代镇沅府有6口盐井，皆出于波弄山上下，"土人掘地为坑，深三尺许，纳薪其中焚之，俟成炭，取井中之卤浇于上，次日视炭与灰皆为盐矣。其色黑白相杂而味颇苦，俗呼'白鸡粪盐'，交易亦用之"[2]。说明"白鸡粪盐"采用焚薪成炭后烧卤水制盐的方法，但品质低，黑白相杂，味道颇苦。因此，有些地区在焚薪成炭取盐之后，还要再进行精炼。景泰年间(1450～1456年)，威远州产的盐就用这种方法制取："其莫蒙寨有河水，汲而浇于炭火上，炼之则成细盐。"[3]，进行精炼是为了进一步提高盐的品质。到明正德年间(1506～1521年)，当地仍然如此制盐。

十一、造纸、印刷和纺织技术

1. 造纸和印刷技术

明代以后，造纸技术在云南各少数民族中进一步传播，云南的白族、纳西族和傣族的造纸技术都很发达。大理白族的构皮纸、竹纸，景东傣族的青纸都是当时的名纸，云南的彝文印刷也出现于明代。

云南的教育文化事业飞速发展，对纸的需求很大，这促进了造纸业在云南的发展。明万历《云南通志》卷二记载了大理府、永昌府、蒙化府、临安府、顺宁州等四府一州产纸，其中蒙化府也产青纸，在明天启《滇志》卷三中，记载云南产纸的地方有大理府、永昌府、临安府、澄江府、蒙化府、景东府、北胜州等六府一州。所以，当时造纸业已在云南各地区兴盛起来了，并且主要由滇西向云南其他地区发展。

大理地区一直是云南的造纸中心，以构皮纸的制造最为有名。明景泰年间，大理城的白族用城西的药师井水造纸："在城西门外一塔寺之左，其泉冬温夏凉，郡人用此水造纸，其色洁白。"[4]天顺五年(1461年)成书的《明一统志》也说："药师井：在府城西北，水造纸，极洁白。"药师井大致在今五里桥一带，明代一直用此水造纸。

造纸技术有了明显的进步，白族学者李元阳在《嘉靖大理府志·物产》中留

---

① 《明实录·宣宗实录》卷四十三。
② (明)周季凤:《正德云南志》卷八。
③ (明)陈文:《景泰云南图经志书》卷六。
④ (明)陈文:《景泰云南图经志书》卷五。

下了一段大理造纸的珍贵记录:"纸,穀皮为之,出城西大小纸房,其洗壳用药师井水者颇细腻,谓之清抄,久藏不蠹。其用米粉抄者易漫漶腐蠹,宫中簿籍,尤非所宜,乃奏本纸亦用之,取其鲜白,而不知字画脱落反以取罪。" 穀皮就是构皮。以上记载说明当时大理生产的构皮纸有清抄和米粉抄两种方法,用米粉抄的目的应是为了造粉纸(笺纸)。因为米粉中含有淀粉,即有施胶的作用,也便于着色,缺点是容易被虫蛀。这种纸,明代谢肇淛在《滇略》中说像华亭粉笺,也可作柬纸用。现在大理城西南仍有大、小纸房的名称。

明代,大理还出现了制造竹纸的记载。明《滇略 · 产略》说:"纸出大理,蒸竹及穀皮为之。"即除构皮纸外,还有了竹纸生产。竹的纤维短,竹竿又较坚而硬,不易腐蚀和捣烂,需沤制很长时间,制造工序相当复杂,竹纸最早出现于大理国晚期的刻经,但大理本地制造则是首次记载。

除大理纸外,滇西南傣族聚居地景东还生产有名的青纸。例如,景泰年间,景东府有"青纸,其色胜于别郡所出者"[①]。正德年间也有相同记载。以后,景东的青纸在明清时期的文献中记载很多,其优良的质地一直被人们所称赞,是云南的一种源远流长的纸张,但是否采用当地盛产的靛蓝或其他染料,把纸染成青色则是一个谜。而景东一直以生产绵纸而著称,例如,产于帮抗村的"帮抗纸",产于者干村的"者干纸"等,都是历史悠久的云南名纸。至今,景东仍然是云南造纸的重要地区。

滇西北的永胜一带也有造纸业,《天启滇志》记载北胜州的土产时说:"纸曰沧纸,坚白稍次叶榆(即大理),售殖无虚日。"[②]说明这种"沧纸"质量比较好,坚韧性和白度稍逊于大理纸,达到了天天畅销的程度。

造纸原料"楮皮"(即构皮)亦见于明代的文献,例如,景泰年间,维摩州(今砚山维摩)有"楮皮,州内之地多楮树,其皮可造纸"。[③] 天启年间,蒙化府产楮皮[②]。可见,明代云南已有一些造纸原料的生产基地。

明代,云南的纸张曾流传到中国内地,受到一些学者的关注。例如,著名学者胡应麟说:"惟滇中纸最坚,家君宦滇得滇张愈之、杨用修等集,其坚乃与绢素敌,而色理疏慢苍杂,远不如越中。"[④]认为滇纸有坚韧的优点,但也有色理疏慢

① (明)陈文:《景泰云南图经志书》卷四。

② (明)刘文征:《天启滇志》卷三。

③ (明)陈文:《景泰云南图经志书》卷三。

④ (明)胡应麟:《少室山房笔丛》卷四。

的缺点。另一位学者谢肇淛认为:“而楚蜀滇中,棉纸莹薄,尤于收藏也。”[①]对滇纸给予了较高的评价。

印刷技术方面,明代云南刻书日益盛行,今天留下了很多明刻本的书籍。例如,凤仪北汤天发现了明洪武八年(1376年)大理密教徒李文通刊刻的《金光明经》,晚明谢肇淛撰有《滇略》十卷,《天启滇志》说其“刻于叶榆”[②],即在大理刻印的,技术都很成熟。明代还出现了彝文的木刻本文献。据报道,迄今发现的木刻本有云南武定凤氏土司后裔暮连土舍那氏所藏的译自汉族《太上感应篇》之《劝善经》。经过民族学者马学良考证,此书应为明代刻本,其木刻雕版现收藏于中国国家图书馆。

2. 纺织和印染技术

明代,无论是纺织原料,还是纺织种类都有较大增加,出现了一些新的纺织品,它们有浓郁的云南民族特色,有的产品质量优异,获得很高的评价。

丝纺织。丝的纤维很长,其纺织历来为傣族所擅长。滇南盈江傣族地区的干崖锦获得了很高的评价。明《景泰云南图经志书》干崖宣抚司说:“境内甚热,四时皆蚕,以其丝染五色,织土锦充贡。”[③]王宗载《四夷馆考百夷馆》:“干崖:其土产,四时皆蚕,土其丝染五色为土锦,又有白氎布。”“干崖锦”是著名的傣锦中的一种,由于“丝染五色”而达到五彩缤纷的美丽效果。以后到清代,“干崖锦”仍然在生产着,《乾隆腾越州志》卷三说:“干崖锦,摆夷妇女有手巧者,能为花卉鸟兽之形,织成锦缎,有极致者。”说明“干崖锦”是一种傣族妇女巧手绣成“花卉鸟兽”图样,为锦上添花的“极致”工艺品。

《天启滇志》卷三记载寻甸府:“有山间野蚕,取茧丝而为布。”说明野蚕丝也是可利用的纺织原料。

棉纺织。云南各地有木棉的栽培和纺织,景泰年间,镇源府的莎罗布,以棉花纺织制成,阔仅八寸,当地人称为莎罗布,每年都上交官府[③]。同样,北胜州(今永胜)莎罗布也是用棉花织成,仅八寸宽[④]。木棉布幅小,这是因为其纤维长度偏短,强度较低,纺织价值差。

明代滇西的金齿(今保山一带)还有称为“缥氎”的纺织品:“即白叠布,坚厚

---

① (明)谢肇淛:《五杂俎》卷十二。

② (明)刘文征:《天启滇志》卷三二。

③ (明)陈文:《景泰云南图经志书》卷三。

④ (明)周季凤:《正德云南志》卷十二。

缜密，颇类丝紬。”因为指明为“白叠布”，实际上就是棉布，其原料应为草棉，当地少数民族无类贵贱皆把它作为衣服[①]。说明这种棉布使用之广。

滇南植棉甚多，棉纺织在当地少数民族中也很普遍。景泰年间，元江军民府（百夷、和泥）的土产有土锦，其简略的制作工艺是：“以木绵花纺成绵线，染为五采，织以花纹，土人以之为衣。”[②]以上记载了百夷（傣族）与和泥（哈尼族）制衣的步骤是：纺绵线—染为五彩—织为花纹布—制作衣服，最后得到色彩纷呈的傣锦衣服。

毛纺织。由于畜牧业发达，云南各地毛毡的生产很普遍。正德年间，云南府各州县都出产毛毡，质量很高，称为“细密为天下最”[③]。到晚明以后，各郡都生产毛毡，而以滇西邓川出产的最为优良[④]，这其实是一种毛毯。除毛毡外，明《滇略·产略》记载了一种叫“氈”的毛织品，只产于保山和丽江，其细如绒，是羊的绒毛制成，坚厚如毡，染成五光十色，又称为“缥毡”，与藏族地区著名的氆氇应是同一物。

云南傣族地区还有作为上床用的“榻登”，是采用缉毛方式制成的：“施之大木前，小榻上，级以登木，云南百夷有之，曰‘坐墩’，缉毛为之。”[⑤]这种“榻登”最早从印度传入，也见于中国内地。

有一些特殊原料的纺织品。例如，明代云南出产竹布，《滇略·产略》说永昌有竹布，《天启滇志》卷三也说永昌府产竹布。更古的记载是《南方草木状》说南方有“竹疏布”。竹的纤维很短，竟能为布，其纺织工艺应是极为特别的。

葛的茎皮可织布，葛布也是云南少数民族的传统衣着。明《天启滇志》卷三十说滇西的阿昌族采野葛为衣。以后的《雍正景东府志》卷三也说滇南的窝泥（哈尼族）地区的妇女织葛布，西番族（普米族）也会织葛成衣。据调查，滇东富源县的彝族和水族也曾用葛织布。

还有直接用树丝纺织为布的，清姚之骃《元明事类钞》卷三十六记载了一种“树衣”：“《谈荟》：滇中鸡足山龙华寺多古木，木杪有丝飘飘下垂，长数尺许，土

---

① （明）陈文：《景泰云南图经志书》卷六。

② （明）陈文：《景泰云南图经志书》卷三。

③ （明）周季凤：《正德云南志》卷二。

④ （明）《滇略·产略》：“氈者，织羊毛为之，其细如绒，坚厚如毡，染成五色，谓之缥毡，永昌、丽江人能为之，其在广西者曰氆氇，本一种也。毡则诸郡皆为之，而邓川最良。”

⑤ （明）刘文征：《天启滇志》卷三二，古永继校点本。疑原文应为：“施之大床前，小榻上，级以登木……”

人取之织以为服，名曰树衣。"这确实是一种原料十分特殊的布。由于"树衣"布经过了纺织工艺，与无纺织的树皮布并不相同。

景泰年间，北胜州（今永胜）的土产有攀枝花："状似棉花，可铺褥，亦可为布，但不经久。"[①]攀枝花的纤维很短，纺织为布是极为困难的。

少数民族地区出产各种纺织品，有名的不在少数。明《滇略・产略》说："布以永昌之细布为佳，有千扣者，其次有桐花布、竹布、井口布、火麻布、莎萝布、象眼布。而洱海红花膏染成最艳，谓之洱红。永昌善造青，谓之金齿青，其直独倍他所。"所以，当时永昌的细布中，以"千扣布"质量最佳，纺织原料有木棉（桐花布）、竹、大麻（即"火麻"）、草棉（莎萝布）等多种，"井口布"和"象眼布"材质不明。另外，临安（今建水）还出产一种"斜纹布"，又名"象纱"[②]。

染色原料也颇为可观，以上洱海地区用红花作为染料，称为"洱红"，而红花的红色素就是燕脂，古代常作为染料、化妆和食物作色等用途。文献还提到保山善于造"金齿青"，与同类产品相比，其价格倍增。

靛蓝，又称蓝靛，俗称板蓝根，云南古代有发达的蓝靛提取技术，《天启滇志》卷三说："蓝叶，有大，有小，皆可取靛。"明代云南各民族已广泛在染布业中使用蓝靛，例如，路南有野生的蓝，蔓生于山冈之上，人们采回来作为蓝靛，其色尤其青[③]。顺宁府也有蓝靛，为府境内生产，染布颜色很重[④]。另外，云南多数瑶族由于精于蓝靛技术被称为蓝靛瑶，直到现在，染靛仍是他们从事的主要传统工艺。

3. 火草布

火草布，是一种利用野生植物叶子进行纺织的布，仅见于云南一带，是少数民族在纺织上的一种发明创造。

火草布最早记载于明代的《南诏通纪》，其中说："兜罗锦，出金齿木邦甸。又有火草布。草叶三四寸，蹋地而生。叶背有锦，取其端而抽之，成丝，织以为布，宽七寸许。以为可以为燧取火，故曰火草。然不知何所出也。"[⑤]以上谈到火草叶的形状，采用叶背上的纤维纺织火草布的情况，还有火草布的宽度。据此，火草布在云南应有500年以上的历史。明清时期的《增订南诏野史》卷下记载

---

① （明）陈文：《景泰云南图经志书》卷十二。

② （明）刘文征：《天启滇志》卷三二。

③ （明）陈文：《景泰云南图经志书》卷二。

④ （明）周季凤：《正德云南志》卷七。

⑤ （明）《滇略・产略》引。

了云南滇中彝族穿火草布衣和火草布裙："老梧倮罗，即罗婺，又名罗午、罗武。男披发贯耳，披毡佩刀，穿火草布衣，女辫发垂肩，饰以海贝砗磲，穿火草布裙。"罗婺是古代彝族的一支，说明当时彝族已用火草布做成衣服。

火草布最重要的特色是以野生草本植物的叶子——火草叶为纺织原料（图8.13）。在中国古代纺织史上，主要用植物的茎皮纤维作纺织原料，而利用野生草本植物的叶子为纺织原料，这似乎是唯一的例证。火草布又是一种罕见的有悠久历史的混纺布，其制作工艺体现了人类早期纺织的某些特点。

今在纳西族（图8.14）、彝族、傈僳族地区仍可见到火草布，深得当地人民的喜爱。由于不同的民族各有不同的宗教文化习俗，其火草布产品在款式、风格等方面也有区别，反映了民族文化和生活习俗的不同特点。

图8.13　火草叶为纺织原料

图8.14　纳西族纺织的火草布

十二、化学药品与火器技术

1. 化学药品的开采

一些重要的化学药品在明代得到大量开采，这些化学药品不仅在经济上有重要用途，对古代传统科技也有一定影响。

明代，滇西腾冲人已在地热的蒸汽地面周围挖取硫磺。正德年间，腾冲的土产就已有硫黄[①]。徐霞客游历腾冲时，看到当地的人"凿池引水，上覆一小茅，中

① （明）周季风：《正德云南志》卷十三。

置桶养硝,想有磺之地,即有硝也”。徐霞客又看到“有人将沙圆堆如覆釜,亦引小水四周之,虽有小气而沙不热。以伞柄戳入,深一二尺,其中沙有磺色,而亦无热气从戳孔出,此皆人之酿磺者”。[①] 这种取硫黄法是对地热的综合利用。至今,当地的民众仍用这种简单的方法提取硫黄。

雄黄(As_2S_2)是一种含硫和砷的矿石,质软,性脆,通常为粒状,高品位的雄黄可直接入中药。蒙化(今巍山)开采雄黄有上千年的历史,远在唐代,樊绰在《云南志》中就有记载。《景泰云南图经志书》记载了蒙化府产的这种雄黄:“雄黄入药品,石黄可为颜料,俱出龙于图山内。”《正德云南志》卷六说蒙化府:“石黄、雄黄俱石母山出。”明《天启滇志·物产》同样记载蒙化府产“石黄、雄黄”,其实石黄就是雄黄,化学史家也是这样认为的[②],以后《康熙云南通志》、《滇海虞衡志》、《续云南通志稿》则指明蒙化(蒙化是著名道教圣地之一)的石母山出石磺。雄黄大多作为药用或炼丹原料。

铅粉是古代著名的化妆品,并常作为颜料和医用药品。《嘉靖大理府志·物产》说铅粉“出云南县者最佳”,以后在《天启滇志》、《康熙大理府志》、《光绪云南县志》也记载了云南县(今祥云)出产的这一有名的产品。铅粉的化学式为$Pb(OH)_2 \cdot 2PbCO_3$,它在白色颜料中遮盖力是最大的,并且要采用化学的方法才能制取,可惜当时似乎未记下铅粉的制法。

天然碱就是自然界中存在的碳酸钠,云南古代已能生产并用于保护皮肤、洗涤及药用等。明《天启滇志·物产》说:“又有白碱,产定边县,用为浴药,泽肌肤。”《康熙云南通志》也说:“出定边县,能去垢。”但天然碱的纯度低,去污能力一般都比人造碱差。至今,南涧县出产的天然碱(俗称“土碱”)仍很有名,它色白、质泡,畅销整个滇西北地区。

2. 火器技术

在火器的使用方面,云南出现了连射火器、单级九发火箭、连发飞箭等兵器,这些火器的发明均有重要意义,在中国乃至世界兵器史上都是领先的。而在一些少数民族地区,则多采用木弓药矢等原始的兵器。

1388 年 3 月,百夷王思伦发反叛了明王朝,聚众号称 30 万,象百余只。明朝镇守云南的将领黔国公沐英奉命平叛,他调集了 15 000 精骑从昆明直奔到定

---

① (明)徐霞客:《滇游日记·十》。

② 袁翰青:《中国化学史论文集》,三联书店,1956 年,第 211 页。

边(今大理白族自治州南涧县)迎战,沐英"乃下令军中置火铳、神机箭为三行列阵中,俟象进,则前行铳、箭俱发;若不退,则次行继之"①。明人张洪著《南夷书》记此次事件为:"火枪、火箭一时俱发,象惊惧,却走,自相蹂践。"明顾少轩《皇明将略·沐英传》也记载这次对付象阵用的是"火箭、铳、炮,连发不绝",火器的巨响,使象群受惊,自相蹂踏,从而大破思伦发军队的象阵。此战明军使用火箭、火铳、火炮取得了胜利。记载可见,明军的铳炮是连放的("连发不绝"),效能大增。沐英在战争中使用了连射火器的战术,这在世界历史上是首次,比欧洲领先了200年左右,也领先了日本100多年。另外,神机箭属于多发性齐射型火箭,在一个大竹筒内装入2~3枝箭,每枝箭的箭杆上都绑着火药筒,筒外面有引信,点燃引信,射程可达百步之外。

明代,云南地区已出现单级多发式飞箭。《明史》志第六十八"兵四"谈到一种九龙箭:"天顺八年(1464年),延绥参将房能言,麓川(今云南陇川一带)破贼,用九龙筒,一线然则九箭齐发,请颁各边。"显然这是一种单级九发火箭,齐发后可在同一时间内扩大火箭的散布范围,以加大杀伤力,是火器制造史上划时代的进步。

在以上连射火器和单级多发飞箭的基础上,进一步触类巧思,又发明了连发飞箭。清初姚之骃《元明事类钞·武功门》记载了明代有一种"囊突箭",就属于一种连发火箭。书中说明弘治时期(1488~1505年),云南曲靖府知事李晟上疏:"云贵有囊突箭,其人止发一根,今推广之可增百根,且远及百步外"。这实际上是一种连发飞箭。同书下一段的记载更为明白:"弘治中,曲靖府知事李晟上疏言边情,用为都察院,照磨疏言'臣等所造兵器连珠飞箭,自一至十,自百至千,铳炮自连,二至排六自攒,三至排六活法轮放,他如匣箭、匣炮、小驮车、火伞、飞架、走戟之奇,亘古未有。'"此"连珠飞箭"在性质上与"囊突箭"相似,都有连发的效果,由曲靖府知事上疏此事,说明"连珠飞箭"也是在云南曲靖首先制作而成的。这种兵器可达到"自一至十,自百至千,铳炮自连"的效果,采用"二至排六自攒,三至排六活法轮放"的发射方法,战斗中千百箭连放,从而产生强大的威力。这是中国古代又一次记载的连发飞箭,在兵器技术史上有十分重要的意义。

少数民族地区多采用木弓药矢,有些民族极善于射弩。《景泰云南图经志

① (明)《太祖实录》卷一八九。

书》记载蒙化府："其民善射猎，境内有曰摩察者，乃黑爨之别种也。传云昔从蒙化细奴逻来，徙于此。平常执木弓药矢，遇有鸟兽则射之，鲜不获者。""摩察"即指彝族，居住在蒙化府（今巍山彝族回族自治县）的彝族平时执木弓药矢，射鸟兽，精准度颇高。滇西的傈僳族也是一个勇敢善射的少数民族，同书记载："有名栗粟者……常带药箭弓弩，猎取禽兽。"自古以来，傈僳族都使用弓弩猎取禽兽，并善于使用药箭射杀。《天启滇志》说："力些……善用弩，每令其妇负小木盾，径三四寸前行，自后发矢中其盾，而妇人无伤，以此制伏西番。"[①]"力些"即为傈僳族，说明傈僳族有十分精湛的射弩技艺。

十三、建筑技术

明代，云南各地大量筑城，建文庙，修玉皇阁，建筑技术主要受中国传统建筑的影响，出现大量汉文化风格的各种建筑形式。这时的建筑在云南很多地区都有保留，风格是注重厚重、朴实，大气而不事张扬。代表性的建筑有建水朝阳楼、巍山拱辰楼、建水文庙、蒙自玉皇阁、诺邓玉皇阁等，桥梁建筑则以横跨澜沧江的霁虹桥为代表。

图 8.15　建水朝阳楼

1. 楼阁建筑

建水朝阳楼（图 8.15），建成于明洪武二十二年（1389 年），至今已有 600 余年的历史。明洪武二十年（1387 年），设临安卫（今建水），开始修筑临安卫城，把原有土城拓地改建为砖城。城原有四门，明末，西、南、北三楼毁于战火，现仅存东城朝阳楼。

朝阳楼城门占地 2312 平方米，城墙从南至北长 77 米，从东至西宽 26 米。楼阁起于砖石镶砌的门洞之上，由 48 根巨大的木柱和无数粗大的楹榫接成坚固的木构架，楼层高 24 米，面积 414 米，为三重檐歇山顶[②]。这种建筑风格被建水人称为"螃蟹支撑"结构法。朝阳楼遍刷红色，无彩绘，斗拱古朴，城楼上有精致的木雕屏门，体现了明代云南建筑的风格。雍正《建水州志》记载："东城楼（朝阳楼）高百

① （明）刘文征：《天启滇志》卷三十。

② 有关数据由建水县文物管理所提供，谨致谢！

尺，千霄插天，下瞰城市，烟火万家，风光无际，旭日初升，晖光远映，遥望城楼，如黄鹤，如岳阳，实为南中之大观！”朝阳楼造型宏伟壮丽，显示了明代云南建筑的辉煌成就，成为中国历史文化名城建水的象征。

魏山拱辰楼（图 8.16），始建于明洪武二十三年（1390 年），距今亦有 600 多年的历史。拱辰楼原为三层，南明永历四年（1650 年）守道熊启宇改建为两层，楼为重檐歇山式建筑，楼建于高 8.5 米的砖砌城台上，楼下为城门洞。楼面阔五间 28 米，进深四间 17 米，举高 16 米，加上基座 8.5 米，通高 24.5 米①。拱辰楼由 28 根大柱支撑，下层四面设廊，南北城墙有城垛，登上拱辰楼可俯视巍山全城。

图 8.16　巍山拱辰楼

巍山拱辰楼整个建筑用料粗大，以红色为基调，造型朴实而厚重，有明代建筑的典型特征。古楼南面檐下悬挂“魁雄六诏”匾，为清乾隆三十六年（1771 年）蒙化同知康勷书写，表现唐初蒙舍诏（南诏）在六诏中的强盛地位。北面是乾隆五十年（1785 年）蒙化直隶厅同知黄大鹤题书的“万里瞻天”匾，二匾笔势雄健，苍劲有力。

2. 园林建筑

建水文庙位于建水县临安镇文庙社区临安路，坐北朝南，至元二十二年（1285 年）建。《元史・张立道传》记载，是年张立道任云南临安广西道宣抚使（宣抚使设于建水），“复创庙学于建水路”，《景泰云南图经志书》卷三记载：“文庙，在学之左，洪武二十二年通判许莘所建。正统己巳，知府徐文振重修之，中为大成殿，肖圣贤像于其间，前列东、西两庑，固以戟门，凿泮池其前，而又为灵星门以壮之。”可见，明代中期已有大成殿、东、西两庑、戟门、泮池、灵星门等建筑设施。

经明、清两代 50 多次续修，现存建筑为明清建筑群（图 8.17），为典型的汉文化建筑。其占地面积 114 亩，纵深 625 米，以南北向为中轴线，层层递进，分六

---

① 有关数据在巍山县拱辰楼获得。

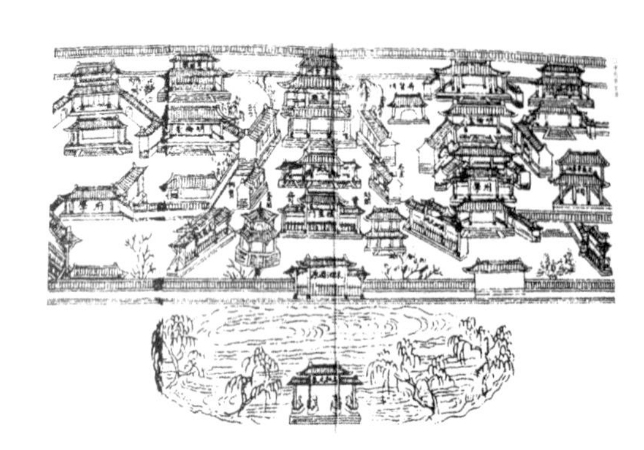

图 8.17 《续修建水州志》明代学宫图

进院落，显示了布局的匠心，现存建筑30余座[①]。核心建筑是大成殿（图8.18），又名先师庙，因清代书法家王文治任临安知府时题写“先师庙”而得名，此殿虽然是清嘉庆九年（1804年）重建，但仍然保留有部分明代建筑的风格。晚清贺宗章的《幻影谈》称建水文庙：“规模宏阔，工料精致，甲于各省。”建水文庙是古代办学和祭祀的儒家文化建筑，明清两代这里成为滇南教育的中心，培养出的进士、举人在云南名列前三甲。

图 8.18 建水文庙的大成殿（先师庙）

明代，丽江纳西族地区有“木府”，为宫室式园林建筑，极为壮丽，徐霞客《滇游日记·六》中称其为：“宫室之丽，拟于王者。”为丽江地区的著名建筑。

3. 霁虹桥

霁虹桥（图8.19）是云南最著名的铁索桥之一，位于大理州永平县杉阳乡岩洞和保山市水寨乡平坡村之间，横跨澜沧江上。此桥在明代之前以竹索为桥，明代中期被改建为铁索桥，但改建的历史略有异说。

一种认为成化年间(1465～1486年)，霁虹桥永平侧江项寺的了然和尚用化缘得来的资金将此桥改建为铁索桥：“成化中，僧了然者乃募建飞桥，以木为柱，而以铁索横牵两岸，下无所凭，上无所倚，飘然悬空桥之上。……”[②]

另一种认为弘治十四年（1501年）兵备副使王愧重修此桥时采用了铁索为

---

① 主要有一殿（大成殿）、一阁（文星阁）、两庑（东庑、西庑）、两堂（东西明伦堂）、三亭（思乐亭、东西碑亭）、四门（大成门、棂星门、金声门、玉振门）、六祠（乡贤祠、名宦祠、崇圣祠、寄贤祠、仓圣祠、庙主祠）、八坊（太和元气坊、洙泗渊源坊、礼门坊、义路坊、道冠古今坊、德配天地坊、圣域由兹坊、贤关近仰坊）。

② （清）刘毓珂：《光绪永昌府志》卷十三。

桥:“霁虹桥在司城东八十五里,跨澜沧江。旧以竹索为桥,修废不一。洪武间镇抚华岳铸二铁柱于两岸以维舟,然岸陡水悍,时遭覆溺,后架木为桥,又为回禄所毁,弘治十四年(1501 年),兵备副使王愧重修,构造屋于其上,贯以铁绳,行者若履平地。”[①]由于此记载于明正德年间(1506 ~ 1521 年),紧接着明弘治年,为时人所记述,此说法较为可信。

图 8.19　民国初期的霁虹桥

霁虹桥的总长度超过 110 米[②],建筑技艺超群,是云南古代较长的铁索桥之一。桥两端建有飞阁桥屋,这种建桥形式常见于滇西一带。该桥曾是中国保存至 20 世纪的最早铁索桥,桥址选在江面最狭、河床最为稳固之处。铁索的材质经过金相分析,为优质的钢材。

此桥或因铁索锈蚀,或因兵祸焚毁板桥,历代曾经多次修建。有明一代,有记载的维修有 5 次。入清以后,有记载的维修有近 10 次,民国时期亦多次修葺。最早的一次维修是明张志淳《重修霁虹桥记》的记载:“始事以正德六年(1511 年)十一月八日,落成以次年四月二十一日。”采用铁索桥仅 10 年后,就进行了大的修葺,两边覆以屋,成为今日铁索桥的基本形式。

霁虹桥是历代开发滇西南必经的关隘要道,地理位置极其重要。明代来云南的著名文人杨慎、旅行家徐霞客都到过此桥,并留下了记述。1986 年,澜沧江发大水,上游大面积滑坡,导致霁虹桥链断桥毁。

十四、本章小结

明代,云南又一次统一于中央政府之下,云南科学技术迎来了一次较快的发展时期,很多传统科技在这一时期已达到了较高水平。以后,云南的主流科技就逐渐融合于中国传统科技了。

---

① (明)周季凤:《正德云南志》卷十三。

② 1981 年,《中国古桥技术史》课题组实测,霁虹桥总长 113.4 米,净跨径为 57.3 米,桥宽为 3.7 米。全桥共有 18 根铁索,底索 16 根,承生部分是 4 根 1 组共 3 组,扶栏索每边一根。底索上覆盖纵横木板。铁索锚固在两岸桥台的尾部,桥台长约 23 米。铁链扣环直径 2.5 ~ 2.8 厘米,长 30 ~ 40 厘米,宽 8 ~ 12 厘米;扶栏索由长 8 ~ 9 厘米,宽 7 厘米左右的短扣环组成。

这是文献空前增多的时代，涉及的科学技术内容也日益广阔。总的来看，明代云南的科学技术，仍然是传统科技的发展和丰富。云南作为中国的一个省份，士人学习汉文化蔚然成风，科学技术更多地吸收了来自中国内地的优秀传统，部分科技的发展（如水利建设等）还受到了政府的影响，但有本地特色的传统科技仍然逐渐发展着。科技上表现为既有本土的特征，又有作为地方省区与中国内地科学技术密切联系的特征。

明代是云南科技史上人才辈出的时代，开始出现有分量的理论科学成果。白族杨士云对天文学和物理学的贡献，李元阳对地理学和生物学的贡献，兰茂撰写的《滇南本草》，是云南科技史上突出的自然科学成就。徐霞客考察云南，则在云南地理学史上写下了极为精彩的一笔。郑和七次下西洋更是云南人在世界地理史上的光辉贡献。

这一时期，技术上的成果也颇为可观，云南传统技术体系已初见端倪。矿冶和金属加工技术处于中国的先进水平，镍白铜的冶炼尤有特色，金银的开采和制作在中国享有盛誉。其他方面亦有突出的技术成就，料丝和云子围棋的制作，火草布的纺织，连射火器和连发飞箭等兵器的发明，滇西祥云和弥渡等地“地龙”水利工程的兴建都出现在这一时期，建筑上出现了不少影响后世的杰作。这些成果在云南科技史上不仅有卓越的贡献，还带有浓厚的地方特色。而农业生产技术、建筑技术、瓷器制作工艺等多方面领域则受到中国内地科技的强烈影响。另外，明代云南珐琅和雕漆工艺传入北京，成为迄今北京最重要的两项传统工艺，产生了极大的影响。

1563 年，玉米和甘薯这两种美洲作物已传入云南，这是云南科学和经济发展史上的大事，它不仅给农业技术带来了新的生机，还极大地提升了云南人口的数量，对经济和社会发展有深远的影响。

第九章

清早中期云南的科学技术

（公元1662年到公元1839年）

一、历史背景

清初，吴三桂率军进入云南，打败了南明的抗清力量，1662年杀南明永历帝。吴三桂镇守云南期间，“垄盐井、金铜矿山之利”[①]，重视盐井和金、铜等矿山的经济价值，客观上有利于经济的发展。同时，他大量圈占州县卫所的土地，对云南各族人民进行残酷的经济掠夺。吴三桂于1673年反叛清朝，发动了三藩之乱，8年后叛乱失败。清朝开始对云南进行了200多年的统治，并设云贵总督和云南巡抚作为云南省的最高长官，下设道、府、县、州、厅的政权机构。

对云南的统治确立后，清朝除恢复了元明以来的土司制度外，继续实行移民实边的政策，以镇、协、营分守各地。大量汉族移民再次大规模入滇，加速了云南的开发进程，在滇东和滇中的一些地区，汉族移民由平坝城镇向山区开发推进，少数民族也随之汉化，从而改变了这些山区的民族结构。

雍正年间，鄂尔泰调任为云贵总督，大力推行“改土归流”制度，这是明代“改土设流”政策的继续，加强了中央王朝对地方的控制，巩固了国家政权的稳定。他还在云南兴修水利，推进贸易，在落后地区传播先进的生产技术，这些举措有利于休养生息，促进了云南边疆地区的发展。清代中期以后，云南的人口显著增加。

云南在很多经济领域有了发展，矿业方面尤为显著。由于云南山多田少，“民鲜恒产，惟地产五金，不但滇民以为生计，即江、广、黔各省民人，亦多来滇开采”[②]。加上清政府铸钱的需要，矿冶业在云南发展十分迅速。东川、易门、路南、永北（今永

---

① 《清史稿》卷四七四，《列传》二六一。

② 《清高宗实录》卷二〇九。

胜)等地都产铜,总量位居全国之冠。另外,鲁甸、白羊(今宾川)、云龙、茂隆(今沧源)的银,个旧的锡,罗平、建水等地的铅都负有盛名。

除矿业外,云南的盐、茶、糖、酒的生产都很可观。鉴于盐的经济地位重要,清政府在重要的井盐产地设立了盐提举司,对食盐生产进行有效的管理。由于玉米、甘薯、马铃薯等美洲作物在云南的广泛传播,农业种植由云南平坝地区向边远山区扩大,内地先进的农业生产技术也及时传入云南各地,提高了云南的农业技术水平。

云南的社会和文化教育比以前有了较大的发展,在科举之风的影响下,学习儒家文化的人员日益增多,著述水平不断提高,这是儒学在云南发展的鼎盛时期。清代出现了一些著名的文人,如昆明的孙髯翁、钱南园,姚安的高奣映,大理的王崧、师范、李于阳等,他们都有丰富的作品或著作影响后世。以儒家文化为主导的汉文化成为改造少数民族文化风俗的标准。但是,随着人们对儒学亦步亦趋,各民族丰富的诗意生活被刻板单一的儒家文化所取代,再没有出现特立独行的思想家,社会风俗发生了重大改变。

这一时期,云南的科学技术更多地与受中国传统科技的影响。与此同时,云南地方科技也得到更大程度的提高,成就超过了前代,并在矿冶、金属加工等领域居于中国的先进水平。传统科技逐渐达到了高度成熟的水平,初步形成了具有云南特色的科学知识和技术传统。

康熙年间,西方传教士使用近代科学方法,在云南进行科学测量,精度达到很高的水准,对当时云南的知识分子产生了影响。这是西方科学进入云南的先声,必将在红土高原掀起一场波澜壮阔的科学技术重大变革。

二、天文学和民族历法

1. 天文学

清代,云南出现了一批天文学者,各民族在彗星观测、二十八宿和日月观测方面都有了丰富的天文学知识,成为有云南民族特色的科学知识的组成部分。

清代,云南出现的一批天文学者,如大理人周思濂,史称“博学能文,晓星历推步……书算、律吕、声韵之术”,咸同年间其著有《太和更漏中星表》;洱源人何中立,著有《星象考》。可惜这两部著作现在很难查找到了,还无法窥其堂奥。大理的段克莹和杨增也进行过天文学研究。

彗星观测。哈雷彗星是周期彗星中最亮的一颗,1607 年 10 月 26 日哈雷彗星通过近日点，英国天文学家哈雷（E. Hallry）正是据此次彗星回归的记载发现了它的周期(76年)。《咸丰邓川州志》记载："万历三十五年彗星见，十一月复见西方，尾东指，其色赤。"[①]以上不仅记载了这次哈雷彗星回归在天空中的方位和指向，更重要的是记载了它的颜色，这对研究哈雷彗星的演化是有帮助的。而在清代之前，白族学者还提到历史上对哈雷彗星的另一次记载，杨士云在一首题为"彗星"的诗中说："彗星出井会南郊，天变安能一夕销，循省虚文徒废祀，无勋魏国正当朝。"诗中附注此为端拱二年(989年)所见彗星，这正是哈雷彗星，它于989年9月2日通过近日点。

另外，泰普尔彗星也见于清代的记载。《光绪云南通志》记载："同治元年六月，景东、剑川彗星见，光芒竟天，月余乃减。"[②]这颗彗星于1867年由泰普尔（Temple）发现，而云南的滇西一带在它前一周期出现时（1662年）已有记载，并且该记载相当详细。

二十八宿知识。月亮每天行一个星座，每二十八天或二十七天又回到原处，这就是二十八宿（或二十七宿）知识的来源。二十八宿的知识在云南最早记载于大理国时期，但从各民族中应用该理论的原始性来看，它在云南应该更早得多。

云南彝族有完整的二十八宿理论，他们的星座名称以动物命名，几乎完全是自己创造的，并且自成体系。有学者认为彝族二十八宿与汉族的有共同起源[③]。值得注意的是，彝族还使用二十八宿用于记日，以大月二十八天，小月二十七天，每天一个星宿值日。

傣族的恒星知识中也有完整的二十七宿理论。在西双版纳傣族自治州首府景洪有一份傣文历书，上画有二十七宿名称，其中星宿名称和每宿星数与印度和巴比伦使用的都不相同，与汉族的二十八宿也不一致，对天区的划分也不均等。推测其二十七宿知识主要来自傣族自己的天文观测。

除二十七宿外，傣族还有十二宫理论。这是把黄道划为的十二宫，以泼水节末一天太阳进入的宫即白羊宫为零宫开始，顺序为白羊宫、金牛宫、双子宫、巨蟹宫、狮子宫、室女宫、天秤宫、天蝎宫、人马宫、摩羯宫、宝瓶宫、双鱼宫。在德宏傣文的历书上记载有一个十二宫图。这是一种深受印度影响的天文学说，是随佛

---

① （清）《咸丰邓川州志》卷五，《灾祥》二。

② 岑毓英修，陈灿纂：《光绪云南通志》卷四，《天文志》三。

③ 陈久金等：《彝族天文学史》，云南人民出版社，1984年。

教传入傣族地区的。

纳西族的二十八宿理论在各地都有不同，有关专家曾公布了 3 种纳西族的二十八宿资料，互相都有一些区别[1]。总的说来，纳西族对二十八宿的命名与汉族的不同，而与彝族的比较接近。主要以动物猪、蛙、鹰、野鸡等为主。纳西族使用二十八宿的目的之一是看日子。红白事中，东巴（纳西族的祭师）常被请去看吉凶好坏。

日月观测。彝文《宇宙人文论》中有一节是专门讨论日月食的，彝族先民认为日月食"不是龙吃太阳，而是红眼星吃的"、"不是天狗吃月，而是子辰星遮住了它"。这些看法比较幼稚。但也有一些见解很精彩，符合科学规律："日食多在初一，月食多在十五。"

傣族则有预报日月食的方法。为准确地推算交食，傣历中能推算太阳盈缩运动，并设有较粗略的盈缩数表。由于交食只发生在朔望时刻，所以傣历推算月亮在恒星间的位置时，只粗略地用恒星月平均推算。

傣族能比较准确地掌握日、月及火、水、金、木、土五大行星的运行规律。在傣文的天文历法文献中，把日、月和金、木、水、火、土五大行星及两个假想星体合称为九曜。两个假想的星体，一为黄白升交点，称为罗睺，一为表示昼夜时间变化的运转点，称为格德。而对五大行星，傣历将它们区分为外行星和内行星两种类型。

2. 民族历法

在历法方面，云南少数民族一直使用各种民族历法，指导着生活和生产的实践，民族历法的不同特色表现了云南各民族科技文化的多样性。

其一，彝族、白族、纳西族、壮族和苗族都有自己的历法，中国内地历法对它们有较明显的影响。

彝族文献《宇宙人文论》、《西南彝志》记载的彝族历法是一年为 12 个月的阴阳合历。但据调查，彝族使用过十月太阳历。这是一种在历法史上独具特色的阳历。基本结构是一年有十个月，每月 36 天，其余 5 ~ 6 天为新年的日子，一年要过两次新年。多方面的证据表明，这种历法确实存在过，主要存在于云南宁蒗一带的彝族地区，亦有报道说云南哈尼族中也有使用这种历法的村寨。可见

① 朱宝田、陈久金：《纳西族的二十八宿与占星术》，《云南省博物馆学术论文集》，云南人民出版社，1989 年，第 305 ~ 327 页。

少数民族中，十月太阳历使用之广。有关学者还用这种历法破解了中原古书《夏小正》中的一些谜团。

由于十月太阳历不再以月亮的阴晴圆缺来定，这就离开了“月”的本义，从而引起了一些学者的疑惑。然而，《彝族天文学史》中对这一问题提出的见解也同样值得重视：把一个月的周期同月亮的圆缺周期截然分开，使之脱离关系，是历法改革的一个要点，而彝族十月太阳历很早就完成了这一改革。现在比较公认的观点是十月太阳历是一种华夏古历，在彝族文化中得到了部分保存，过分夸大或完全否认十月太阳历的意义是不合适的。

另外，独龙族中也有把一年分成10个月的划分法，其来历是否受彝族影响，有待进一步研究。

在华夏大地，十月太阳历并不只在西南少数民族中流传，也不只仅有十月太阳历。例如，对道教的“旁通历”的研究，就发现为一种太阳历，每年12月，共360天[①]。这种历法与十月太阳历是否有关仍有待于进一步研究。

纳西族东巴经记载了一种民族历法，1年12个月，单月为大月，每月30天，双月为小月，每月29天。闰月放在12月末，为大月30天。由于没有记载置闰方法和与天象相符的大小月调整方法，还无法推知其回归年长度和朔望月长度。在东巴经中，也有天干地支的运用和十二生肖的来历等内容，这是深受汉地历法影响的知识。

近代，壮族地区已使用内地传入的农历，但历史上壮族也有自己的历法。《马关县志》说：“侬人系出僮人，来自邕州……以废历六月初一日为岁首，染五色花饭，惟牛祀神。”这就是壮族的过六月年。壮族也有过二月年的，清《滇海虞衡志》说：“土僚（壮族）……以冬朔为岁首。”现在二月年已基本上依附于农历。但凡是过六月年的地方不过二月年，凡过二月年的地方不过六月年。云南布依族、水族（云南水族更接近布依族，与贵州的水族不同，没有水历）的历法也与壮族相近。但布依族以农历十一月为岁首，以后腊月、过春节月也有不同。

苗族由于大分散小聚集的分布状态，历法并不统一。云南文山一带的苗族使用阴阳合历，以十二生肖纪年、月、日，苗语中还有合朔的概念。当地瑶族的历法与苗族相近，过新年都称为盘王节。

其二，傣族、哈尼族和藏族的民族历法主要受印度历法的影响。

---

① 李志超、祝亚平：《道教文献中历法史料探讨》，《中国科技史料》，第1期，1996年。

傣族民间主要使用傣历，这种历法深受印度历法影响，也受到中国传统历法的影响。其傣语称为“祖腊萨哈”，俗称“祖腊历”或小历。傣历为阴阳历，置闰法与汉历农历相似，19 年 7 闰，闰月固定在九月。其平年有 12 个月，354 天；如果八月为大月，有 30 天，则该年为 355 天。有闰月的年为 13 个月，384 天，元月和二月有专门的名称，元月称“登景”，即“正月”的意思；二月称“登甘”；三月以后都按数字称呼。岁首在六月，从六月开始至五月为一周年①。

傣历纪年开始于 638 年 3 月 22 日。受印度历的影响，傣历一年分冷、热、雨三个季度，这符合傣族地区四季不分明的特点。傣族的泼水节则是傣历中的过新年，在傣历每年的六月（公历的四月）进行。云南的傣历与东南亚的柬埔寨历、老挝历、泰国历、缅甸历都有差异，说明傣历知识有傣族人民自己的贡献。

大部分哈尼族地区受傣历的影响，也是一年分三季，每季四个月，“造它”为冷季，“渥都”为吹风转热之际，“热渥”为湿热的雨季。每月都是 30 天，日以十二生肖命名。

云南的藏族则采用时轮历，这也是一种受印度历影响的阴阳合历。乾隆时期的《维西见闻录》说中甸藏族“能历法，月大小及闰，与时宪书有前后之异，日月食时刻皆同，分秒则不能推矣”。藏族传统时轮历以月相圆缺的变化周期作为一月，以季节变化的周期作为一年。其回归年长度为 365.270 645 日，朔望月长度为 29.530 587 日（真值 29.530 59 日），以正月元旦为岁首。云南的藏族也用十二生肖纪日，中甸松藏林寺以拉萨天文研究所颁布的历法为准。

其三，回族采用的是伊斯兰教历法，又称回回历法，系纯阴历。

云南回族在历法方面有丰富的知识。每年 12 个月，单月为大月，共 30 天，双月为小月，共 29 天，每年 354 天，带闰日的年份为 355 天，不置闰月。云南的穆斯林还有很多节日和宗教仪式与回回历法有关。

其四，一些文化较原始的民族也有自己的历法，但主要是一种物候历，如白族支系“勒墨人”、佤族、拉祜族、基诺族等的历法。

对居住在怒江傈僳族自治州的白族支系“勒墨人”调查，发现当地仍然使用一种原始历法，这种历法在习惯上通称是每年 13 个月，每月 30 天，但并不是每年都过足 13 个月，也不是每月都有 30 天，其中包含了虚月和虚日。他们称第一个月为“香旺”，二月叫“省旺”以下则是用三月、四月等序数称之，最后一月称

① 张公谨、陈久金：《傣历研究》，《中国天文学史文集》第二集，科学出版社，1981 年。

“牙特旺”，为腊月之意。这种历法采用二月置闰，以过三十个“陋奔”又五属，即365天后，再约定一日过年，月的大小则采用观察月象的办法来决定①。这是一种适合当地农业需要的历法。

佤族、拉祜族、基诺族等使用物候历，这种历法与农业生产密切相关。一般每年为12个月，每月约30天，很多历法还使用汉地传入的干支纪日或十二生肖纪年、纪日，这是值得注意的文化传播现象。

三、地学、生物学和医学

1. 地学

康熙年间，清政府在全国测绘地图。1714年，奥地利耶稣会士费隐(Xavier Fridelli,1673～1743年)及法国奥斯定会士山遥瞻(Fabre Bonjour,？～1714年)奉旨绘云贵两省图。至中缅边界的孟定坝，两人同得恶性疟疾，山遥瞻于同年12月25日卒于当地，遗柩奉旨运回北京安葬。费隐神甫虽然病了，但他仍然坚持工作，一直到高质量地测绘完毕。以后法国传教士雷孝思(Jean Baptiste Regis,1663～1743年)前往云南，协助完成了这一工作。这是西方学者第一次进入云南从事科学工作，为西方科学介入云南地理学的开始，在云南科技史上有重要的历史意义。

此事在清代滇人的著述中亦多有记述。倪蜕《滇云历年传》卷十二说：“康熙五十三年钦差西洋历法费隐等，绘云南舆图，以仪器定山川高下远近。”康熙五十四年(1715年)六月二十四日，云南巡抚甘国璧奏报，西洋人费隐、雷孝思及武英殿监督常保等绘画的云南舆图画完，遵旨差家人送京呈览。

西方学者先进的工作方法，受到云南知识分子的关注。清赵元祚著有《滇南山水纲目》，自序中记载了相关情况：“今天子绘广舆图，遣使四出，以西洋算法，接度布格丈量踏绘，其法之精，从古未有。适析津蒋怡轩来守路南，延余至署，因谈山水，出其所携西洋新绘十五省图，并外国诸图，余神游焉。按之足迹所经，无不吻合，其于滇之山水，百不失一。”赵元祚通过蒋怡轩(也是一位教士)看到了传教士绘制的地图，认为从古未有，对近代测绘科学的先进和精密，给予了高度的评价。

《滇南山水纲目》是清代赵元祚撰写的一部地理学专著(图9.1)，此书分

---

① 张旭：《白族的古老历法》，《大理白族史探索》，云南人民出版社，1990年，第169～179页。

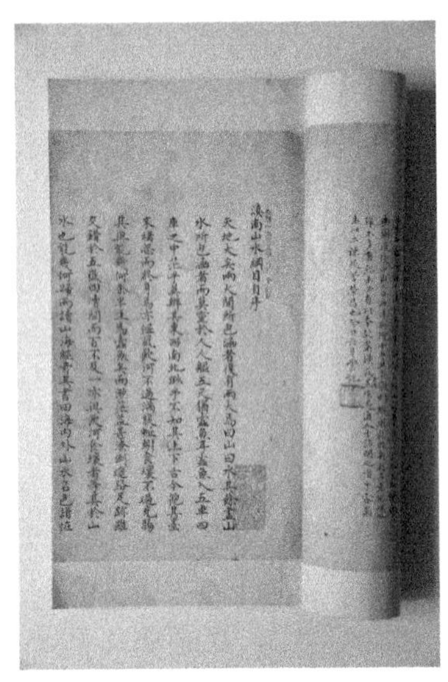

图 9.1 《滇南山水纲目》

《滇山纲目》和《滇水纲目》两部分。赵元祚在自序中说,看到西洋方法绘的地图百不失一,“因取余所旧纪者详考互证,为《滇南山水纲目》二卷”。所以,这部著作受到了西方近代测绘成果的影响。此书对云南山脉走向和金沙江的水道源流论述极详,是清代以前关于云南地貌和水文地理方面的重要著作。清代另有李诚的《云南水道考》一书,分为 5 卷,以水道为纲,对云南各水系的分布和演变,均一一考其始终,颇为精详,也是研究云南历史地理学的重要资料。

清代,《滇海虞衡志》在地质学方面有较大的成就。作者檀萃(1725～1806 年),字岂田,号默斋,安徽望江(今安庆)人。乾隆二十六年(1761 年)进士,曾任云南禄劝知县,遍历滇中,足迹所至,辄随手札记,并勤于思考,是清代研究云南最知名的博物学家。其著作中对云南常有深刻的见解,可谓空谷足音,让人钦佩不已。

檀萃在《滇海虞衡志》中注意到地震与煤的形成的关系:“盖滇乡地震,地裂尽开,两旁之木,震而倒下,旋即复合如平地,林木人居皆不见,阅千年化为煤。”“滇煤多木,即劫灰之余(地震)所成。”提出了煤是由远古树木因地震埋于地下,历久变化而形成的理论。这是世界上首次对煤的形成进行的科学论述,在中国科学史上具有重要地位。

檀萃列举煤层底板中有远古树木化石,作为他的煤田原地生成学说的证明:“掘煤者得木板煤,往往有刀剪器物,或得此木,谓之阴沉木,以制什物,尤珍贵之。”他也是世界上最早提出煤由原地生成的理论的人。而在欧洲,最早发现煤层底板中植物遗体的是 1841 年英国的罗根,提出煤由原地生成学说的是 1875 年德国的梅西特,都比檀萃晚了数十年①。

2. 生物学

清代,高奣映《鸡足山志》、檀萃《滇海虞衡志》都在生物学方面做出了突出的贡献。

① 刑润川、杨文衡:《我国古代对煤的认识利用史略》,《学术月刊》,第 6 期,1982 年。

清初,姚安学者、大理国高氏后裔高奣映(1647~1707年)著有《鸡足山志》[1],其中卷九《物产》部分涉及较多生物学内容。书中记有树木23种,果木57种,花木93种,禽28种(有残缺),兽19种,鳞介12种,药蔬67种,这只是大致的分类,实际上,有些物种由于进行了补充说明,还可再细分下去。比如,松芝下面还有胭脂菌、黄罗伞、熟菌、牛屎菌、松皮菌、草破菌、奶脂菌、竹篱菌、香蕈、木耳、白森。总的来看,高奣映对以鸡足山为主的云南动植物资源进行了空前的调查和整理。

高奣映对同类物种常常进一步区分和介绍,柏树就区分为7种,有茨柏、醉柏、侧柏、括柏、直机柏、三合柏、三折柏。桃区分为14种,梅区分为10种,兰区分为11种,竹区分为6种。每种生物都有性状和不同特点的描述,观察十分精细,表现出对物种深入的鉴别能力。例如,对"雪兰"的描写:"产之顺宁深谷中,将冬则抽箭开花如雪。一箭四五花,有朱点舌,黄点舌二种。花杂极肥大,极香。叶尖有剪口。购之植于盆内,三两岁则蓖上升蓖,以上壅其老蓖之黑色者则丰,否则死矣。"书中如此清晰的描写比比皆是。

乾隆年间,檀萃撰写的《滇海虞衡志》在云南动物学和植物学研究方面也有较大的成就。此书在卷六《志禽》、卷七《志兽》、卷八《志虫鱼》中对云南的110多种动物进行了详细介绍,并有很多新的成绩。例如,卷七记载了广西府(今云南泸西县)产玉面猿,极可能是指滇金丝猴。又记载了云南有麋鹿,可更正人们认为明清时期中国已无野生麋鹿的观念。檀萃还记载了很多今已灭绝的动物,例如,果下马是古代云南著名马种,今已无闻。书中记载的牛有野牛、犀牛和兕(音sì)牛,但这些牛在现代云南都灭绝了。他记述的马熊、人熊、猪熊和狗熊,今天也极少见。这些记述对古代动物种类的研究有重要价值。

植物学方面,《滇海虞衡志》在卷九《志花》、卷十《志果》、卷十一《志草木》中对云南的100余种植物的产地、形态、生长特点、经济价值进行了详细的介绍,特别在植物形态学方面有相当的贡献。

在生物学的实践方面,云南傣族用家鸡与野鸡杂交,培育出一种新的"摆夷鸡"品种,檀萃在其所著《札朴》中说:"摆夷地方有野鸡,小于家鸡,能飞声短,捕其雄,与家鸡交,抱出雏,体大而声清,呼为摆夷鸡,其距长寸。"这是动物远缘杂交的可贵实践。

《滇海虞衡志》卷十记载了养蜂采集崖蜜的情况:"崖蜜出于滇,山民因崖累石为窝以招蜂而蜂聚,其蜜甚白,真川蜜也……。武定山民有养至百窝者,家大

---

① (清)高奣映:《鸡足山志》,侯冲、段晓林点校,中国书籍出版社,2005年。

饶，俗因谑为蜂王，若和茯苓而服之，岂不成蜂仙乎？”这是清代云南人民对生物技术的利用。

3. 医学

清乾隆年间以后，云南医药界名医辈出，往往世代相袭地享有盛名，中医中常见的家族链人才也出现了，昆明各中医学流派开始产生。清雍正年间，通海还创建了著名的“老拨云堂”。

姚方奇是乾隆末年的人，为昆明著名中医师，其子姚时安继承父业，临床治病，常有奇效。著有《医易汇参》，其孙有姚文藻、姚文彬、姚文清，都精于医术，其中姚文藻著有《痘症经验录》，姚文清以救危济贫为己任，光绪年间为救鼠疫病人，不幸被传染而病亡。

李裕采是乾隆年间名医，在昆明顺城街行医，其子李善业，其孙李钦安，重孙李明昌，曾孙李杏坛、李继昌均为清代和近现代云南的著名中医师。在民间救死扶伤、拯济危厄，深受人们信任。

康敬斋是乾隆年间在昆明行医的儿科专家，他的儿科医术传其子康万和，万和又传子康崇德、康崇仁，崇德传子康月轩，月轩传子康诚之，均为云南著名的儿科医师。

清代昆明地区出现了众多的医学著作，主要有曹鸿举的《瘟疫论》、《瘟疫条辨》，钱懋令的《瘟疫集要》、《胲学指南》，姚时安的《医学汇参》，陈惠畴的《竹园惊风鉴》，方有山的《瘟疫书》，李裕达的《诊家正眼》、《通微脉诀》，彭超然的《鼠疫说》，陈雍的《医学正旨测要》等。

在大理地区，中医方面也是人才济济。清代的医学著作有鹤庆孙荣福的《病家十戒医家十戒合刊》，赵子罗的《救疫奇方》，鹤庆奚毓崧的《训蒙医略》、《伤寒逆症赋》、《先哲医案汇编》、《六部脉生病论补遗》、《药方备用论》、《治病必术其本论》、《五脏受病舌苔歌》，鹤庆李钟甫的《医学辑要》、《眼科》，剑川赵成架的《续千金方》等，白族医学主要属中医理论体系，但使用的医方和民间药物都有自己的特色。

清雍正六年（1728年），通海的沈育柏创建了著名的“老拨云堂”，生产锭子眼药。这种药比中国最早的中成药——苏州雷允上还早6年。《新纂云南通志》称沈育柏：“广求良方，得眼科秘传，就医者立效，精制丹药行世，行世远迩，多所痊愈，世守其业，子孙多以科名显者。”[①]从目前遗留的文物看，清代以来，这

① （民国）《新纂云南通志》卷二三六。

种眼药有过很多称谓，如复光散、万灵丹、双眼牌眼药，现在主要采用了“拨云锭”的名称。在民国以前，主要使用“上拨云堂”或“拨云堂”作为药店名字。

清末，老拨云堂的传人沈元能，曾用锭子眼药治好了云南开化总兵夏豹伯久治不愈的眼疾，夏喜之过望，遂将这种眼药选为云南贡品进献皇室。拨山锭眼药采用炉甘石、冰片、龙胆浸膏、没药、芒硝、明矾等中药为配方，这种药能明目退翳，解毒散结，消肿止痛，善疗暴发火眼、目赤肿痛、沙眼刺痛等，用锭剂作为眼药是其一大特点。它在云南省内外很有名，数百年来一直广泛流传。直到现在，老拨云堂仍是云南著名的老字号药店，“拨云锭”眼药则是云南历史最为悠久的一个品牌。

4. 民族医药

清代，云南一些少数民族进一步形成了丰富的医药学知识体系，以彝医、傣医、藏医为代表，也是云南特色的科学知识的组成部分。民族医药在少数民族地区有很大的影响，为各民族的繁荣和发展做出了重要的贡献。

彝医在中国的民族医药学中有重要的地位。在云南楚雄一带，先后发掘出内、外、妇、儿科等彝文书籍近330种，年代最早的据认为属明嘉靖年间，如《双柏彝医书》、《作祭献药经》，但其年代及可信度都需要进一步确认，又出现了《医病书》、《看人医书》、《齐书苏》等书籍。现代还有《彝药志》、《彝族医药史》等著作问世。

傣医有自己的医学理论，但受到中医和印度医学的影响。例如，治病有中医的望、闻、问、切，采用印度的地、水、火、风“四大”作为基本理论要素。傣族民间有许多懂得医学知识的人，称为“摩雅”，即医师的意思。现在发现傣文医药书有《胆拉雅》、《腕纳巴微特》等著作，内容属于临床经验之类。1949年以后，傣医因声誉卓著，还被列入全国“五大民族医”(藏、蒙、维、朝、傣)之内。

藏医药是云南著名的民间医药。清代迪庆藏族医学家顿珠著有《札记·吐宝兽囊》，对《四部医典》中的后续本进行了疏释。近来有关部门出版有《迪庆藏药》一书。藏医有独立而成熟的理论体系，以特效药多而闻名，在其他民族地区也有一定的影响。现在云南的一些中医院还专门设有藏医科。

纳西族在医药学方面有丰富的知识，成书于清代的《玉龙本草》就收有药336种，为民族地区的医药学做出了贡献。当地一些东巴常常给民众看病，在东巴经中，还有“药”、“针”、“灸”、“拔”等字，丽江县中医院有一本记有医学知识的东巴经，但内容似乎都是中医疗法，并不存在一个独立的东巴医学。当地民间医生看病也深受中医的影响，纳西族医药中以草医的内外科最为著名。

其他民族也有一些医药方面的成就,苗族在伤科方面十分著名,《马关县志》卷二《风俗篇》记载:“苗人……有良药接骨生筋,其效如神。”文山的苗族很早就懂得使用名贵药材“三七”疗伤。壮族和布依族在伤科方面也很有名,滇南一带壮医的望珍、解药、药线点灸等医疗方法亦极有特色。

总的说来,藏医和傣医有完备的医学体系,彝医也有一定的医学理论,纳西族和白族主要采用中医体系,但有很多自己的惯用药,而其他民族主要是一些治疗经验。有些治疗经验尽管只是一方一药,但也极为宝贵,疗效显著的还被载入《中华人民共和国药典》。民族医药作为祖国医药宝库的重要组成部分,值得深入发掘,弘扬光大。

四、农业和水利技术

1. 农业技术

清代各地农业技术措施已逐步形成,在一些较发达地区,农田建设、精耕细作制度等方面都有突出的成就。

云南农业自古就具有多样化的特点,不同民族往往有不同的农业耕作制度,不同地区农作方式差别亦很大。刘慰三《滇南志略》中有一段关于滇池区域的记载,相当全面地反映了各地的农田类型,大意是说田有上、中、下之分,若细分就有很多类型的田,例如,有在沟渠之间的“簰田”,引水溉灌的“渠田”,建闸筑堤的“坝田”,在“雷鸣雨沛”才播种的“雷鸣田”,海边干涸地的“海田”,积水为塘用于灌溉的“塘田”,又有“熟水田”、“生水田”、“旱田”等,还有大量的“其形如梯级”的“山田”(即梯田)。各种不同类型农田的出现,说明对农田建设采取了因地制宜的措施,并取得了很大的成绩。

由于特殊的地理地貌,云南历来梯田建设都相当发达,清代梯田技术更趋成熟。《滇南闻见录》记载云南梯田的特点是层层相级而下如梯形,泉水流注其中,最宜于种稻谷。平畴则每有小沟引水,远者曲折递引,沿至数里外。更有在两山之间,架一木槽,引此山之水通于彼山,其方法十分巧妙[①]。

哈尼族的梯田耕作技术达到了很高水平。清嘉庆《临安府志·土司志》记

[①] 《滇南闻见录》上卷原文:“稻田:山田层级而下如梯形,泉水流注,最宜于稻。平畴则每有小沟引水,远者曲折递引,沿至数里外。更有于两山之间,架一木槽,引此山之水通于彼山,其法甚巧。又有旱山之田,土性宜稻,必待雨而有收,谓之雷鸣田。”

述滇南哈尼族的梯田耕作情景是:“依山麓平旷处,开凿田园,层层相间,远望如画。至山势峻极,蹑坎而登,有石梯蹬,名曰梯田。水源高者通以略约(涧槽),数里不绝。”今元阳一带的哈尼族梯田(图9.2),层层叠叠,用涧槽引灌,极为壮观,如诗如画,是哈尼族人民巧夺天工的创造。

图9.2　元阳哈尼族梯田

有些地区不断提高农作技术,逐渐形成了一整套精耕细作的制度。《滇南闻见录》记载了耕作的方法:春耕的土是最深的,先用牛犁乾土,而不必像用耒耜那样的辛劳,灌水后复犁,犁必用两牛或三牛,牛的腹往往陷于泥淖中。种则随手分插,不分行勒。种后几天之内,人站立于青苗行间,用足指挑拨稻秧的根使其松弛。收割时,留数寸长的稻草于田内,等待其干枯后就焚烧,然后用之作为肥田的粪。当时还有一种旱稻,种于山限地角,插秧时不用水,收成亦比较微薄①。

在发达的大理地区,农时安排趋于科学化:“二月布种,三月收豆,四月收麦,五月插秧,六、七月耘,凡耘必三遍,否则荼蓼滋蔓,九、十月获稻种豆,十一月种麦,每岁仅得两月隙。”进行适度的深耕,合理安排种植豆、麦和水稻等农作物的时间,可提高产量,提升农业的集约经营程度。当时施肥的经验是:“将犁,必布以粪,粪少则柯叶不茂,多则骤盛而不实。”②这种使土地肥沃的撒肥方法,是符合现代农业研究的论断的。

清康熙年间,内地人来到大理,称赞太和城:“土脉肥饶,稻穗长至二百八十粒,此江浙所罕见也。”③说明大理作为著名的膏腴之地,农业技术水平又有提高了,稻穗的长势非常之好,不亚于江浙这样的发达地区。

2. 农作物

这一时期,农作物品种迅速增加,美洲传来的作物进一步输入云南各地区。

---

①《滇南闻见录》上卷原文:“春耕最深,先犁乾土,专恃牛力,并无耒耜之劳,灌水后复犁,犁必用两牛、三牛,牛腹陷泥淖中。种则随手分插,不分行勒。种后数日,立于行间,用足指挑拨稻根使松,不用手,又无吾乡胼胝曝炙之苦,车戽芸搅之烦。收割时,留稻草数寸于田内,候其枯焚之,即以粪田。又有一种旱稻,种于山限地角,莳插时即不用水,收成亦微薄。”

②（清)《咸丰邓川州志》卷四。

③（清)同揆:《洱海丛谈》。

清代，云南稻谷的种类达百余种，约分为红稻、白稻和糯稻，麦有大麦、小麦、燕麦、西方麦等，黍有黄黍、白黍、红黍、长芦粟、灰条数种，稷有黄稷、红稷、白稷数种，梁有饭、糯两种，荞有甜荞、苦荞两种，麻有芝麻、青麻、火麻和胡麻数种，稗有山稗、糯稗两种，还有蜀黍（高梁）、草籽等[①]。多样性的农业种植方式对防止作物的病虫灾害有重要意义，从而使云南从未发生过全省性的大饥荒，农业品种的多样性也决定了云南各民族生活习俗的多样性。

从具体品种看，再生稻的种植有了发展。清《滇南新语》记载："元江府在滇省之东南，崇岚密箐，府治设万峰下，其中四时皆暑，气候与岭表略同，稻以仲冬布种，莳于腊，刈于季春，刈后复反生成穗，至秋再刈，所获微减于前。"描述了"四时皆暑"的滇南元江地区再生稻的种植，并指出冬种春刈的产量较高，而春种秋刈的产量稍低。

各民族的农业技术中，傣族的稻作种植尤有特色。清《滇南闻见录》说："西南夷地宜种糯米，夷人团米作饭。"现在傣族仍然主要栽培糯米，与其他民族的饮食习惯有区别。傣族有一整套完整的制度，如稻稻连作制、稻油轮作制、稻麦轮作制、稻豆轮作制等[②]，以及土地的轮歇制作业，表现了多种稻作技术复杂性的有效应用。

豆类植物的栽培一直是云南农业的强项，据《康熙云南府志》、《道光云南通志》等地方志记载，有大黑豆、小黑豆、虎皮豆、乌嘴豆、老鼠豆、鸭眼豆、靴豆、黄花豆、白早豆、寸金豆、壁虱豆、松子豆、海松子、七十日豆、一窝蜂豆、料豆、大白豆、绿皮豆、百日豆等 19 个品种。刘昆《南中杂说》说，当时边远地区种植豆类，往往在高山峻岭，采用刀耕火种的方法[③]。云南各民族对大豆的加工也有很高的成就，豆豉、豆酱、豆油、豆腐等制品都极有特色。

中甸的藏族有种青稞的习俗。清人吴大勋说，滇西北近藏之地种青稞，近似麦而色青。作为稀饭，杂以牛羊肉煮而食之。[④] 清代中期，余庆远深入到中甸藏区考察，他说青稞质类似辫麦，茎叶像黍子，耐雪霜，高寒的地区都有种植，每年一熟，七月种，六月收获。藏族人先炒，然后舂为面，加入酥油做成"糌粑"[⑤]。至今青稞仍是中甸、维西一带藏族和普米族的主粮之一。

---

① （清）《道光云南通志》卷六十七，《物产》。

② 郭家骥：《西双版纳傣族的稻作文化研究》，云南大学出版社，1998 年。

③ （清）刘昆：《南中杂说》，"十八郡县土司，杂处其中……其农刀耕火种，共菽粟曰大麦、曰小麦、曰燕麦、曰荞、曰豆，是皆高山峻岭、仄径危坡、耕而获之也。"

④ （清）吴大勋：《滇南闻见录》下卷。

⑤ （清）余庆远：《维西见闻录》。

玉米在明代传入云南，入清以后种植继续扩大，逐渐遍及全省。康熙《蒙化府志》称其为“红须麦”，并有性状的描写：“有五色须长，花开于顶，子结于干，五、六月方熟。”《康熙定边县志》、《康熙武定府志》、《康熙云南通志》、《雍正宾川州志》亦有“玉麦”的记载。一些较原始的少数民族也开始种植玉米，《滇南新语》记乾隆十四年(1759 年)秤戛(今泸水县北)种包谷的情况：“秤戛野人，在澜沧江、怒江之极北，墨齿、绣面，以包谷为食，禾稻间有。”由于有“墨齿、绣面”的习俗，“秤戛”应指独龙族。

清初，原产美洲的花生亦引种到云南。《雍正宾川州志》上就有“地松”，乾隆《滇海虞衡志》说弥勒地区广种落地松(花生)，所以当地人民的生活逐渐丰裕。嘉庆《滇系·赋产》说：“落花生为南果第一，以其资于民，用者最广。……落花生曰地豆，滇曰落地松。”《咸丰邓川州志》也有关于花生的记载。现在花生已成为云南重要的经济作物。

马铃薯这一著名的美洲作物也传入了云南，但记载的时间似较迟。吴其浚的《植物名实图考》(1848 年)说“阳芋”在贵州和云南一带都有。并有详细的性状描写，认为阳芋主要作“疗饥救荒，贫民之储”之用。《咸丰邓川州志》对洋芋也有记载：“阳芋，细白松腻，羹之可比东坡之玉糁，其花四时竟秀，清如腊梅。”马铃薯和玉米、甘薯一样，作为高产作物进入云南后，极受广大山区民众的欢迎，但广泛种植后也加大了山地土壤裸露和水土流失，同样造成了山区生态环境的恶化。

康熙年间，原产美洲的南瓜已传入云南。高奣映《鸡足山志》说：“番瓜多种之沙沃地，种自番中来，滇食此先于中土，肉理金黄，甜胜冬瓜。”这种番瓜的特征是“肉理金黄”，应为南瓜。高奣映认为“番瓜”是从国外传入云南的，云南食此瓜早于中土。以后，康熙三十五年(1696 年)刻印的《云南府志》和康熙五十三年(1714 年)刻印的《元江府志》物产中则明确记有“南瓜”。南瓜是葫芦科南瓜属的植物。《鸡足山志》又说：“丝瓜即天罗布瓜，蛮瓜也。诸种瓜鸡山颇能按时种之。”丝瓜原产于印尼，早在《嘉靖大理府志》中已有记载，高奣映认为丝瓜是从国外传入云南的，这也是有见地的。

当时已能使用很多农产品进行榨油，清代《滇系·赋产》记载有菜油、苏子、麻子、脂麻、胡麻、桐油和芦花子油数种。其中主要是草本植物油，但也出现了木本植物油(桐油)，反映了清代榨油技术已有较高的水平。

3. 普洱茶

入清以来，滇南出产的普洱茶已十分有名，生产和加工都极盛，行销于国内外，成为云南的代表性茶叶产品。

清初,《康熙元江府志·物产》记载:"普洱茶,出普洱山,性温味香,异于他产。"到清中期,普洱茶的种植和采摘人数已达数十万人,盛况空前。檀萃说:"普茶,名重于天下,此滇之所以为产而资利赖者也。……入山作茶者数十万人。茶客收买,运于各处,每盈路,可谓大钱粮矣。"[①]当时普洱茶已名重天下,茶客收买,亦获利甚厚。檀萃在同书还记载了出产普洱茶的六大茶山:"出普洱所属六茶山,一曰攸乐、二曰革登、三曰倚邦、四曰莽枝、五曰蛮砖、六曰慢撒,周八百里。"这六大茶山主要位于今天的西双版纳地区,方圆近800里,是清代到民国时期著名的普洱茶生产地和集散加工地,当地居民"衣食仰给茶山",多靠经营普洱茶为生。以后茶叶再运至下关、昆明等城市进行精加工,最后运到省内外各地销售。

数百年来,普洱茶由于其茶性温和,香气馥郁,一直是云南的名茶。不同的地区制作方法多样,以不同制作工艺可粗分为散茶和紧茶两种,以不同的品质可分为毛尖、团饼、芽茶、小满茶、谷花茶、女儿茶、紧团茶、重团茶、改造茶、金月天、扢搭茶等若干等级[②]。其中,普洱茶的珍品毛尖为雨季前所采者,不作团,味淡香如荷,品质最佳,康熙年间和之后一直作为贡茶。《红楼梦》六十三回中描写的"女儿茶",也是普洱茶的一种,为芽茶之类,采于谷雨节令之后,以一斤或十斤为一团,为夷女采摘而得,岁贡中亦有女儿茶。普洱茶中最粗者,"熬膏成饼摹印,备馈遗"[③]。

普洱茶的兴盛,最初与西藏、四川和青海的藏民大量需求云南茶叶有关,并形成经大理、丽江、中甸到藏区的古茶道。以后逐渐远销到东南亚、日本和欧洲各国,成为云南对外的一种重要商品。今天,饮普洱茶的风尚已逐渐遍及世界各地。

4. 水利建设与灌溉

清代,六河水利是滇池区域水利建设的重点,出现了重要水利著作《六河总分图说》。另外,大理、永昌和西双版纳等地的水利灌溉事业亦得到发展。

有清一代,在政府的主导下,历年兴修六河水利达20余次之多,主要集中在上游六河(盘龙江、金汁河、银汁河、宝象河、马料河、海源河,图9.3)的治理利用和下游海口的疏浚治理两个方面。雍正年间,为治理滇池区域的六河水利,云南粮储水利道副使黄士杰撰有《六河总分图说》一书(图9.4)。书分8个部分:《六河总图说》、《盘龙江图说》、《金汁河图说》、《银汁河图说》、《宝象河图说》、

---

① (清)檀萃:《滇海虞衡志》卷十一。

② (清)《道光云南通志》卷七十,《食货志》六。

③ (清)张弘:《滇南新语·滇茶》。

《马料河图说》、《海源河图说》、《昆阳海口图说》，这是关于云南滇池流域水利法规和技术规范的重要著作。

《六河总分图说》首先对这些河的源流进行了细致的辨析，接着对各河的防洪与灌溉的关系进行了深入的讨论。论述了去水害兴水利的治理方案，并根据各河情况和灌排目标的不同，分别提出治理的技术措施。书中对各河何地应建涵闸，宜开支河，增修石岸，建留沙桥等都提出了建议。这些建议对以后滇池流域的治理有很大的影响。雍正以后，治理六河及海口河时，基本上都是参照此书中所阐述的方法进行的。前人称赞此书："其于六河，海口诸水，穷源溯委，考核精详，而疏浚修筑，启闭闸坝，一切规条，法良意美。"①

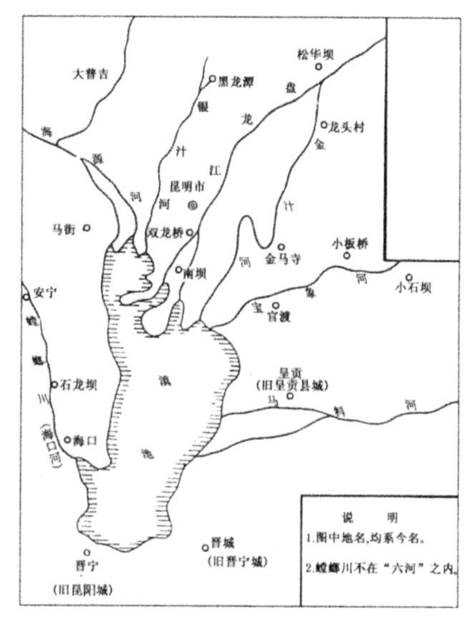

六河總圖說　黃士傑

會城六河雖各有源但其源甚小其流無多除盤龍江水勢稍大原成河形來自嵩明州邵甸里至小東門以上河低田高不用江水灌溉東岸田畝係用金汁河水西岸田畝係用銀汁河水至分水壩以下河高田低方用江水涵洞灌溉每遇春時雨水缺乏竟成乾河雨水稍足方能有水稍潤田畝若夏秋間雨水盛行山水漲發流入河內不能容納或致沖決漫溢淹壞民居利害相因勢使然也議者於夏秋閘沖溢時疏勸輒以創始之時立法未善河底太淺河身

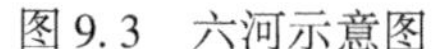

图 9.3　六河示意图

图 9.4　黄士杰《六河总分图说》

除滇池地区外，乾隆八年(1743 年)，云南总督张允随倡议疏浚大理的洱海诸河。自海口波罗甸到天生桥的西洱河分段开浚，垒石为堤，最终出涸田万余亩，令附近居民承垦，并责垦户五年一大修，按田出夫，合力疏濬。另外，在永昌、腾越、澄江、元江、普洱、昭通等地都修筑了大小不等的水利工程，使当地尽得沟洫灌溉之利。

① (清)《六河图说》沈兰生跋。

西双版纳傣族的灌溉技术也相当卓越，在如何节约、合理而有效地分配灌溉用水方面，有一整套的科学方法。据有关学者研究，傣族不是修筑闸门和开挖水口，而是制作出称为“南木多”的竹质分水器作为引水涵管，以有压自由流出方式进行水量的分配，说明他们对涵管的分水技术有了初步的认识和应用[①]。他们还制作出一种竹筏，对渠底、渠宽及渠堤沿岸空间进行检验，从而达到对灌渠质量进行检验的目的，对傣族顺利进行稻作农业生产提供了保证[②]。

5. 水力机械

水力机械方面，水车、水碾、水磨和水碓等散见于各少数民族地区，自古以来，白族、纳西族、傣族、哈尼族、壮族和布依族都很擅长使用这些机械，用于农田排灌和加工粮食。

清师范的《滇系·赋产》记载：“水车、水碾、水磨、水碓，皆巧于用水者也，惟之为利尤溥，滇亦多此。”今在云南的大理、丽江、中甸、腾冲、罗平和西双版纳等地的乡下仍然随处可见这些水力机械，

清《滇南闻见录》说：“水碓：或遏溪湖之水，或承山水，构一沟，阻其傍流，使奔注沟内，傍立碓房，内设碓臼，如人踹者。沟上设一水轮，与房内众碓相联络，水流激其轮使弗转，此桔槔之智也。”其具体构造和工作原理是，水碓安放在溪水边，木槽将水流引入立式水轮上端，水流冲动巨大的水轮转动，从而带动轮轴上的木杆转动，木杆拨动碓梢，在碓房中的4个碓头即一起一落舂捣，进行粮食加工(图9.5)。

清代，科学家徐光启的后人许缵曾来云南任职，所著《滇行纪程》记载了筒车的细节及提水灌溉农田的方法。“先于溪旁筑石成隘，上流水至隘，势极奋迅”，就设竹车两个，围制如车轮，大者直径可达二丈。其中，一面截口受水，缚上数节竹筒，“每筒相距三尺许，两筒中间编缚竹板一扇，以遏流水。所以冲激轮使旋者全在此，盖水势迅则冲扇行，而轮乃随之以转”。每冲激一扇，后扇继之而来，接着就上升，则筒中满水已至车顶，筒口向下，水即下倾。再于水的倾倒处，破开挖空一个大竹，使其受水后接引入田，虽是远处亦可到达。所以农民可坐而观之，无举手之劳，而农田已“毕溉”了。

---

① 诸锡斌：《分水器与傣族稻作灌溉技术》，《中国少数民族科技史研究》，第二辑，1988年，第168~181页。

② 诸锡斌：《试析傣族传统灌渠质量检验技术》，《中国少数民族科技史研究》，第四辑，1989年，第118~128页。

图9.5　大理喜洲的凤阳村水碓

昆明县城西门和南门外有龙骨水车的制造业，其作坊颇多，销售亦很广："以楸木为之，轮转引动，水即自下而上，为农具之善者，省城西南两门外多制造之肆，销行亦广，惟拘守成法不知变通，殊为缺憾。"①龙骨水车也是一种农用的提水机械，又称为"翻车"，转动后可将水汲至高处进行农田灌溉。记载所见，当时其制法仍然谨守传统而不太变通。至今，滇南的石屏等地尚能见到龙骨车的使用。

五、铜的采冶和制作

1. 铜矿开采技术

清代，云南开采铜矿的数量和规模都有新的突破，到乾隆中期达到了高峰，各种开采技术亦发展到相当完善的水平。

全省开办铜厂达300多处，一部分是官督商办大厂，一部分是私营小厂。滇铜的产量巨大："岁出六七百万或八九百万，最多乃至千二三百万。"②其中，滇东北地区铜的开采规模非常大，东川的汤丹和落雪工场上多达数万人，"大场矿丁六七万，次亦万余"②。最大的东川汤丹铜场，年产铜500万~600万斤，产量最高年达1300万斤，东川落雪铜场的产量亦十分可观，采用大规模分工协作的生产方式。

当时采矿技术有露天开采、地下开采、井巷支护、岩石破碎、井巷通风等。采

---

① (清)《续修昆明县志》卷五。

② 《清史稿·食货志下》。

矿工具主要是传统的狗头锤、铁槌、铁凿、锲子、尖子、爪子、亮子、风柜、羊蹄钎、刮捞、塃耙等。

露天开采：如果金属矿脉或矿体的地表露头，坡积或残积矿床很多，即可采用露天开采。明清时期，云南开采的铜矿，把埋藏很浅的矿脉和矿体称为“鸡窝矿”或“草皮矿”，只需把地表掘开数尺，即可采得矿石，但这种矿大都是贫矿。当时开采坡积锡矿，也只需剥除矿体上部的表土。

地下开采与井巷支护：地下开采是清代采矿最为普遍的方式，王崧《矿厂采炼篇》记载，地下开采方式按矿脉走向有：“直攻、仰攻、俯攻、横攻、各因其势，依线攻入。一人掘土凿石，数人负而出之。用锤者曰锤手，用錾者曰錾手，负土石曰背塃，统名矿丁。”当时已有各种立井、斜井、平巷地下开采系统，采用多人协作方式操作。

井巷支护有自然支护、木架支护和留柱支护。檀萃《滇海虞衡志》记清代井巷木架支护是：“间二尺余，支木四，曰一厢，洞之远近以厢计。”清代的滇东北的矿井还有留石柱支护法，这是开采大型囊状或厚层状矿时，要故意留下一部分矿体作为支柱，以支撑井巷顶部，所留的石柱俗称“象腿”。

岩石破碎：滇东北及滇西一带采矿技术还使用“烧爆”与“火爆”法采矿。这种方法在之前的洱海地区就有遗迹可寻，明清时期见于记载，《滇海虞衡志》说：“以火烧硖，谓之放爆火。”即用火烧岩石，使岩石内部结构受到破坏，然后泼冷水，利用热胀冷缩的变化，使岩石爆裂，以便于开采矿石。若岩石坚硬，还可使用火药爆破技术采矿。

井巷通风：随着掘井深度的增加，为使空气流通顺畅，必须有通风措施。大理国以前洱海地区的矿井采用打“气眼”的方法通风。但清代主要矿山已采用风箱、风柜进行人力通风，王崧在《矿厂采炼篇》谈到两种通风方法：“凿风硐以疏之，作风箱以扇之。”后一种方法可使风量加大，以解决较深井巷的通风问题。这种“风柜”(鼓风机)“形如仓中风米之箱后半截”[①]。井卷通风是古代云南矿山的一项突出的技术成就。

井巷照明：井巷一般用油灯照明，“洞内五步一火，十步一灯”[②]，王崧《矿厂采炼篇》记载矿工以巾束头，叫做“套子”，灯挂在套头上，叫做“亮子”，用铁皮把灯做成碟形，可盛半斤油，灯柄往往长一尺多，柄端作钩形以吊灯碟。《滇南矿

---

① (清)吴其浚：《滇南矿厂图略》，《工器图略》，《硐之器第三》。

② (清)张泓：《滇南新语》。

厂图略》说用棉花搓条做燃油材料："棉花搓条为捻，计每丁四五人，用亮子一照。"①

矿井排水：清代云南开采铜矿，若井内出水小就用皮袋提或背出来，出水大则安设木制或竹制的"水龙"排水，这是一种大型唧筒，这种工作称为"拉龙"，也有水太多，就用水车推送出而称为"拉龙"的。据记载，大矿拉龙排水的人多至一两千人，这种"水龙"排水技术仅见于云南。有时也开挖专门的排水井"穿水泄以泄之"②。以减少提运的劳动量。提升运输方面，已有专门的提升工具绞车。

浪穹（今洱源）人王崧（1752～1873年）撰有采矿学著作《矿厂采炼编》。此书收入吴其浚的名著《滇南矿厂图略》的附录中。王崧是著名白族学者，曾拜檀萃为师，嘉庆四年（1799年）进士。他还著有《说纬》、（道光）《云南通志抄》，编有《云南备征志》。他所著《矿厂采炼编》是清代云南采矿学名著，该书不分卷次，对云南铜银矿产的探矿、打硐、支护、开采技术、采矿工具、炉罩、砂丁、管理制度、工人采矿禁忌等均有精辟的论述，全面总结了清代云南采矿的经验，至今仍有参考价值。有些矿山开采和管理的名称，现在仍在沿用，为今天研究采矿史留下了珍贵的史料。王崧了解底层人民的疾苦，对采矿工人有深深的同情，他形容矿洞中的悲惨环境为："释氏所称地狱，谅不过是。"

2. 铜的冶炼

清代，云南在冶金技术方面，金、银、铜、锡、铅的产量均名列全国前茅，成就特别突出，成为中国冶金业的中心。云南开采的铜矿以辉铜矿（Cu_2S）、黄铜矿（$CuFeS_2$）和斑铜矿（Cu_5FeS_4）为主。冶炼炉已采用木风箱鼓风，还懂得炼焦及使用焦炭冶炼，从而提高了生产力。

冶炼的分工十分严密，生产单位有"硐"、"尖"、"炉"，形成一个个矿厂。冶炼的工作任务包括洗矿、配矿、砌矿、装矿、装炭、煅烧、冶炼和鼓风等，使用的生产设备和工具也十分繁多。清《滇南新语》记载，炼矿称为"扯铜"，用矿千斤，需炭七八百斤不等。炼炉中铺以炭末，再加入炭，其后放置风箱，前面的下方开孔，封以泥进行冶炼，以后铜沉于底。约半月的时间才打开封泥取出铜，每炉出获得铜有6～7饼，称呼为"元"。对一个东川汤丹古铜矿渣的化学分析结果是：铜2.9%，锌0.29%，铅0.27%，渣的含铜量为1%～3%，铜被还原的程度仍然不够

① （清）吴其浚：《滇南矿厂图略》，《工器图略》，《硐之器第三》。

② （清）檀萃：《滇海虞衡志》卷二。

彻底,弃渣还可再利用。

清代,云南生产出著名的"蟹壳铜",其颜色呈古铜色。吴大勋的《滇南闻见录》记载:"揭铜:铜、银各厂所用木炭,只是杂树,惟有揭蟹壳铜,必须用松炭,非松炭不能成。出火时又须用米泔水泼之,则宝色呈露。此皆精于打厂者体认得来,其不能遽悉也。"生产这种"蟹壳铜"时,对冶金燃料的使用是"非松炭不能成",有一定的选择。"用米泔水泼之"是对表面进行适当的氧化处理,以达到调整铜材颜色的目的。

吴大勋对"蟹壳铜"的冶炼有进一步说明:铜自矿中炼出,倾注成圆饼状,其质很坚实,黑色为下品,佳者呈紫色,其名为紫板。又加烧炼几次,质量愈纯净,铜的品质愈高,浇注成圆片后,这种"蟹壳铜"非常薄而有边,红光灿烂,掷地有金声,其形色类似煮熟的蟹壳,故名。其制作的工费价格很昂贵,送至京局后,易于椎碎的要再回于炉中。解到京城之铜,每岁正额六百余万斤,其中对紫板铜与蟹壳铜要一同兼办,这两种铜有一定的比例。

康熙年间,云南开始盛行用煤:"木煤出昆明山中,亦自本朝康熙年始盛,近曲靖亦间有之。"[①]以后出现用煤作为冶金燃料的记载,《滇南矿厂图略》说:"银厂下罩,必用木炭煎炉,亦可用煤。"值得注意的是,接下来的一段话:"煎炉亦用炼炭。煤有二种,辩之以闩,银闩(栓)质重,仅可用于银炉,铜闩质轻,方可用于铜炉。法先将煤拣净,土窑火煅成块,再敲碎用,火力倍于木炭,搀用专用亦辨矿性稀干,宜与不宜。"吴其浚说这种方法仅见于云南的宣威、禄劝,四川的会理。

以上"煎炉亦用炼炭"就是指炼焦,"土窑火煅成块,再敲碎用"则是炼焦过程,这是继方以智《物理小识》之后,中国史籍第二次关于炼焦的记载。银闩、铜闩就是不同类型的焦炭[②]。这是云南冶金史上的一个重要事件,因为把煤炼成焦以供冶炼,是煤的最大功用之一,焦炭的使用将大大提高冶炼温度,从而提高了生产效率。

冶金技术水平的提高,与冶炼温度有很大关系。云南在明清时期已采用活塞式木风箱,从而改进了鼓风设备。它是利用活塞的推动,加大空气压力,自动开闭活门,从而能连续供给较大的风压和风量。这种风箱首先见于《天工开物》的记载。以后在《滇海虞衡志》中有"置风箱"的记载,道光时期,鼓风的风箱则

① 曹树翘:《滇南杂志》,《小方壶斋舆地丛钞》,第7帙,第202页。
② 赵承泽:《由明嘉靖后期至清顺治末中国的煤炭科学知识》,《科学史集刊》,第4期,1962年。

详细记载于吴其浚的《滇南矿厂图略》:“曰风箱:大木而空其中,形圆,口径一尺三、四、五寸,长一丈二、三尺,每箱每班用三人。设无整木,亦可以板箍用,然风力究逊。亦有小者,一人可扯。”书中还有风箱的图示,这是当时较为先进的鼓风设备。

内地矿丁大量涌入云南,对铜矿进行大规模开采和冶炼,带来了严重的环境灾难。冶炼铜矿的过程中需要大量的木炭,在东川地区,仅清乾隆年间,伐薪烧炭,年毁林地约10平方公里①。大量森林被砍伐,水土流失日益严重,泥石流等灾害频繁发生,使滇东北产生十分突出的环境问题,昔日的乐土,演变为云南最贫穷的地区之一,并且一直影响至今。

3. 铜器制作

滇铜的主要用途是造币和制作铜器,铸钱业对清代的中国经济有重要影响。铜器制作技术发展十分迅速,进入了成熟的时期,并取得很高的成就,其中“金殿”铸造和铸铜造像等都留下了代表性的作品。

清初,由于局势动荡,财政入不敷出。康熙年间,全国许多地方铸钱业日趋紧缩。清廷为了保障鼓铸,首先要解决铜的供给。到乾隆初年,京局每年鼓铸需铜400万斤,其中一半为滇铜,不久停办洋铜,以后每年需滇铜增至600多万斤,运交京师专供宝源、宝泉两个铸钱局铸币,形成了清代有名的“滇铜京运”。这是关系清廷经济的大事,引起了清政府的高度重视。滇铜运输到京城往往需要1年的时间,为当时一项费时费力的运输工程,这使滇铜的产量急速增加,对云南经济和社会发展有促进作用。

同时,云南本地亦大量用滇铜铸钱。康熙二十一年(1682年),云贵总督蔡毓荣建议在云南省城重新设局铸钱,此后又在临安府城等地设局铸钱。到雍正元年(1723年),重开省城、临安府城、大理府城、沾益州城铸局,其后陆续在东川府城、广西府城、大理府城、顺宁府城、永昌府保山县城、广南府城等地,设置炉座数目不等、铸钱规模大小不一的13个铸钱局,虽然其间有些铸局时开时停,但铸钱的数量却不断增多。

除铸钱外,云南其他铜器的制作也十分兴盛,产品进一步丰富起来了。清人檀萃曾感叹道:铜独盛于滇南,故铜器具相当多,大者至于建造铜屋,太和宫、铜瓦寺都是如此,其费铜不知几巨万?玉皇阁像皆铜铸,其费铜又不知几巨万。推

① 《东川市志》编委会:《东川市志》,云南人民出版社,1995年,第266页。

之他处，铜瓦、铜像，又不知其几？金牛、铜牛皆以铜铸，大小神庙、大钟、小磬、大小香炉、无不用铜材制作而成！[①] 说明铜材使用广泛，器物异常丰富，但巨额的花费，几到骇人的地步，反映了清代云南铜器制作极为繁荣的景象。

图9.6　康熙九年建造的昆明金殿

清代，云南铸铜技术的代表作是"金殿"（图9.6）。早在明万历三十年（1602年），云南巡抚陈用宾曾在昆明鸣凤山铸有铜殿1座，后移至宾川鸡足山，清初被毁。现保存在昆明鸣凤山的"金殿"是由吴三桂于康熙九年（1670年）主持铸造的。此殿为重檐歇山式，高6.7米，宽7.8米，深7.8米，两层屋面，总重约250吨，是全国最大最精美的铜殿。所有梁柱、椽、瓦、斗拱门窗及神像、匾联全由青铜铸造而成，仿木结构建筑。殿壁是用36块雕花格扇加坊拼成的，结构复杂，门窗、梁柱上都饰有精美的花纹，工艺十分精巧和细致。殿中供鎏金神像5尊，中为真武帝君，侧塑金童玉女，两旁有水、火两将。这座"金殿"的铸造，表现了清初云南的冶铸技艺已达到相当高的水平。

昆明金殿的各铜构件之间精密配合，接口准确，其构件应采用泥范或金属范铸成。推测有些范还用母模大量复制，并经过焙烧令其坚固，所以同一种构件铸出后大小完全相等，铸造工艺达到了高度的规范化。因这些构件可以互换，说明工匠有了一定的标准化知识。

云南铸铜造像已臻于精致，现存代表性遗物有昆明太华寺的三身佛铜像，清康熙二十六年（1687年）铸造。安宁曹溪寺观音殿内的文殊和普贤两尊铜佛像（图9.7，图9.8），清代铸造，年代不详，但不早于清康熙四十一年（1702年）后殿建立的时间。这两尊铜像高约为180厘米，为失蜡法铸造，表面髹红漆后再鎏金，当为大理国技艺的延续。其外表均呈金黄色，造型非常漂亮、优美、神采奕奕，线条飘舞潇洒，制作技艺达到了炉火纯青的程度，是体现清代云南铸造水平的精美艺术品。经过化学成分分析，普贤铜佛像的成分为铜铅合金（铜96.8%，铅2.2%），铅含量很低，近于红铜的成分。

① （清）檀萃：《滇海虞衡志》卷五。

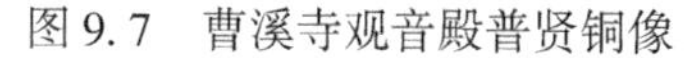
图9.7　曹溪寺观音殿普贤铜像

图9.8　曹溪寺观音殿文殊铜像

图9.9　大姚县白羊井镇孔子铜像

大姚县白羊井镇有一尊清康熙四十七年(1708年)铸造的孔子铜像(图9.9),也是清代铸铜造像的重要实例。置于石羊文庙大成殿内,高2.3米,重达2.5吨,是目前中国现存最大、保护最完好的孔子铜像,为昆明铸工名手杨维伦主持铸造。此像亦为失蜡法铸造,所铸的孔子头戴冕冠,手捧朝笏,圆睁双目,其仪容一直为人们所崇仰,不仅显示了铸工的优秀技能,也反映了清代冶炼和铸造技术达到了纯熟的水平。经过化学成分分析(表9.1),基体为铜铅锌合金,为含铅的黄铜,杂质中有微量锡和锑,经采用仪器检测,表面有的地方含金量较高(达9.21%),但贴金的部分没有检测出汞成分,说明可能不是鎏金,而是采用了贴金工艺进行装饰。

表 9.1 大姚县白羊井镇孔子铜像不同部位成分表

测试位置	锑/%	锡/%	铅/%	金/%	锌/%	铜/%	镍/%	铁/%	砷/%
左侧衣纹处	0.75	1.57	13.22	0.88	1.79	79.94	0.10	1.32	—
左侧衣纹处(贴金处)	0.83	1.73	10.83	9.21	3.28	62.14	0.17	1.03	9.94
左侧下摆	0.61	1.07	33.30	0.21	2.31	60.31	—	0.82	—
正面下摆	0.64	1.46	19.68	0.49	6.20	69.74	—	1.15	—
孔子像右手	0.66	1.59	13.65	0.67	3.48	77.11	—	0.61	1.71

注:表中数据为北京科学技术大学博士生刘杰测试。

4. 镍白铜

清代,冶炼方面最著名的产品是云南镍白铜,制作成面盆等器具。云南镍白铜行销甚远,在18世纪曾传入西欧,引起了对其进行科学分析的热潮,在国际上产生重要影响。

据清代文献《清通典》、《续云南通志稿》记载,清代云南已有专门生产白铜的厂,以定远县(今牟定县)的白铜厂最多,大姚县、元谋县、武定县也都有白铜厂或白铜子厂。有的厂生产规模相当大,例如,大姚县的大茂岭白铜厂,年产白铜最高可达26吨以上。清《滇海虞衡志》详细地描述了云南白铜面盆加工业的盛况:"白铜面盆,惟滇制最天下,皆江宁匠造之,自四牌坊(昆明金马碧鸡坊)以上皆其居肆。夫铜出于滇,滇匠不能为大锣小锣,必买自江苏,江宁匠自滇带白铜下,又不能为面盆如滇之佳,水土之故也。白铜别器皿甚多,虽佳亦不为独绝,而独绝者唯面盆,所以为海内贵。"当时昆明白铜居肆之众,别器之多,跃然于纸上。除白铜面盆外,其他种类的白铜器物也很多:"滇中多白铜,省会有铜器店,手炉、唾壶、牙盒、帽架、字圈之类,皆雕琢工致。"①

镍白铜的生产技术亦偶有记载。清人吴大勋说:"白铜,另有一种矿砂,然必用红铜点成,故左近无红铜厂,不能开白铜厂也。闻川中多产白铜,然必携至滇中锻炼成铜,云滇中之水相宜,未知确否。"②指出了白铜是用矿砂加入红铜中,再"点"出来的情形。清代,川南的会理一带生产的半成品白铜,也往往运到云南昆明,再加入锌等其他元素进行成分调整。

直到民国时期,姚安县的前场镇立石关一带仍然冶炼铜矿,以生产镍白铜:

① (清)谢圣纶:《滇黔志略》卷十。

② (清)吴大勋:《滇南闻见录》下卷。

“前场镇立石关一带能炼铜矿为白铜,故姚安有产白铜之名。以白铜乃铜与镍之合金也,审视则立石关一带产镍必矣。”①

镍白铜加工的传统器物,在云南民间偶然还能见到。例如,大理市博物馆收藏的一件有藏族特点的白铜工艺品(图9.10),时代为民国或清代。对其进行成分分析,发现其成分为铜64.9%,镍11.5%,锌22.5%,其材质为铜镍锌三元合金,这正是云南镍白铜的传统配方,说明镍白铜曾传入藏族地区。

大理市博物馆收藏了3个云南马帮常用的旧马铃铛(图9.11),成分分析表明,有2个马铃铛的成分为镍白铜。其中,中号马铃铛的成分为铜69.1%,镍8.3%,锌20.2%,小号马铃铛的成分为铜62.8%,镍7.9%,锌27.7%,都是铜镍锌三元合金,也采用了云南镍白铜的传统配方,并且两者的成分相当接近。据说,采用镍白铜制作的马铃铛,有声音响亮、不生锈和耐用的优点。

图9.10　藏式工艺品,铜镍锌合金

图9.11　马铃铛,铜镍锌三元合金

云南镍白铜在18世纪传入西欧,这是由来华的传教士发现并介绍到西方的。1735年法国出版的《中华帝国全志》中记载了云南出产的白铜,1775年,英国的《年纪》(*Annual Register*)说东印度公司驻广州的货员布莱克(J. B. Blake)得到了来自云南的白铜,他把白铜寄到伦敦,目的是要在英国实验和仿制白铜。以后西方不少化学家热衷于云南镍白铜的研究。例如,1776年,瑞典的吉司特朗姆(V. Engestrom)分析中国白铜的结果是铜40.6%,镍15.6%,锌43.8%;1822年,英国的菲孚(A. Fyfe)分析中国白铜的结果是铜40.4%,镍31.6%,锌25.4,铁2.6%。1823年,英国的汤麦逊(E. Thmason)和德国的罕宁格(Henninger)兄弟仿制云南镍白铜成功,以后德国大量仿制,称为“德国银”,从此欧洲开始大规模生产镍白铜。

① (民国)《姚安县志》卷四十五。

另外,1862 年,莱沃尔(A. Levol)分析会理生产的白铜的结果为铜 79.4%,镍 16%,铁 4.6%,这可能是半成品;1929 年,中国化学家王琎发表的古代白铜墨盒分析结果为铜 62.5%,镍 6.14%,锌 22.1%,铁 0.64%。中外化学家们的分析表明,中国白铜的成分应为铜镍锌三元合金。这些对云南镍白铜的研究成果,弄清了云南镍白铜的化学性质,推动了西方近代化学的发展。

但晚清以后,云南白铜的质量有所下降。清末任职于云南的贺宗章在《幻影谈》说:"白铜出滇、蜀边界,余在仁和时,购得百余斤,雇四川铜匠在局制造各器,色虽纯白,而质极劣,非参和黄铜不能锤打,色虽不及日本白铜,而精彩过之。化学不明,至有极良原料,无由发展胜人,可叹也已!"当时的白铜外观为纯白色,但质量低劣,不能锻打。以上记载也说明,晚清时期日本产的白铜已进入中国西南地区。

在牟定白铜厂采集到两个白铜冶炼块,对其进行金相鉴定(图 9.12,图 9.13),发现样品的组织均为铸态合金。其中,一块晶粒粗大,晶界明显,组织中含夹杂物很少,反映了较高的冶炼水平;另一块组织中夹杂物较多,有明显的偏析现象。两块样品的组织中都没有加工过的痕迹,说明这两块白铜只是一种冶炼遗物。

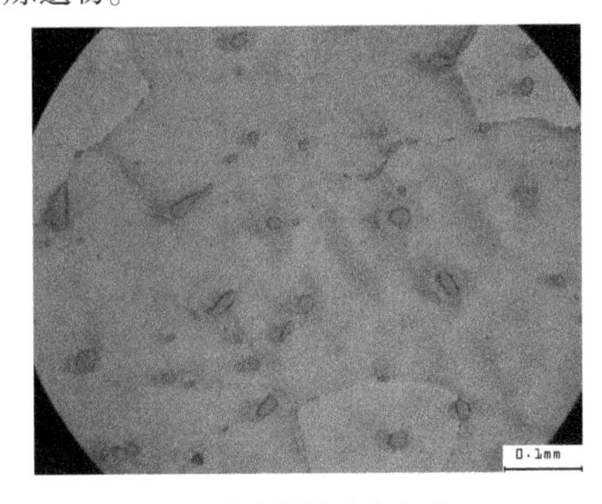

图 9.12 云南白铜的金相组织(9191)

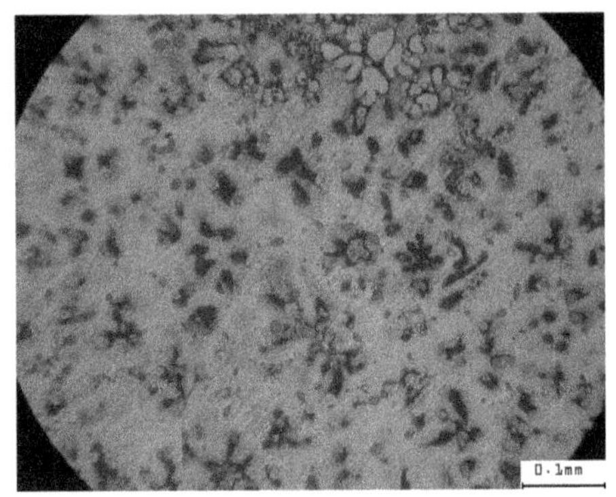

图 9.13 云南白铜的金相组织(9192)

扫描电镜实验结果表明(表 9.2),这两件样品是铜镍二元合金,并且以铜元素为主,这在科学实验上证实了明清时期云南确实生产的就是镍白铜,这是对云南当地采集的镍白铜进行的科学分析,具有重要的意义。合金成分表明,这两块白铜块是当地冶炼镍白铜时遗留下的半成品,即冰铜镍产品,还没有加入锌元素进行成分的调整。

表9.2　牟定白铜厂采集白铜块扫描电镜实验结果

实验室编号	样品名称	来源	现状	化学成分/%		
				铜	镍	锌
9291	白铜块	牟定白铜厂	块状	86.51	13.44	0.00
9292	白铜块	牟定白铜厂	块状	93.76	6.24	0.00

5. 斑铜

斑铜仅产于云南，约创始于清初，因其表面有离奇、闪耀的结晶斑纹而得名。按制作工艺分生斑和熟斑两类，是云南铜器技术的一种新创造。

生斑是用东川、会泽一带出产的自然铜，经手工锻打成器皿初坯，再经过烧斑（金相再结晶）、组合、焊接等工序制作而成。清代吴大勋说："自来铜，不可经火，须生锤成器，如锤成炉，则宝色倍于寻常之炉；如锤成镯，常佩之可以已遗症，体中有病，则铜之色预变黑黯，若经火者不能也。铜内有砂土夹杂，锤之易于折裂，难于光润，须加功磨洗，可悟生质之美者，不学则亦无以自成耳。"[①]这里，自来铜即自然铜，用自然铜锤打而成，应为生斑铜，并提到这种产品容易变黑，这也是生斑铜的特征之一，但又说生斑铜不能经火，可能这是早期生斑铜器的制造方法。说"体中有病，则铜之色预变黑黯"恐为传说，没有科学依据。至今生班铜的制作在会泽仍有民间工艺传承，多为香炉、花瓶等（图9.14），表面有耀眼的光泽。由于非常稀少，已成为一种名贵的珍品。

生斑的制作工艺实际上是一个晶相再结晶的过程，即在烧斑工序中，怎样把自然铜中含其他金属成分的细小晶粒（金属学上称为"孪斑"）长大。从金属物理的角度看，在适当条件下，通过加入其他成分，加温煅烧等手段，使自然铜中的孪斑再结晶而变大是可以做到的。因为在加温或延长加热时间的情况下，经过再结晶得到的是大小不均匀的晶粒，在此情况下，由于大小晶粒之间的能量差异悬殊，大晶粒很容易吞并小晶粒而愈长愈大，从而得到异常粗大的晶粒。对生斑进行化学分析，发现材质中含有其他金属元素。

熟斑铜出现较晚，为生斑铜的一种代替品，是在熔化的纯铜中加入适当比例的其他金属，经过一系列浇铸成型、磨光、着色等特殊工艺处理而成的。斑铜品种大多为欣赏与实用相结合的烟具、瓶、罐、香炉及仿古器皿。其色彩瑰丽斑驳，加上做工精湛，具有很强的艺术魅力。

---

① （清）吴大勋：《滇南闻见录》下卷。

图 9.14 生斑铜

清代,除用自然铜制作生斑铜外,东川一带还使用自然铜制作成屏风等装饰物。晚清贺宗章在《幻影谈》中就谈到:自然铜亦出于东川,本质即系纯净的铜,外表为红色而有宝光,非如他矿含有杂质,滇工多以此制造香炉,唯大小只有一种形式,不知仿古模范,但铜质甚佳。遵义的蹇舒甫驻守东川期间,以自然铜制作为屏风,数次给贺宗章观看,他称其为"极可宝爱"。其制作方法是:根据大小和方圆先制一个模,后融铜汁入模中,上用黄蜡平铺,满满的覆盖了模,请书画高手书画于蜡面,再精细地刻镂,其空处灌以镪水腐蚀铜的表面,而后将蜡洗刷净尽,加涂上绿、蓝颜色就制作成功了,或悬为挂屏,或制木架为坐屏。被誉为"真无上之妙品"!这是采用腐蚀法制作铜画。

6. 乌铜走银

乌铜走银也是云南独有的金属工艺,约创始于清雍正年间,为石屏岳姓所创制。

清代《云南风土记》中有大理出产"乌铜"的记载。民国《石屏县志》卷十六说乌铜:"以金及铜化合成器,淡红色,岳家湾产者最佳。按乌铜器始惟岳姓能制,今时能者日众,省市肆盛行,工厂中有聘作教师者。"

《续修昆明县志》卷五说:"其造墨匣及小件炉瓶,质如古铜,而花纹字画以银片嵌入者,则为乌铜器,且又有乌铜走银器之称。"《新纂云南通志》记录了乌铜走银器的工艺:"乌铜器制于石屏,如墨盒、花瓶等,錾刻花纹或篆隶正书于上,以银屑铺錾刻花纹上熔之,磨平,用手汁浸渍之,即成乌铜走银器,形式古雅,远近购者珍之。"①所以,乌铜走银则是在乌铜器的表面上刻出各种图案花纹,把银屑铺在錾刻的乌铜花纹上,再熔化之,磨平后用手汗浸渍氧化,即呈现黑白(或黑黄)分明的装饰效果,色彩雅致。

乌铜走银技术的一个技术关键是表面光泽的形成。北京科技大学曾对乌铜表面工艺进行过研究,发现铜金等合金在弱有机酸溶液中浸泡,表面均可形成致密乌黑

① (民国)《新纂云南通志》卷一四二。

有光泽的氧化膜。经 X 射线分析证实乌铜是一种氧化物,可以认为其表面黑色是由形成某种氧化物所致。而表面氧化膜的光泽是由于金元素起作用。以上研究对理解乌铜走银器表面光泽的制作工艺有启发意义。

乌铜走银还有一个技术关键是原料的配方问题,西方的文献中可得到此一技术的线索。因为云南乌铜走银器曾作为工艺品,在清代和民国时期被带到西方,其着色技术引起了欧洲一些化学家的重视,并进行过化学成分分析,结果为铜金等多元合金。除铜和金元素外,还有少量的其他元素渗入。

整个工艺制作完成后,在庄重深沉的黑底上衬托着银光闪闪的灿烂饰纹,器物呈现黑白分明的装饰效果,光泽秀丽。加上器物上有书法绘画的艺术,显得十分古雅,令人爱不释手。也有走上金屑为线条的,装饰效果为黑色与金色对比,就称为"乌铜走金"工艺。

乌铜走银的产品多为器皿、小花瓶、笔筒、墨盒(图 9.15)、烟斗、玩物等,著名的有紫檀古瓶。图案常为八仙过海、梅兰竹菊、花鸟虫鱼、飞禽走兽、龙凤鹿鹤等,现在所见的民国时期的作品常常刻工纤细,刀法纯熟,形象雍容华贵,具有很高的观赏性,往往有很高的艺术价值。因材质贵重,身价亦不凡,在国内外广为流传,深受文物界和收藏界的重视。清末的云南状元袁嘉谷曾在《异龙湖歌》中称赞说:"器精称乌铜。"它是云南的一种著名金属工艺品。

图 9.15　乌铜走银器皿

六、其他金属的冶炼和制作

1. 金、银矿的开采和冶炼

清代,云南黄金产地主要分布在金沙江和澜沧江流域的广大地区,出现不少有名的黄金种类。当时云南民间已懂得利用试金石的技术,但炼银仍然采用吹灰法。

在黄金开采方面,檀萃《农部琐录》说:"金出于金沙江,岸上照耀,洗之得金。汤郎江心有石,水漩成涡,时获麸金,不用淘汰。" 金厂有三处,一个在永北(今永胜)的金沙江,一个在保山的潞江,一个在开化(今文山)的锡板。由于流水的自然淘汰作用,在江心石上有"时获麸金"的现象。直到近现代,金沙江畔仍可看到各族人民在繁忙地淘金。

清人吴大勋说，黄金除了生于水中的金沙江外，也有生于山者，鹤庆有金矿，亦如银、铜，攻采而得，煅炼而成。开化（今文山）产蘑菇金，永平产永金，皆足色赤金。中甸（今香格里拉）产的金颜色最淡，成分最低。

清代，云南出现不少有名的黄金种类，有叶子金、狗头金、瓜子金、蘑菇金、永金等。云南的叶子金从元代以后就很有名，“叶子金，生云南省城者为地道，各铺户将杂色足赤金拍造，叶子有八色、九色，至九五色止，无十成者”。[①] 刘昆的《南中杂说》谈到云南在水中产金的地方是金沙江，在土中产金的是白牙厂。永北（今永胜）采江金的方法，是在水中采泥沙再沥泥沙得到，所得到的金形状都是三角状，称为“狗头金”。而采土金的方法是在洞穴中取沙土，再沥泥沙得到的，由于其形状像糠，称之为“瓜子金”。

昆明还生产一种羊皮金：“县城出品甚多，销行全省，盖业此者规约甚严，不肯轻易传人，光宣以降，各属始能仿造者。”[②]清代前期，这种羊皮金的制作方法是保密的，在光绪年间以后，各地始能仿造。另外，清代昆明大量生产金箔：“叶子金而外有制为箔者，名曰金箔，专供一切装饰，每年销耗甚巨。”[②]以后金箔加工在昆明一直有传承。

云南古代懂得利用试金石，清代的文献中提到“砺石”可作为试金石，这种“砺石”最早记载于雍正年间，说武定府有砺石，出金沙江[③]。道光年间有了较详细的记载：“砺石色如新墨，莹然坚腻，以之试金，能辨好恶，贾人贩金必佩之。”[④]这是一项金矿物的鉴定技术。刘维《砺石·图书记》说：“黑水之支流曰金沙江，产美石，其名曰砺石……贾人贩金必佩服之，凡质迁之徒得之，而后免于欺，以此为世所珍，然重难携，江路险远，聚而货之者绝少。”“砺石”产于金沙江，它是什么矿物还需要再研究，记载所见商人对其是十分重视的，利用这种试金石，真金和伪金就可鉴别清楚了。

清代，从康熙二十四年到道光十七年（1685～1837年），云南先后出现过32个银厂，以乐马银厂（今昭通）和茂隆银厂（今沧源县班洪）最为著名。云南生产的银大量铸为钱币，在全国乃至国外流通极广。清代檀萃说：“中国银币，尽出

---

① （清）《道光云南通志》卷六十九，《食货志》。

② （清）《续修昆明县志》卷五。

③ 《雍正云南通志》卷二七，《物产》。

④ 道光《云南通志·食货志》引《农部琐录》。

于滇……昔滇银盛时，内则昭通之乐马，外则永昌之茂隆，岁出银不訾。故南中富足，且利及天下。”①可见，滇银不仅使南中富足，在中国经济中亦有相当的重要性。

银矿石种类很多，炼银的工艺也有不同。一般富含方铅矿的矿石，用吹灰法一次即可得银。这种冶炼方法在《滇南矿厂图略》的《罩第七》中有详细的记述。使用该方法是由于银矿一般含银量很低，炼银的技术关键是如何把银富集起来。由于铅和银完全互熔，而且熔点较低，所以炼银时要不断加入铅矿（“矿镰”），使银熔于铅中，实现银的富集，同时放入空气，使铅氧化入炉灰中，再把银富集出来。又例如《新纂云南通志》说：“铜中彻银者，矿坚黑如铁，俗谓之明矿。先以大窑煅炼，然后入炉煎成冰铜，再入小炉翻炼七、八次，复入推炉，挤出铅水，入罩炉分金。”②而檀萃《滇海虞衡志》还记载了一种加“倭铅”（锌）富集银的方法，这是很奇特的。

在少数民族地区，鹤庆白族、绿春苗族和广南壮族都有银器加工业，一般都是用小锤、小凿作为工具，进行手工作坊加工，产品主要作为少数民族的服饰之用。以鹤庆新华白族的银器加工名声最大。

2. 锡的冶炼和制作

个旧作为中国重要的锡产地，不仅冶炼生产锡锭，自古以来还一直生产锡制器皿，炼锡技术在清代亦更加成熟。

清代云南是锡的主要产地，锡的开采和冶炼得到清政府的大力支持。清康熙四十六年（1707 年）开个旧锡厂，最初每年出产原锡约 144 万斤。据《天工开物》说，锡有“山锡”、“水锡”两种。前者属坡积砂锡矿，后者为冲积砂锡矿，均先利用重力选矿，进行富集。锡石易还原，冶炼比较简单。古代炼锡用竖炉，常常加入铅使锡的熔点再降低，以使锡产品和渣分离。

在炼锡技术方面，宋应星在《天工开物》提到“加铅勾锡”的方法。《新纂云南通志》卷一四六记载了云南传统炼锡的详细步骤：砂锡的淘选要在明槽、平槽、陡槽中分别进行，在地面挖坑修建炼锡炉，炉缸用盐泥筑成箕形，于深端修筑炉身，燃料用木炭，人力进行鼓风。熔炼时先加入炼渣以减少锡的烧损，加入锡砂和木炭相间的层料，熔炼产物在炉缸中盛满后，用细木条搅动，促使渣分离上浮，将渣撇出，再把

① （清）檀萃：《滇海虞衡志》卷二。

② 《新纂云南通志》卷一四六。

锡倒入铁锅中精炼,最后倾倒进砂型中成为锡锭。

以上过程中,氧化锡按下式还原成金属锡

$$2SnO_2+3C \rightarrow 2Sn+2CO+CO_2$$

图 9.16　个旧土法炼锡之淘选砂锡

从个旧传统炼锡方法的调查结果看(图 9.16),其冶炼的步骤有:烧炉—配矿—加炭—上矿—鼓风—放条子—提渣—扫飞矿—提锡片等。个旧工匠总结炼锡的经验说:“头矿、二炭、三扯火。”即矿砂、木炭和鼓风是冶炼效率高低的关键。炼出锡的质量受各种因素影响,入炉矿砂一般品位为 50% ~60%,如品位过低,含杂质过多,则炼出之锡质量不佳。冶炼所用木炭质量差,则火力不足,矿砂冶炼不尽,产锡量势必减少。鼓风强度不够,或风力散漫不集中,即使矿炭俱佳也难有高效率的冶炼成果。矿砂含杂质的量不同,炼出的锡质量也不同。

锡锭的质量是根据表面显露出的斑纹(俗称花口)来鉴别的,种类和纯度的关系如表 9.3 所示。

表 9.3　个旧锡锭种类、表面斑纹特征及纯度

种类	名称	特征	纯度/%
上锡花色五种	上上镜面锡	满面金斑,花如樱桃,光亮如镜	99.7
	顶上金斑锡	满面金花,如芭蕉大	99.5
	正上金斑锡	两头斑多,中间花少如竹叶	
	普通上锡	两头斑少,中间多大竹叶,比正上锡稍少而薄	99.0
	二五上锡	两头有光无斑,中间多大竹叶花	97.0
中锡花色三种	大竹叶花锡	满面竹叶花,有亮光无斑形	96.0
	中竹叶花锡	满面小竹叶花,微有光	95.0
	小竹叶花锡	满面细竹花,多数无光	90
另分次锡五等		多含铜、铅杂质	

随着锡矿的大量开采和冶炼,锡器制作亦随之产生。清《滇海虞衡志》说:“蒙自之锡名于天下,即唐贡所称镴也,其厂名曰个旧。个旧之锡,响锡也,锡不杂铅自也。木邦土司亦出响锡。”“响锡”是指质地纯的锡器。《新纂云南通志》

说:“锡制器皿亦以个旧产者为著名。”①自古以来,滇南一带的民间有使用锡器的传统,品种有餐具、酒具、茶具、文具等。制作工艺有熔化、铸片、造型、装饰、雕刻等。个旧锡器由于加工精致,造型优美,在中国西南和东南亚地区都很有名,从清代、民国直到现在,声誉始终不衰。

另外,云南各地还有锡箔加工,《嘉庆楚雄县志》卷一记载:“锡从蒙自县贩来,邑人□能为箔,售于元谋马街。”《宣统楚雄县志》卷四说:“锡纸,城内有锤锡箔作冥楮者。”锡箔主要作祭祀之用,直到今日,云南滇西的民间仍有生产。

3. 炼锌技术

云南的锌贮藏量占全国第一位,清代以后,黄铜和锌的冶炼技术也发展到新的高度。

车里(今西双版纳)的鍮石(黄铜),澄江府的炉甘石(氧化锌)都是清代有名的产品,说明滇南地区一直有黄铜生产。清代,云南的炼锌厂大量见于记载,《雍正云南通志·课程》和光绪《续云南通志稿》记载云南有罗平州属的卑淅倭铅厂、平彝县(今富源)属的块泽倭铅厂等,“倭铅”即锌。至今,土法炼锌在云南滇东和滇西等地仍有保留。

由于碳和锌矿共热时,温度可高达1000℃以上,而金属锌的沸点是906℃,故锌即成为蒸气状态,随烟散失,不易为古代人们所察觉,只有当人们掌握了冷凝气体的方法后,单质锌才有可能被取得。所以,炼锌需要进行蒸馏处理(图9.17)才能获得。云南古代炼锌技术记载于清《滇南矿厂图略》:“有白铅,俗称倭铅,炼铅以瓦罐,炉为四墙,矿煤相和入于罐洼,其中排炉内仍用煤围之,以鞴鼓风,每二罐,或四罐,称为一乔,为炉大小。”这是一种马槽炉式的炼锌法,此处“瓦罐”即炼锌反应罐。有论者认为,《滇南矿厂图略》记载的炼锌技术符合蒸馏方法,是一种高效实用的炼锌方法,而《天工开物》记载的方法则只可能生产出少量锌,不甚实用。

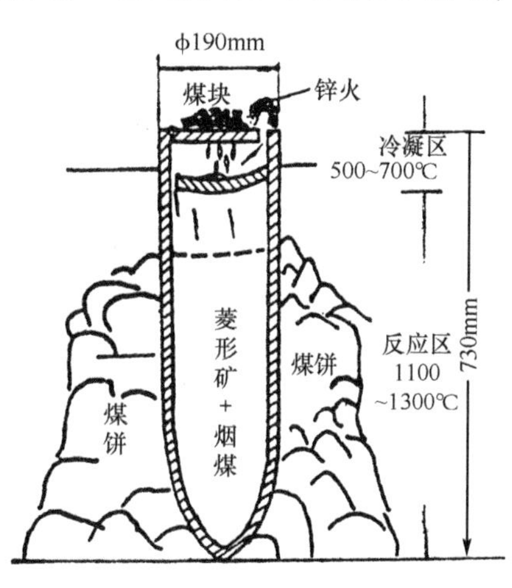

图9.17　炼锌反应罐剖面示意图
(胡文龙、韩汝玢绘)

① (民国)《新纂云南通志》卷一四二。

4. 铁器制作

入清以后,云南铁厂增多,冶铁业较为兴盛,出现了一些省内外较有名的铁制品。

清代,云南有20个铁厂,鹤庆州河底铁厂、南华县的鹅赶铁厂、大姚县的小车界铁厂、腾越的阿幸铁厂都是较重要的冶铁工场。蒙化(今巍山)的西山百里之外也出产铁,产品有"刚柔二种",即生铁和熟铁。民间大量保留着土法熔铁作坊,工艺十分简易。檀萃《滇海虞衡志》说:"蛮冶,挟羊皮囊与冶事数件,沿寨卖冶。冶时掘一小窟,置炭其中,上加以铁,以皮囊鼓之。炭炽铁熔,取而锤之,即成什件,何其简便。"这是一种烧木炭土法熔铁,再用锤进行煅打成铁器的简易方法。沿寨叫卖铁器,在今天的云南乡下还常常见到。

当时出现了一些较有名的铁制品,如武定的"容刀"、东川的"插刀"。容刀"用禄劝铁就郡城铸之"①,"插刀"则"出火红,薄面而利,其地产铁最佳,土夷善于炼用,故锋芒过他处"②,说明这种插刀极为锋利。

云南还有一些传统的铁器,如富源的铁锅、禄丰和陆良的剪刀、鹤庆的针和铁工具在省内都很有名。康熙年间,牟定出产铁,可冶铸盐锅,行销黑琅二井③。富源的铁矿也用于供应铸锅,"云南铸锅技术甚精,锅之销行颇远,有时可达四川之盐场。平奕(今富源)所出者可达广西百色。"④直到现在,富源因铸造技术精良,生产的铁锅仍然是云南、贵州一带有名的生活用品。安宁八街所铸的铁锅,亦为时人所称许⑤。

七、井盐、制糖、酿酒和漆器

1. 井盐生产

由于政府的重视和经济上的推动,清代云南井盐开采呈蓬勃发展的局面,采用了一些新的开采和制盐技术,出现《滇南盐法图》画卷和其他井盐生产著作,反映了当时井盐生产取得了突出的成就。

檀萃说:"滇南大政,惟铜与盐。"⑥井盐开采不仅是云南科技的重要内容,其

---

① (清)檀萃:《滇海虞衡志》卷五。
② (清)《道光云南通志·物产》引《东川府志》。
③ (清)张彦绅:《康熙定远县志》。
④ 中国第二历史档案馆藏,云南之铁,28-1384-4。
⑤ (民国)《新纂云南通志》卷一四二。
⑥ (清)檀萃:《滇海虞衡志》卷二。

生产在清代的经济中也占极为重要的地位。康熙时期,在云南设“盐法道”管理盐政,下设“盐课提举”“盐课大使”等官职,分管各地的盐务。

清初,滇南盐驿使李苾作有《滇南盐法图》,描绘了云南黑井、白井、云龙、琅井、弥沙、景东、安宁、弥沙、阿陋猴井等九个盐井的开采情况,以及九井的“山川形势,煎煮事宜,人物情状”。这九井都是清代云南最著名的盐井。画面上绘有山川、桥梁、庙宇、房屋、人物及各个井区生产的各种工艺,旁边有“题榜”,每帧画后面有“图说”。画中描绘了一个个正在进行的井盐生产活动,从中可知康熙时期云南各民族有不同的盐井类型,不同的汲卤设备和制盐工具,以及不同井盐生产的工艺。在《滇南盐法图》中,表现了清代云南少数民族根据不同的自然环境对自然资源——盐卤进行了不同的利用和开采,从简单的盐泉的直接利用到技术精湛的河中开凿;从手提皮桶汲卤到辘轳汲卤;从人背舟运到枧槽输卤;盐的产品有锅形、球形、方形、圭形和钟形等。

《滇南盐法图》在每一图中还描画了井上的管理机构——稽卤房,有的在稽卤房的窗口画有稽卤员正发放卤水,背水的盐工要通过他的监督才能通过。还有收盐馆,画有管理人员用秤称盐,表示灶户煮成盐后把产品交到了管理所。从图中可以看出,清代云南各地已经有了自己的井盐生产民俗,也有一套管理井盐生产的制度。

最有特色的是河中造井技术。在《滇南盐法图》中,安宁井(图9.18)、黑井和景东井中都描述了在河流中间造井,把淡水和咸水分开再取卤水的图景,这是云南少数民族对采盐技术的独特贡献。《滇南闻见录》也记录了河中造井的情况:“滇盐产于地中,穴地为井,汲卤煎盐,盐井俱在迤西、南一带,普洱府属之威远地方,竟于淡水河内探得卤穴,甃成盐井。”这种河中造盐井取卤水的方法,迄今只见于云南一地有记载,是云南人民在盐业生产的一项独特贡献。

图9.18　《滇南盐法图》安宁井

清代已有若干开采盐井的著作问世，例如，康熙年间的《黑盐井志》、乾隆年间的《白盐井志》。这些著作详细记载了开采井盐的工具、方法、步骤和对当地经济的影响，从中可知，当时云南有多种直井、斜井，汲卤有卤车、桔槔等机械，已使用管道输卤，说明新技术在开采和制盐中得到了广泛采用。这两部著作在中国盐业史上占有重要地位。清乾隆《滇南新语》也记载了黑井的直井开采、皮囊汲卤、熬卤设备及各种熬卤方法。

根据文献记载和相关调查，云南传统井盐开采技术有轱辘拉汲式，应用于垂直开凿的井；竹筒抽汲式，应用于倾斜开凿的井，输卤又有背运和挑运。煮盐采用铁锅，往往加入米饭和香油少许，滤 2～3 次后，把杂质去除即可。井盐是云南一些少数民族的重要经济物质，曾远销西藏、缅甸等地区，在滇西北还形成了有民族文化交流特色的“盐马古道”。

2. 制糖技术

蔗糖是糖中比较甜的一种，盛产于滇南和滇西气候较热的地区，有红糖、白糖和冰糖数种。

《康熙云南通志》说：“砂糖，红白二色，出建水、宁州（今华宁）、阿迷（今开远）。”[①]三地均在滇南地区。《雍正阿迷州志》记载当地的物产有“红砂糖”。清《滇海虞衡志》说：“蔗糖，名目至多，而合子糖尤盛，元谋、临安（今建水）之人多种蔗，为糖霜，如雪之白，曰白糖。对合子之红糖也，其买卖大矣。”当时所生产的蔗糖名目至多，但其中白糖达到“如雪之白”，说明元谋、建水等地蔗糖的精制工艺水平相当高。

滇西的云州（今云县）一直是产糖的重镇。光绪时纂修的《续修顺宁府志》说：“糖，旧志有红白饴二种，云州所产冰糖、白糖、红糖，为数甚多，州属货产以糖为第一大宗。”说明三种糖在云州的产量都很高。《新纂云南通志 · 物产考》说：“故自昔即有竹园糖、云州糖、宾居、牛井糖之称。红糖而外，如竹园出品有白糖、冰糖。”以上地区，云州即云县，竹园在弥勒县，宾居、牛井在宾川一带，都是云南著名的食糖产地。清代糖的大类主要有红糖、白糖和冰糖，与今天相同。但不同的产地，糖亦有不同的名称。其中，弥勒县的竹园糖厂一直是云南的最大糖厂，在中国西南的糖厂中亦名列前茅。

在滇南的傣族和壮族地区，至今保留有土法榨糖的工艺。其木制压榨机是

① （清）《康熙云南通志》卷十二，《物产》。

利用杠杆原理来达到榨压作用的，一般有两个榨筒。压榨时把甘蔗切入榨槽，榨筒上的梢互相进行挤压，从而把甘蔗汁榨出，以后再架锅熬糖，一般需要3～5人操作。据调查，可用人力、牛力和水力压榨。

3. 酿酒技术

由于有成熟的蒸馏技术，清代云南各地出现了一些有名的烧酒，果酒和葡萄酒也传入了云南。

雍正年间，文献中记载了云南有"烧酒、白酒、黄酒数种"。[①] 乾隆年间，清《滇海虞衡志》记载了很多当时的名酒。例如，产于定远的力石酒："力石酒，出定远，亦高粱烧。名力石者言其酒力之大，重如石也。"滇中地区元谋盆地一带出高粱酒，其味"如北方之干烧"，显然是一种蒸馏酒。同一时期，武定的花桐酒、昆明的南田酒和各地的丁香酒都很有名，而大理的鹤庆酒，"其味较汾酒尤醇厚"。清代以后，烧酒的酿制技术在少数民族中迅速普及开来。

从内地传入的是绍兴酒，用昆明的吴井水酿造。从缅甸传来的是古剌酒，开化（今文山）则生产洋酒，盛以琉璃瓶，应是仿造国外的酒。未经蒸馏的酒则称为"白酒"，例如，《滇游续笔》说糯米做成甜酒，俗称白酒。现在民间也有这种"白酒"。

云南的果酒已经出现了数种品种，有桑椹酒、山楂酒、葡萄酒等。《滇海虞衡志》说："桑椹酒、山查（楂）酒、葡萄酒。滇产葡萄佳，不知酿酒，而中甸地接西藏，藏人多居之，酒盖自彼处来也。"说明早在清代中期，滇西北中甸的藏族已有葡萄酒生产，檀萃认为可能是从西藏传入的技术。

4. 漆器制作

清代，除大理、剑川有雕漆等传统漆艺外，产漆的地点还有丽江府[①]、顺宁府[②]，以及属于腾越州（今腾冲）的界头[③]。不仅用于家具，皮甲也要用漆进行装饰。在昆明及滇西一带，木杂漆工及建筑上的贴金刷漆，以剑川、兰坪人的技术最佳，"剑川漆髹之檠、盂、套、合，蜀客多购之"[④]。除云南省内，各种漆器产品还远销到四川等地。

① （清）《雍正云南通志》卷二七，《物产》。
② （清）师范：《滇系》，《赋产系》。
③ 《道光云南通志》卷七十，《食货志》六。
④ （民国）《新纂云南通志》卷一四二。

清前期最重要的漆产地在滇东北，巧家生产的黄花漆鞍，因富于装饰，在清代就很出名。但清代最著名的漆器产品是东川的乳漆桌。《乾隆东川府志》说东川生产的乳漆桌，外形如退光漆（一种生漆，初漆时光泽较暗，后逐渐发亮，故名）所制，其花纹极为细密，很类似于瘿木纹，但更为圆朗。由于东川漆木佳，漆匠的水平亦相当优良[1]，表明东川有精良的漆器工艺。“乳漆”是形容漆器润泽的意思，在视觉上有很好的效果。但乾隆年间之后，这种漆器在东川已不能生产了，以后乳漆工艺在云南从此失传。

八、造纸与纺织技术

1. 造纸技术

清代，云南出现了一些名纸，大理、鹤庆的白族有白绵纸，傣族有构皮大白纸，中甸纳西族有白地纸，采用抄纸法或浇纸法生产。

云南的造纸在康熙《云南通志》、《滇海虞衡志》、《滇系》、《康熙蒙化府志》、《乾隆腾越州志》、《乾隆丽江府志》等地方志中都有记载，以土纸（竹为原料）居多，兼有绵纸（树皮纸）和其他原料的手工纸。

清代云南以绵纸（构皮纸）生产为代表。吴大勋说，滇中产绵纸，厚薄不一，厚者极佳，光洁紧细，非常坚致，不似竹纸之松脆。凡衙门中所用的纸皆为滇产绵纸。一切竹纸、笺纸，皆自外省贩至云南。但檀萃说：“纸出大理，而禄劝亦出，然不及黔来之多且佳，故省城用黔纸。”[2]除云南本地生产的手工纸外，邻省贵州的优质手工纸也进入了云南。近代以后，四川生产的手工纸亦大批进入云南各地。

大理的绵纸（树皮纸）因质量上乘获得很高声誉，清代作为宫廷贡纸。曾任大理知府和云贵总督的吴振棫（1792～1870年）著有《养吉斋丛录》，其中叙述各省进贡宫中的纸种：“纸之属，如宫廷巾用金云龙硃红福字绢笺……大理（云南）各色纸，此皆懋勤殿皮藏中之别为一类者。”[3]说明大理纸作为有名的加工纸，已进贡于宫廷之中。《滇小记·大理纸》记载，当时大理生产的构皮纸被称为“光致莹洁，坚实精好”，既光滑又洁白，由此可见大理纸的精良，但官府作进

---

① （清）《乾隆东川府志》卷十八：“乳漆桌，形如退光，花纹极细密，似瘿木纹，更圆朗。东川漆木佳，其匠亦良。”

② （清）檀萃：《滇海虞衡志》卷五。

③ （清）吴振棫：《养吉斋丛录》卷二六。

本纸和笺纸时饰以云母和金屑,技艺没有掌握好,影响了纸的受墨性能,反而不能用。

《嘉庆鹤庆州志》说鹤庆出产白纸、草纸和锡箔纸。在鹤庆六合、龙珠一带,白族生产的白绵纸在清代名重一时:“如鹤庆、腾越以构皮造出之棉白纸,用以印书,坚韧耐久。鹤庆造者销行尤广。”①这种纸以构皮为原料,用抄纸法制作而成,纸质洁白柔软,易于托墨,是书写用的佳纸。清代云南的大量志书就是用白棉纸书写或刻印的,对民族文化的发展起到了积极的作用。白绵纸还远销西南各省及缅甸一带,在中国西南及东南亚地区都享有盛誉,直到近现代还为世人所重。

图 9.19　傣族浇纸法造纸

傣族的造纸是一种浇纸法造纸(图 9.19),这是一种最早发明的造纸法,产生于西汉时代,现在广泛分布于东南亚和中国西藏、新疆等地区,与中国内地常见的抄纸法造纸相比,属不同的技术体系。《新纂云南通志》记载了傣族的这种浇纸法产品:“镇雄及镇康,孟定坝摆夷,亦能用构皮造一种大白纸,较外国牛皮纸尤韧,力撕不破。”①现在,云南西双版纳的勐混、耿马的孟定和镇康等地仍保留有这种古老的造纸法,所造出的纸张厚而洁白,韧性很强。

东巴纸是纳西族特有的一种纸张,至迟在清代出产于白水台、大具等纳西族地区,主要用于东巴经的书写。它主要采用瑞香科荛花为原料,制造方法融合有浇纸法和抄纸法,前者只见于少数民族地区,后者为中国内地所常见,这是受藏族和白族传统造纸方法的影响,并有自己的一些创新,在中国造纸史上独具特色。东巴纸的特点是厚、坚韧、抗蛀性强。用东巴纸做的各种艺术品具有古朴、原始的风格。

2. 纺织技术

清代,传统纺织技术获得全面发展,技艺达到了高度成熟的水平,丝织品、棉织品、麻织品和毛织品都出现了一些有特色的产品。

---

① (民国)《新纂云南通志》卷一四二。

丝纺织。通海锻曾是清代有名的丝织品，谢圣纶在乾隆十七年（1752年）起，曾莅滇9年，他说滇中有名的通海锻，外观为织成小骰子的花纹，华彩之中尚存浑朴，其织造在省会的市肆中流布颇广①。檀萃在《滇海虞衡志》中也谈这种有名的通海锻。说通海缎出自通海县，他到云南赴任时还获得过这种缎，作为衣服穿过，但离任时已经没有了。说明乾隆后期，这种华彩的通海缎已经失传。檀萃感叹道："古称滇善蚕，出丝绵，后绝迹，殆即通海缎原有忽无之故乎？"

棉纺织。清代吴大勋记载了一种"挝绒"的产品："永昌挝绒，棉纱作经，用棉花织就，随织随挝，故名。形如铺雪，白净可爱，作袍褂里，胜于羊绒，他处无有也。"②这种永昌（今保山）所产的"挝绒"采用"棉纱作经"纺织而成，用为袍和褂的里子，是一种白净可爱的棉纺织品。

麻纺织。滇东北麻布生产颇为发达，其做工极细，可裁为衣服："麻布，乾夷自织，极细，裁为衣，不染垢。"③苗族历来是绩麻纺织的能手，苗锦是著名纺织品。"云南苗人多种麻，纺织为衣，如老邪滩之罗纹土麻布，花麻布，皆苗人所织。"④说明滇东北老邪滩（在今昭通）有罗纹土麻布和花麻布等不同花色，都是苗人自己种植麻，再纺织为衣服。各地的苗族女子用麻线织布，进行刺绣、染色等加工处理，制成美丽的苗锦："苗锦，夷妇以线经布，其上刺织色样花绣，视之极秀丽古雅，夷人衣帽皆用之。"③用这种"极秀丽古雅"的苗锦，再进一步加工制成美丽的衣服。

康熙时期，楚雄一带的蒲蛮（布朗族），居住在山中，刀耕火种，妇女以织火麻布为生⑤。这里"火麻"就是指大麻。滇西北纳西族也多以麻布为衣："夷人衣服纯用麻，最存古意，系自织，幅只五六寸宽，制服甚短小，不足御寒，冬时向火度日。"②直到今天，纳西族的麻纺织也极为普遍，麻布是其传统的衣着。另外，腾越（即腾冲）的西北乡用苎麻纺绩，做成麻线，输出到缅甸，供结网之用，为该乡的大宗产品④。

麻往往与火草混织成布。滇中的姚安一带的彝族盛行织火草布，其制作工

---

① （清）谢圣纶：《滇黔志略》卷十。

② （清）吴大勋：《滇南闻见录》下卷。

③ （清）《乾隆东川府志》卷十八。

④ （民国）《新纂云南通志》卷一四二。

⑤ （清）《康熙楚雄府志》卷一。

艺为："暴干去表存里，夷人则生取之，辑其里为线，麻线为经，此线为纬。"即去除表面表叶，只要白色里叶，然后用麻和火草混织为火草布，产品有"轻、暖、鲜、洁"的特点，质量胜于纯用麻织的布①。白盐井(今大姚)人用火草与麻混织成布，叫做火麻布，细致而好看，鹤庆亦有火草布②。今天，少数民族地区仍用相同的方法织火草布。

毛纺织。多为各种羊毛制作的毛毯和毛毡，东川、巧家的毛毡行销全省，尤以东川地毯的制作最为重要。吴大勋说，云南各郡都产毡，而以东川出产的毛毡最佳，特点是紧细光洁，与毛尼相仿，很旧的毛毡颜色亦鲜明。测量房屋之大小，再制成铺地的毛毡，铺满一室，极为华美。惟其太沉重，大者不能携带得太远③。可见，清代东川地区已出产高质量的地毯了，这是目前所见云南关于地毯的最早记载，在毛纺织史上有重要的意义。另外，乾隆年间东川还生产羊毛线，染成彩色，极为牢固。腾冲西北各乡畜羊甚多，剪毛后，松园村的人制作为羊毛毡，大量销到少数民族山区及缅甸等地。

傣族羊毛织的摆夷布也很有名，清《滇游续笔》说，摆夷布是摆夷纺织的，产品名目很多，纹理精好，粗者如罽(毡子)，细者如锦，它是用羊毛纺织的，质量不亚于羽纱织的布。所以，这种布也是一种羊毛织品，应为傣锦的一种。路南县的彝族亦能织羊毛布，制作为衣服、外套及用于垫褥②。

最有特色的是藏族织毛布工艺："中甸古宗(指藏族)善织毛布，行住不停，口念佛经，手纺毛线，所织皆精致坚牢。"②藏族最驰名的纺织品是迪庆高原的特产——氆氇，这是一种用羊毛和牦牛毛混合纺织加工而成的窄幅粗毛料，在《雍正云南通志》和《滇海虞衡志》中都有记载，它有鲜红、紫红、黑、白及彩色条花诸种，由于采用藏红花染色，色彩十分鲜艳。一般为斜纹组织，也有平纹、缎纹组织。氆氇具有保暖、透气性强和结实耐磨等许多特点，深受滇西北各族人民的喜爱。

云南还有一些特殊的纺织原料。云南各地盛产攀枝花，多作为填充料使用。檀萃说："板枝花者，木棉花也，金沙江热地方多有之，元谋绕署皆扳枝花，树高

---

① (清)甘雨《光绪姚州志》："火草布，火草叶似苤莒，表青里白，从生如盘，其用以引燧者，暴干去表存里，夷人则生取之，辑其里为线，织时用麻线为经，此线为纬，名曰火草布。其轻暖鲜洁，较胜于净麻者。"

② (民国)《新纂云南通志》卷一四二。

③ 《滇南闻见录》下卷原文："毡：各郡产毡，而东川最佳，紧细光洁，与呢相彷佛，旧色亦鲜明。量房屋之大小，制成地毡，铺满一室，华美殊甚。惟是质甚沉重，大者不能携之远也。"

大亦如粤。”[①]实际上攀枝花并不是木棉。现在云南各地仍有很多攀枝花树，民间用其花絮作为枕头和被褥的填充料。

有些边远少数民族穿着是树皮布，例如，离腾冲千余里的“野蛮”（景颇族）：“以树皮毛布为衣，掩其脐下。”[②]其他文献也记载了茶山外的景颇族以树皮为衣[③]，滇南的基诺族同样以树皮毛布为衣[④]。

清代师范的《滇系·人物系》中，记载了一条民间人士倡导纺织业的事迹：“王玮，字学山，易门县人，雍正己酉选拔。敦孝友乐施与。易门初无女红，其建祁丰祠以兴纺织，公倡之也。”说明在雍正年间，王玮在易门县倡导纺织手工业，对当地的技术进步做出了贡献。

3. 纺织机具

在云南少数民族中，从纺轮到纺车，从腰机到水平织机都有，呈现出一部活脱脱的纺织机具史。

清代，檀萃曾记载了云南民间的纺织工具：“蛮织，随处立植木，挂所经于木端，女盘坐于地而织之。如息，则取植及所经藏于室中，不似汉织之大占地也。”这是一种简单的腰机操作。檀萃在同书中又说：“蛮纺，用一小胡卢如铎状，悬以小铅锤，且行且按而缕就，不似汉纺之繁难。”[⑤]这是采用纺坠进行纺线的操作。直到近现代，云南少数民族纺织工具亦分纺车和织机两种，织机又分手拉和投梭两种，有的结构和工序都很简要，与檀萃的记载相近。

在云南少数民族的织机中，以腰机最为普及。如佤族、彝族、阿昌族、怒族、德昂族、布朗族、独龙族都广泛使用腰机，用木桩或木桩上的横杆代替经轴。其他民族多使用各种水平织机，但不同民族的织机往往各有特点。例如，纳西族、布依族、傈僳族使用较简单的木架式织机，有二蹑或三蹑纹脚踏提综织机，中甸的藏族则多用地织机织毛布。傣族有竖线纹织机和多片线纹织机等，已使用脚踏，处于踞织机与多蹑纹织机之间的过渡形态，最多可达十蹑以上，可织出十分繁复的纹饰。一些纳西族地区也有脚踏式多蹑纹织机。元江的哈尼族有斜织机，多用于织棉布，可增加打纬的力量。

---

① （清）檀萃：《滇海虞衡志》卷九。
② （清）《道光云南通志》卷一八七。
③ （清）《光绪腾越厅志稿》卷一五。
④ （清）《雍正云南通志》卷二四。
⑤ （清）檀萃：《滇海虞衡志》卷五。

最复杂的是白族的脚踏织机(图9.20),例如,大理周城的白族织机增设了梭槽,可用绳拉梭飞跑一个来回,提高了生产率。而大理地区纺织机具亦极为发达,《大理县志稿》记载:“今各乡妇女争习纺,织机计数千计,销行北路各县,为邑中出品大宗。”

图9.20　大理周城白族传统织布

4. 染靛技术

云南各地多采用蓝靛染蓝布。《乾隆腾越州志》卷三说:“靛,北练、曲石、瓦甸、界头一带均有。”说明清代腾冲的蓝靛生产颇为旺盛。《大理县志稿》引《旧云南通志》说:“出太和,叶椭圆形,花淡红色而小,茎赤色有节,植之者刈去梢及根,种其茎数节即能发生,秋初刈叶以水浸之,至蒸发时和以石灰搅之,注于缸底者即靛也。凡染青蓝色皆用之,获利甚大。今北乡、周城、江渡、塔桥、阳乡等村产靛甚多。”以上是云南古代关于蓝靛种植和染色的珍贵史料,主要采用蓝靛的叶子浸泡,加入石灰后搅拌,再进行冷染为青色布。当时在北乡、周城、江渡、塔桥、阳乡等村产靛甚多。但晚清以后,“洋靛输入,土靛渐衰”①,终于受到外来产品的冲击。

现在大理的周城还一直保留着用蓝靛染布的方法,往往使用扎染工艺染出有蓝白相间花纹的蓝布,为当地的一种著名工艺品。

九、玉、石器与化学药品

1. 玉、石开采和加工

琢玉是清代云南一项突出的手工技艺,大理和昆明一带有大量碾玉作坊,生产的玉器行销全国,这两个地方成为重要的玉器生产中心。

檀萃说:“玉出于南金沙江,江昔为腾越所属……中多玉,夷人采之,搬出江岸,各成堆……运至大理及滇省,皆有作坊。解之见翡翠,平地暴富也。”②当时,云南地区有丰富的玉材来源,白玉、翡翠和黑石等主要出自蛮莫土司,而宝石、碧霞

---

① (民国)《新纂云南通志》卷一四二。

② (清)檀萃:《滇海虞衡志》卷二。

玺出于猛密土同，均在中缅边境一带。“南金沙江”应为今伊洛瓦底江一带，是世界上最重要的翡翠产地。这里出产的玉料多经过大理和昆明的碾玉作坊加工制作成精美的玉器，凡神仙古佛、盘碗杯彝、文玩戒指、帽花耳坠等等，无一不精，大理生产的如意还一直作为宫廷的贡品。

宝石的种类很多，除以上品种外，还有青金石、玛瑙、闪石、昆球石、金刚钻、琥珀、催升石等①。其中青金石是一种天蓝色到深蓝色的不透明铝硅酸盐玉石，我国迄今没有发现青金石的矿床，应为国外传入。从不同颜色看，绿色的有卢子、祖母绿；蓝色有软蓝、翡翠；白色有金刚、赕羊精；黄色有猫睛、酒黄粉；红色有比牙洗之类②。说明清代云南有丰富的玉材来源。

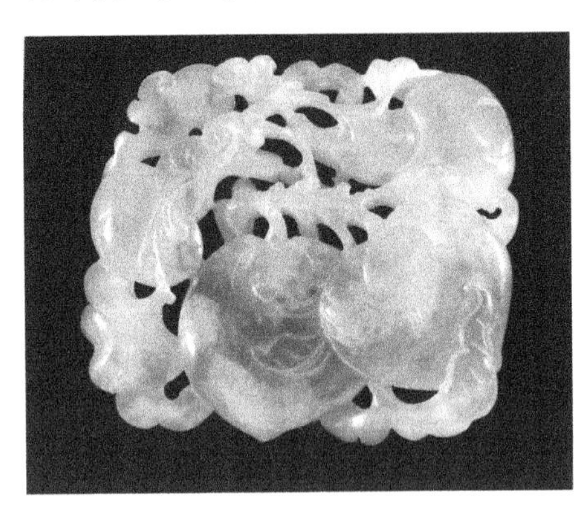

图9.21　云南昆明荷叶山出土的清代翡翠佩③

这一时期，在昆明刘家山、荷叶山等地的考古发掘中，开始出土了数量相当可观的翡翠（图9.21），造型雕琢皆细润精巧。这说明翡翠作为一种硬玉，是在清代以后才开始较大规模地从缅甸输入云南，以后再传入中国内地。另外，硬度最大的金刚石也已出现在清代云南的玉器市场上。

玉器的雕刻技艺已有很高水平，浮雕、镂空雕、线刻的运用已相当成熟，题材的表现极为多样化。光绪年间，昆明工匠到腾冲雕玉，工人得以模仿，腾冲的翡翠玉雕业兴起。缅北猛拱所产翡翠玉石，由腾越玉商到猛拱开采，几乎全部运入腾冲集散，但选料极难，杂玉中获得美玉者，千人中仅1人而已。玉料经粗加工后，把生料、熟料（半成品）和玉雕产品运往昆明等地。所谓玉雕，并非只用刀来雕，而是要先经过解、磨、抛光三道工艺，最后再雕出精巧细致的玉器。腾冲的玉雕产品有手镯、戒指、耳环、珠子等。

洱海地区大理石的开采出现了高峰。当时，大理石又称为楚石、瑜石等。檀萃《滇海虞衡志》记载：“楚石出大理点苍山，解之为屏及桌面，有山水物象如画，宝贵闻于内地。”又说，当时大理攻楚石者有几百家，“皆资以养活”，用楚石制作

① （清）吴大勋：《滇南闻见录》下卷。

② （清）倪蜕：《滇小记》，《宝石》。

③ 王丽明：《中国出土玉器全集》，第12卷，科学出版社，2005年，第139页。

画屏、桌面和茶几，已有相当大的生产规模。

康熙时期，云贵总督高其倬把大理石分为十品：层峦叠障、积雨初霁、群山杰立、雪意未晴、雪峰千仞、岩岫半微、水石云月、云山有迳、浅绛微黄、孤屿平湖。清代阮元在《石画记》中把大理石分为水墨花、绿花、青花、秋花等类，加以琢磨，俨然成天然名画，可制作插屏、围屏等，销售到全国及海外[①]。大理石的雕刻也大量用于白族人家的建筑之中。

清雍正年间，姚州人夏诏新"其倡修黉宫（即文庙），捐资独多，躬亲庀材程工，复遣子至大理购运点苍石，为庙中壮观瞻"[②]。说明在邻近地区，人们也已采用大理石作为建筑材料。

2. 化学药品的开采

一些重要的化学药品在清代得到大量开采，并远运内地，这些化学药品不仅在生产和生活中有重要用途，对传统科技亦有一定的影响。

丹砂（HgS）是炼汞（水银）和作画的重要原料，云南生产丹砂已有数千年历史，远在先秦古籍《逸周书》及宋代《桂海虞衡志》中都有记载。清代《滇海虞衡志》说："丹砂，出于迤西，左思所称，永平之西有朱砂（即丹砂）厂。"当时，大理地区丹砂生产非常兴盛，水银厂很多，《新纂云南通志·物产考》表列大理地区著名的水银厂有永平西里、漾濞西区老厂沟、云龙西北乡等处。

丹砂炼汞的化学方程为

$$HgS \xrightarrow{\text{加热}} Hg + S$$

石硫黄（S）则以浪穹（今洱源县）的天生黄最为著名。据《滇海虞衡志》记载："石硫磺，滇中各处出，而惟浪穹之天生黄，其值比金。"以后《续云南通志稿》、《滇系》都有类似记载。硫黄大都作为制造火药的原料，但既然"其价比金"，就不会是制造廉价的火药，而是作为医用药物，所以《浪穹县志略·物产》说："天生黄出县治东九气台，平地起石岩，石空如蟹壳，上建真武阁。岩下出温泉，有热气九股上蒸，凝结为磺，最异者四面冷水，温泉独沸其中，此乃阴中之阳，故性不燥烈，气味甘温无毒。"这就是今天的"地热国"所在地，已成为大理地区著名的旅游胜地。

清代赵州（今下关、凤仪等地）的石硫磺生产也很有名，从清代到近代一直远销缅甸和印度等国，为白族地区的大宗出口产品。

---

① （民国）《新纂云南通志》卷一四二。

② （清）师范：《滇系·人物系》。

空青是出产于云南的一种著名颜料，远在汉代的《本草经》中就有记载，其化学式为 $Cu(OH)_2 \cdot CuCO_3$，《滇海虞衡志》载："空青，今名大青、曾青，滇中以为颜料，贡大青出姚安。"据《续云南通志稿》记载，当时还有夷回回青、佛头青等，这是一种含钴矿物炼成的，可作为青花瓷器的色料。

硝也是白族出产的大宗产品，当地称为"皮硝"，同样远销到印度和缅甸等东南亚国家。《雍正宾川州志》和《光绪云南县志》都记载了明清时期宾川和云南县（今祥云）出产硝的情况，洱源的温泉大量出产芒硝，常常结晶析出，很容易收集得到。硝石一般用于火药生产，也常用来保存动物皮，名为"硝皮"。《光绪云南县志》还记载云南县出产黄丹（Pb_3O_4），这也是一种著名的药物。

石硫黄、硝与炭按一定配比就能制成火药，清代亦成为云南制造兵器的重要原料。乾隆四十二年（1777 年），"火药为营中利器，防御先资，所关甚钜，滇省历来办理，惟听各营自行差弁，向驿道衙门请票，径赴各州县采挖。地方官因系营员承办，虽有督煎之名，其实并不过问。煎熬数目，既不报核"①。说明各营是到各州县采挖原料，再煎熬配炼成为火药。

十、建筑技术

清代建筑在云南全省都有广泛遗存。与明朝注重厚重、朴实不同，清代云南代表性的建筑，风格上追求富丽堂皇，外观显得极为华丽，甚至有些夸张。装饰上极尽雕饰，大量地使用彩绘成为清代建筑的一大特点。少数民族的民居建筑和桥梁建筑也各展风采，并有浓厚的民族色彩和地方色彩。传统建筑技术在清代终于达到了高峰。

1. 楼阁建筑

圆通寺位于昆明市区内的圆通街，始建于唐朝南诏时代，元朝大德五年（1301 年）建圆通寺，"建殿三楹，以庋藏经"②，元延祐六年（1319 年）完成。明清时期多次扩建和重修。现存的建筑主要是清代的重建物，有圆通胜景坊、大雄宝殿、八角亭、回廊等。外观彩绘绚丽，金碧辉映，建筑布局得体，环境十分优美。

大雄宝殿为清初吴三桂重建，有匾"圆通宝殿"四字。大殿外观雄伟，琉璃瓦宝顶，正中两根立柱上塑有彩龙，各伸巨爪，四壁则塑有 118 尊神像。大殿前

---

① 《清实录 · 高宗实录》卷一千四十。

② （元）李源道：《圆通寺记》。

有一池，池中有观音殿，设在小巧玲珑、典雅别致的八角亭内，为两层建筑(图9.22)，内供奉千手观音，有石拱桥通达八角亭。回廊绕池而建，南北长近80米，东西宽60余米，显得均衡对称。圆通寺是云南宗教建筑与园林建筑相结合的典型，被誉为"圆通胜境"、"螺峰叠翠"，是昆明的游览胜地之一。

昆明大观楼又称近华浦，在昆明城西南，濒临滇池北草海。始建于康熙二十九年(1690年)，为云南巡抚王继文修建，其中有大观楼、澄碧堂、观稼堂、涌月亭等建筑，由于风景宜人，远处西山滇池隐然如画，自此高人韵士登临不绝。清道光八年(1828年)大观楼由原来的二层重修为三层。现存建筑为光绪九年(1883年)云贵总督岑毓英重修，为木结构建筑，共三层楼阁，在石基上立柱。此楼铜瓦金黄，屋檐高翅，造型稳定，外观富丽瑰伟(图9.23)。

图9.22　昆明圆通寺八角亭

图9.23　昆明大观楼

乾隆年间，布衣孙髯翁(1688～1774年，生卒年有争议)撰写了180字长联。由于意境高妙，后人无法超越，被誉为"海内外第一联"，"海内长联第一佳者"，昆明大观楼从此名声大振，遂跻身于中国名楼之列。而一生穷困潦倒、遗世独立的孙髯翁竟因此长联成为云南历史上影响最大的文人。

图9.24　会泽江西会馆

会泽县的江西会馆(图9.24)，又称万寿宫、江西庙，始建于清康熙五十年(1711年)，乾隆二十七年(1762年)重修，占地面积7500多平方米，系江西人仿南昌万寿宫建,有门楼(戏台)、正殿、后殿、魁阁、花园等。

门楼建筑为五重檐歇山顶式,后为戏台,木结构建筑。檐高13.6米,通面阔16米[1],岩石铺垫立柱。其造型奇特而有气派,样式趋于繁缛,构件飞檐斗拱,层层收缩,制作精妙。装饰采用柱上雕龙,再用金漆彩绘,显得雍容华贵,至今颜料仍然很鲜艳。正殿供奉万岁牌,其西设有剧场,其东则为花园。后殿建筑为单檐歇山顶抬梁结构,正、后殿之间有一个圆形魁阁。整个万寿宫有高超的艺术造型,极尽华丽奢侈,是清代云南楼阁建筑的代表之作。

2. 民居建筑

各个少数民族由于处于不同的地理环境和文化,采取了一些完全不同的居住形式,形成了自己的建筑文化风格。其中以白族、傣族的建筑为代表。

大理白族地区多见穿斗式木结构,三坊一照壁、四合五天井都是典型的内地汉式建筑。大理还多见石结构建筑,这种建筑能承受较大的荷载,所谓"大理有三宝,石头砌墙不会倒",特别是用鹅卵石砌墙的技法相当独到。白族还广泛采用砖结构,例如,墓葬中的拱券式砖结构和佛塔建筑中的筒体式砖结构。有些砖结构建筑在大理地区已经历了上千年的时期。住宅建筑也大量采用砖作为承重墙体,并使用黄土泥浆或石灰浆等作为胶结材料。

白族的民居建筑(图9.25),斗拱重叠,屋角飞翘,善于用透雕法刻人物花鸟装饰墙壁和门窗,手法极为精致而灵活。剑川木匠往往会使出浑身解数,极尽雕饰梁、枋、斗,创造出一个个的精品,使建筑散发出迷人的华贵之气。有些白族民居建筑有很强的艺术感染力,是云南各民族在建筑方面的代表作。

图9.25　喜洲白族民居

灵秀的大理不乏能工巧匠。清张泓《滇南新语》说:"盖剑土硗瘠,食众生寡,民俱世业木工,滇之七十余州,及邻滇之黔、川等省,善规矩斧凿者,随地皆剑民。"《顺宁府志》说:"白人,多从大理、剑川来者,或习梓匠、为杂工、凡作室制

① 有关数据由会泽县文物管理所提供,谨致谢!

器，取利则来。"《新纂云南通志》说："迤西之坛庙寺观，多剑川木工手造。"[①]滇西有"丽江粑粑鹤庆酒，剑川木匠到处有" 的民谚。现在，整个中国西南的重要寺庙都遍布着剑川白族泥瓦匠和木匠的建筑作品。

纳西族民居多采用井干式木楞房，这种建筑早在明代就有记载："磨些蛮所居，用圆木纵横相架，层而高之，至十尺许，即加椽桁，覆之以板，石压其上，房内四面皆施床榻，中置火炉，高与床齐。"[②]清代以后，丽江地区传入汉式的瓦房建筑，但仍保留了一些原来的传统："旧时，惟土官廨舍用瓦，余皆板房……改设后，渐盖瓦房，然用瓦中仍覆板数片，尚存古意。"[③]直至今天，纳西族山区还常见这种木楞房建筑。

傣族建筑受气候和宗教信仰的影响较为明显，大体可分为民用建筑和佛寺建筑。傣家竹楼多采用干栏式建筑，整个竹楼用粗壮的木柱作为支撑，木片或平板瓦作为屋顶，上面住人，下栖牲畜，具有冬暖夏凉、防潮防震的特点。

傣族建筑以佛寺（图9.26）和佛塔的成就最高，上座部佛教的寺庙称为缅寺，几乎每个傣寨至少都有一座。最基本的有大殿和僧舍，有的还另建有戒亭和塔等。佛寺建筑大量采用装饰，分构件装饰和彩绘装饰两种类型，风格繁复精美，善于使用变化多样的色彩，其目的是表达宗教的观念。傣族的佛塔为砖石结构，一般较为秀小，单塔之外，往往还建有群塔，呈群星拱卫状，结构精巧，造型美丽，最为人们惊叹。

图9.26 傣族建筑

彝族的民族建筑以土结构为主，多为夯筑式土结构，现在彝族地区仍随处可见用夯土建造的房屋和墙垣，称为"土掌房"，哈尼族也多采用土掌房，这种类型的房屋经济实用，造价较低。在木料较丰富的彝族地区则以井干式木楞房为主，这种房子结构单纯，外形朴实。滇南的基诺族还盛行一种干栏式长房，这是原始氏族的公共住宅，这种住宅也发现于拉祜族、布朗族、德昂族，但规模较小。

---

① （民国）《新纂云南通志》卷一四二。

② （明）周季凤：《正德云南志》卷一一。

③ （清）管学宣：《乾隆丽江府志略》下卷，《礼俗略》。

藏族的建筑为土木结构相结合。民国《维西县志》卷下说:“古宗精于建筑,其修屋宇也,规模几层为度,如建三层,墙高如六,基坚坦厚,墙完竣之后,乃架木为屋,多开窗,其窗较西式犹为合宜。”在宗教建筑方面,藏族更是有很高的建筑水平,今中甸的松赞林寺(图9.27),气势雄伟,是云南省规模最大的藏传佛教寺院,在整个藏区都有着举足轻重的地位。

图9.27　中甸松赞林寺

3. 桥梁建筑

由于山高坡陡,河流湍急,云南各地所建的桥梁极多,式样也丰富多彩。除滇西的铁索桥外,还有各种拱桥、藤索桥和溜索桥等。

建水双龙桥(图9.28),是一座多孔联拱桥,位于滇南建水县西庄镇水打营村北150米处,横跨泸江、塌冲两河交汇处,因两河蜿蜒盘曲如双龙而得名。始建于清乾隆和道光年间,为十七孔圆弧形的石拱桥,咸丰六年(1856年)桥上阁楼被毁,光绪二十四年(1899年)重建了三座阁楼,现存主阁和南亭,《重建双龙桥阁楼序》碑刻立于北面。双龙桥占地面积735平方米,全长148米,宽3~5米[①],整座桥体由无数的青石砌成。其规模宏大,造型匠心独运,有极高的艺术价值,在云南的古桥中首屈一指,在中国桥梁史上占有重要地位。

云南边远地区还有溜渡桥,这是在飞流激荡的峡谷地区建造的一种极具特色的桥梁。清《滇南新语》记载:“澜沧江渡更觉险奇,两岸险逼,无隙可施铁索,

---

① 建水县文物管理所提供了相关数据:主阁高20米,南亭高12米,桥上主阁为方形三重檐歇山顶,屋檐层叠,屋顶为琉璃黄瓦,建筑面积124平方米。南亭为重檐攒尖顶,建筑面积为81平方米。

图 9.28　建水双龙桥

土人乃作溜渡,俗名曰溜筒江。”现在怒江、澜沧江两岸仍可看到大量的溜渡,当地人把有溜渡的江俗称为溜筒江。清《滇南闻见录》说溜桶(溜渡桥使用的桶)最为危险,在东川、丽江皆有。两山相去数十丈,下面激湍奔腾,无可渡越,则往往有溜桶桥。建造方法是:“设一巨索贯于两山之石,用木桶络于索上。人坐其中,前半下垂,直溜如矢过,中须两手攀索以进。”用这种溜索做的桥,除人以外,器物牲畜等均可用同法过桥。

十一、本章小结

清代经济繁荣,文化昌盛,云南的科学技术一方面受内地科技影响很大,另一方面仍然以传统科技的发展为主流,并取得显著的进展,在很多领域都达到了传统科技的高峰。

最为突出的是采矿、冶铸和金属加工技术,到清代已形成了日益完备的技术体系。保留至今的昆明金殿及各种大型铜佛像制作极为精湛,今天其水平仍然无与伦比,是清代云南传统铸铜技艺达到顶峰的代表。斑铜和乌铜走银工艺则是云南所独创,已成为云南著名的特种手工艺。而镍白铜传入西方后,更是推动了近代化学的发展。滇铜的冶铸和京运是清代十分重要的科技现象,使用滇铜大量铸钱更是至关重要的经济活动。手工业出现了全面发展的状况,造纸、制盐、制糖、纺织等方面,都取得了新的技术成就。建筑技术方面成绩相当辉煌,很多寺院建筑、园林建筑、民居建筑和桥梁建筑都保留了下来,是云南传统科技不断进步的标志性成果。

这一时期，中央政府在科技上也有明显的作用，对矿冶技术、井盐开采、水利建设都有很大的控制力和影响。传统科技在政府和民间的共同推动下，不断取得新的发展。

清代，云南特色的科学知识体系已逐步形成。各民族丰富的天文和历法知识体现了云南科技文化的多样性，民族医药学（包括藏医、傣医、彝医等）体系已初步形成，直到现在仍然有很大的影响力。在昆明和大理等地出现了不少民间很有影响的医学世家，并产生了一些中医学著作。地质学和生物学有了新的发展和成就。农业上进一步精耕细作，初步形成多样性的农作方式，农产品已十分丰富。檀萃为代表的一些知识分子还深入实际考察，撰写了《滇海虞衡志》、《滇南山水纲目》、《云南水道考》、《六河总分图说》等科技著作。

与明代相比，清代云南的传统科学技术继续发展，在大多数领域都超越了前代，达到了高度成熟的水平，并初步形成了有云南特色的科学技术传统。但由于时代的局限性，有些科技领域已失去了创造性，很难有进一步发展。大变革前夕所具有的封建末世的特征，在云南的科学技术上表现出来了。

清代，近代科技开始出现在云南，虽然只是在地理测量这样的个别领域，但西方科技的踪迹终于在红土高原显现了，并立即受到敏感的云南知识分子的关注。这是一个突破性的新进展，开始扭转2000年来云南科学技术主要受中国内地影响的历史趋势，对云南科技、社会和文化的发展将产生极为重大的影响。

第十章

晚清时期云南的科学技术

（公元1840至公元1911年）

一、历史背景

1840年以后的历史巨变，使清王朝面临深刻危机。受鸦片战争的冲击，中国大地开始了近代化历程，西方近代科学技术亦以较快的速度传入了云南，浪潮越来越高，影响面日益广阔，云南人民开始敞开心怀与世界分享各种科技成果。以科技“西化”的变革为标志，云南各领域都发生了重大变化，开始迈向近代化的社会。

这一时期，云南多次发生反对清政府的狂澜。1856年爆发了杜文秀起义，建立了以大理为中心的滇西政权达18年之久；1903年爆发了周云祥起义。还发生了马嘉理事件（1875年）、中法战争（1883年）等反对西方列强侵略的事件。社会的大动荡体现了向近代化转变前发生的阵痛。清朝派来云南的官员，总体上吏治腐败，虽然也有少部分是有才干的人员，但对于日益突出的社会危机，因涉及权贵利益集团，他们都无心解决。

清末，清政府开始推行“废科举、办学校、派游学、改革官制”的新政，新的“变局”随之发生了，在云南，突出表现在新式教育体系的引进。1901年，云南撤销五华、经正两书院，改办高等学堂，各府、州、县逐步建立了中学和小学。1906年，全省的乡试、岁考、科考等一切科举考试宣告结束。同年，改高等学堂为两级师范学堂，设立了工矿学堂、农业学堂、蚕桑学堂、商业学堂、速成铁路学堂等。1909年建立了在中国近现代史上有影响深远的陆军讲武学堂。这些新学堂增加了自然科学、生产技术和外文的课程，开启了云南近现代科技教育的序幕，云南开始有了一批专业技术人才。人们的思想观念逐渐否定旧有传统，重新思索和追求近代科技带来的全新观念。

云南商品贸易日渐发达，不仅开展国内贸易，还积极与缅甸、越南、印度和泰国进行贸易往来。云南输出锡、铜、铅等矿产品，以及茶叶、生丝、石磺和药材，从世界各国进口棉花、棉纱和各种机械设备。著名的大商号纷纷兴起，活跃在中国西南、东南亚和南亚的广大市场上。这些贸易对云南农耕经济产生很大的冲击，刺激了科技的发展。

在工程技术领域，云南有识之士把握时机，开始主动向西方发达国家购买机器设备，进行近代技术的移植。在铜锡矿的开采和冶炼、军事技术和水力发电等领域引进西方近代机器，技术革新蓬勃兴起，传统技术开始向近代化转变，民族企业出现萌芽，这成为一种具有深刻社会意义的科技演变。特别是1910年滇越铁路通车，法国修建铁路的目的在于控制云南的经济命脉，但客观上却促进了云南的对外开放，密切了云南与世界各国的联系，成为云南从近代到现代转变的重要标志。

近代以后，是云南人民开始接触世界、优秀知识分子出现世界性眼光的重要时代。1841年，云南天文学家马德新赴中东和欧洲一带游学，成为中国近代最早出洋的科学家。清末新政中，云南地方政府开始选派留学生，省外以北京为主，国外以日本为中心。1902～1904年，选送了109名赴日留学生，大部分学习自然科学和工程技术，其中还有大理的白族女生，远赴日本学习物理学等前沿学科①。辛亥革命前，云南到日本留学的学生已达数百名。宣统年间，又送3名学生赴比利时学习建筑。莫负年华，赴国外学习新知识成为一种风潮。这些留学生回来后，为云南培养了一批新型知识分子，对云南科学技术有一定的贡献。同时，本土的科学家出现了一些有近代科学观点的论著。

1840年以后，一些西方传教士进入云南传教，他们有复杂的背景，以邓明德为代表的部分传教士有一定的近代科学素养，他们在医学、气象学、印刷、酿酒及经济植物等领域都有新知识和新技术的引进，对传播近代科技做出了贡献。

近代科学技术移植到云南后，导致传统文化逐渐向近代化转型，洋货纷纷输入云南，以其价廉物美排挤了传统产品，一些传统产业举步维艰，或逐渐陷于凋敝之中，云南的传统科技受到了巨大挑战。这体现了一种重大的历史演进，并一直影响至今。

---

① 张佩芬，云南大理人，女，白族，光绪三十二年（1906年）到日本女子高师学习物理学。

二、天文学和数学

1. 马德新的天文学成就

大理籍的回族学者马德新（1794～1874年）曾于1841年赴中东和西方学习，到达开罗、伊斯坦布尔、塞浦路斯等非洲和欧洲的地方，通过7年的学习，才随商船回国。他先后在临安（今建水）、玉溪等回族聚居区任教长。他是中国近代最早出洋的科学家①，也是云南近代天文学研究的先驱。

《寰宇述要》是马德新的重要天文学著作，此书于清同治壬戌年（1862年）在昆明先刊出中文版本，同治戊辰年（1868年）又刊出阿拉伯文版本，在清末民初多次再版。它和马德新的另一部历法著作《天方历源》，清末以来就一直作为中国伊斯兰教经堂教育的基本教材，在中国穆斯林中有广泛的影响。此书用通俗易懂的形式对回回天文学和近代西方天文学加以解说，并配有一些插图，这在中国天文学中是少见的，在回回天文学中尤为珍贵。

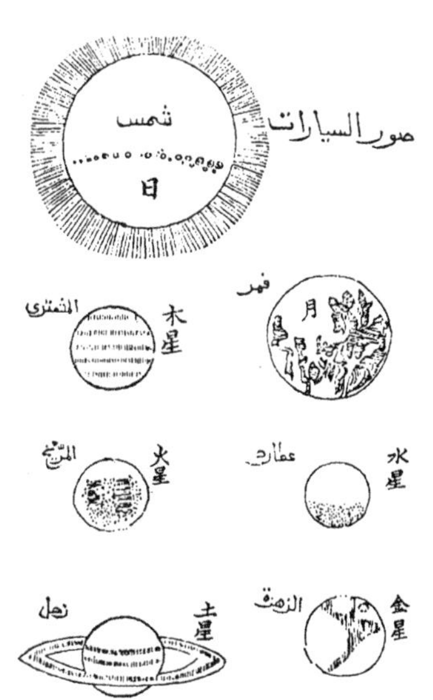

图10.1　马德新绘制的日、月和五大行星示意图

在《寰宇述要》中，马德新利用天文望远镜的观测，绘制了太阳黑子分布图、月球环形山及五大行星表面图（图10.1）。其中，五大行星的表面图如火星斑纹、金星云纹、火星暗纹（“运河”）、木星带纹、土星光环及月面图的绘制都有相当的水平，太阳黑子分布图的准确度也很高。这些图是中国人借助天文仪器绘制的较早的一批天体表面图。马德新深受西方天文学知识的熏陶，本人又长期坚持天文观测，所以能绘出水平比较高的日、月和行星表面

① 关于谁是中国近代最早出洋的科学家的问题曾引起过一番讨论，1984年10月《中国机械报》一篇文章称徐建寅（1878年赴德）为“我国最早出国的科技人员”。《自然信息》1988年第3期发表文章，认为近代最早出洋的科学家是黄宗宪（1877年赴英），《中国科技史料》1990年第2期进一步给予肯定。至于出国留学生，杜石然等编著《中国科学技术史稿》（下册，第297页）认为“以容闳、黄宽等人为最早（1847年赴美）”。实际上，我国近代最早出洋的科学家应是马德新（1841年出洋），他比以上所有人出洋的时间都要早。

图,这项成绩在中国天文学史上应该占有一定地位。

马德新受西方近代天文学的影响,在《寰宇述要》中记述了哥白尼的日心体系。他说西洋用"量天尺"、"窥天镜"测得"日为天君,安居其所,而众星拱之,太阴拱地"。这是首次把哥白尼的学说介绍到云南来。当时,李善兰翻译的《谈天》已于1859年出版,哥白尼的学说开始在中国较广泛地传播,而《寰宇述要》仅晚于《谈天》3年出版,并且马德新的著作发行量大,云南各地的回民经堂都作为教材使用,从而更广泛地传播了日心学说。所以,对于哥白尼的学说在中国的传播,马德新也做出了重要贡献①。

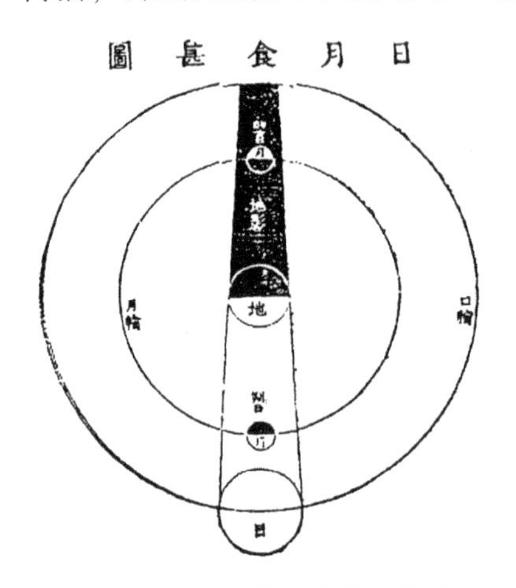

图10.2 日、月食原理示意图

《寰宇述要》对交食成因的解释是符合科学的。书中解释日食成因:"若合朔之日,日、月同会,月位在下,则太阳为月所遮,所谓日食也,日面所见之黑即月之体也。"书中解释月食成因:"若月望之日,地体在日、月正对之间,月为地影所遮而不得太阳之照则暗焉,所谓月食也。"这里指出日、月、地三者在一直线时,月球居中挡住射向地球的日光即为日食;地球居中挡住射向月球的日光即为月食(图10.2)。并且日食必在朔、月食必在望的时候发生。

《寰宇述要》还说:"故日食不离朔日,月食不离望日,所以月食则通国见之,日食惟一方食于南则北必无,食于北则南必无,如近柱遮远柱。"这段话的科学道理是月比日小,月球被太阳照射后留下的阴影成为缩小了的会聚圆锥,所以日食发生时,地球只有小部分地方能看到它。月食是地影遮住日光,所以半个地球上都能见到。

在恒星观测方面,《寰宇述要》除了对二十八宿的介绍和研究外,主要表现在对极星位置变动的记录和对北斗星的观测。

《寰宇述要》说:"南北极乃乾轮之枢纽,因其大帝显明,人皆指为北极,但大帝极近乎天枢,虽微动而人不觉,故指为天枢,而天枢大帝之间尚有星二点,可见

① 晚清时,云南广南学者方玉润(1811~1883年)已知哥白尼的学说,但采取不敢相信的态度:"……与西人言地动一日,自转一周;终年绕日行一大周之说相似,未免骇人听闻。"(《星烈日记汇要》卷二三)

天枢虽有星居而其星实非天枢也。”马德新指出因为帝星(小熊座β)的亮度大(二等星),人们都把它指为北极星,帝星很接近北极的天枢星(鹿豹座342 H),但与天枢星之间尚有两颗小星(小熊座庶子星、后宫星)。帝星有微小的移动(这是岁差的原因),人们不知道这一点,仍然把它指为北极。北极虽然还有星星,但这些星并不精确地处于北极。

中国人曾发现极星和北极之间仍有一定的距离,但没有发现极星是在星空中移动着的。马德新深受近代天文学的影响,他的记述是很有意义的。

马德新说:“予至鲁穆国(在今阿拉伯半岛①),在天方西北四十五度,见北斗正对顶,至新歌赋尔(今新加坡),见北斗高十度。云南居赤道北二十五度,则北极高二十五度。”马德新通过实践发现天体出没的方位是随观测地纬度的不同而有很大的不同,这在航海天文学上是一个极为重要的概念。

马德新研究天文学很重视实践。他出洋到天方时,伊斯坦布尔的天文学家告诉他新加坡有常年昼夜相等的现象,阿拉伯天文学的书上也是这样说。当马德新回国途径新加坡时,他决意住下来进行实验,《寰宇述要》记载了这一事件:“由天方还经南海至一岛名新歌赋尔,在地纬中线北一度半,居一年立针置盘验之,始信古人之言确而无妄也。”这是马德新在新加坡所作的一次富有特色的天文观测实验,充分显示了他的科学实验精神。

马德新从中东地区回到云南后,继续进行天文观测。《寰宇述要》中就常常记有他的观测记录。法国人晃西士加尼(今译弗朗西斯·安邺)在《探路记》中记载了1866年法国探险队来到云南,去接见马德新,马德新接待了他们,并要求讨论“日、月交蚀及行星、彗星之轨道”,法国人在马德新的住所:“见有三足架天文镜甚精。桌上有图数幅,以壮观瞻。予见此等器具,主人未必能用,遂装配天文镜以测太阳,老伯伯(马德新)率众来观,具为之讲解。”撇开法国人的自夸成分,此事说明马德新已有很精密的近代三足架天文镜,并有一些天文观测图,表明他很重视天文观测并有较好的观测仪器。这是云南科学家首次与西方学者进行的科学交流活动。

马德新的《寰宇述要》和另一本《天方历源》曾深深地影响了中国穆斯林的天文学,有了这两本书,“中国穆斯林才有了供参考的历法和天文基础知识的资料”②。云南阿訇马宜之写的《西历要旨》就曾参考了马德新的著作,回回天文学

---

① 一说今土耳其境内。

② 黄明之:《浅谈希吉来历法》,《中国穆斯林》,1988年,第4期。

重要天文文物西安化觉寺《回回昆仑图》的制作也曾受《寰宇述要》的影响[①]。马德新为中国穆斯林天文学的发展做出了不可磨灭的贡献。

作为中国第一个有幸在海外亲睹西方科学状况的科学家，马德新取得了不凡的成绩，他的工作成为近代科学在云南传播的先导，具有标志性的意义[②]。

2. 李滮的天文学成就

李滮(1818～1896年)，字菊村，赵州(今弥渡)大庄营人。道光甲辰举人，曾任安宁州学正。1878年，受云贵总督岑毓英之托，在滇西最著名的书院——大理西云书院任主讲，轰动一时，并兼任弥渡中和书院主讲，史称"滇西知名之士多出其门"。他还是《光绪云南通志》的《天文》卷和《地理》卷的主笔。一生著述宏富，以《易经》方面的研究用功最为精深，其《读易浅说》注释超前，解义不凡。李滮还工书画楹联，今弥渡境内名胜之处遍遗其书法楹联，可见其多方面的才能。

自然科学方面，李滮撰有数学和天文学的著作。特别天文学方面有《太阴行度迟疾限损益捷分表》、《五纬考度》等著作，对云南天文学事业的发展有推动作用。

与马德新注重天文学理论不同，李滮偏重高精度天文计算。他在《太阴行度迟疾限损益捷分表》处理了数百个数据，编出了较完整的月离表。

李滮所编的月离表称为《太阴行度迟疾限损益捷分表》，其横行把月亮半个近点月长度(13.7773日)均分为168限，纵行列出月亮运行的率分、损益捷分、积度同、疾行本度、迟行本度等数值。

(1) 率分，李滮定义为："全日全时已过之数"，即把月亮半个近点月均分为168限后，月亮在进入每一限的时刻与起始时刻之差，以日计算。

(2) 损益捷分，李滮定义为"全时外零余之差，末数故用乘法以损益"。它是月亮相对于恒星运行一分时，月亮每日实行分与月亮每日相对于恒星的平行分之差，以分计算。

(3) 积度同，李滮定义为："全日全时迟疾积差之数"，即每限内月亮相对于恒星的迟疾度，以度计算。

(4) 疾行本度，从近地点开始，月亮每限内所走的度数，以度计算。

(5) 迟行本度，从远地点开始，月亮每限内所走的度数，以度计算。

---

① 陈久金、赛生发：《西安化觉巷回回昆仑图》，《中国少数民族科技史研究》，第四辑，内蒙古人民出版社，1989年。

② 李晓岑：《回历〈寰宇述要〉研究》，《中国科技史料》(北京)，1994年，第3期，第3～10页。

李滮说:“太阴一周天凡二十七日五五零,半疾半迟,其迟疾以渐而进退作法者,于迟冬半又分为初末,乃四分之也,特零数不便等,就整数二十八日四分之,各得七日,每日十二时,一时为限,故作八十四限,初末通为百六十八限,疾初与疾末同特加减相易耳。”所以李滮又作了一个《疾迟初末限约表》,即把周天分为 28 日,又再分为四个近点周,然后计算其自行度与通积度。

(6) 自行度,即每日月亮实际所走度数,以度计算。

(7) 通积度,即每日月亮相对于恒星的度数,以度计算。

以上是逐日实测值中所取的平均值,它是引起月亮运动不均匀的各种因素的综合影响结果。

这些数据的精度往往很高,例如,李滮说近点月长度为“月转策二十七日五五四五八九二”,而现代理论值是 27.554 55 日,误差仅 0.000 04 日。

在 19 世纪晚期,西方科学技术开始大规模传入中国的背景下,李滮所取得的卓越的天文学成绩,犹如天鹅的最后一歌,代表了云南传统理论科学达到的高峰,但也标志着云南传统理论科学趋于结束。

3. 数学知识

晚清时期,云南数学的代表作是李滮编写的《筹算法》(图 10.3)。此书是针对日常应用的数学而编写的,其特点是语言通俗,内容浅近,但实用性强。

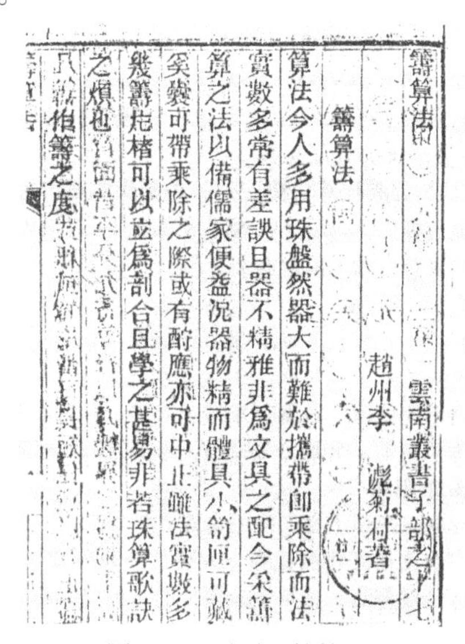
籌算法 雲南叢書子部之十七
籌算法
趙州李 滮莉村著
算法今人多用珠盤然器大而難於攜帶卽乘除而法
實數多常有差誤且器不精雅非爲文具之配今采籌
算之法以備儒家便益況器物精而體具小筒匣可藏
矣攜可帶乘除之際或有酬應亦可中止雖法實數多
幾籌片楮可以立爲剖合且學之甚易非若珠算歌訣
之煩也
凡作籌之度

图 10.3 李滮《筹算法》

筹算中的乘除法运算比较难于掌握,这部分是该书充分注意的内容,李滮说:“算法今人多用珠盘,然器大而难于携带,即乘除而法实数多常有差误,且器不精雅,非为文具之配。今采筹算之法以备,儒家便益,况器物精而体具小,筒匣可藏矣……虽法实数多,几筹片楮可以立为剖合,且学之甚易,非若珠算歌诀之烦也。”说明为了运算简便是他编写此书的目的。书中对筹算的原理和方法论述甚详,提出了一些关于各种复杂数字乘除法的运算规则,对改革筹算做出了努力。

《筹算法》因其计算快捷,是一本深受欢迎的算术书,在大理地区流传很广,以后又收入《云南丛书》中，对晚清云南初等数学的普及有重要意义。

除《筹算法》外，李滮还著有《律吕新书算法细草》（一卷）。清代滇人的数学著作尚有晋宁宋演的《勾股一贯述》（五卷），昆明林绍清的《合数述》等。其中，宋演的《勾股一贯述》已涉及开平方、开立方和计算球积率等问题。

滇南傣族地区也出现了一些用傣文写的数学著作，如《数学知识全书》（哈南纳底哈雅）及《演算法》（西双版纳勐腊本）等数种。另外，傣族天文历法书及年历书中也常有一部分专讲数学计算方法的内容。傣族数学计算只用整数并只有四则演算，没有分数与小数①。但傣族只用整数的计算却能表达复杂的天文数据，这是很了不起的。另外，在纳西族东巴经中，也常常记有一些简单的数字知识。

直到近代，一些少数民族仍保留有较原始的记数方法。例如，云南独龙族、景颇族和佤族还保留有刻木记数或结绳记数的方法，所谓"刻木为信"，今在一些博物馆中收藏有这些民族的刻木和结绳的实物。有的民族也使用一些简单的符号记数。

三、医药学和生物学

1. 医药学

图 10.4　曲焕章

云南白药的制配成功，是这一时期云南医药学成就的突出代表。20 世纪初，西医开始传入云南，也是科技史上影响深远的大事。

曲焕章（1882～1938 年，图 10.4），民间医药学家。云南江川浪广坝人，出生于一个彝汉结合的家庭，他成功制配了在云南药物学上有深远影响的云南白药（原名万应百宝丹）。他早年师从于个旧县的姚连钧，学习医学。《续云南通志长编》说曲焕章早年："拜连钧为师，连钧精外科，医药得野人传……焕章称弟子，传奉惟谨，连多罄其学以传之。每入山采药，归而制配，焕章不离左右。十余年尽得其学，凡疮疡刀伤，大有奇效。"②

① 《傣族简史》，云南人民出版社，1985 年，第 224 页。

② 云南省志编纂委员会办公室：《续云南通志长编》，下册，第 797 页。

曲焕章首先制作出白药的时间不详，一般认为是在1898～1902年发明的，处于晚清时期。但在1919年前，他一直流浪于江川、通海和呈贡一带。1930年前后，曲焕章在报纸上宣传，说他的万应百宝丹是受异人相传。1956年，云南日报又刊登了曲焕章的再婚妻子缪兰英的讲话，说曲焕章的万应百宝丹是受姚连钧所传。说明当时民间应该已有这样的草药配方，曲焕章很可能是这种药物的改进者和推广者，而不是发明者。另外，1898～1902年曲焕章还是一个16～20岁的小青年，也不太可能发明这样一种需要临床经验丰富的药物。

曲焕章的发迹与他结识了滇南的绿林大土匪吴学显有关，吴学显在唐继尧返滇二次执政时曾被黔军伏击，腿骨受伤，被曲焕章用药粉和其他草药治好，一时传闻。由于这种关系，曲焕章被任命为陆军医院的负责人，后来他将万应百宝丹送交警察厅注册，领取了执照，于1925年成立了曲焕章药房，正式在昆明等地销售万应百宝丹。

云南白药系采用云南三七等中药材作为原料，形成特殊的配方[①]，对跌打、止血、镇痛、消炎等症有特效，是一种可外涂和内服两用的神奇药物。另外，曲焕章还制作了撑骨散、虎力散等新药，从这一角度看，他确实是中国杰出的民间医药学家。抗日战争爆发后，曲焕章捐献了数以万计的万应百宝丹给前方战士，治愈了很多伤员，云南白药也因此在全中国一举成名，蒋介石曾赠“功效十全”的匾额。至今，云南白药已成为云南最具有代表性的传统医药产品，不仅在医药学界有极高的声誉，在国内外民众中也有广泛的信誉和影响。

陈子贞（1876～1928年）为晚清云南一代中医名家、教育家。他出生于曲靖的中医世家，当时云南巡抚林绍年（林则徐之子）久患中风，被陈子贞治愈，从而使林绍年对其医术十分推重。光绪三十年（1904年），陈子贞执教于云南医学堂，培养了大量的医学人才，被誉为“三迤名医，皆出其门”，其中有缪嘉熙、林厚甫等名医。晚年后他回到家乡曲靖，在城内东街开办“保龄堂”药房继续行医，直到去世。

咸丰七年（1857年），福林堂在昆明光华街创立，创始人李玉卿，祖籍湖北黄冈，随父李德来到云南。福林堂制售的成药共有80多种，大多是配伍精当的处方，因选料认真，药力实在，逐渐形成了颇具特色的传统成药，其中最负盛名的有回生再造丸，益肾烧腰散、黑锡丹、济世仙丹、加味银翘散等。以后福林堂在昆明

---

① 云南白药的成分在国内是“国家保密配方”。但在美国销售时却注出了配方：云南白药酊的具体成分为田七、冰片、散淤草、白牛胆、穿山龙、淮山药、苦良姜、老鹳草、酒精。

地区影响很大,至今盛名不衰,其配制的一些中成药已成为民间家常必备之药。民国时期,传说龙云、卢汉等云南军政首脑的冬令进补之药,也多是到福林堂采买。

20 世纪初,西医开始传入了昆明、昭通和大理地区。1901 年,法国领事署在昆明创办了第一所西医医院,先称为“大法施医院”,后改名为“法国医院”(滇越铁路医院,今昆明市妇幼保健院),两年后又设立“大法施医院附属学校”,招收中国学生,这是云南最早的西医医院及西医学校。1910 年,昭通开办教会医院——福滇医院,亦属西医医院。1904 ~ 1906 年,加拿大传教士在传教期间,在大理城朝阳巷设立一所小药室,卖驱虫药、眼药、疮药等,称为“洋药”,这是大理地区施用西药之始。1912 年,加拿大传教士韩纯中夫妇在传教期间,在大理城北门福音堂设立了一所药店,除售卖西药外,还做一些外科手术,这亦是大理地区施用西医外科之始。随着教会医院在云南的大量出现,西医很快传遍了云南各地区。

1909 年,云南总督锡良编练新军,每日操练,当时伤病官兵众多,遂于昆明东寺街创建云南陆军医院(原址在今东寺街),由广东籍医师陈子华出任首任院长。这是清朝官方在云南创办的第一所西医医院。

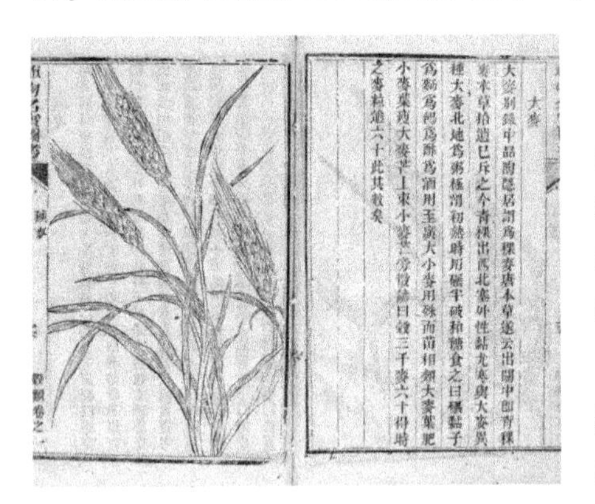

图 10.5　吴其浚《植物名实图考》

2. 生物学

晚清时期,曾任云南巡抚的吴其浚(1789 ~ 1847 年,河南固始人)所著《植物名实图考》(图 10.5),是与云南植物有关的科学著作,已成为 19 世纪中国植物学名著。

《植物名实图考》于 1848 年由云南蒙自人陆应谷校刊出版,全书分 38 卷,收录云南、贵州、江西、湖南、山西、河南等省的植物 1714 种,比《本草纲目》增加了 519 种,其所记植物种类从数量到地理分布都远远超过了历代本草书。云南的植物 370 余种,占 1/5。分为谷、蔬、山草、隰草、石草(包括苔藓)、水草(包括藻类)、蔓草、芳草、毒草、群芳等十二大类。其分类原则主要是以植物的形态(如草、木、蔓)、生境(如山、石、隰、水)、性味(如芳、毒)、用途(如谷、蔬、果)等为依据。其对每种植物的描述,包括形态、颜色、性味、用途和产地,凡前代本草及其他书籍已有记载的植物，都注出见于何书及其品第，对药用实物则分别说明它的治症和用法。

1870年，德国人毕施奈德(E. Bretschneider)在《中国植物学文献评论》中认为《植物名实图考》是中国植物学著作中比较有价值的书，“刻绘尤极精审”，“其精确程度往往可资以鉴定科和目”，甚至是“种”。该书所附的植物图，非常逼真，很多是根、茎、叶、花全株绘下的，全面反映出该植物的特征，比以前任何本草书中的附图都要精确。目前，中国植物分类研究中，以《植物名实图考》中的植物名称为正式中文名的非常多，可见其首创之功。此书的编写体例不同于历代的本草著作，在开创中国近代植物学方面，具有承前启后的作用。

3. 外国学者对云南生物的考察

19世纪，一些西方学者纷纷来到云南进行考察活动，除为殖民主义者服务外，也有一些人从事科学考察工作，特别在生物学方面取得了重要收获。

1862年，法国动物学家戴维到云南西部搜集鸟、兽类标本，并首次记述了滇金丝猴。1868年和1875年，在印度加尔各答任博物馆馆长的英国动物学家安德逊(J. Anderson)，随英国探险队由缅甸来到云南，在腾冲采得大量的动物标本，包括兽类、鸟类和昆虫等，并记述了滇西的鱼类20余种。他对云南的兽类作了分类研究，使西方人首次对中国云南的兽类有了初步的认识。英国自然博物馆的里岗(C. T. Regan)从1904年起，研究美国传教士格拉汉(J. Graham)从云南送去的鱼类样品，曾经发表十多篇论文。

19世纪晚期，法国传教士赖神甫(G. M. Delavay)从中国云南送回了20万号植物标本，对法国植物学研究有推动作用。通过长期对中国西南地区植物标本的深入研究，法国植物学家弗朗谢(A. Franchet)认为，中国西南的川西、藏东和滇北是杜鹃花科、百合、报春、梨、悬钩子、葡萄、忍冬和槭属植物分布的中心，这一观点为后来英、美、德等各国植物学家继续进行这一地区的植物研究打下了基础[①]。

1904年，英国爱丁堡皇家植物园的鲍尔福(B. Balfour)等人，曾7次进入云南采集植物标本，带走标本十多万份，其中有首次引入爱丁堡植物园的报春花和杜鹃花等。他们对云南采集的植物进行了大量的科学研究，使爱丁堡植物园成为世界报春花和杜鹃花的研究中心。直到现在，爱丁堡植物园(及苏格兰各地)

① 罗桂环:《近代西方对中国生物的研究》,《中国科技史料》,1998年,第4期。

仍有大量的云南植物在生长,是西方国家中收集云南植物数量最多的植物园,而在苏格兰民间,也遍布云南海棠、山茶花、灯笼花等①。

四、地理和气象学

1. 地理学

晚清时期,大理人马德新在《朝觐途记》中,以其亲身经历,对中东、非洲及欧洲部分地区的风土人情、科学文化进行了生动的介绍。另外,黄懋材和丁文江也对云南地理学做出了贡献。

1841 年,马德新从昆明出发,"偕诸商人阿瓦(缅甸曼德勒)而行",从阿瓦城乘江船至漾贡(仰光),然后泛船渡海经印度、斯里兰卡、乘风破浪,直航阿拉伯海,再经也门,于 1843 年陆行到达伊斯兰教的圣地"满克"(麦加),瞻仰了庄严的天房,亲抚玄石再至默底纳谒陵,然后周游各国,遍礼圣迹。在开罗时,他访问了"卓米尔阿资偕",即被誉为"伊斯兰思想宝库"的艾资哈尔大学,他是见于记载的第一个访问这所大学的中国人。他还到土耳其名城伊斯坦布尔(旧名君士坦丁堡)学习,在该城购买了大量典籍,并受到国王的礼遇,参观了"篆辅哈乃"(土耳其皇家博物馆),以后他游历了亚历山大、塞浦路斯、耶路撒冷、特拉维夫、亚丁、苏伊士等亚洲、非洲和欧洲城市。所到之处,搜寻典籍,访贤问道,考察阿拉伯各国的典章制度,并研究科学,对天文学和仪器学有了相当的基础。1847 年,马德新归国途中,他还在新加坡停留了一年,以进行科学实验。他于 1848 年年底安抵广州,到 1849 年的初夏回到云南故乡②。

《朝觐途记》是云南人撰写的第一部关于这些地区地理状况的书籍,马德新则是第一个以亲身经历对亚洲、非洲和欧洲进行记述的中国人。

晚清时地理考察家黄懋材(1843 ~ 1890 年)在云南也做出了重要的科学成就。他是江西上高人,先后任云南平彝(今富源)、弥勒知县,曾到缅甸、印度等地考察。他撰有专著《西徼水道》,备论我国西南的各个水道,其中有《金沙江源流考》、《邪龙江源流考》、《澜沧江源流考》、《潞江源流考》、《龙川江考》、《槟榔江考》等关于云南的水道。黄懋材认为,西南徼外诸水,"僻在远方,古今图志,

---

① 2010 年,笔者在苏格兰考察所见。

② 李晓岑:《云南回族学者马德新及其天文学成就》,《中国少数民族科技史研究》,第 5 辑,内蒙古人民出版社,1990 年,第 74 ~ 81 页。

遗略无考。即西人精于地图,独至此段谬误实多”。为“释千古之疑团,而救西图之讹舛”写作此书,该书考证了金沙江、雅砻江、澜沧江、怒江等河流的源流,记载了龙川江、槟榔江、黑水的流向和水域,订正了前人的一些错误述说。该书考证精确,辨证清晰,新见迭出,是晚清时期关于云南水道的重要科学著作。

1911 年,留学英国的地质学家丁文江(1887 ~ 1936 年,图 10.6)来到云南,他是乘滇越铁路的火车从越南进入云南的,同年 5 月份到达省城昆明。这时,辛亥革命尚未爆发。丁文江在昆明住了两个多星期,他一路上用气压表测量地势高度,绘制地图,修正了原来沿用的康熙时期传教士绘制地图的很多错误。这次考察虽然是初步的,但却是有现代科学训练的中国第一流科学家首次来云南进行的考察活动,为他 3 年后再次来云南进行深入的地质调查打下了基础。

图 10.6　丁文江

法国人弗朗西斯·安邺(Francis Garnier,1839 ~ 1873 年),1866 年率探险队沿湄公河流域来到云南昆明,云南回族科学家马德新接待了他们。安邺向殖民政府呈交报告,证明湄公河不适于通航,并指出滇越贸易的通道应为红河。因此次勘察所做出的突出贡献,安邺于 1870 年被英国皇家地理学会授予金质奖章。

2. 气象学

20 世纪初,近代气象学的观测已出现于云南。从 1901 年开始,法国人在昆明设置临时测候所,实测雨量,开展了 3 次重要的气象观测。

第一次为 1901 年 7 月(清光绪二十七年七月),云南府法国交涉委员署为徐家汇气象台设置云南府(昆明)临时测候所,持续观测了雨量等数据,共进行了 2 年多,至 1903 年停止工作。第二次为 1906 年 1 月(清光绪三十二年一月),法国传教士普库林(Pkuline)在昆明自设一个气象观测所,持续观测至 1911 年 12 月,共进行了 6 年。第三次为 1907 年 1 月(清光绪三十三年一月),为建滇越铁路,设置了昆明铁建司测候所,于 1907 年 1 月至 1929 年 12 月开展气象数据的观测,这次持续观测时间达 23 年之久。

这些观测资料直到现在还保存着,是云南最早的气象学、物候学的观测记录,对研究近代昆明等地的气候及演变具有重要价值。

五、农林技术和经济作物

1. 农林技术

晚清时期，近代农业理论开始传入云南地区，使云南的传统农业逐渐向近代农业转变，从民间到官方开始有了植树造林的意识。

晚清时期，云龙白族杨名飏曾撰有《蚕桑简编》一书。1905～1906年，云南蚕桑学堂创办人林绍年撰有《蚕桑白话》一书，包括《栽桑白话》及《养蚕白话》两部分，其中《栽桑白话》有种桑子、栽桑秧、接桑树、施肥料，修枝条、除害虫等部分。《养蚕白话》有养蚕新法、除沙法、桑叶与蚕的关系等部分，用白话文撰写。此书对云南的桑蚕技术产生了重要影响，是20世纪初云南有近代科学眼光的农学著作。

1906年在昆明开办了蚕桑学堂，由浙江省聘来了3名教员，一年后，首届学生毕业，即由3名毕业生担任教员。1907年，在昆明贡院创办云南农业学堂，设农、林、蚕、染织四科，从日本、浙江和山东聘来了教师，并建立试验农场，分水田、菜圃、花卉3部。划圆通山为林场，作为林木苗圃、造林地段及第一桑园，在大小东门和南城外开辟第二桑园，每年将试验所得的农林新籽种和秧苗散发到各县栽种①。1909年，又在晋宁开办了林业试验场，到1910年，成立了云南的第一个学会——云南省农会，拉开了近代农业研究的序幕，这也是云南最早的一个科学组织。以后云南发达地区的农业技术逐渐向近代化过渡，但传统农业在边远地区仍有广泛的基础。

晚清以后，由于森林破坏严重，迤西道的宋湘曾在大理自购松树种子，发动乡民在点苍山造林。民间开始有植树造林的意识了。

1906年，临安府知府贺宗章撰拟了《奖励开垦种植章程八条》，这是云南官方发布的第一个奖励植树造林的文件。其中要求对山头土层，亦应考察土性，以栽植适宜的树种。规定栽植桑树、蜡树、桐子树、茶子树、漆树成活一百株以上者，请给八品顶戴；成活四百株者，请给六品顶戴；成活七百株以上者，请给五品顶戴；成活一千株者，请农商部奖励。栽种各种果树以及杉、松、椿、柏、樟、枫之类，成活一百株以上，按桑、桐、茶同等奖励。

---

① 云南省志编纂委员会办公室：《续云南通志长编》，中册，第263页。

2. 沱茶的制作

沱茶是白族著名的茶产品,中国传统紧茶的代表。早在明代,《滇略·产略》中就有"蒸而团之"的生产紧茶的记载。光绪三十四年(1908年),大理著名的永昌祥商号在下关开设了第一家以茶叶精制为主的茶叶精制厂。到1916年,下关永昌祥首次仿景谷的团茶(又称为姑娘茶),改制为现在的碗臼状沱茶。

沱茶一般用黑茶制作,主要采用滇南的思茅、临沧等地收购来的普洱茶,在下关精加工。工艺经过选级、揉制、蒸热、紧捏成形等步骤制得,成为一种外形为圆锥窝头状的紧压茶,并定型批量生产,制成著名的云南沱茶。上品制成叙府装,销往四川,下品制成蛮装,销往西藏。永昌祥加工沱茶选料讲究,制作精细,在四川、西藏、青海各民族中都有很高的声誉。用茶叶和酥油合制成酥油茶,是藏族人民的生活必需品。当时,下关形成了成百上千的骡马驮运队伍,从临沧、思茅方向驮着茶叶到下关加工,又从著名的茶马古道,靠马帮把沱茶销往西藏及四川、滇西北等少数民族地区,成为云南和西藏、四川等少数民族经济文化交流的象征。

在云南各民族中,保留有各种各样的饮茶习俗,如白族的"三道茶"、彝族的"烤茶"、纳西族的"油茶"、傣族和布朗族的"竹筒茶"、藏族的"酥油茶"、哈尼族的"土锅茶"等。

3. 经济作物种植

晚清时期,咖啡、橡胶等经济植物已引种到云南,桐油的产品也得到广泛应用。

1904年,法国天主教传教士田德能,被派到云南大理管辖范围内的宾川地区传教。当他经过法属殖民地越南时,选购了咖啡豆和咖啡苗,在宾川朱古拉村的教堂外面种下了带来的咖啡苗,这成为中国大陆最早种植的咖啡①。经过100多年后,当时种植的咖啡林现在仍然还存活着。

1906年,云南盈江的干崖傣族土司刀安仁(1872～1914年,图10.7)赴日本留学。他从海路途经新加坡时,曾引进橡胶树苗8000余株,栽培于盈江新城后的凤凰山。这是中国第一次超越北纬24°种植橡胶,今天尚存活1株(图10.8),至今已有百余年的树龄,被誉为"北纬二十五度的橡胶母树"。刀安仁的引种,对橡胶在云南乃至中国的推广有着重要意义。

---

① 台湾于1884年引进咖啡种植。

图 10.7　刀安仁　　　　图 10.8　刀安仁引种的橡胶母树

另外,清代大理白族从外地学来技术,从桐树籽中榨出油,这是一种干性植物油,附着力强。清代《滇系·赋产》已有桐油的记载。据民国《大理县志稿》记载,晚清时桐油多用于制造避雨的雨衣,以及帽罩、油布毯、油纸等器物,并可油刷房屋及木器。用桐油制作布和草帽,是近代以后大理白族一项有名的手工业。另外,大理还有清油和萆麻油等,用于点灯、调印色和制作食品。

六、冶金学及相关技术

1.《滇南矿厂图略》与炼铜技术

近代,云南出现了众多的冶金学著作。吴其浚撰有《滇南矿厂图略》一书,全面总结了云南传统冶金技术,是其中的代表作。此书插图为云南东川知府徐金生绘制,道光二十四年(1844 年)刻本,分上下两卷。

上卷题《云南矿厂工器图略》,有十六篇:引,硐,硐之器,矿,炉,炉之器,罩,用,丁,役,规,禁,患,语忌,物异,祭。卷首载工器图 20 幅,卷末附宋应星《天工开物》(节录《五金》部分)、王崧《矿厂采炼篇》、倪慎枢《采铜炼铜记》、王昶《铜政全书·咨询各厂对》。上卷记述了清代云南开采的铜、锡、金、银、铁、铅、锌金属矿产分布、矿冶技术及管理制度等。

下卷题《滇南矿厂舆程图略》,有全省图 1 幅,以及府、州厅图 21 幅,有十三篇:铜厂,银厂,金、锡、铅、铁厂(附白铜),帑,惠,考,运,程(附王昶《铜政全书·筹改寻甸运道移于剥隘议》),舟,耗,节,铸,采(附王大岳《论铜政利病状》)。

《滇南矿厂图略》记述清代云南铜矿33处、锡厂1处、金厂4处、银厂25处、铅厂4处、铁厂14处，对矿石品位、找矿方法、矿体产状和开采技术等都有精辟的论述，有些矿石和矿体产状的名称，至今仍在沿用。书中还记述了开凿矿洞、洗选和冶炼所用的工具，有篷、座、风箱、风柜、摆夷楼梯、银炉罩子、扯风炉、斧、藤柄、凿子、木糙、木柄、铁糙、灯、竹龙、小风箱、门槛、簸箕、箝子、木拔条、铁拔条、铁撞等，这些工具均绘有图(图10.9)。

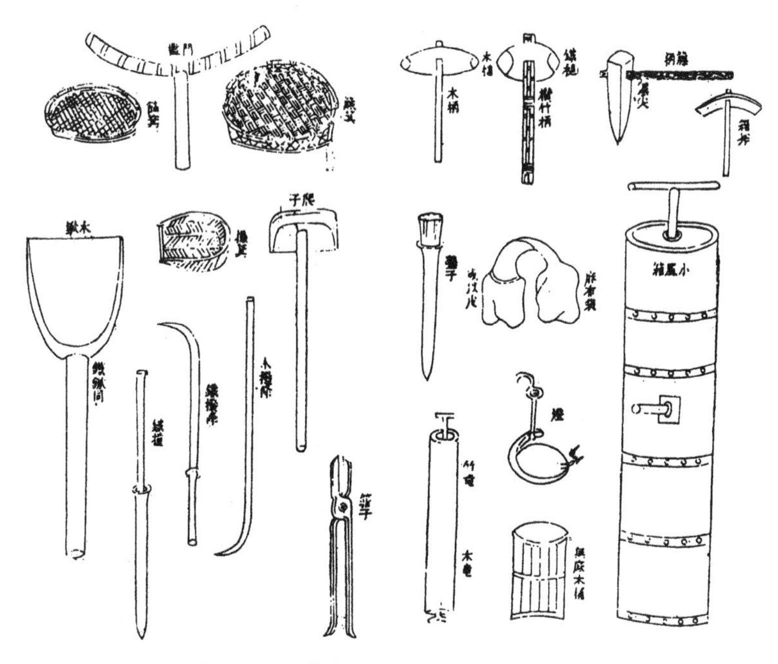

图10.9 《滇南矿厂图略》中描绘的工具

《滇南矿厂图略》是中国在传统冶金学方面最有价值的一部著作，一些传统技术幸赖该书得以保存。19世纪末，该书被传教士带到法国，译为拉丁文，在国际上产生很大的影响。吴其浚也因著有《滇南矿厂图略》和《植物名实图考》等科技名著成为19世纪中国最重要的科学家之一。

19世纪后期，近代技术开始移植到云南有色金属的冶炼领域。东川矿业公司于1888年购进外国机器，并聘日籍技术人员多人为工程师，在巧家专门开办一厂，用机器操作进行新法的采矿和冶炼，开创了云南冶金工业的近代化生产阶段，具有十分重要的意义。但所聘日籍工程师技术水平低劣，无法解决新法采冶的技术难题，先后不到2年，耗资达10余万，却仅炼出铜20万斤，新法生产完全失败了。

云南传统炼铜已采用直径50厘米、高85厘米左右的转炉炼铜，这种技术在19世纪被传教士带到西方，以后西方炼铜直到现在炼钢都采用转炉的方法，这是云南传统冶金术对世界冶金史的重大贡献。

2. 锡、锑矿的开采和冶炼

清末，云南积极引进西方的机器设备，开始了近代锡、锑矿的开采和冶炼。

滇南的个旧锡矿一直以采炼砂锡为主。1905年，成立个旧厂锡务股份有限公司，经营锡矿生产。到1908年，在全部资本67万银元中，官股占总资本670股的67.3%。1909年，改名个旧锡务股份有限公司。聘请英国和德国工程师，以候补道王葵生（唐虞）为总办，向德国礼和洋行购买1座水箱鼓风炉、3座煤气反射炉、选矿用20台树胶平台（简易摇床）及索道等设备[①]，共花108万马克，合银币50余万元。1910年，动工修建洗砂厂（今个旧选矿厂）、炼锡厂、架设蓝蛇洞至洗砂厂的索道，开云南省矿业工程建设之先河。到1913年春季，洗砂、炼锡及索道安装完毕，开始了云南大锡的近代化生产。

1910年，滇越铁路通车时，当年出口锡锭猛增至6195吨，到第一次世界大战期间，每年出口锡锭达8000吨以上。

光绪三十四年（1908年），清地方政府为了经营开远、文山和广南等地的锑矿，成立了官商合办的宝华锑矿有限公司，向德国禅臣洋行购置机器设备，在蒙自县属的芷村设立了冶炼厂，其机械化程度仅次于个旧厂锡务股份有限公司，到1913年正式生产。

3. 传统制铁技术

晚清时期，滇西陇川县阿昌族生产的户撒刀，因制作时千锤百炼，淬火技术好，造型美观，纹饰讲究，成为少数民族的著名产品。《新纂云南通志》卷一四二说："卢撒、腊撒两长官司地所制之长刀，铁质最为精炼，与木邦刀无二。"这是迄今所见对阿昌刀的首次记载。今阿昌刀仍是云南著名的冷兵器，深受景颇、傣、傈僳等兄弟民族的欢迎，特别得到景颇族喜爱，是景颇男子的必备刀，在滇西南的德宏一带又称之为"景颇刀"。到20世纪以后，户撒刀在整个中国南方都较有名，所谓"北有保安，南有户撒"，享有很高的盛誉。

晚清以后，云南通海、玉溪一带回族的打铁业也开始兴起，甚至能仿造洋枪：

① 云锡志编委会：《云锡志》，云南人民出版社，1992年，第13页，第836页。

“江川、玉溪、河西铁匠能仿造洋枪，近年出口甚多，其工技不亚于兵工厂所造者。”[①]其打铁水平在滇南相当有名，一直影响到今天。另外，咸同年间杜文秀起义，在大理一带打制了大量的铁兵器，有些兵器保留至今，质量相当优异。

七、火药与军事技术

1. 火药的使用

大理地区盛产制造火药的原料，例如，赵州的硫黄和云龙的硝石都很有名，历来开采兴盛，这为火药和火器技术的发展奠定了物质基础。

在火药武器中，哀牢山的彝族独创了一种“葫芦飞雷”。方法是在葫芦中放入火药、铅块、铁矿石等具有杀伤力的东西，以火草为导火线，使用时，点燃火草抛出。19 世纪 50 年代，哀牢山爆发了农民起义，彝族农民军便把打野兽的兜抛葫芦飞雷改变成手投葫芦飞雷，用来打清军，这种兵器是现代的手榴弹的前身，在兵器史上有一定地位。

约在晚清时期，鹤庆龙珠一带的白族发明了一种名叫“百丈机”的土火炮驱冰雹，炮筒长约 2 米，直径约 15 厘米，在筒中灌满火药，下端置引火线，点燃火线向雹云放炮，将雹云驱走，从而可避免雹灾[②]。

晚清以后，蒙化（今巍山）、大理、鹤庆等地民间用硫黄和硝石生产爆仗，硫黄多采用天生磺，硝石则用宾川一带出产的硝酸钾。蒙化生产的爆仗在滇西一带有很大的名声，一直影响至今，逢年过节燃放爆仗成为巍山的一大民俗现象。其他地区亦有爆竹业，昆明分布在新城铺和德胜桥一带，为四川人经营，滇东北有昭通，滇南有蒙自，滇西有龙陵，从业者甚多。

2. 军事技术

云南的兵工厂创始于晚清时期，其中，云南机器局的成立，开启了云南近代机器工业生产的序幕。

19 世纪 70 年代，云南巡抚岑毓英就延聘法国人到滇制造开花大炮，生产出的炮弹可以爆炸，即开花弹，这与传统的实心弹完全不同，已属于近代武器的范畴。1882 年，岑毓英从上海和广东购买枪炮，由内地雇工匠来滇试制铜帽、子弹等。1884 年，云南机器局建立，虽然规模较小，有员工 106 人，但却开始了云南

---

① （民国）《新纂云南通志》卷一四二。
② 1998 年 2 月在鹤庆龙珠调查时采访所得。

近代机器工业的生产，该局曾被清政府列为全国28个官办兵工厂之一。

1889年，云南机器局利用浙江、江西两省的协饷，从上海洋行购买制造枪弹和轧铜板的全套机器，并添建厂房10间，生产后膛枪弹，最高月产12万~13万发。1905年，试造成单响毛瑟枪，经陆军部批准投入生产。但因用土铁制造枪管，时有炸膛事故发生，1907年停止生产。次年，从上海购买造弹机器17部，添建大小厂房28间，生产规模进一步扩大，设有笔码（枪弹）厂、修枪厂、木厂、生熟铁厂，生产平炮、前膛炮弹、前膛和后膛枪、枪弹，以及铜帽、铅丸、扯火等军械。到辛亥革命时，云南机器局改称云南陆军兵工厂，从事近代兵器工业生产，对云南机器工业的发展有深远影响。

八、水电、印刷技术

1. 水力发电

晚清时期兴建的石龙坝电站是中国第一座水力发电站，标志着中国人开发利用水力资源发电的开端。

位于昆明西郊的螳螂川的石龙坝电站，始建于清光绪三十四年（1908年）。当时法国修筑滇越铁路，要求清政府同意其在滇池出口河螳螂川上建设水电站，但清政府未允许，即议自办。因前清之季，凡属实业带有官办性质的，常常难以收到效果，商界坚持商办宗旨并力争，遂由昆明商人王筱斋为首招募商股、集资筹建，共得银币25万元作为总投资额。宣统二年（1910年）定名为“商办耀龙电灯公司”，选址在昆明海口螳螂川。

1910年7月，石龙坝电站基建开工，聘用德国工程师设计指导。其引水渠长1478米，利用落差15米，安装两台向德国西门子公司订购的、单机容量240千瓦的水轮发电机组，用22千伏输电线路向距电站32公里的昆明市供电。1912年4月建成发电，总容量为480千瓦。石龙坝电站是云南民族资本投资成功的第一个近代工业。

图10.10 石龙坝电站发电机（摄于2002年）

2002年笔者实地考察时，其中的一台发电机仍然在石龙坝电站正常运行（图10.10）。到现在已有

100多年，但是否为世界历史上运行时间最长的发电机，需要进一步调查研究。

2. 印刷技术

晚清以后，石印和铅印等近代印刷技术开始传入云南各地，推动了近代云南科技文化的发展，传统的雕版印刷业逐渐趋于衰微。

1862年，回族杜文秀在大理建立了反清政权后，为了普及《古兰经》，下令采用刻板印刷。以"总统兵马大元帅杜"的名义，在大理刊刻了"新镌《宝命真经》"30卷，此为中国最早的《古兰经》木刻本。近代白族的印刷业则开始于清末同治年间，这是大理雕刻工人高耀山在大理城内开了一个"天福号"的店铺，专门石印刻书出售。以后，云南著名的务本堂刻书店也在大理设立分店，大理地区的印刷技术开始向近代科技过渡。

1909年，盈江干崖傣族土司刀安仁从日本学到现代印刷技术，在盈江新城建立印刷厂，进行傣文课本和文艺作品的印刷，此为中国傣文印刷之始。纳西族则在清代晚期出现了印刷业，这是明代丽江大研镇的著名造纸工匠李先常的九世孙，从大理买回《三字经》、《中庸》、《大学》、《幼学》的木刻版，在丽江四方街开铺子，专用"白地纸"印书出售。印刷技术的广泛使用和传播，对各民族的文化发展有极为重要的意义。

宣统二年（1910年），云南地方政府在昆明成立了云南印刷局，主要承印官商所需要的各种印刷品，出品有铅印、石印的印刷品和铸字等。其机械设备均采用近代技术，有各种马达、石板、切机、锉眼、柴油发动磨刀等机器和动力设施。次年，又成立了崇文印书馆，是一个采用近代铅印技术的企业。这些印刷企业的出现，逐渐淘汰了传统的雕版印刷业。

法国传教士邓明德（P. Vial，1855～1917年）于1880年来到云南，受教会委派先至大理漾濞传教，1887年后转到路南彝族地区传教，达30年之久。邓明德对当地的彝族文字有深入的研究，被称为"撒尼通"，重要的是他还首次进行了彝文书籍的活字印刷。《新纂云南通志》卷一零八"宗教考"说："邓明德又以罗罗文编译教会经籍，在法国定铸罗罗文字铜模，交香港教会印刷所，著有《云南罗罗文研究》、《罗罗与苗子》、《法夷字典》。"这说明邓明德对彝文进行了活字印刷，并制作了铜活字。

九、陶瓷、银胎珐琅、制革和酿酒

1. 建水紫陶

晚清以后，建水陶器的工艺有了新的创造，一跃成为云南省内最著名的陶器，在全国也有重要地位。

建水陶器创始于明成化年间，《天启滇志》说临安府物产有“瓦器”①。到晚清时期，建水窑匠潘金怀首创紫陶，烧制烟斗，后发展为烧成紫陶汽锅等产品而名声大振。出现了向荣祖、张好和王永清等技艺超群的著名艺人，经过不断探索，把紫陶艺术推向了新的境界，他们成为建水紫陶艺术的创始人。

《新纂云南通志》说：“陶器以建水宁州所产者为著，有粗细二种，细者如花瓶、文具等釉水式样，书画彩色均有可观。”②建水陶器的特点为无釉磨光，烧成火候高，产品誉为“体如铁石，音如磬鸣”。加上其独创的“断简残贴”装饰工艺，将书法艺术与紫陶加工工艺完美地结合起来，使古老的建水陶艺点化得出神入化，美妙绝伦，是中国陶艺装饰的奇葩。生产陶器的瓦窑村位于建水城郊约3公里处，附近有优质的陶土，陶器的原料多由五花土、青土、黄土、白土和紫土五种泥土配比而成。制陶要经过选土、制浆、揉泥、制坯、装饰、修整、烧窑、磨光等很多专门的工序。

图10.11　向荣祖制作的紫陶汽锅

建水陶器以紫陶汽锅最为有名，其外形光亮细润，古色古香，具有耐酸碱、透气性好的性能，观赏性与实用性兼具。著名的名特风味云南汽锅鸡，所用汽锅即为建水紫陶产品（图10.11）。

民国以后建水紫陶的技艺在向逢春（向荣祖侄子）等艺人的努力下得到发扬光大，20世纪50年代曾与江苏的宜兴陶、广西的钦州陶、四川的荣昌

① （明）刘文征：《天启滇志》卷三。

② （民国）《新纂云南通志》卷一四二。

陶并称为中国“四大名陶”，以后一直是云南的著名工艺品。

2. 永胜瓷器

晚清时期，滇西北的永胜因出产优质的瓷土，成为云南生产瓷器的主要地区。

永胜共有两个瓷厂。老厂位于黎明乡，距永胜县城约有20多公里，始于清代同治八年（1869年），据说是凉水乡小商贩刘兴旺经过关照山时发现瓷土，以后就办起了碗厂，故称“老碗厂”。新厂则位于大厂乡，为永北镇的李余阶在民国时期开办。现分称为永胜县瓷厂和永胜瓷厂，两厂相距约5公里。《新纂云南通志》说：“腾越（今腾冲）、永北（今永胜）所产瓷土较皖赣者尤良，近来永北瓷器骎骎（音 qīn，很快的意思）与江西争胜，迤西各属皆用之。”[①]这说明永胜瓷器的质量十分优良，不亚于内地各省的产品，在滇西地区使用很广。

永胜的老厂在民国以前，以生产土碗、土钵、土罐为主，主要满足人们日常所需。到民国时期，开始引进江西景德镇的制陶工艺，并以土石墨为绘画的原料，主要图案是具有中国传统特色的渔樵、耕读等，有商贾从滇东北和其他地区贩来较好的青花颜料氧化钴。以后，永胜瓷器生产盛极一时，成为云南最重要的生产瓷器的中心。

3. 永胜银胎珐琅

与北京一带生产珐琅铜器不同，云南永胜县民间采用景泰蓝工艺生产珐琅银器，有重要的工艺价值。晚清以后，这种工艺较快地发展起来。

《新纂云南通志》记载：“近永北制珐琅杯碟，华艳夺目，与直省所出者无异，然不甚畅销也。”又说：“永北厅之珐琅器，自来擅长，清代以前妇女首饰以金银、珠翠等四者制成，翠者，翠鸟之毛也。在昔此项饰物亦为大宗，迨妇女妆饰日新，即渐消沉也。”[①]晚清时期，永胜的珐琅银器主要是首饰生产，即耳环、手镯、戒指、领排扣、银纽、银章盒等。

珐琅银器生产的制作工艺是：打坯、抽丝、掐丝、焊丝、清洗、点蓝、焙烧、抛光等[②]。这是一种掐丝银胎珐琅，或称为嵌线珐琅。在工艺步骤中，制胎决定其良好的造型，掐丝决定其优美的装饰花纹，点蓝工艺其决定绚丽的色彩，而抛光工序决定其光泽的外表。造型、纹饰、色彩和光泽四位一体决定整件掐丝银胎珐琅器的工

① （民国）《新纂云南通志》卷一四二。

② 据实地考察得出的结果。

艺品质(图 10.12)。常用的景泰蓝色料有大蓝、二蓝、绿蓝、紫蓝、黄蓝等。

图 10.12　永胜珐琅银器

1914 年,永胜艺人韩鸣九家,用珐琅银器成功仿制了云南个旧锡器的造型,开始大量生产珐琅银器制成的酒器和茶具。民国后期,永胜艺人张文峰制作的珐琅器名重一时,张家超过了韩家,成为永胜珐琅银器制作工艺的代表。当时名人官宦纷纷购买这种工艺品,抗日战争时期,飞虎队的陈纳德将军就买去了不少,云南省主席龙云也喜爱收藏这种工艺品。永胜和云南的一些官吏还经常用珐琅银器奉送上司,以利于自己的升迁,民间有戏言:“云南的一些官是永胜银匠一锤锤打出来的。”当时的外销,主要是靠下关的洪盛祥和丽江的白茂恒等著名商号,东南亚的客商也很喜欢来推销这种银胎的珐琅器。著名艺人张文峰因技术高超,身怀一代绝技,赚了不少钱,成为当地有名的大户。

4. 制革和酿酒

在制革工艺方面。1870 年以前大理城内就有民间艺人专门从事制革。1905 年,段泰雇用了 10 多个制革工人,在大理城内经营作坊进行制革生产。1911 年在下关的波罗甸成立了制革厂,有 20 多个工人,利用当地的五倍子、麻栗壳、石灰、杨梅树皮等作鞣革的药剂,对牛、羊和猪的皮进行加工处理。有经验的技工还会鉴别各种规格和花色的皮革。

1900 年左右,昆明德胜桥兴仁街开办了一个制革厂,采用“烟熏”的方法进行制革。当时市场上所售皮鞋都是“烟熏皮”,一般只用于鞋底革。到 1908 年在昆明成立了军务司制革厂(陆军制革厂的前身),并招收学徒,学习 3 年后可发毕业证书。此后,使用化学药水的制革方法才传入云南。

晚清时期云南的皮革产品有皮衣类、靴鞋类、皮箱类、鞍辔类四类,以牛、羊皮最多,还有马、犬、狼、麂子、豹,甚至虎皮等。皮工多为大理、丽江和昆明人,罗次的皮工则专做鞍辔类产品，而腾冲的皮工专做麂子皮具。销售的市场很广，包括云南全省及各周边省份。1910 年，滇越铁路通车后，云南的皮革开始用火车运往上海等地外销，是云南外销的大宗产品。

酿酒技术方面，中甸藏族在清代中期以前已能酿制葡萄酒，到晚清以后，法国传教士进入滇西北的德钦，将法国酿酒葡萄品种和酿酒技术带到了雪域高原，丰富了当地的葡萄酒工艺，其制作方法在滇西北的德钦藏族地区一直保留了下来。如今，在德钦茨中乡，当年传教士种下的葡萄树虽然已有上百年的历史，但仍然枝繁叶茂，果实累累。

清光绪六年(1880 年)，嵩明县杨林镇商人陈鼎采用高粱、小麦、玉米等原料，用党参、大枣、陈皮、桂圆肉等中药浸泡陈酿，还从小茴香、豌豆尖、竹叶等绿色植物提取色素，然后与优质白酒勾兑而成，属于药香型绿色小曲酒，以其有益于饮者身体健壮而命名为“杨林肥酒”。至今已有 130 多年的历史，为云南传统名酒之一。

十、滇越铁路

滇越铁路是指从中国昆明至越南海防的铁路线，全长近 855 公里，分为越南段(即越段)和云南段(即滇段)，其中越段长 389 公里，滇段长 466 公里。今天所说的滇越铁路一般是指其滇段部分，它是中国最长的一条轨距为 1 米的窄轨铁路，也是中国第一条通往国外的铁路。100 多年前法国殖民当局修建这条铁路，其目的是为了掠夺云南人民的资源、进而控制中国的经济命脉。

1. 滇越铁路的修筑

1898 年 3 月，法国驻华公使借口干涉还辽有功，照会清总理衙门，要求中国允许法国国家或公司，自越南边界至云南省城修筑一条铁路。清廷被迫同意。这样，法国就取得了滇越铁路的修筑权，随即派人踏勘路线，绘制蓝图。1899 年 9 月，以法国东方汇理银行为首的几家企业成立了滇越铁路公司，承包了此路的集资修建业务。越南境内的海防至老街段 1901 年动工。1903 年 10 月，法国与清政府签订了《滇越铁路章程》34 款，1904 年在云南境内开始兴建滇越铁路(图 10.13)。

修建滇越铁路是以高昂代价完成的，当时人们就悲痛地感叹该路的修建是“一颗道钉一滴血，一根枕木一条命”。滇越铁路经过滇南各少数民族地区，多

图 10.13　修筑滇越铁路

为群山万壑之地，悬崖峭壁多，地势险峻，工程极为艰巨。466 公里的铁路需设计上千道桥梁、涵洞及山洞，法国共投资了 1.65 亿法郎。滇越铁路公司前后累计从云南及其他省区招募了近 30 万工人筑路，由于施工中险情不断，法国铁路公司对中国工人的不人道待遇，到 1910 年通车时，前后惨死的工人达 12 000 人，其中 1 万余人死于河口至腊哈地段[①]。时任蒙自滇越铁路总局会办的贺宗章目睹如此惨状，不禁叹息："呜呼！此路实吾国人血肉所造成矣。"

滇越铁路滇段修筑历时 6 年，开凿隧道 155 座，桥梁 173 座，设置车站 34 个。许多设计是十分成功的，位于倮咕和波渡箐两站之间著名的人字桥（图 10.14），两端为隧道，桥身高悬于半山之间距谷底约 70 米，而桥全长也是 70 余米，称为"奇险"。

图 10.14　滇越铁路人字桥

1910 年 3 月 31 日，滇越铁路全线竣工通车。由于其轨距仅 1 米（标准轨距为 1.435 米），客车车厢狭窄，货车的体积小、运量仅在 20 吨左右。靠蒸汽为动力，时速为 30～40 公里，有些地方时速仅 20 公里左右。从海防到昆明列车运行约 35 小时，因夜间停驶，全程需 4 天左右。初期每年货运量 11 万吨左右，1939 年后因抗日战争需要，货运量增加为 32 万吨，为通车时的 3 倍。载客机车采用法国制造的"米其林"（Michelin）内燃机车（图 10.15），功率可达 117.6 千瓦，时速为 100 公里，是当时的高级公务车。

滇越铁路通车后，由法国滇越铁路公司经营管理，1940 年 9 月交由中国经营。抗日战争胜利后，国民政府通过与法国当局交涉，于 1946 年 2 月正式收回主权。1958 年改名为昆河铁路。

---

① 翁大昭：《抗日战争中的滇越铁路》，《云南文史资料选辑》，第 37 辑，云南人民出版社，1989 年，第 330 页。

2. 滇越铁路的影响

图 10.15　法国制造的 Michelin 内燃机车

滇越铁路的开通,促进了云南的对外开放,对云南政治、经济和科学技术都产生了深刻的影响。但法国在云南修建铁路的目的在于侵略和掠夺,所以从晚清到民国时期,就一直引起滇人的高度警惕,前人曾评论说:“滇越铁路对云南文化及经济之发展,虽功不可没,以权操于法人,对本省经济生活所发生之反作用,为害亦烈。”①

但从历史发展的实际情况看,滇越铁路的正面意义仍然是主要的。由于特殊的地理环境,道路交通从来都是云南头等重要的大事。滇越铁路开通前,云南以马帮为主要交通工具,全省没有 1 寸公路。滇越铁路修通后,立即成为云南最举足轻重的一条道路,是云南从近代向现代转变的重要标记。

首先,交通的便利是明显的。滇越铁路成为进出云南最为便捷的通道,走昆明—海防—香港—上海的路线,再改乘京沪铁路火车去北京,全部行程只需十多天,而原来仅从昆明到武汉就需要 40 多天。其次,经济上的优势是显然的。滇越铁路推动了云南经济的发展,实现了云南大宗货物和人员的运输,1910 年滇越铁路修通后运出的个旧锡锭比 1909 年一下子增加了 50 倍之多。同时,国外商品通过铁路进入云南,比过去节约了很多时间,价格也降低不少。最后,滇越铁路促进了云南的科教文化事业。1910 年以后,大批云南学生由铁路走出云南,转赴中国内地求学或远达欧美留学。滇越铁路给云南社会风尚带来的巨大变化更是始料不及的,电影开始输入云南,当时很偏远的碧色寨(图 10.16)都出现了号称“小巴黎”的情调,这使云南对外开放得风气之先,赢得了宝贵的优势。直到今天,滇越铁路仍然还在使用着,是云南历史上发挥过最大作用的道路之一。

图 10.16　滇越铁路蒙自碧色寨站

① 云南省志编纂委员会办公室:《续云南通志长编》,中册,第 1014 页。

十一、本章小结

1840 年以后，中国逐渐向近代化过渡，云南也开始了科技的近代化时期。

这时，近代科学技术开始大规模传入云南地区，几乎出现了遍地开花的现象，成为影响云南历史的重大事件。外国的科学家纷纷进入云南考察。从此以后，移植西方科技成为科学技术发展的一种基本趋势，云南的科学技术日益与世界科学技术联系到一起了。

云南本土出现了几位天文学家和数学家，他们都对云南科技史有十分可贵的贡献。马德新于 1841 年出国，是中国近代最早出洋的科学家，他带回了西方先进的近代科学知识，其中有哥白尼的学说，他还积极进行观测和实践，取得的科学成绩已有近代科学的特征。李滮对筹算学和天文学有深入的研究，他的成绩仍然属于传统科学的范畴，但已是云南传统科学的最后一歌。而云南巡抚吴其浚著的《植物名实图考》、《滇南矿产图略》则是近代有关云南科学技术的代表性著作。曲焕章制作的云南白药，为云南最具声誉的民族药物。到清末，近代农业理论、西医也传入了昆明等地，并逐渐扩大影响。

晚清以后，一些传统技术更加成熟。建水紫陶、永胜银胎珐琅和永胜瓷器都是当时云南有代表性的传统工艺。沱茶的制作、橡胶的种植对云南经济发展有重要作用。但西方的先进技术已在多个领域出现了，例如，军事技术、矿产开采、冶炼工业和印刷技术等领域已悄然出现在近代机器的引进中。石龙坝电站则是中国的第一座水力发电站，标志着中国人利用水力资源发电的开端，滇越铁路的修建和开通更是对云南的社会、经济和文化的发展开辟了道路。

在近代科学声威日益壮大的背景下，不仅云南社会出现了深刻的变化，传统科技也面临着巨大的挑战，开始呈现出传统科技和近代科技并存的现象。但近现代科技移植到云南并引发本地科技的变革已成为一股新的潮流。随着社会经济的变动，科技的演化显得更为剧烈，但总体上科学技术却是一直向前发展的。

传统科技和近代科技的碰撞，是云南历史上最近的一次大变革，对科学技术的影响是极为深远的。一方面提升了云南的整体科学技术水平，另一方面，原创性的传统科技成果越来越少，甚至导致一些传统科技项目的崩溃。以后，近代科学技术在云南一直占有着主要的地位，云南的社会和文化发展随之进入了近代化的新时期。

第十一章

民国时期云南的科学技术

（公元1912年至1949年）

一、历史背景

1911年10月10日武昌起义以后，数千年的帝制终于被推翻了，中华民国建立，成为亚洲第一个共和国。中国历史进入新纪元，云南的历史也开始了新的一页。

1911年10月下旬，云南发动了腾越起义和昆明"重九"起义，组建云南军政府，推翻了清政府在云南的统治。1915年，袁世凯恢复帝制。云南在蔡锷、唐继尧等人的领导下，于1915年12月25日发动护国起义，沿四川、广西出兵讨袁，粉碎了袁世凯的皇帝梦。护国运动，是继南诏国之后，云南人民又一次登上了中国历史舞台上，扮演着重要的角色，全省人民的无比热情和历史责任感在这一事件中激发出来了。

民国时期，云南地方政府拥有很大的自治权，有自己的武装，发行地方通货滇币，中央的法币在云南境内不能流通。从唐继尧到龙云主政云南期间，地方政府顺乎时代潮流，制定了各种政策，使云南各个领域都开始了近代化的转变，各方面的建设有很大进步，云南社会和文化出现了新的气象。1922年12月成立东陆大学（云南大学前身），成为云南教育史上的一件大事。当时中央政府对云南也充满了希望，1935年曾提出为把云南建设成为我国工业中心区而努力的目标。

抗日战争期间，面对日寇的侵略，云南人民奋起进行了英勇的抗争。云南既是前方也是大后方，在修筑滇缅公路和支援远征军等方面，各族人民做出了巨大的牺牲和贡献。由于特殊的背景，云南成为大后方科技和文化中心，迎来了难得的发展契机。但抗日战争以后，随着国共内战爆发，国内局势恶化，云南经济文化陷于动荡之中。1949年12月，中国共产党率领军队进入云南，云南跨入中华人民共和国的新时期。

这一时期,云南科学技术以一日千里之势从传统向近现代转型,科学技术的主流已完全融进了近现代科学技术体系中。在近现代科学技术的支撑下,云南的很多传统手工业领域也迅速向近现代工业转化,科学技术上终于迎来了历史上最令人兴奋的时期之一。

抗日战争时期,一大批工厂和企业由沿海、内地迁来云南,包括技术工人、工程师、企业家等,给云南科技和经济的发展注入了新的活力。国民政府采取奖励投资、提供资金、协助购买原材料、帮助招募训练技工等有力措施,发展大后方工业。加上全省人民在抗日烽火中万众一心、共赴国难的努力,使云南如同发生了一场工业技术革命,各个领域飞速发展。在昆明一带形成了海口、马街、安宁、茨坝等重要的工业区,成立了以中央机器厂为代表的一大批杰出企业,短短几年内建设成了有近代化水平的较完整工业技术体系,实现了把云南建设成为我国工业中心区的目标。直到今天,民国时期建立的工业体系仍然是云南工业发展的最重要基础。

抗日战争爆发后,很多内地高等院校迁入云南,最具影响的是1938年由北京大学、清华大学和南开大学组成的西南联合大学,颠沛流离地迁入昆明,成为云南科技史上的重大事件。大批中国一流的著名科学家、学者云集云南,带来的各种新学科如繁星在天,异彩纷呈,使云南成为中华大地上思想文化之重镇。在极端艰苦的条件下,很多科学家做出了杰出成绩,有些成果达到世界科学的前沿水平,为云南科技史写下了灿烂夺目的篇章,并培养了许多优秀人才。教授治校、学术独立、思想自由的办学原则使西南联合大学充满了创新精神,终于在红土高原上创造出了一所世界一流大学,这在云南乃至中国历史上既是空前的,迄今为止也是绝后的。

民国时期,近现代科学知识已传入云南一些少数民族地区,并对民众有较广泛的影响。近年在剑川发现的白族民间书籍《十大真诠收圆鉴》就以讲经的形式记述了大量的近现代科学知识,有天文、地理、农学、生物学等知识,这是难得的深入下层民众宣传近代科学知识的方式。但传统科技在乡村特别是少数民族地区一直有很大的影响,直到今天仍然如此。

云南本地也产生了一批优秀的科学技术人才,代表性人物有陈一得、熊庆来、张海秋、段纬等科学家或工程师。与清代的传统科技相比,民国时期云南的科学技术确实发生了天翻地覆的变化,取得的成就大放光芒,是1000多年来唯一可以与南诏时期相媲美的辉煌时代。

二、数理化和天文学

在抗日战争这样的背景下,大批科技人才入滇,云南在数学、物理、化学和天文学这样的普遍性学科方面取得了一些世界领先的成果,对世界文明做出了贡献,这对云南是极具历史意义的成就。

1. 数学

民国时期,20 世纪 20 年代,云南留美学生何瑶曾被聘为东陆大学教授,讲授现代数学和其他课程。30 年代,云南籍数学家熊庆来(1893 ~ 1969 年)对亚纯函数的研究取得了突破性成绩,并以系统引进现代数学而蜚声国内外(本章第十四节)。

抗日战争时期,华罗庚(1910 ~ 1985 年)在西南联合大学从事教学和研究工作,发表了数论著作《堆垒素数论》,该书利用维诺格拉多夫的三角和法,研究了几乎所有的堆垒素数问题,并对这类问题作了总结,先后被译为俄文、匈文、日文、德文、英文出版,成为 20 世纪关于数论的经典著作。西南联合大学的姜立夫(1890 ~ 1978 年)同时从事"圆素几何"和"球素几何"的研究,逐步整理出一套以二阶对称方阵作为圆的坐标,以二阶埃尔米特(Hermite)方阵作为球的坐标的新方法,使许多经典结果获得了新的进展。这一成果体现于他在美国 *Science Record* 发表的著名论文《圆素和球素几何的矩阵理论》中①。

图 11.1　江泽涵

西南联合大学算学系教授江泽涵(1902 ~ 1994 年,图 11.1)研究了拓扑学理论的许多重要课题。1943 年,他在美国普林斯顿大学主办的国际顶尖数学杂志 *Annals of Math* 上发表论文②,研究不可定向流形的可定向二叶复迭空间,在 *Science Record* 上发表了 Mayervictoris 可加函数(addition formulas)的应用论文③。1945 年,他又发表了关于 n 维空间纤维丛的研究论文④,在复迭空间和纤维丛方面多有突破。许宝騄(1910 ~ 1970 年,图 11.2)在西南联合大学开创了中国概率论和数理统计的教学与研究工作,在 *Biometrika* 等刊物上发表多篇论文⑤,国际数学界认为:"1938

---

① Chiang L F. A matrix theory of circles and spheres. Science Record,1945,(1):257 ~ 262.

② Kiang T H. Ramarks on two-leaved orientable covering manifolds of closed manifolds. Annals of Math,1943,44:128 ~ 130.

③ Kiang T H. An application of the addition formulas of Mayervictoris. Science Record,1943,1:275 ~ 276.

④ Kiang T H. The manifolds of linear elements of an n-sphere. BullAMS,1945,51:417 ~ 428.

⑤ Hsu P L. On the limiting distribution of the canonical correlations. Biometrika,1941,32:38 ~ 45.

图 11.2　许宝騄

年到 1945 年，许的工作处于多元分析数学理论发展的前沿。”

陈省身（1911～2004 年）在西南联合大学从事嘉当理论、拓扑学和微分几何等领域的研究。1938 年，《云南大学学报》创刊，陈省身在第 1 期上发表了研究微分几何的两类仿射联络空间的论文①。1943 年，美国普林斯顿高等研究院邀请他去做访问学者。后来陈省身说，他一生数学工作的突破，是在普林斯顿完成的，但事前在西南联合大学的准备，实为关键。

2. 物理学

民国初期，近代物理学已传入云南，到抗日战争时期，大批中国一流的物理学家进入云南，做出了很多有世界先进水平的杰出贡献。

图 11.3　赵忠尧

近代物理学传入云南始于 20 世纪 20 年代。云南东陆大学曾设有物理基础课程，由非专业人员代授“格致科”。到 1937 年，熊庆来任云南大学校长，聘到物理学家赵忠尧（1902～1998 年，图 11.3）任教授②，彭桓武任教员，顾建中、周孝廉和杨桂宫 3 人任助教，成为云南省的第一批物理学人才。赵忠尧曾用镭射线研究原子核，并于 1938 年与傅承义一起在《云南大学学报》创刊号上发表论文《银原子核中不同能量中子的共振吸收》③，这是当时原子核物理研究的前沿工作。赵忠尧还和张文裕用盖革-密勒计数器做了一些宇宙线方面的研究工作。

抗日战争时期，物理学家严济慈（1900～1996 年）、钱临照（1906～1999 年，图 11.4）、钟盛标（1908～2001 年）在昆明黑龙潭北平研究院物理研究所从事压

① Cherns SS. On two affine connections.《云南大学学报》（数理版），1938 年，第 1～18 页。

② 赵忠尧 1937～1938 年向清华大学请假，到云南大学任教。

③ Zhao C Y，Fu C Y. The resonance absorption of neutrons of various energies in silver nuclei.《云南大学学报》（数理版），1938 年，第 47～52 页。

电水晶振荡现象的研究，钱临照还进行晶体缺陷理论研究，并研究了使用 Hilger 棱镜干涉仪研究光谱精细结构的方法[①]，为当时首创。钟盛标进行了电磁场对晶体腐蚀作用的研究，这些工作开创了中国固体物理和应用物理等学科的研究。1939 年，在昆明中国物理学会学术报告会上，钱临照作了题为“晶体的范性与位错理论”的报告，这是位错理论在中国的首次公开介绍。严济慈、钱临照在昆明制作了数百台高倍显微镜和供测量用的水平仪，分送抗日后方教学、医院和工程建设单位使用。钱临照还受中央水利实验处及滇缅公路工程处委托，制造了各类测量仪器 100 余套，包括经纬仪、水准仪、望远镜透镜、读数放大镜及水平气泡等，为抗日战争和当时中国科学技术的进步做出了重要贡献，受到国民政府的奖励[②]。以钱临照为代表的科学家，既为中国科学事业服务，又为中国抗战事业献身，体现了当时中国优秀知识分子的高尚品质。1944 年，在中国物理学会第十二届年会上，钱临照、周培源和任之恭 3 人当选为理事。由于这些经历，钱临照生前多次说过，昆明是他毕生最留恋的地方[③]。

图 11.4　钱临照

图 11.5　周培源

西南联合大学的物理学家们也做出了很多杰出的研究成果。周培源（1902～1993 年，图 10.5）于 1940 年发表了《论发现外观应力的雷诺方法的推广和湍流的性质》[④]，提出用湍流的脉动方程作为处理湍流的出发点，初步建立了普通湍流理论。1945 年发表的《论湍流涨落方程的速度相关性及其解》[⑤]是这一思想的发展，

---

① Tsien L C. On the application of Hilger prism interferometer to the resolution of spectral lines. Chinese Journal of Physics, 1945, 5(2): 67～78.

② 胡升华：《钱临照的生平及学术贡献》，《自然辩证法通讯》，第 6 期，2000 年，第 74～96 页。

③ 20 世纪 80 年代和 90 年代，钱临照先生与笔者的谈话和通信。

④ Chou P Y. On an extension of Reynolds' method of finding apparent stress the nature of turbulence. Chinese Journal of Physics, 1940, 1(4), 1～33.

⑤ Chou P Y. On velocity correlations and the solutions of the equations of turbulence fluctuation. Quarterly of Applied Mathematics, 1945, 3(1), 38～45, 198～209.

该文提出了两种求解湍流运动的方法,立即在国际上引起广泛注意,进而在国际上形成了一个"湍流模式理论"流派,成为现代湍流模式理论的奠基性工作。周培源还对广义相对论进行了深入的理论研究,1939 年发表了《论费尔特曼宇宙的基础》等重要论文①。周培源的成果曾获 1942 年中华民国教育部第二届学术审议会自然科学一等奖。

联大教授王竹溪(1911 ~ 1983 年)研究热力学和统计物理学,其成果《热学问题之研究》获 1943 年中华民国教育部第三届学术审议会自然科学二等奖,他在超点阵相变方面也做了深入的研究。1942 年,王竹溪指导杨振宁做的硕士论文题目就是关于超点阵。1941 年,王竹溪与汤佩松任合作,在美国《物理化学学报》(*Journal of Physical Chemistry*)发表《孤立活细胞水分关系的热力学形式》一文②,首次提出细胞水势的概念,对生物物理学的发展做出了开创性贡献。美国植物生理学家克拉默(P. J. Kramer)高度评价汤佩松、王竹溪的论文:"已远远超越其时代……并显示出对这问题的理解高于同时代的任何其他论文。"

图 11.6　余瑞璜

西南联合大学金属研究所教授余瑞璜(1906 ~ 1997 年,图 11.6)于 1938 年 9 月从英国留学回国,在西南联合大学从事 X 射线晶体学、金属物理等方面的研究并取得突出成就。1942 年,他在 *Nature* 上发表了 5 篇论文,是抗日战争时期在这一国际顶尖刊物上发表论文最多的中国学者,为祖国争得了荣耀。他创立了 X 射线晶体结构分析的新综合方法,代表作是《从 X 光衍射相对强度数据测定绝对强度》③,其成果引起了国际学术界的高度重视,英国皇家学会会员、曼彻斯特大学教授李普森(H. Lipson)认为,余瑞璜的工作"开辟了强度统计学的整个科学领域"。由于余瑞璜的杰出贡献,在纪念《X 光衍射五十年》的物理学

① Chou P Y. On the foundations of friedmann universe. Chinese Journal of Physics, 1939, 76 ~ 84.

② Tang P S, Wang J S. A thermodynamic formulation of the waterrelations in anisolated living cell. Journal of Physical Chemistry, 1941, 45: 443 ~ 543.

③ Yu S H. Determination of absolute from relative X-ray intensity data. Nature, 1942, 150: 151 ~ 152.

史册中,他被该书主编称赞为是世界第一流的晶体学家。

在昆明郊区的大普吉[①],余瑞璜建起了一个X射线实验室,用高压变压器配上自制的石英管和真空抽气机,做成了中国第一个连续抽空X光机,使用它分析了云南、贵州的硬铝石矿,为晶体物理学在中国的应用做出了杰出贡献[②]。余瑞璜还在大普吉组织了定期的科学沙龙,有吴有训、华罗庚、任之恭、赵九章、王竹溪、戴文赛、黄子卿、赵忠尧、汤佩松、殷宏章、娄成后、范绪筠等一流科学家参加,学术气氛浓厚,成为抗战时期少见的自由探讨和交流科学成果的场所。

吴有训(1897~1977年)以《论X射线的吸收》一文获得国际上的高度评价。吴大猷(1907~2000年)于1940年出版了《多原分子之结构及其振动光谱》,阐述了分子物理学的重要理论,很长时期内成为这一领域的经典著作。吴大猷在昆明岗头村用分光仪做拉曼效应研究,发表论文研究了碱原子主系线旁的吸收光带。西南联合大学工学院电机系马大猷(1915~2012年)的《建筑中声音之涨落现象》,开创了我国建筑声学的研究工作。赵九章(1907~1968年)的《大气之涡旋运动》,是中国大气物理学研究的先驱性成果。以后获得诺贝尔奖金的杨振宁、李政道均为西南联合大学的物理学毕业生。其中,1945年杨振宁还在《中国物理学报》上发表文章,研究了二元超格结晶的临界温度及比热突变现象,并求出了相关公式。

1946年,西南联合大学电讯专修科教授周荫阿(1903~1983年)著的《无线电实验》出版,作为大学丛书的一种。此书是一部严谨的讲义,为世人所称赞。以后他还著有《无线电机修理法》等著作。周荫阿是无线电专家,1943年被聘为电讯专修科主任[③],曾任西南联合大学的教务处长,1946年西南联合大学结束,电讯专修科由云南大学接办,周荫阿仍承担主任一职。

1938年,23岁的彭桓武(1915~2007年)作为清华大学(当时已并入西南联合大学)物理系毕业生考取中英庚款留学资格,是第一个从云南到欧洲攻读物理学博士学位的学生。彭桓武到爱丁堡大学投师于量子力学的奠基人之一马克斯·玻恩(Max Born)教授的门下,成为玻恩指导的第一位中国弟子。

---

① 大普吉是昆明北郊的一个村庄名,20世纪40年代的学者有时写为“大普集”,西南联合大学的几个研究所曾迁来此地,成为抗日战争时期又一个自然科学研究中心。

② 1957年,余瑞璜被打成右派反党集团成员之一,此后这位科学天才基本上离开了物理实验的第一线工作。

③ 云南师范大学校史编写组:《云南师范大学大事记1938—1949(西南联大及国立昆明师院时期)》,云南师范大学学报校庆增刊,1988年,第85页。

他于1940年和1945年分获爱丁堡大学哲学博士和科学博士学位，1947年回国，曾短暂地担任了云南大学教授，开展中国早期原子能物理的研究。

3. 化学

1934年，云南省建设厅设立化学所，进行了一些矿产资料及工业产品的分析化验工作。1937年，云南大学理学院设置理化系，赵雁来（1900～1991年）被聘为理化系主任，开始培养化学的专门人才。

抗日战争时期，西南联合大学的一批化学家做出了重要贡献。曾昭抡（1899～1967年）对脂肪酸溶点的计算，并提出相关公式，是民国时期中国化学家做的有机理论重要工作之一。杨石先（1897～1985年）对植物生长调节剂（植物激素）进行了大量基础性调查和研究，是中国药物化学的早期工作。孙承锷与曾昭抡、唐敖庆等人合作开展物性和物质结构参数间定量关系的系列研究工作，发表了系列论文，如原子半径与沸点的关系①、与密度的关系②、与临界温度的关系③，得到了一系列经验关系式，这些关系式表明化合物的物性与结构参数间存在着密切关系。

图11.7 黄子卿

西南联合大学化学系黄子卿（图11.7，1900～1982年）从事热化学和溶液理论的研究，他1938年对绝对温标进行了深入的研究④，被国际上公认为出色的成果，其测定数值（0.00981℃）被国际温标会议采纳，定为国际温度标准之一。还利用电导法研究了在25°C条件下，水和二氧六环混合溶剂中乙酸甲酯的皂化反应动力学⑤，得出反应速率常数与溶剂组成关系的经验规律，

① 孙承谔、曾昭抡、李世瑨：《原子半径与沸点的关系》，《中国化学会志》，1940年，第7期，第65～68页。

② 孙承谔、唐敖庆、陈天池：《原子半径与密度的关系》，《中国化学会志》，1943年，第10期，第19～21页。

③ 孙承谔，陈天池：《原子半径与临界温度的关系》，《中国化学会志》，1944年，第11期，第118～119页。

④ Beattie J A, Huang T C, Benedict M. An experiment study of the absolute temperature scale（V）——The reproducibility of the ice point and the triple point of water. ——The temperature of the triple point of water. Proc. Am. Acad. ArtsSci，1938，72：137～155.

⑤ Huang T C, Hsine H S. The kinetics of saponification of methyl acetate in dioxane-water mixture at 25° C. J. Chinses Chem. Soc. ，1939，7：1～13.

有关实验数据一直被物理化学领域所采用。1944 年，黄子卿在《中国之热力化学研究》一文中，总结了 1940 年之前中国化学家在热力学、热化学等方面的贡献。

西南联合大学化学系教授张青莲（1908～2006 年，图 11.8）等人关于重水热膨胀的精密测量，是同位素化学领域有深远影响的工作。张青莲与合作者用从国外带回的 110 克重水和一些石英玻璃仪器，首次将测定重水密度时的温度提高到 50℃，纠正了当时文献中靠近此温度之下密度有一最大值的假设，还完成了有关重水动力学效应的相关成果。他自制仪器，克服了昆明海拔高的困难，首次精确地测得重乙醇的沸点和密度，此结果已被收入拜尔斯坦《有机化学手册》中。他综合了国内外所发表的重水论文撰写成《重水之研究》论文集，该书于 1943 年获得国民政府教育部学术二等奖。

图 11.8　年轻的张青莲

4. 天文学

云南天文学家陈一得（1886～1958 年）对恒星等天体现象的观测有重要成绩（本章第十二节）。抗日战争时期，一大批天文学家来到云南，当时中央研究院天文研究所所长余青松（1897～1978 年）认为，昆明有地高云薄，天气良好，夜晚星光明晰的条件，非常适合天文观测，因此决定在此处建立天文台。后来选址在东郊的凤凰山建立天文台，名称为国立中央研究院凤凰山天文台，设有变星仪室、太阳分光仪观测室及图书室等。中央研究院天文研究所的一批著名天文学家张钰哲、戴文赛、李鉴澄等人都曾在凤凰山天文台做过研究工作。1941 年 4 月，中国日食观测队成立，张钰哲任队长，亲自带队在昆明集训。李鉴澄利用日全食的机会，在当地居民中宣传有关日食的知识，并教给人们用墨涂黑玻璃来观测日食发生过程的简单方法，破除了流传在群众中对日食现象的迷信说法。1946 年，天文研究所迁回南京，凤凰山天文台改属云南大学，由王士魁兼任台长，相关研究人员继续开展工作。

5. 科学技术史

抗日战争时期，英国皇家学会会员、剑桥大学著名生化学家李约瑟（1900～1994 年，图 11.9）以英国驻华科学使团团长身份，于 1943 年由加尔各答经缅甸

图 11.9 李约瑟

汀江抵达昆明。他不仅访问考察了战时撤至云南的众多高校与科研机构,结识了钱临照等大批中国著名科学家,有关战时中国科学技术状况的报告发表在《科学前哨》等书中。他还在昆明、大理、呈贡等地考察云南的传统科技,是国际著名科学家来云南从事传统技艺考察的第一人,对他以后撰写世界名著《中国科学技术史》(*Science and Civilisation in China*)有很大的影响。

1940 年,中国物理学家钱临照在昆明撰写了论文《墨经中光学力学诸条》,深入研究了《墨经》中的物理学知识,校释了《墨经》中的光学八条与力学五条,以揭示中国在先秦时代的科学知识,标志着现代对《墨经》科学研究的开始。此文功力深厚,文采璀璨,是物理学史研究的典范性成果,已被公认为 20 世纪中国学者撰写的最重要科学史论文之一。

三、生物学和地学

云南在生物学和地学方面取得了很多重要成果,虽然这两个学科有一定的地方性,但西南联合大学的一些生物学家仍然在一些基础性的前沿领域做出了重要的贡献。矿产地质学的研究则对云南的经济建设产生了推动作用,云南地震的研究也开始出现,在中国处于领先水平。

1. 生物学

民国时期,云南在生物资源上的重要价值逐渐引起了重视,生物学家们纷纷来云南考察,采集标本。抗日战争期间,以西南联合大学为主的一大批生物学家在前沿领域做出了杰出的贡献。

其一,对云南生物资源的考察和古代图谱的研究。

图 11.10 蔡希陶

20 世纪 30 年代,植物学家蔡希陶(1911 ~ 1981 年,图 11.10),受静生生物研究所委托,到云南组织后方研究基地。1932 ~ 1937 年,他在云南各地的丛林中采集了 12 000 余份植物标本,在当时中国科学家中,他收集的云南植物标本是最多的。1938 年,在有关方面资助下,蔡希陶在昆明黑龙潭创办了云南省第一个生物研究所——云南农林植物研究所(即现在的中国科学院昆明植物研究所前身)。在这里,采集到的植物标本全部向来昆的科学家和学生开放,初步揭开了云南植物王国的神秘面纱。

植物学家秦仁昌(1898～1986年,图11.11),抗日战争时来到云南。他充分利用云南这个“植物王国”的有利条件,不畏艰难困苦,广泛调查和采集植物标本,建立了庐山植物园丽江工作站。他在滇西北丽江县住了7年,展开对植物的深入研究,于1940年发表论文《水龙骨科之自然分类》①,系统阐明了蕨类植物的演化关系。此文首次把100多年来囊括蕨类植物80%属和90%种的混杂的“水龙骨科”划分为33科、249属,归纳为5条进化线,动摇了长期统治蕨类植物分类的经典系统。这是世界蕨类植物分类发展史上的一个重大突破,这个崭新的自然分类系统被国际同行称为“秦仁昌系统”。他因此获得“荷印龙佛奖金”。云南学人马曜曾为秦仁昌撰写碑文,称其成绩为“破传统旧谱,立自然新系”②。

图11.11　植物学家秦仁昌

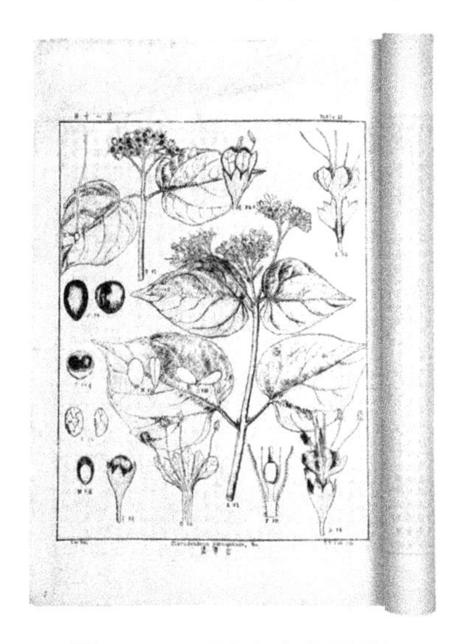

图11.12　《滇南本草图谱》

1945年,经利彬(1895～1958年)、吴征镒(1916～2013年)等人编辑出版了《滇南本草图谱》一书(图11.12),为石印本,共选《滇南本草》中的药物26种,绘出原植物线条图26幅(每幅包括该植物各部解剖图)。皆有图说,包括释名、原文(根据两种《滇南本草》及其他各种文献校勘)、形态(根据现代植物解剖学)、考证、分布、药理、图版说明等项。这种对药物进

① Ching R C. On Natural classification of the family ‘Polypodiaceae’. Sunyatsenia, 1940, 5(4): 201～268.

② 马曜:《秦仁昌先生纪念碑文》,《马曜文集》,第六卷,云南人民出版社,第125页。

图 11.13　汤佩松

行科学考察和科学绘图的方法，有助于更好地研究云南的地方药材。

其二，西南联合大学生物学家的前沿研究工作。

汤佩松（1903～2001 年，图 11.13）在西南联合大学农业研究所工作。在这里他创办了植物生理研究室。在抗日战争的烽火年代中，这个实验室 3 次被炸毁，4 次搬迁重建，最后搬到昆明北郊的小村庄大普吉。英国剑桥大学生物学家李约瑟曾到这个实验室参观，并作了很高的评价，认为汤佩松在大普吉建立了普通生理研究室，尽管房屋都是由泥砖和木料建成的，但设备不差，更重要的是他使许多青年科学家聚集在他周围，在一种认真的气氛中进行工作①。

汤佩松主要研究细胞呼吸问题，其中除了与王竹溪合作发表了一篇生物物理的论文外（本章第二节），1940 年，汤佩松与合作者在顶尖杂志 *Science* 上发表论文②，研究用秋水仙碱处理后导致大豆、豌豆、小麦和水稻的多倍性，这是较早用遗传学手段研究导致染色体突变的实例。1945 年，汤佩松又与合作者在顶尖刊物 *Nature* 上发表论文③，这是在中国的食物和中药的高等植物中寻找抗菌素的研究成果，他们用“环形试验”的方法测试了荸荠（Eleocharis tuberose），结果表明，该液体中存在抗菌物质，对金黄色葡萄球菌、大肠（杆）菌和产气杆菌具有良好的抑菌作用④。

西南联合大学农业研究所副教授娄成后（1911～2009 年），一直开展敏感植物的感应性研究。他对一些敏感植物如狸藻、含羞草和轮藻（Nitella）等进行了大量电生理学测量，表明传递组织对微弱和中常电流的通过像是一个连续的结构一样，证明植物细胞间的原生质有连续性。1945 年，他在国际顶尖刊物

---

① 汤佩松：《为接朝霞顾夕阳：一个生理学科学家的回忆录》，《校友文稿资料选编》（清华校友丛书），北京：清华大学出版社，1991 年，第 4 页。

② Tang P S, Loo S W. Polyploidy in soybean, pea, wheat and rice, induced by cochicines treatment. Science, 1940, 91:222.

③ Chen S L, Cheng B L, Cheng W K, et al. An antibiotic substance in the Chinese water chestnut, eleocharis tuberose. Nature, 1945, 156:234.

④ 本节汤佩松和娄成后在 *Nature* 和 *Science* 上发表生理学论文相关内容的理解，得到复旦大学生理学研究所钟咏梅教授的帮助，谨致谢！

Nature 上发表论文①，对荧光素引起的单性结实(parthenocarpy)的现象进行了研究②。

植物病理学方面，西南联合大学生物系教授戴芳澜(1893～1973年)主要研究高等担子菌，指导裘维蕃研究云南的伞菌目和牛肝菌目，并和洪章训研究了鸟巢菌目，对真菌学的发展做出了贡献。另外，1947年，云南大学农艺系教授段永嘉编写出版了《植物病原菌学》一书，这本书在20世纪50年代初对植物保护系的学生了解植物病理学的原理起到了积极作用。

植物生物化学方面，西南联合大学生物系教授殷宏章(1908～1992年)，在农业研究所植物生理组开展植物生长素的利用及人工合成的工作，推进了生长素与植物运动机理联系的研究。

动物学方面，西南联合大学生物系教授杜增瑞(1903～?)与助教黄浙，共同调查了昆明及其附近三角涡虫(Euplanaria gonocephala(Dugès))的分布和生殖情况，首次研究了海拔较高、气候情况较为特殊的我国西南地区淡水涡虫的属种，认为涡虫个体的大小和生殖器官发达程度无显著关系③。

西南联合大学生物系教授赵以炳(1909～1987年，图11.14)，对滇池盛产的蝾螈(一种有尾的两栖动物，拉丁学名：*Salamandrae*)进行了一系列皮肤呼吸与肺呼吸的比较研究。他和合作者发表了多篇论文④，证明蝾螈的肺是有效的呼吸器官，可以单独维持蝾螈的生命。他还对青蛙和蟾蜍的生理差异进行了分析⑤。1938年，清华大学由长沙南迁至昆明，赵以炳和助手不失时机地分别在北平、长沙和昆明测量了一批人的红细胞和血红蛋

图11.14　赵以炳

① Lin C H, Lou C H. Fluourescin-induced parthenocarpy. Nature, 1945, 155: 23.

② 正常果实的形成需要精子细胞(花粉中)与卵细胞(雌蕊中)结合，形成受精卵，产生生长素和细胞分裂素，促使子房发育成为果实。但有些生物不需要受精，雌性植株的子房便可以直接发育成果实，称为单性结实。

③ 这一成果直到1956年才公布出来。参见黄浙、杜增瑞：《昆明及其附近三角涡虫(Euplanaria gonocephala(Dugès))的分布和生殖情况》，《山东大学学报》，第4期，1956年，第104～118页。

④ Chen K T, Chao I. Determination of the surface area of salamander. Chinese J Exp Biol, 1940, (1): 349～352.

⑤ Chao I, Wang C C, Lin T M. Notes on certain physiological difference between the frog and the toad. Chinese J Exp Biol, 1940, (1): 339～344.

白的指标,研究海拔改变对中国人红细胞等指标的影响①。

2. 矿产地质学

民国时期,以丁文江为代表的地质学家相继来云南进行地质考察,撰写了大量的研究成果。抗日战争时期还发现了昆阳磷矿等有重大经济价值的矿产资源。

1914年年初,地质学家丁文江再次单独来云南等地调查,至1915年年初返京。他调查了云南个旧的锡矿、东川的铜矿、宣威的煤矿,又对滇东地层、古生物、构造、矿床都作了详细研究,纠正了国外一些地质学家的错误认识,最早命名了下寒武统沧浪铺组、中志留统面店组、上志留统关底组、妙高组、玉龙寺组等地层单位。丁文江对云南进行深入的地质科学考察,标志着云南近现代地质科学的开始,而且成果之丰富,成就之辉煌,令人赞叹。丁文江撰有《调查个旧附近矿务报告》、《调查乌格煤矿地质报告》《云南东川铜矿》等报告,并绘出了《个旧县地质图》、《个旧锡矿区地质概要图》。他的文章《云南东部之地质构造》是中国地质学会参加1922年在比利时召开的第13次年会的4篇代表论文之一。1936年,丁文江逝世后,他的助手王曰伦系统地整理了他的研究成果,写成《云南东部寒武纪及志留纪地层》一文。

丁文江以现代地质学理论为基础,对云南的地质进行了空前的考察和研究。他随身带着《徐霞客游记》,在云南常常追踪徐霞客的考察路线。地质学家黄汲清曾说:丁文江平生最佩服徐霞客,而他自己就是20世纪的徐霞客,他的成就远远超过了徐霞客。

1915年,余焕东(1877~1967年)任第七区矿务监督署署长,管理云贵两省的矿政。他和其他人一起编写了《云南矿产一览表》,在翔实调查的基础上,全面介绍了云南各地区的矿产情况,至今仍有重要的参考价值。1946年,中央研究院地质研究所的孟宪民等勘测了东川铜矿,编写了《云南东川铜矿地质》一书,邓玉书绘制了1:200 000东川地质图,并估算铜金属的储量为92万吨。

西南联合大学教授冯景兰(1898~1976年,图11.15),是哲学家冯友兰之弟,在昆明期间,深入研究了四川、西康(当时有西康省建制)和云南三省的铜矿。他发表了《川康滇铜矿纪要》(《高等教育季刊》,1942年)的重要成果,对西南地区铜矿进行了理论和实践的分析:"关于西南铜矿之地理分布、造矿时间、

① Chu T L, Chin T H, Chao I. The red cell count of normal male and female subjects in Kunming. Chinese J Exp Biol, 1940, (1): 345~348.

母岩、围岩、产状、构造及矿物成分等均略作分析，以推论其成因，并估计其储量，研究其产量多寡、矿业盛衰之原因，以及其将来发展之可能途径。”该书获得了国民政府教育部的学术奖励。他在云南成果甚丰，发表了《路南县地质矿产报告》（1943年）、《云南呈贡县地质》（1945年）、《云南大理县之地文》（1946年）和《云南玉溪地质矿产》（1947年）等论文，对这些地区的地质、地貌乃至水力资源、水利开发等方面进行了探讨。

图11.15　冯景兰

1939年1月，经济部中央地质调查所程裕淇（1912～2002年）及中央研究院化学所的王学海在昆阳中邑村调查时，发现该地有大量磷矿，程裕淇将此次调查结果写成《云南中邑村歪头山间磷灰石矿地质简报》，分析了磷矿的成因，认为在云南境内下寒武纪地层中将可陆续觅得含磷矿石。1939年冬，地质调查所再派卞美年至昆明中邑村调查，发现了风吹山磷矿区，并探讨了磷矿的地质构造和成因。1940年冬，地质调查所又派王曰伦（1903～1981年）等人去调查，发现了拉龙、羊高山、白泥台、大巍山等多处矿区，王曰伦绘制了1/10 000地质图一张，写成《云南昆明中邑村磷矿》一文，命名了磷矿的学名和分子式，认为昆阳磷矿是在不安定海中海潮沉积矿层，系水成矿床。

昆阳磷矿为含胶磷24%～30%的高品位磷矿，是迄今为止中国发现的最大磷矿。1939年1月，程裕淇等人发现磷矿的情况公布后，1939年10月云南名士李根源（1879～1965年）即申报并办理了矿业执照，在昆明歪头山开始人工开采磷矿。1942年10月，资源委员会又办理了矿业执照，在昆阳凤凰山、风吹山、羊高山、白泥台等地人工开采磷矿。1960年代以后，成立了昆阳磷矿矿务局，进行大规模开采，是云南的化学矿中开采规模最大的一种，对云南的经济建设产生了深远影响。

除此之外，20世纪上半叶云南开采的化学矿还有其他矿种，例如，保山罗平等地的硫黄矿、凤仪的石磺矿、嵩明的石膏、武定的天然碱、禄劝的硝酸盐、昆明明朗的硅酸盐及曲靖的磁土等。民国时期，云南的硫黄矿和石磺矿还大量出口到东南亚和印度，是重要的经济物质。1941年，顾敬心在昆明马街建立试验厂，装有250千瓦和1600千瓦电炉各一座，生产黄磷、赤磷、磷酸、磷铁等化工产品。

3. 古生物学与旧石器时代考古

卞美年（1908～2002年），是云南古生物学和旧石器考古学的开拓者。1937

年的1至4月，他受中央地质调查所派遣来云南考察，在邱北考察洞穴堆积时，在黑菁龙村附近一岩厦岩内的堆积中，发现了两件燧石石片，用火遗迹有木炭、灰烬、烧骨和烧过的朴树子，同时还发现属大熊猫、剑齿象的动物化石群。这是中国南方有地层可依、有化石共存的旧石器时代最早的发现①。1938年，卞美年在元谋做新生代地质研究，获得一些哺乳动物的化石。他提出了“白沙井组”和“元谋组”的地质学概念，卞美年认为元谋组的时代为早更新世，一直被地质学界所公认，并引用至今。

1939年，卞美年在云南禄丰县考察时，看到当地人家有称为“龙骨”的东西，推测可能是某种古生物化石。卞美年和杨钟键随即组织了野外发掘工作。采掘到脊椎动物化石达40余箱，其中有80多具恐龙化石，较完整的达20多具，超过了当时国内发现恐龙化石的总数。经过研究和现场核对禄丰红层，卞美年认为禄丰恐龙的生存年代距今近2亿年（三叠纪晚期），是世界上最古老的恐龙之一。他们还装架了中国的第一具恐龙，从此打破了由外国人挖掘中国恐龙的历史。杨钟健和卞美年把研究成果迅速写成中英文论文发表，这些恐龙化石和其他一些古生物化石，统称为“禄丰蜥龙动物群”。从此，禄丰恐龙闻名于世（图11.16）。

图11.16　禄丰恐龙

卞美年在禄丰的另一个重要发现是“卞氏兽”（图11.17，属名：*Bienotherium*），其重要性则表现在进化意义上，标本远比以前南非、英国发现的同类标本完好。它具有哺乳动物与爬行动物的混合性质，涉及两大类动物的分界问题。“卞氏兽”是20世纪世界古生物学上最重要的发现之一，已被世界各国编入了有关教科书。

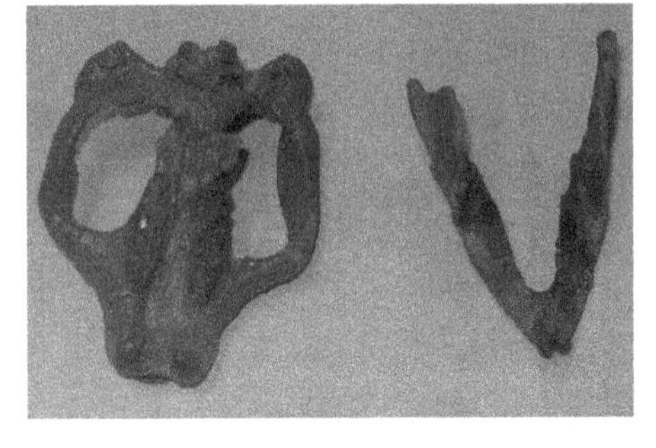

图11.17　卞美年在禄丰发现的“卞氏兽”

① 张森水：《深切怀念卞美年先生》，《人类学学报》，2003年，第3期，第256~259页。

卞美年著作有《云南之洞穴和岩厦堆积》(1938 年)、《云南元谋盆地的地质》、《云南禄丰三叠纪恐龙及原始哺乳动物之发见》(1940 年)等。卞美年于 2002 年去世在美国加利福尼亚州,是民国时期对云南科技工作做出杰出贡献的科学家中最后离世者。

4. 地震学

云南为地震灾害多发地区,近代以来,云南学者对地震的研究一直走在中国的前列。

1913 年 12 月 21 日,云南嶍峨县(今峨山彝族自治县)发生 7 级大地震,毁坏房屋 1.8 万余间,死伤 3000 余人。1914 年 1 月,云南行政公署选派省会甲种农业学校校长张鸿翼去震区调查,1914 年 1 月 25 日张鸿翼呈报了嶍峨地震的调查报告(图 11.18)及《嶍峨地震区域图》,这是中国学者对地震的第一次科学考察。

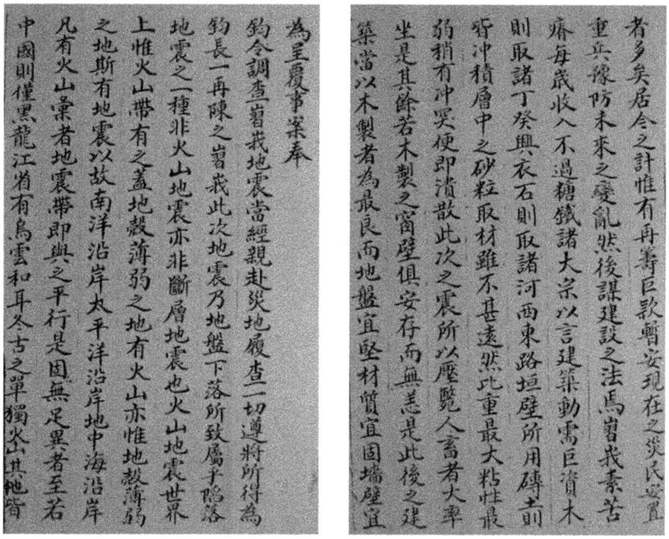
為呈覆事案奉
鈞令調查嶍峨地震當經親赴災地履查一切遵將所得為
鈞長一再陳之嶍峨此次地震乃地盤下落所致屬于陷落
地震之一種非火山地震亦非斷層地震也火山地震世界
上惟火山帶有之蓋地殼薄弱之地有火山亦惟地殼薄弱
之地斯有地震以故南洋沿岸太平洋沿岸地中海沿岸
凡有火山彙者地震帶即與之平行是固無足異者至若
中國則僅黑龍江省有烏雲和耳冬古之單獨火山其他省

者多矣居今之計惟有再籌巨款暫安現在之災民安置
重兵豫防未來之變亂然後謀建設之法焉嶍峨素苦
瘠每歲收入不過糖鐵諸大宗以言建築動需巨資木
則取諸丁癸興衣石則取諸河西東路垣壁所用磚[illegible]
皆沖積層中之砂粒取材雖不甚遠然比重最大粘性最
弱稍有沖突便即潰散此次之震所以壓斃人畜者大率
坐是其餘若木製之窗壁俱安存而無恙是此後之建
築當以木製者為最良而地盤宜堅材質宜固墻壁宜

图 11.18　张鸿翼的嶍峨地震调查报告

张鸿翼为云南保山县人,生卒年不详,1904 年考入北京京师大学堂,1905～1909 年任省会中学堂(今昆明一中)首届校长,1918 年曾任曲靖县县长。20 世纪 20 年代初赴美国加州大学留学。以后他历任云南省教育总会会长,云南省教育厅厅长、省府参议、云南通志馆编纂员等职,是民国时期云南的地质学家,也是一位书法名家(图 11.18)。

张鸿翼在调查报告中认为:“嶍峨此次地震,乃地盘下落,属于陷落地震之一种,非火山地震,亦非断层地震也。火山地震,世界上惟火山带有之,盖地壳薄弱之地有火山,亦惟地壳薄弱之地斯有地震。”接着,列举了7条论据予以证明[①]。对于陷落地震的结论,张鸿翼认为还需“今后益当搜索证据,以期补订是说,不敢凿空武断”。地震学者高继宗认为:今天看来,陷落地震的结论并不正确;但7条论据却为现代地震学家深入研究嶍峨震灾的分布规律,提供了第一手资料。并据之确定了嶍峨地震的震中位置为北纬24.2°、东经102.5°[②]。

张鸿翼还提出这次地震的一套善后对策,认为:“居今之计,惟有再筹巨款,暂安现在之灾民。安置重兵,预防未来之变乱。然后谋建设之法焉。嶍峨素苦瘠,每岁收入不过糖铁诸大宗,以言建筑,动需巨资。”对此,云南行政公署极为重视,相关部门专门开会研究实施办法,省政府先后两次追加了嶍峨县的救灾经费,建筑抗震房屋。

张鸿翼的嶍峨地震调查报告尽管有不少不足之处,但它是我国学者应用现代地质学理论与方法,考察地震灾害并提出科学对策的第一篇专题报告,在中国地震学研究中具有划时代的意义。张鸿翼也因此成为云南近代地震学研究的先驱。

1926年,云南省行政公署印行了《云南地震考》,作者为童正藻(? ~1939年),江苏淮安人,清末任职云南,在滇时曾致力于云南省地方志资料的搜集、考证与著述,主纂《昆明市志》。云南历史上震灾频繁,但以往有关地震的记载散见史册,鲜有专书,查检极为不便。童正藻“分时分地,钩稽史料”,编成《云南地震考》一书,记载了从西汉河平二年(公元前27年)到1925年期间,云南发生过地震的年份共230年,有烈、强、弱、微4个等级的地震。书中尤其对大理、峨山等3次大地震作了详尽的描述,包括地震时间、地震波及范围、房屋倒塌情况、人员伤亡情况等,内附许多珍贵的图片和图表,包括《嶍峨等属地震区域图》、《云南各属烈震次数表》、《大理凤仪等七县震灾一览表》和大理凤仪震后图片等。该书是云南历史上第一部系统研究地震的专书,为云南地震史研究提供了珍贵

---

① 这7条证据是:①此次地震仅限于冲积层之区域;②此次强震仅濒于两江之经域,受害最剧之地,又多偏于练江流域,与练江关系更为密切;③震后田间喷出白沙及水皆冲积层下部之物,沙粒直径平均约一分许,较诸江岸所积者为大;④强震之后,沙岸多现陷落之迹,木杵臼一带有陆沉之势;⑤余震起时若风振林谷,所过沙堤若履空谷;⑥历史地震多发生于秋冬两季;⑦震动方向自西南及东北,与练江走势相吻合。

② 高继宗:《张鸿翼:中国地震现场考察的先行者》,《防灾博览》,2006年,第1期,第19页。

的文献资料,具有较高的应用价值。

民国时期撰写的《云南人文地理》一书对云南各地历次发生的339次地震也进行了统计分析,认为云南各地由于地质情况的不同,有断层地震、陷落地震和火山地震,云南东西两部地震多而烈,可称为地震带①。另外,云南籍科学家陈一得也对地震做了深入的研究(本章第十四节)。

四、医学

云南本地医学以中医为主,昆明、大理和建水等地出现了很多中医名家,对中医在云南的发展做出了贡献。民族医学在少数民族地区也较为流行。西医的医院在云南各地纷纷建立起来,形成了中西医并存的态势。

1. 中医

民国时期,昆明地区有四大名中医之说,他们是吴佩衡、李继昌、姚贞白和戴丽三,其中后三位出生于昆明著名的医学世家。他们在中医方面有很深的造诣,并都有著述行于世,其医术在云南有很大的影响,特别在昆明地区,可谓家喻户晓。

吴佩衡(1888~1971年,图11.19),名钟权,四川会理人,1921年以后到昆明行医,擅长中医内科、妇科、儿科。1930年,吴佩衡代表云南中医界应邀赴沪,出席全国神州中医总会,抗议汪精卫取缔中医。其后留沪行医,抗日战争前夕返

图11.19　吴佩衡及其《麻疹发微》

① 《云南省志·林业志》编纂委员会编辑办公室编,李学忠、李荣高整编,《云南人文地理》,1988年,第15~18页。

回昆明,1939年被推选为省、市中医师公会理事长,1945年创办《国医周刊》杂志,以促进医学交流。1945~1950年,创办云南第一所中医学校——云南省私立中医药专科学校,任校长职[①]。吴佩衡作为火神派的重要传人,以其鲜明的用药风格活跃于医林,形成了别具一格的吴氏学术流派,曾谓:“用药如用兵,药不胜病,犹兵不胜敌,能否胜敌,应视善不善用兵而定。”他尤善用附子,有“吴附子”之誉。他对《伤寒杂病论》有深入的研究,撰有《麻疹发微》《吴佩衡医案》等中医学著作。

李继昌(1879~1982年),字文祯,生于昆明,清代名中医李裕采的曾孙,昆明人称“李三先生”。李继昌不为中医所囿,于1907年入法国医院附属医学专科学校学习西医,积极汲取现代医学的诊断技术和医疗理论,成为云南中西医结合的先驱之一。他擅长内科,兼攻妇科和儿科,所撰《伤寒衣钵》一书,汇集历代关于《伤寒论》的数十种注释,1978年整理出版了《李继昌医案》。1982年去世,享年103岁。

图11.20　姚贞白

姚贞白(1910~1979年,图11.20),云南昆明人,是清代名医姚方奇的第五代传人,云南“姚派”的代表性人物。1940~1948年任昆明市中医师公会负责人,滇、黔考试署中医师考评处处长。他尤擅长妇科,曾授徒40余人,创拟“姚氏资生丸”“姚氏生精散”“首乌延寿丹”等验方,有《巽园医话》《姚贞白医案》等著作传世。

戴丽三(1901~1968年,图11.21),字曦,号徐生,昆明人,晚清昆明著名中医家戴显臣之子。主要著作《戴丽三医疗经验选》,该书精选了他40多年中的部分学术研究成果和经验,包括内科、妇科、儿科、外科医案及疑难重症,体现了他承张仲景学说而能推陈出新的学术特点。另有《阴阳互引之研究》《伤寒论的科学性》《诊断篇》等论著。

民国时期,昆明著名中医还有黄良臣(1892~1960年),字国柱,出身中医世家,精于内外科,尤长外科跌打、正骨。他医术高明,行医数十载,特别重视医德,对底层社会的农民、挑夫、人力车夫等来求诊者,往往不计报酬进行医

---

① 吴生元、吴元坤:《著名中医学家——吴佩衡》,《云南文史资料选辑》,第三十五辑,1989年,第243~248页。

治，为滇中人士所敬重。至今其事迹在民众中仍广为流传。

建水名医苏采臣(1906～1973年)，以骨科闻名于省内外，20世纪40年代，在昆明开办了云南日月大药房，抗日战争时期向八路军赠送其研制的白仙丹、保险子、黑膏药等，朱德总司令曾亲函致谢。另外，民国时期大理名医李品荣、王济臣、张文伯，弥渡县的李桐、巍山县朱仲德及洱源县的王保元等都在滇西地区影响一时。

图11.21　戴丽三

2. 西医

民国以后，更为重要的事件是西医医院相继在昆明和各州县建立，从此形成了中西医并存的状态，一直影响至今，西医的人才队伍也随之发展了起来。

图11.22　甘美医院门诊大楼(1931年建)

1912年，法国人在巡津街购买了一幢法式建筑，成立了一个西医医院，1931年门诊大楼建成称为甘美医院(今昆明市第一人民医院旧址，图11.22)，服务对象多为外国人、云南党政军及社会上层人物。1914年，云南省警察厅在昆明南城脚对破败的关帝庙经稍加修葺后，设立为警察医院，内设中医、西医。以后改名为“宏济医院”，1922年2月，昆明警察厅厅长朱德提议扩充该医院并对社会开放，遂成为昆明最早的公立医院。同年，昆明市政公所成立，“宏济医院”划归市政公所管辖，改称“市立医院”。

抗日战争时期，又建立了省立昆华医院、省立仁民医院、白龙潭医院、普坪村郊外医院和昆明卫生事务所等，还有美国人办的长老会医院、英国人办的惠滇医院，各州县也纷纷创办了公立医院和卫生院所[①]。

与建立医院的同时，西医的专业队伍得到了迅速的发展。留学于日本、英

① 云南省志编纂委员会办公室:《续云南通志长编》，中册，第239～252页。

国、德国、法国、美国,以及上海、广州等地的医学毕业生纷纷来昆明行医,人数达上百人。到1945年,昆明市的西医人才达227人,应元岳、徐彪南、魏劼沉、孙建毅、魏述征等国内知名专家,民国时期都在昆明工作过。1920年成立云南军医学校,1937年云南大学增设医学院,开始了云南的高等医学教育工作。

五、农林技术、经济作物与水利建设

民国时期,云南的农、林技术和水利建设都进入了现代水平,农业机构相继设立,引进了烤烟、金鸡纳树等有重要经济价值的作物,取得了很大的经济效益。

1. 农林技术

民国时期,云南对农业改良很重视,体现在农业机构的相继设立,还对稻、麦、芋和大豆等农作物进行了改良和选育,现代林业研究也开始兴起。

1912年,在昆明成立了云南农事试验场,下设农艺、林艺、畜牧、蚕桑4部,农艺部主办事项中有肥料土壤分析、土壤肥料分区试验、模范耕作实施、土地改良及耕地整理。继后又建立了稻麦、茶叶、棉花、蚕桑、烤烟试验场。

1936年,王启元在云南车里县今(今景洪市)橄榄坝发现了疣粒野生稻,还在当地找到了药用野生稻,此为云南稻种资源的首次考察与采集。1938年,成立了云南省稻麦改进所,得到中国农业科学研究所派员协助,曾积极进行云南省麦作的调查与试验工作,即于是年着手小麦的纯系选种工作,并进行本省品种比较试验。1941年确定“四川1号”和“南京赤壳”等8个品种生长较佳,即于当年秋扩大示范区域,及至呈贡、昆明等8个县,种植面积达3051亩,在各示范麦种中以良种“128”最佳。云南省稻麦改进所诸宝楚(1910~2003年)等人,还鉴定出昆明大白谷、背子谷等优良地方品种。

除小麦和稻谷的选种外,云南地区还进行了较多其他农作物的选育工作。1921年,省农事试验场已选出会泽红洋芋(亩产945千克)、陆良饵块洋芋(亩产925千克)、宜良赤洋芋(亩产895千克)和昆明白洋芋(亩产700千克)等良种。同年,省农事试验场还选出良种大白薯(亩产1952千克)和开远大白薯(亩产1625千克)。抗日战争时期迁来昆明的清华大学,在云南进行了大豆的选育工作,选出大豆良种“清华1544”,亩产120千克左右,自1946年起在昆明地区示范推广,直到20世纪60年代这种大豆仍有种植。

到1949年,全省已有耕地3391.5万亩,其中稻田1402.1万亩,旱地1989.4万亩。

1937 年,云南大学建立农学院(今云南农业大学前身),开始培养高级农业技术人才。民国时期,云南还产生了很多农学著作,值得一提的是出现在剑川白族地区的《十大真诠收圆鉴》,是一部针对少数民族地区的科普书。在卷三中分《耕》、《作》两部分,以大量的篇幅讲述了近代农业科技知识,在剑川白族地区有广泛的影响。这种对少数民族普及农业知识的农书相当少见。

林业科技方面,剑川白族张海秋(1891~1972 年)是民国时期的林业科技专家,1920 年出版的《森林数学》为其代表作,还撰有《中国森林史略》、《森林经理学》、《林产制造学》等著作和讲义(本章第十四节)。

1921 年,云南地方政府订立了《云南种树章程》,认为应“以强迫手段而普及全省种树为宗旨”。规定年满 12 岁以上的人,每人每年种树 3 株。当时国民党还提出党部工作要以林木种植作为重点,产生了一定的影响。

2. 经济作物

经济作物的栽培方面,以木棉的栽培、金鸡纳树和烤烟的引种最有成绩。

1918 年,农业工作者傅植(开远县实业局局长)在开远(今阿迷)城偶然发现一株木棉,他精心培育后开花结出了棉桃,这种木棉的纤维较之草棉细长而且韧性好。中央农业实验所于 1936 年秋派技正冯泽芳到开远考察木棉,鉴定认为此种植物属埃及木棉,在中国的其他地方并无栽培。他撰文阐述其在植物学上的地位和经济上的重要价值,极力主张推广。此后,开远木棉在全国棉业界引起了很大反响。以后经过精心种植,得到云南木棉推广委员会的大力推广。“云南”和“裕滇”两个纺织厂在开远办起了“裕云木棉厂”。1945 年,张天放等人创办了公私合营的云南木棉公司,并办起了木棉厂①。到 1947 全省共种植木棉 7 万多亩,收获籽花达 90 多万斤,对民国时期的经济建设发挥了重要的作用。

金鸡纳树,又称为奎宁树,原产于南美洲的厄瓜多尔,是可作为药用的重要经济植物。1932 年,黄日光从爪哇购进金鸡纳籽种 8 两,先后在开远、蒙自、河口等地播种 5 次,相继失败。1933 年重新引种到河口,复经 8 次失败,第 9 次播种才获得成功,获得苗木 2000 余株。经过两年多的培养育苗,在思茅、普洱一带的农村生长良好,这是中国首次栽培成功金鸡纳这种经济作物。

---

① 张天放:《云南木棉事业的发展和结束》,《云南文史资料选辑》,第十六辑,中国人民政治协商会议云南省委员会,1982 年,第 44~69 页。

早在明万历二十七年(1599年),晾、晒烟(即土烟)已从缅甸传入云南的腾越一带。明《景岳全书》记载,内地士兵在"征滇之役,师旅深入瘴地"时,亦大量吸食烟草。清康熙年间,《新兴州志》(今玉溪)、《元江府志》(今元江)和《澄江府附郭河阳县志》(今澄江)等已把烟叶列入食货类,不少人以吸烟为乐。1914年,云南实业公司引进美国和土耳其烤烟种心叶、柳叶、黄叶等品种,曾在通海、玉溪、昆明等地试种成功,色泽、香气达到了卷烟要求,揭开了云南烤烟栽培的历史。后因护法战争而中断试验。1920年,大理成立了"苍洱仁智烟草公司"。1939年,农业部派常宗会(农业部技正)等人携带美国烤烟种子到云南,在云南白族农学家徐天骝(1901~1989年,图11.23)的支持下试种成功。1941年,南洋兄弟烟草公司在常宗会、徐天骝等人的配合下,引种美国弗吉尼亚州"金圆"种烤烟,并在安宁和富宁两地试种成功。1941年,成立云南省烟草改进所,开始大面积种植。直到1945年,"金圆"成为云南省唯一推广的烤烟品种①。

图11.23 云烟奠基人——徐天骝

1946年,徐天骝在美国"飞虎队"陈纳德将军的帮助下,用30两黄金从美国引进了名贵的"大金圆"、"特字400号"、"特字401号"3个烤烟籽品种,在玉溪试种成功,以"大金圆"表现最好。与此同时,植物学家蔡希陶也托人从美国带来"大金圆"烟籽,在云南农林植物研究所试种成功。由于这种烤烟具有生产周期短、质量上乘、产量高、抗病害力强的特点,就逐步淘汰了"金圆"种,这一项目得到云南省主席龙云的支持,到1948年,全省有72个县种植烤烟30万亩,亩产约60公斤,规模蔚为可观。美烟"大金元"的引种,对以后云南经济的发展,跻身"烤烟大省"行列产生了深远的影响。徐天骝因一系列在云南引进、推广烟草的事迹,成为对云南烤烟最有贡献的科学家,已被誉为"云烟奠基人"。

3. 水利建设

1946年,云南地方政府在昆明市北郊兴建了谷昌水库,由技术人员龙志钧、

① 徐天骝:《抗战期间云南烤烟情况》,《抗战时期西南的科技》,中国人民政治协商会议西南地区文史资料协作会议编,四川科技出版社,1995年,第212~221页。

童琨、杨祖海等负责设计施工,闸门和水泵由中央机器厂生产。此水库位于松花坝上游7公里左右的芹菜冲,总库容221万立方米,其溢流段坝高16.5米,系当时国内最高的浆砌石重力坝,达到了全国的先进水平。谷昌坝水库对松花坝水库起前置库作用,可拦截入库泥沙的92.4%,对保护松花坝水库水质起到重要作用。现在由于松花坝水库的扩容,谷昌坝水库如今已经被彻底淹没,但一过蓄水季节,水位下降,它就会显现在人们的面前。

1948年,云南大学教授邱勤宝著《云南水利问题》出版,书中描述了云南省的自然地理特点,总结了民国时期灌溉、水力发电、航运、防洪等建设情况、成就及存在问题,对水资源及水力资源分布也做了介绍。他在书中写到,欲整个解决宾川平原农田水利,唯一办法是引洱海之水入宾川,可灌溉宾川平原30万亩旱田。这个"引洱入宾"工程的愿望在20世纪80年代得以实现了。

六、采矿和冶炼技术

在铜、锡、锑、钨等矿产的开采和冶炼方面,云南全面进入现代技术水平,特别是现代钢铁工业的引入,对云南的经济建设有巨大的推动作用,还出现了一些相关的科学研究著作。

1. 铜、锡、锑、钨矿的开采和冶炼

民国时期,云南的各种矿产都得到了普遍的开采和冶炼,有金、银、铜、铁、锡、铅、锑、钨等矿产。除东川的铜矿产外,以锡、锑、钨的开采和冶炼最为兴盛。

1912年,东川矿业公司建立了一座日产12吨的铜反射炉。国民政府资源委员会主办的昆明炼铜厂于1938年4月成立于昆明西郊马街,当年6月投产,从事现代技术水平的炼铜。当时已经掌握了转炉、反射炉与电解法精炼粗铜的方法。主要产品为电解铜、电解锌、纯铝、耐火砖和耐火泥等,新中国成立后改名为昆明冶炼厂(图11.24),曾经是中

图11.24　昆明冶炼厂

国最重要的炼铜厂之一①。另外,20 世纪 40 年代,在会泽铅锌矿、易门铜矿的采矿工作中,已进行磁法、电法探矿等现代科技手段的试验。

民国以前,个旧锡矿都是采用土法炼锡,1913 年,个旧锡务公司建起了鼓风炉,开始了机械作业炼锡,但因锡砂多数被扬出炉外而停用。1931 年,云南炼锡公司聘英国冶炼工程师亚迟迪耿到个旧改良炼锡,用氯化亚铁浸出锡精砂杂质,用烧油反射炉熔炼锡精砂,以粗锡熔析反射炉脱铁、砷进行提纯,从而开始了新式炼锡。1932 年,产出了锡含量为 99.75% 的上锡,99.5% 的纯锡,99% 的普通锡。从此,凡有该公司 YTC(Yunnan Tin Corporation)标记之锡,凭公司签字证单,即可直接运销国际市场,不再为香港商人所操纵,被称为"锡业史上划时代之一页"②。而主持冶炼精锡成功的缪云台(1894 ~ 1988 年),也从此在云南经济舞台上大显身手。

1937 年和 1938 年,大锡产量分别为 11 070 吨和 11 050 吨。巨大的产量为个旧锡产业的发展奠定了基础。每年出口大锡亦达 1 万吨以上,产品运销英国等西方国家。从清宣统元年(1909 年)到 1939 年的 31 年间,个旧锡的出口值佔云南省外贸总值的 70% 以上,个旧锡业的税收占云南全部税收的 20% ~ 30% 以上,在云南经济中占有举足轻重的地位。

1940 年后,云锡股份公司进一步开展提高大锡质量的研究,先后试验成功用调温结晶法放液锅脱铅铋、加铝除砷锑、粗锡加硫除铜 3 项成果,并于 1943 年获得了英国 10 年的专利权③。该法先结晶出较纯的锡,经几层阶梯式的锅,进一步生产出纯度高达 99.9% 的精锡。1949 年,云锡公司的精锡产量达到 610 吨。

个旧锡矿成为中国机械化程度较高的矿山之一,有深 1130 尺,日产矿石 130 吨的竖井一口,井口有电机绞车,巷道铺有轻便的铁轨,用风动工具打眼放炮,运矿石用加空的索道,进行水力采矿,设有选矿厂等。

民国初年,云南已在文山、广南和开远开采锑矿,产量每年上千吨,仅次于湖南,其中 1915 年锑产量为 1487 吨。但第一次世界大战后,锑价跌落,各公司遂相继停办。

个旧锡矿开采了数百年,但锡矿中含有一种异常坚硬而色黑的块状砂

① 进入 21 世纪以后,昆明冶炼厂已倒闭。

② 《云南行政纪实》,第十三册,《锡业》,第 2 页。

③ 云锡志编委会:《云锡志》,云南人民出版社,1992 年,第 393 ~ 406 页。

粒，既无法碾细熔化，又影响纯锡的冶炼，一般视之为废渣，被叫做"锡贼"。20世纪30年代，对锡渣进行鉴定，发现竟是稀有金属钨矿，立即引起了龙云、陆崇仁等官商人士的高度重视①。1936年，照《云南全省钨锑公司章程》组设个旧分公司。1938年，在富源老厂又成立了"平彝钨锑公司"，均为官商合办，隶属财政厅，后改隶云南省企业局。1942年在文山成立了"文山钨矿公司"，隶属云南省企业局。都用新法进行钨矿和锑矿的开发冶炼②。每年可产钨精矿1300多吨，锑矿1000多吨，当时钨精矿的出口值仅次于大锡，居全省第二位。

2. 钢铁工业

抗日战争时期，现代钢铁工业出现在云南，在云南工业技术史上具有重大意义。

中央研究院工程研究所迁到云南后，即进行了大量的钢铁科技研究。在特种钢方面，试制了钨铁合金，研究了非铁金属合金，以应当时飞机和汽车上部件的需要。当时工程研究所还生产出各种镍钢、铬钒钢、高速工具钢、低锰钢、弹簧钢料等。在冶金学家周仁(1892～1973年，图11.25)的指导下，工程研究所生产了很多急需的钢材，例如，电工器材厂使用的硬磁钢，汽车维修需要的低锰弹簧钢，四川自贡盐井吊取盐卤用的钢丝绳，还试制成功了各种合金钢，作为内燃机之用。他们利用当地的资源开展了从钴矿中提取氯化钴及用木炭代替汽油作汽车内燃机燃料的研究，以解决战时的能源问题。1944年，中央研究院工程研究所改名工学研究所，1945年，研究所迁回上海，留下部分人员和全部设备。1953年改组为中国科学院昆明冶金陶瓷研究所，即现在的昆明贵金属研究所。

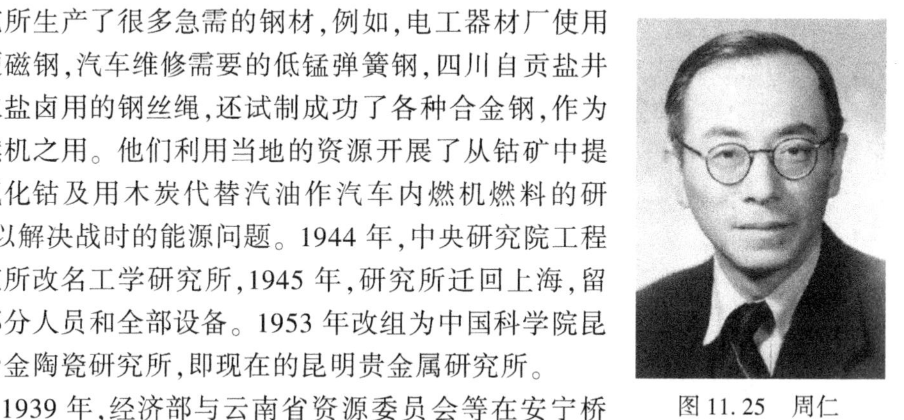

图11.25　周仁

1939年，经济部与云南省资源委员会等在安宁桥头村筹建中国电力制钢厂，周仁任总经理兼总工程师。应用氯酸钾加热分解的方法制取氧气，用水压法放气，再经纯化后加以利用。1941年该厂炼出第

① 卢濬泉：《我所知道的云南钨锑公司内幕》，《云南文史资料选辑》，第十八辑，中国人民政治协商会议云南省委员会，云南人民出版社，1983年，第50～56页。

② 云南省志编纂委员会办公室：《续云南通志长编》，下册，第466～488页。

一炉合格钢水,浇出9根钢锭,并装备了轧钢设备,使云南正式跨入现代工业炼钢的新时代。其主要产品以材质区分有碳素钢和合金钢,以形状分有圆钢、方钢、角钢和轨钢等,平均每月产量约60吨,广泛用于机械、交通、军工、建筑和矿山工具。

云南钢铁厂为国民政府经济部、云南省政府、军政部合办的企业,1939年在安宁郎家庄筹建,1943年5月建成日产生铁50吨的炼铁炉一座,还有2吨和1吨的贝塞麦钢炉各一座[①]。这两个厂后来演变为著名的昆钢集团公司。

3. 采矿和冶炼领域的科学研究

采矿和冶炼领域也有部分科学著作问世。1915年,钟纬和黄强撰写的《云南个旧锡山报告书》[②],结合个旧锡矿的实际情况,详细研究了用现代设备进行火法炼锡的方法,比较了土法与新法生产锡的得失,首次提出"在矿山培植森林以持久远"的可持续发展主张,这是一部有价值的矿冶科学论著。1930年,云南省政府农矿厅厅长缪云台赴新加坡考察锡的冶炼技术,回国后写成《个旧锡改良报告书》,对个旧锡的提纯有很大参考价值。1936年,个旧锡务公司选矿技师陈俪写出《浮游选矿试验报告》,为国内外开展较早的浮选研究。20世纪40年代,严中平出版《清代云南铜政考》,对滇铜的繁荣和衰落、制钱鼓铸、采冶中的生产技术和组织形式都进行了探讨,是一部用近代科学眼光全面总结云南传统采矿和冶金技术的著作。

七、制造业

民国时期,以中央机器厂为代表的制造业飞速发展,产品涉及各种机器制造、动力和加工领域,奠定了云南现代工业的基础,产生深远的影响。

1. 中央机器厂

1939年,在昆明北郊黑龙潭附近的茨坝建立了中央机器厂,这是中国机械工业史上具有划时代意义的事件。

中央机器厂是民国时期中国大型工厂的代表,是资源委员会3年重工业建

① 云南省志编纂委员会办公室:《续云南通志长编》,下册,第474页。

② 钟纬、黄强:《云南个旧锡山报告书》,《云南现代史料丛刊》,云南省社会科学院历史研究所编,第6辑,1986年,第204~239页;第7辑,第175~215页。

设计划的十大工程之一。当时计划纲要认为，政府以有限之财力，而完成此重大使命，其意义至深。初期设有5个分厂和4个部门(处)，以后重新按照制造产品归类，划分为7个分厂：第一厂为金属冶炼厂，第二厂为蒸汽锅炉厂，第三厂为内燃机厂，第四厂为发电机厂，第五厂为工具机厂，第六厂为纺织机厂，第七厂为普通机械厂[①]。

由于中央机器厂的成立，许多工程技术人员随之迁入云南，中央机器厂的规模设备，在全国机械行业中首屈一指，并为中国培养了大量机械行业的人才。除总经理为王守竞(1904～1984年，图11.26)外，还有吴学蔺(1909～1985年)、贝季瑶(1914～2004年)、雷天觉(1913～2005年)等中国杰出的工程技术人员。

图11.26　昆机创始人王守竞塑像

该厂的产品涉及多方面领域，生产出许多优质的机器。包括蒸汽锅炉、柴油机、发电机、电动机、大马力水力机、重油机、碾米机、抽水机及各种精密机械，试验成功了齿轮铣刀、滚珠轴承、砂轮、展性铸铁、电弧焊条表面涂剂等产品。在机床制造方面，生产出车床、铣床、钻床、刨床、镗床及各类工具，装备了不少军工单位和机械工业部门，曾经制造过化工炼油、制碱等设备。这些产品的质量不仅在国内处于领先地位，有些甚至可与进口产品相媲美。

王守竞不仅是杰出的工程技术人员，也是一位十分优秀的管理人员。在他的领导下，中央机器厂在短短的几年内不但做出了很多重要的科研成果，还创造了许多中国第一：第一台机械工业的工作母机，第一台大型发电机，第一台大型汽轮机，第一台30～40吨锅炉，第一座铁合金冶炼炉等，第一个实现高强度铸铁工艺[②]。因此，中央机器厂被称为中国机械工业之摇篮，不愧是云南近代技术史上的奇葩。

中央机器厂还筹备建造汽车分厂，当时计划5年内生产出600～960辆汽车，

---

① 中国第二历史档案馆：《国民党政府的中央机器厂》，《历史档案》，1982年，第3期，第60～79页。

② 昆明机床厂：《抗战时期内迁昆明的中央机器厂》，《抗战时期内迁西南的工商企业》，云南人民出版社，1989年，第86页。

有卡车、公共汽车和新式轿车等①。1938年6月，买下了美国司蒂瓦特(Stewart)汽车装配厂的全部旧设备，部分设备和其他器材已运至越南海防，准备从滇越铁路运入昆明，但1941年5月被侵入越南的日军劫掠。同年7月，只好把部分设备运到了滇西的畹町，因战事吃紧，无法从滇缅公路继续运往昆明，临时将汽车分厂改设龙陵县。但刚组装成功了2辆"资源牌"4吨载货汽车后，1942年5月，日军攻入龙陵，汽车便落入了敌手，中央机器厂设汽车分厂的计划随即被破坏。这是继1931年5月沈阳民生工厂试制成功汽车之后，民国时期中国装配成功汽车的数次实践之一。

图11.27　保存至今的中央机器厂门楼

1943年，中央机器厂已有员工2400余名，装备了500余部机器设备，是为其鼎盛时期(图11.27)。但抗日战争胜利以后，大批人员迁回内地，1946年后，员工只剩下500余名。在该厂的基础上成立了昆明机器厂，设有农具机、工具机、动力机及铸锻锅炉4个组，产品主要销往西南各省区。并研制成380伏、50周、500马力(1马力=745.700瓦)8级滑环式交流感应电动机，这是当时国内制造的最大电动机。1949年以后，该厂逐渐演变为著名的昆明机床厂，即现在的昆机集团公司。

2. 其他制造业

中央电工器材厂是当年国民政府十大厂矿之一，在资源委员会负责人翁文灏、钱昌照等人的支持下建立。抗日战争期间，其第二厂的昆明支厂制造电子管及氧气，第三厂制造电话，第四厂制造电动机、变压器、开关设备和电表，均设在昆明。以后第一、四分厂合并，成立中央电工器材厂昆明分厂。该厂产品主要有电缆线、电动机、变压器、电池、电灯泡五大类30余个品种，生产出了中国第一根铜导线，还有镀锌铁线、军用被复线、绝缘皮线、花线、铅皮线、漆包线等电工产品。第三厂有军用电话机、普通磁式电话机和共电式电话机等产品①。产品除供应西南、西北各省人民生活的需要外，还直接供应驻华美军使用。1949年后，该厂逐渐演变为昆明电机厂(图11.28)、昆明电缆厂(图11.29)和云南变压器

① 云南省志编纂委员会办公室:《续云南通志长编》，下册，第370~371页。

厂(图 11. 30)等。

图 11. 28　昆明电机厂(今哈电集团昆明公司)

图 11. 29　昆明电缆厂

抗日战争爆发后,棉布的需求日增,迫切要求建立有现代水平的纺织工业。在缪云台主持下,云南省经济委员会遂决定兴建云南纺织厂,向美、英等国进口先进的设备,1938年 8 月在昆明建成投产,共拥有纱锭 5200 枚,电动织布机 60 台。1940 年,在昆明玉皇阁又成立了裕滇纺织公司,专营纺纱业务,有纱锭达 25 000 锭。为适应云南纺织业发展的需求,1943 年,云南省经济委员会与富滇银行等成立了裕云机器厂,厂址设在昆明西郊麻园,主要生产纺纱机、梳棉机、清棉机、并条机、打包机和纺织机零件,为云南纺织厂、裕滇纺织公司提供所需要的大批机器设备,由于该厂运行良好,被赞为“成绩极为圆满”[①]。另外,1937 年以后,沦陷区的纺织技术人员陆续来滇,有的纺织研究机构还迁入昆明,也推动了云南纺织科技的研究。

图 11. 30　云南变压器厂

民国时期,个旧的锡器制造业盛行,达到历史上新的发展水平。1922 年编的《个旧县志》卷八记载:“以锡为原料,熔成最薄之片,然后仿造各种器具,以玩具最多,因质既优,技术亦好,颇为远近客商所喜购,每年可出 15 万斤。”当时经营锡器制造的有 30 多家,工匠艺人上百人,较大的“乾元号”,有工匠艺人 20 多人。制作的产品不仅销往中国西南地区,在东南亚地区也颇有市场。产品有锡壶(图 11. 31)、锡盘、锡杯、香炉、酒具、花瓶、油灯等生活用品,造型富于生活气

① 云南省志编纂委员会办公室:《续云南通志长编》,下册,第 372 ~ 375 页。

图 11.31　个旧锡器(民国)

息。1921 年,个旧“原兴昌”制作的“锡佛相鱼盒”、“聚兴易”制作的“都城盘”等锡工艺品被云南省实业厅征集为特产品会的陈列品。

个旧出现了一大批制作锡工艺品的艺人,产生了许多名家。著名艺人李伟卿(1877～1938 年)曾制作了狮、象、牛、马等动物造型的灯具、烛台、香炉,创作了锡雕“关云长勒马望荆州”,脸部采用传统浇铸工艺,其余全用小锤打制,做工精细,神态逼真。据传曾由省政府选送巴拿马世界博览会参赛,成为他的著名作品。李伟卿由于技艺高超,民国时期被推为“个旧五金手工艺公会”主席[①]。

八、化学工业

云南在化学工业领域有多方面成就,“移卤就煤”工程是影响至今的制盐业代表。瓷器烧制、玻璃制造、酒精和油漆生产等其他化学工业也进入了现代技术水平。

1. 制盐技术

民国时期,制盐工业技术的重大成就是张冲在滇中主持完成的“移卤就煤”工程。另外,云南制盐技术亦逐步向机械化方向发展。

图 11.32　张冲

20 世纪 30 年代,滇中地区因为柴薪枯竭,产不敷销,当时云南盐运使张冲(1901～1980 年,图 11.32),经实地考察,认为“查全滇各产盐区,其销岸之广,关系民食之大,未有黑井区者”。提出了“移卤就煤”的方案:在一平浪就近运干海资的煤煎熬元永井卤,制成筒盐。张冲在工程报告中说:“附近森林因历年供给巨额之燃料,任意砍伐,举目秃然,四围皆空,乘此改用煤煎,力加培养,无形中予以保护,十年之后,便可成林,调节雨量,转移气候,用将来建设上木材之需,取之不尽,用之不竭。”说明“移卤就煤”也是基于环境保护的考虑,确实是一个很有思路的方案。

① 个旧市文化局编:《个旧市文化志》,1988 年,第 253～254 页。

1933年，张冲在广通县成立一平浪制盐工程处，由云南省政府技监李炽昌任总工程师。该工程包括在元永井新建卤池一座，在元永井到一平浪之间铺设了长20.5公里、路面宽3米的输卤沟（图11.33），又称为盐水沟，元永井新建了垂深100米的机械竖井一口，在一平浪则建锅盐灶房360间。其中，建输卤沟是这个工程的核心。因受元永灶户反对，以及技术上无先例可行，建设过程十分艰难，1936年省政府官员考察后，认为“移卤就煤整得成”[①]。1937年工程初步建成后，年输卤约40万立方米，这是云南盐业史上的一大创举。输卤的釉沟选材科学，设计合理，一直沿用了60年，到1998年才沿沟敷设铸铁管来代替，“移卤就煤”工程至今还在发挥着效益，这是很难得的。

图11.33　移卤就煤输卤沟遗址

以煤代柴的新灶建成后，煎出的盐色白、质好、味佳，成本大大降低。这项工程促进了盐业生产的规模化和现代化，平息了盐荒，使滇中的人民吃上了价廉物美的食盐。从生态效益看，此工程既结束了用柴煎盐的历史，保护了森林资源，又使地下的煤矿资源得到了开发利用，云南著名的一平浪盐矿从此建立起来了。

20世纪40年代，云南制盐技术逐步向机械化方向发展，生产效率大为提高。一平浪盐场用电动绞车，封闭式吊泵和发电机等机电设备进行矿山采卤工作，抽汲了深90米的安平井卤水，以电动绞车带动牛皮包汲取南硐直井卤水，这是机械抽卤方法在云南盐井中的首次运用，以后为石羊、黑井等盐厂所仿效。还在国内首次采用了竖井开拓、水平分层房柱法开采元永井岩盐。磨黑盐矿、乔后盐井、凤岗盐井等也先后经历了竖井开采（或斜井开拓）、房柱法采矿、硐室水溶、钻井水溶的发展过程。

当时云南盐务局接受国际联盟卫生组织的建议，在食盐中加碘，以防治云南常见的甲状腺肿瘤，在广通县试验成功后，就在滇中各盐坊试行推广。食盐加碘对云南民众的健康有极为重要的意义。

---

① 王少江：《张冲兼任盐运使的盐政改革》，《云南文史资料选辑》，第十六辑，中国人民政治协商会议云南省委员会，1982年，第103～137页。

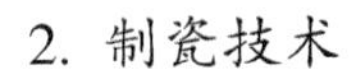

2. 制瓷技术

抗日战争时期，由于内地企业和人才的流入，云南瓷器制造技术有了不小的进步。云南本土的优质制瓷原料丰富，在个旧、宣威、临沧、龙陵等地都贮藏有丰富的高岭土和瓷土。1939 年，开办了长城窑业厂，以制造缸砖、缸瓦、耐火砖等产品。同年，江西内迁企业在曲靖成立光大瓷厂，制造电瓷、普通日用瓷，红砖及耐火砖等。另外，还有云南瓷业公司、滇胜兴业社、永兴瓷厂等造瓷器的企业成立。

多数瓷厂聘用了景德镇的技工，仿江西瓷改良云南省的陶器。例如，滇胜兴业公司与永北瓷厂合作，生产改良瓷器，品质堪与景德镇瓷媲美，但价格仅及赣瓷的一半。新兴窑瓷业的出现，使云南逐渐减少了赣瓷和越瓷的输入，并培养了一批制造瓷器的技术工人。

3. 其他化学工业

1910 年，云南宝丰公司成立，开采石磺（硫化砷）、芒硝，并生产镪水（盐酸、硝酸混合液）。1914 年，又建立模范工艺厂，扩大镪水的制造规模。这是云南近代化学工业的开始。

1938 年，国民政府资源委员会在昆明普坪村建立昆明化工材料厂（昆明市电化厂前身），用路布兰法生产纯碱，再用石灰苛化法生产烧碱。于 1940 年 7 月正式投产，最大日出产纯碱达到 1 吨，最小日出产纯碱为半吨。同年，云南省经济委员会在昆明马街建立大利造酸厂，用铅室法生产硫酸，用硫酸与火硝制造硝酸，用氢气与氯气在玻璃管内燃烧与吸收的合成法，生产出含铁量极少的盐酸。1945 年，还用电解食盐的方法生产液体烧碱，用氯化钾电解制造氯酸钾。1942 年，中国第一家磷肥企业——滇裕磷肥厂诞生，日产普通过磷酸钙 1 吨左右。

1938 年，从长沙迁来昆明永生玻璃厂，1943 年秋开始生产，产品有烧杯、烧瓶、量杯、量筒、试剂瓶、过滤瓶、冷凝管、蒸馏管等化学工业用品。产品主要供中央防役处，少部分供社会上的医药卫生界使用。

早在 1935 年，昆明和楚雄之间的公路通车时，即有一些散户开设了作坊式酒精厂，以适应运输的需要。1940 年，西南联合大学化工系教授苏国桢、赵康节得到富滇银行的投资，在昆明刘家营成立了云南恒通酒精厂，一定程度上缓解了当时汽油严重缺乏而产生的燃料问题。1940 年，大理杨茂馨从昆明购来一个酒精塔，投资兴建了一个酒精厂，每天能出酒精 80 加仑。而云南酒精厂则为国民政府经济委员会与云南省经济委员会合资创办，选址昆明东郊大板桥，1941年4月投厂，该厂以生产动力酒精为主，浓度在96%以上，主要供给军事机关和相关事业单位，年产量约30万加仑。

西南联合大学教授张大煜在云南经济委员会资助下，创建了利滇化工厂，用煤炼油，并从事桐油裂解制燃料的试验。1941年，孙孟刚在昆明跑马山建成元丰油漆厂，利用桐油等天然资源生产清油和调和漆，供交通、工务和建筑之用，原料均采用国产。1983年，该厂改名为昆明油漆总厂，是全国重点油漆厂之一。这些厂的建立为云南化学工业的发展奠定了基础。

九、造纸、印刷和建材

民国时期，机制纸的生产开始出现于云南，各地采用近代机器进行铅印或石印，推动了文化事业的发展。当时还引进了水泥生产，使得昆明等地出现了各种西式建筑。

1. 机制纸

1922年，云南造纸厂(在昆明螺蛳湾)开始引进和使用了蒸汽机、冲料机、搅拌机等，首次在造纸行业引入了现代设备。但抄纸工序仍然采用手工抄造。

抗日战争时期，因日寇封锁，云南出现纸荒。1938年，“上海闻人”杜月笙等人来滇，鼓励云南的实业家缪云台、技术专家褚凤章等人发起筹建造纸机制厂，定名为云丰造纸股份有限公司制造厂(图11.34)，主要由云南省经济委员会、云南省富滇银行、经济部工矿调整处、云南省企业局、交通银行投资，杜月笙也投资3万元，占有该公司2.5%的股份。该厂设在昆明西郊的海口中滩，这里是滇池的出海口，水质清洁，可用于造纸。造纸用的主机系购买上海造纸厂幅宽1092毫米单网单缸造纸机，但沿滇缅公路运往昆明时，遭日军飞机机枪射击，烘

图11.34　螳螂川与云丰造纸厂

缸被击穿了一个弹孔，经修补后安装使用。蒸球、打浆机等配套设备则由省内自制①。

褚凤章是浙江嘉兴人，系国民党元老褚辅成的长子，为美国麻省理工学院（MIT）电机系毕业的留学生，由他担任总经理，负责该厂的生产和管理。主要工程技术人员还有陈晓岚、褚凤翔等留德和留英回国人员。1941年10月正式投产，日厂纸50～60令。从此开始了云南机制纸的生产。原料侧重于用稻草，还采用废纸、废棉、破布等为辅助原料，最初主要制造新闻纸，以后逐步拓展到生产各种文化用纸，而手工纸由于在书画、民俗等领域的优势，仍然在民间大量生产。直到21世纪初，云丰造纸厂一直是云南的主要造纸企业②。

2. 印刷技术

1912年，务本堂的王汉升、王骧臣兄弟在昆明成立了开智印刷公司，为商办合股，设备有铅印机、石印机和切纸机等，印刷《民国日报》、《新商日报》等。同年，陆续出现崇文印书馆、美明印书馆，都配备了铅印机和石印机。民国初期，还有光华印书局、悦美印刷馆、联美印刷厂、维新印刷厂等企业成立。1942年，云南省经济委员会成立了鼎新印刷厂，有铅印、石印、单色、五彩等，技术水平进一步提高了。

抗日战争时期，一些内地的印刷企事业机构迁入云南，例如，光华实业公司印刷厂迁滇，专门翻印西方的书籍，先后出版百余种。还有大中印刷厂，印刷中央日报出版的昆明版，亦备有全部印刷机件。使云南的印刷业全面进入了近代化阶段。到抗日战争结束后，当时昆明的印刷企业有46家，1946年9月在昆明成立了印刷业职业工会。

民国后期，云南各专州亦陆续采用近代机器进行铅印或石印，如大理有“同文轩”，个旧有“普文印刷厂”，蒙自有“鸿益印刷厂”，保山设有开智公司。对云南各地的文化发展起到了推动作用。

3. 水泥生产与西式建筑

1940年，由富滇新银行、交通银行和中国银行投资的昆明海口华新水泥公司昆明水泥厂建成投产，其设备除一套丹麦磨外，其他均为本国制造。原料为黄泥、白沙、石灰石、焦炭和石膏，采用干法普通立窑工艺，生产龙门牌普通硅酸盐

---

① 云南造纸工业史编委会：《云南造纸工业史》（内部资料），2002年，第22～25页。

② 2008年，这个云南最悠久的机制纸厂因经营不善被变卖，令人扼腕！

水泥，年产量约6000吨，动力来自耀龙电力公司。该厂的建立，开创了云南生产建筑材料水泥的历史。1949年以后，位于海口的云南水泥厂（图11.35）一直是云南主要的水泥厂之一。其采用的水泥立窑对以后中国水泥生产工艺有很大的影响，现今中国各地数千台水泥立窑就是借鉴云南水泥厂和济南水泥厂立窑的基础上演变而来的。

图11.35　位于海口的云南水泥厂

民国初期，在昆明、大理一带已出现少数西式建筑，如昆明陆军讲武堂、昆明甘美医院，都是砖木结构的西式建筑。最著名的是建于1923年的云南大学会泽院，为云南镇雄人、留学比利时归国的张邦翰（1885～1958年）主持设计和修建，巍峨壮观，堪称民国时代云南的建筑杰作，已成为云南大学的标志。大理喜洲严家大院的小洋楼建于1937年（图11.36），在其窗台上、地板上、地下室和花台上，其建筑材料中都已使用了水泥，应是从外地运入云南的。20世纪40年代，由于采用了云南生产的水泥作为建筑材料，云南开始出现了较多的西式建筑，在昆明金碧路和南屏街，都建造了一些用水泥和钢筋作为建筑材料的西式房屋。五华山的光复楼和光华街的胜利堂也是抗日战争胜利后建成的风格突出的大型建筑。

图11.36　建于1937年的喜洲小洋楼

十、电力、电子工业和军事工业

民国时期，继石龙坝电站之后，火力发电和水力发电都在云南各地蓬勃开展起来了。电子工业亦引入了云南，抗日战争时期，兵器工业在云南得到极大的发展，不仅生产出很多现代武器，还研制成功中国自制的第一架军用望远镜。

1. 电力

火力发电方面，1914年，由商人集资创办蒙自大光电灯公司，用蒸汽机带动88千瓦发电机一台，供照明用，此为云南火力发电之始。此后，1916年，开远开办了通明电灯公司,昭通的官商合办厂也投产发电。但这些公司的发电量都很小,每家只有几十千瓦。

1938年3月,国民政府资源委员会在昆明马街筹建昆湖电厂,翌年6月起供电营业,深为云南各界赞许。该厂先后装好2000千瓦汽轮发电机组两台,单机分别供电。因日本飞机轰炸频繁,1941年将其中1组移装嵩明县喷水洞,于1943年建成发电,以22千伏输电线路送至马街。1944年从茨坝中央机器厂购入1台2000千瓦汽轮发电机,配用马街1台备用锅炉,安装竣工后发电。至此,昆湖电厂总装机容量为6000千瓦,是资源委员会在大后方经营的10个火电厂中最大的一个。至1945年抗日战争结束,昆湖电厂共有输配电线路290公里,输电变压器容量10 200千伏安,配电变压器容量9000千伏安,为昆明郊区工业的发展提供了动力。这个发电厂即为现在云南著名的碧鸡关昆明发电厂的前身之一。喷水洞发电所也是一个火力发电厂,电力主要供应小坝、次坝地区和明良煤矿、第五十三兵工厂等单位。

水力发电方面,云南矿业公司在1937年开始建设开远南桥水电站,主要任务是利用临安河水力发电,将电力输至大屯,以供个旧矿山开采冶炼锡矿之用。公司向德国西门子公司订购了两台水轮发电机及相应设备,1943年建成发电。该水电站装机两台,每台容量为896千瓦,为当时最大的单机容量,水头33.4米,引用流量12米^3/秒,也创造了当时中国的水电之最,它是珠江流域早期先进的水电站之一。

1943年,大理喜洲五台中学校长杨白仑(白族)倡议创办水力发电厂,得到响应。聘请西南联合大学工学院院长施嘉炀为顾问工程师,建设喜洲万花溪发电厂。水轮发电机组由中央机器厂承制,电压2300伏,转速1500转/分,供电44千瓦,1946年1月1日正式发电营业,为滇西地区首个水力发电厂。

1944年,地方人士筹办下关天生桥发电厂,仍然聘请西南联合大学工学院施嘉炀设计,在下关天生桥北江风寺下凿一长80米的隧道,再沿山坡修挖明渠,引水到大渔田中部发电,水面有效落差10米,安装中央机器厂承制的水轮发电机组,装机容量200千瓦,于1946年3月1日正式开业发电①。

在水力发电设备方面,1941年中央机器厂制造出国内第一台80千瓦水力发电机,1946年又为下关玉龙公司制造出150千瓦的发电机,到20世纪90年

---

① 杨永昌:《大理的电力工业》,《抗战时期西南的科技》,中国人民政治协商会议西南地区文史资料协作会议编,四川科技出版社,1995年,第368～373页。

代，此发电机仍然在剑川沙溪电站正常运行着。

1941年，昆明电工四厂将一台变频机改制成1940千伏安（1550千瓦）发电机，与民生机器厂生产的2台1000马力水轮机配套，在水利专家张光斗的主持下，安装在四川长寿县下清渊硐水电站投入运行。这是1949年以前中国最大容量的水电机组。

2. 电子工业

20世纪30年代，昆明开始出现无线电修理店。1940年4月，国民政府资源委员会设立了中央无线电器材总厂昆明分厂，厂址设在昆明蓝龙潭。该厂成立之初，主要生产电子管收音机。以后由于抗日战争的需要，大力生产收发报机，有5瓦、60瓦、100瓦不同功率的收发报机，并全力制造军用机件，以供前方急需，产品有200～600瓦手摇发电机、耳机、电键、波长表、电感线圈、电容器、电阻器和变压器等无线电元器件，这标志云南电子工业的开始。

太平洋战争爆发后，原来需从欧美进口或从港沪供应的一些产品，该厂也能自制，如电表、听筒、话筒、录音机、轻型内燃发电机、电动发电机、晶体振荡控制器及各种仪表等。该厂还研制了滤波器、电话秘密终端器等。美国援华空军飞虎队的作战飞机中使用的通信网用机件，就是这家工厂生产的。“该队因此通信灵敏可靠，在一月内击落敌机二百八十四架。”[①]

抗日战争胜利后该厂迁回南京，逐步发展成今天生产“熊猫牌”电器的南京无线电厂。

3. 兵器工业

由于抗日战争等特殊原因，兵器工业在云南有极大的发展，其中，中国自制的第一架军用望远镜的研制成功是代表性的科技成就。

1936年夏，丹麦的麦德森公司以其制造的麦德森7.9毫米轻重两用机关枪向中国求售。经过国民政府的研究，决定向麦德森公司购买全套的生产技术和设备在昆明建厂生产。1937年后抗日战争形势紧急，生产兵器的任务十分迫切。1939年1月工厂成立，最初定名为兵工署第五十一兵工厂，1942年与当时内迁的兵工署第二十二兵工厂一起迁到昆明西郊滇池出海口，合并组建为兵工署第五十三兵工厂，以生产机关枪为主。

① 云南省志编纂委员会办公室：《续云南通志长编》，下册，第371页。

该厂厂址地处昆明海口称为“山冲”的一个狭长山沟中，北边的山坡即为明代徐霞客游历过的石城胜境，山冲口为里仁大村，重要的车间均设在山洞之中，敌机难以轰炸。这里陆路和水路都可以通到昆明城，距离仅40多公里。以后随着抗日战争的需要，生产规模逐年扩大，据统计，“1942年生产2500挺机关枪，1943年生产3000挺，1944年生产4400挺，1945年生产接近5000挺，制造了难以计数的军工杂件；还在厂内外修理火炮970余门、轻重机枪8000余挺、步枪22 000余支”①。为在抗日前线的将士们提供了源源不断的杀敌武器。

图11.37　兵工署第五十三兵工厂所在的山冲（今国营356厂）

今天，兵工署第五十三兵工厂已演变为位于昆明海口的西南仪器厂（图11.37），又称为国营356厂，是中国最重要的生产机关枪的兵工厂。

1939年4月22日，在设计专员、制造主任龚祖同（1904～1986年）等人的主持下，6×30双筒军用望远镜在昆明兵工署第二十二兵工厂研制成功，这是中国自制的第一架军用望远镜，以中国抗战将领何应钦将军的字命名为“敬之式”望远镜。该年7月投入大批生产，有力地支持了抗日战争事业。龚祖同等人还将光学应用到光学设计、工艺测量及仪器装校等方面，开创了中国光学工程的研究。1940年年初，该厂开始试制80厘米倒影测远镜，共有1135个零件，由外管、内管、五棱镜、物镜和目镜等部件组成的复杂精密仪器。1943年，兵工署第五十三工厂试制生产了100具象限仪，这是呈一定倾斜角，检查火炮瞄准装置及火炮角度的仪器。

军用瞄准镜一直是该厂的重要产品。1940年，兵工署第二十二工厂开始仿制奥式迫击炮瞄准镜和法国布郎式迫击炮瞄准镜，这是用于提高火炮发射命中率必配的装置。1944年，该厂根据生产各种迫击炮瞄准镜的经验，自行设计出一种适合各种口径迫击炮的瞄准镜，性能优良，遂于1947年开始大量生产，到1949年共生产上万具这种瞄准镜。

① 宋德功、梁宗泽：《抗战烽火中诞生的第五十一兵工厂》，《抗战时期内迁西南的工商企业》，云南人民出版社，1989年，第151页。

抗日战争结束后,兵工署第二十二兵工厂留在昆明的海口中滩,成为中国第一个光学工厂,以后发展演变为今天的云南光学仪器厂(图 11.38),又称为国营 298 厂,是中国最重要的光学生产企业之一。

图 11.38　海口中滩兵工署第二十二兵工厂地址(今国营 298 厂)

十一、航空学校与飞机制造

民国时期,云南成立航空学校,积极发展航空事业,抗日战争时,内地的两个飞机制造厂先后迁入云南,研制成功了一些新式的飞机,表现出巨大的创新能力,取得了中国航空科技史上的杰出成绩。

1. 云南航空学校

1922 年,为了发展航空业的需要,云南督军兼省长唐继尧设立了云南航空处,并创办云南航空学校,这是云南航空教育的开始。

图 11.39　云南航校第三期学员飞行表演

唐继尧任命刘沛泉(1893 ~ 1940 年,广东省南海市人)为处长和航空学校校长。在昆明南郊 4 公里的巫家坝建造校舍,设置机库及学校,聘请曾参加第一次世界大战的法国飞行军官担任教官,从海外招聘机务人员承担飞机修理和维护的任务。1922 年冬,开始在昆明、贵阳两地招生,设置了飞行、机械两个科,购买了法国当时较先进的“贝勒格”轰炸机为高级教练用,“高德隆”机为初级教练用,开始进行各种飞行训练(图 11.39)。这些训练和教育,为中国空军教育的开端之一。

1923 年招收了第 2 期学员,由留法学生柳希权(云南蒙化县人)任校长,留美学生段纬(云南蒙化县人)为副校长,以后校长一再换人。第 1 期学员 1926 年 7 月学生毕业。第 3 期于 1930 年 12 月招生,第 4 期于 1932 年招生,次年 10 月入学。至 1935

年4月,云南航空学校已先后培养了飞行人员和机械技术人员200多名①。当时云南已从美国和英国购买了2架客机,但没有形成民航运输。1937年抗日战争爆发后,中国航空学校迁到昆明,接管了云南航空队,结束了云南自办航空的历史。

云南航空学校曾在飞机学教官毛克生博士设计及指导之下,仿制单翼教练机一架,于1935年2月试飞,最大时速为160公里,最大高度为6300米,能飞4个小时,取得了不凡的成绩。可惜以后这项研究中断了。

云南航空学校第2任校长柳希权,基于理论和实践的丰富经验,著有《实用飞机原理学》(上、下册),从空气动力、飞机特性、安定原理、飞机的试验各方面进行了论述。该书于1937年由商务印书馆出版,收入航空丛书中,是我国学者撰写的较早系统研究飞机原理的专著之一,代表20世纪30年代中国对飞机研究的理论水平。

1938年秋,西南联合大学成立了航空系,与中央航空学校合作招收新生,以适应航空技术人才之急需。该系有专业教师36人,系主任为庄前鼎,曾在昆明白龙潭建成5英尺风洞,开展空气动力学研究,为当时国内唯一可用的风洞,还研制成功了我国第一架滑翔机。学生到昆明空军第一飞机制造厂、第十飞机修理厂实习。到1946年,航空系共培养了8届学生计126人,为我国造就了沈元、屠守锷、卞学鐄等一大批航空航天领域的有用人才。

2. 空军第一飞机制造厂

1938年12月,广东韶关飞机制造厂迁到昆明黑林铺昭宗村(图11.40,图11.41),定名"空军第一飞机制造厂",该厂共设计和仿制了11种不同的飞机,总数达117架,主要有以下四种类型的飞机。

(1) 1939年后,该厂重新修改设计了苏联波利卡波夫(POLIKARPOV) I-15双翼战斗机,这种飞机是第二次世界大战中最早具有防弹座舱的飞机,它包括单独防弹座位和拱起的后背板。在昆明共生产了这种飞机100架。

(2) 1941年12月,该厂开始研制XP-1驱逐机,这是世界上最早的前掠翼飞机,并进行了一次试飞。一般飞机的机翼是向后的,但这种飞机的机翼是向前的,最大好处是低速性能好,可利用的飞机升力大。设计的最高速度是588公

---

① 张汝汉:《云南航空始末》,《云南文史资料选辑》,第1辑,第56~78页,中国人民政治协商会议云南省委员会,1962年。本部分还参考相关回忆写成。

里/小时[①]。1945年,该机曾在贵阳试飞上天,是世界上这类飞机最早的一次飞行,说明XP-1驱逐机是一个极具创新性的飞机设计。

图11.40 空军第一飞机制造厂办公室

图11.41 空军第一飞机制造厂专家宿舍的地砖

(3) 1945~1948年,空军第一飞机制造厂在厂长朱家仁的带领下开始研制直升机,先后研制成试验用的"蜂鸟号"双叶直升机、共轴式甲型和乙型直升机各一架,这种飞机的外形酷似一只蜜蜂,最大特点是没有尾浆,飞机结构简单,重量轻,速度快,这是中国最早的直升机,最大飞行速度为136公里/小时。其顺利升上蓝天填补了我国直升机制造业的空白,对当时的飞机技术来说是领先,表现了朱家仁等人作为领军人物的创造性才华。

(4) 1947年5月,该厂制成了仿北美飞机公司的AT-6型高级教练机。该机是英美各国陆海军所采用的标准教练机,最大速度为324公里/小时,飞机的起落架及机翼可自动伸缩,机中装有夜航设备及无线电收发报通话机,机身前后与机翼上还装有机枪和炸弹,以供射击和轰炸训练。该机除了发动机、螺旋桨,仪表及轮胎等是美国货外,其余都是自造。

空军第一飞机制造厂取得了民国时期中国航空科技史上的杰出成绩,XP-1驱逐机和"蜂鸟号"直升机的研制成功表现了在航空设计领域的巨大创新,为以后中国的飞机基本上只进行仿制的设计思想所望尘莫及。而当时云南设计和制造出这么富有创新性的飞机,放到今天是不敢想象的,这不仅是云南人民的骄傲,更是全体中华儿女的光荣。

3. 中央垒允飞机制造厂

1937年秋,由于日军向华东进犯,中央杭州飞机制造厂紧急迁到武汉,又于

① 张骞:《战时的空军第一飞机制造厂》,《抗战时期西南的科技》,中国人民政治协商会议西南地区文史资料协作会议编,四川科技出版社,1995年,第244~351页。

1938 年迁到滇西南边境傣族聚居地——垒允(今瑞丽雷允)。在这个边远的荒野上建立起一个具有先进水平的飞机制造厂以及配套的生产和生活设施,定名"中央垒允飞机制造厂"(图 11.42)。这是当时中国规模最大、设备最先进的飞机制造厂,全厂员工曾达到 2900 多人。生产设备基本上都是从美国引进的,多由美国专家主管技术工作。这个厂主要制造飞机的机身、机翼、机尾、油箱、起落架和螺旋桨等,其他如发动机、仪表、机载武器系统都采用现成的部件。

图 11.42 中央垒允飞机制造厂的中美管理人员

从 1939 年 7 月建成投产,到 1940 年 10 月,该厂生产了大量的飞机。据有关统计,制造了霍克Ⅱ式战斗机 3 架,霍克-75 式战斗机 30 架,莱茵教练机 30 架。组装 CM-21 型截击机 5 架、P-40 战斗机 20 架、DC-3 运输机 3 架,改装勃兰卡教练机 8 架,比奇克拉夫特海岸巡逻机 4 架,大修西科尔斯基水陆两用座机(据称为蒋介石座机)1 架。其组装 P-40 战斗机,是当时美国最新的一种战斗机,为中国空军和美国来华第十四航空队配备的主要机种之一①。

然而,这个极具发展潜力的飞机制造厂却时运不济,命运多舛。1940 年 10 月,垒允突然遭到了日军的空袭,破坏十分严重,使这个仅投产 1 年多的飞机制造厂陷入了困境。1942 年年初,日军入侵缅甸,该厂计划再度迁移,然而由于战局急转直下,形势极为混乱,国民政府只好宣布解散了中央垒允飞机制造厂。

十二、交通运输

民国时期,云南交通运输取得了空前的成就,先后修筑了个碧石铁路、滇缅

---

① 云南军工志办公室:《中美合办中央飞机制造厂及迁滇建立垒允厂始末》,《抗战时期内迁西南的工商企业》,中国人民政治协商会议西南地区文史资料协作会议编,云南人民出版社,1989 年,第 155 ~ 165 页。

公路和中印公路等，对当时中国的抗日战争事业和以后云南的基础建设产生了极为巨大的影响。

1. 个碧石铁路的修筑

图 11.43　个碧石铁路运输

1910 年，滇越铁路开通。1912 年，云南地方政府为解决个旧锡锭运输问题，决定修建个旧至蒙自、建水、石屏的铁路，简称个碧石铁路（图 11.43）。

1913 年，由滇蜀铁路公司与个旧股东组成官商联合，在蒙自成立了“个碧石铁路股份有限公司”，总部设在个旧。政府鉴于借款修路容易丧失主权，故力倡商办，由滇蜀铁路筹款和个旧厂商的锡炭股捐款作为资金。个碧石铁路修筑的是 6 寸轨（600 毫米轨距），而不是准轨、米轨，因为法国工程师认为，此路为县与县之间交通，运输不似国际省际频繁，6 寸轨已足够用，可省工料费用 40%。后来赴越南河内考察短程 6 寸轨，认为可用，遂报政府核准，定为 6 寸轨距①。初拟只修筑个旧到碧色寨一段，但在个旧的锡、砂商人中，建水和石屏籍占 80%～90%，他们声称愿多出股份，把铁路修到两个县城。这样，铁路就扩建到建水并抵达石屏了。

有人形容个碧石铁路呈“T”字形，横笔两端分别是碧色寨、个旧，交接点为鸡街，竖笔下端为石屏。个碧段 1913 年着手勘测，1915 年开工，1921 年 11 月 9 日通车，筑路工程师法国人尼复礼士。鸡（鸡街）临（今建水）段于 1918 年动工，1928 年 10 月通车，筑路工程师初为李国均，继为吴融清。临安（今建水）到石屏的临屏段，工程师仍为吴融清，1928 年动工，1936 年通车②。

碧色寨经鸡街至个旧长近 73 公里，由鸡街经建水至石屏长 104 公里（其中建水到石屏长 45 公里）。全为 6 寸轨距，有隧道 18 座，桥梁 40 座。所用钢轨系中国汉冶萍公司所造。先后投资 2000 多万元滇币。1915 年 5 月开工，到 1936 年 10 月 10 日双十国庆节全线通车，历时达 21 年 5 个月。此路作为滇越铁路的延展线，解决了个旧锡锭外运的困难。

个碧石铁路为云南省建设厅管辖，抗日战争开始前的几年，是个碧石铁路运

---

① 云南省志编纂委员会办公室：《续云南通志长编》，中册，第 1014 页。

② 杨霈洲遗稿、杨寿川标校：《修建个碧石铁路的起因经过和结果》，《云南现代史料丛料》，第七辑，1986 年，第 216～225 页。

图 11.44　个碧石铁路上的机车

输最为繁忙的时期，一部分机车为美国达文浦车厂所造，一部分为法国巴丁诺车厂所造。到 1925 年，又购入美国费城鲍尔温机车厂（The Baldwin Locomotive Works）所造机车 16 辆（图 11.44），加强了运力。当时货源拥挤，营业旺盛。每月营运收入都在 100 万元以上。锡锭源源不断地由"锡都"个旧运往蒙自的碧色寨，转车后由滇越铁路运至越南海防，再销到世界各地。

抗日战争爆发后，由于个旧锡在中国经济中的战略地位，而个碧石铁路为个旧锡厂的命脉，日本侵略者占领越南后，继而就轰炸个旧城及其矿山，使个旧锡的生产受到了极为严重的破坏，个碧石铁路和滇越铁路都无法运输了。从此，个碧石铁路的运输进入了衰落期。如今，个碧石铁路已被拆除，仅在个别路段上有残余的钢轨（图 11.45）。

2. 滇缅公路和中印公路

1926 年，云南省政府已修筑了从昆明小西门到碧鸡关的第一条公路，修路的技监（工程师）为段纬（白族）。1937 年，"七七事变"后，日本发动全面侵华战争，中国人民的抗日战争事业急需开辟一条新的国际通道，以打破日本侵略者对中国国际交通线的封锁，滇缅公路的修筑应运而生。从历史作用和国际影响看，可以毫不夸张地说，滇缅公路是迄今中国最伟大的一条公路。

图 11.45　个旧鸡街残存的个碧石铁路及拆下来的钢轨（2012 年摄）

滇缅公路东连接昆明，西至缅甸腊戍。在昆明至畹町这一段中，昆明到下关的公路在抗日战争前就建成了，要赶修的是下关至畹町长达 547 公里的公路。该路全系跨山越谷，从下关苍山江风寺开始，就进入众多崇山峻岭之中，途经地貌极为复杂的横断山脉，穿过峡谷众多的高黎贡山，还要跨过怒江、澜沧江等江河急流。时间紧，任务重，地质环境恶劣，施工条件差，为中国公路建设史上异常艰巨的浩大工程。

国民政府于1937年10月下令征调云南民工20万人“须最速完成”，总工程处设在保山，白族工程师段纬任处长，分设关漾、漾云、云保、保龙、龙潞、潞畹6个工程处。从1937年11月至1938年8月，公路沿线12个县的各族劳工被征集到修路的工地上，大部分是老人、妇女和小孩(图11.46)。他们自带口粮行李，扎营千里，所有土石方均由劳工用锄头开采，扁担挑，畚箕运。凭着一腔报国热血，以献出两三千人生命为代价，仅用8个月时间就抢修出了这条被誉为“人间奇迹”的滇缅公路。

图11.46　滇西各族人民修建滇缅公路

据民国《续云南通志长编》统计，这条公路上建成大小桥梁396座(其中石拱桥142座，石台木面桥243座，木架桥4座，钢索吊桥4座，钢筋混凝土桥3座)，涵洞4558个[①]。跨越怒江的惠通桥是由中国工程技术人员自行设计的最早的公路吊桥(图11.47)，长86.7米，载重10吨。功果桥则是跨越澜沧江的公路吊桥，长88米，载重7.5吨。其他有名的公路吊桥还有昌淦桥、漾濞桥，均为中国采用钢丝绳缆修建的早期悬索桥。

图11.47　滇缅公路上的惠通桥

日军侵占越南后，滇越铁路中断，滇缅公路竣工不久就成为战时中国最重要的一条国际运输通道。抗日战争中，日军不断轰炸滇缅公路，其中惠通桥和功果桥更是屡炸屡修，仅1940年12月到1941年2月的3个月间，功果桥就被炸14次之多。运输的机工主要由南洋回国机工担任，约3200名，这些青年机工一心为祖国的抗日事业，其“爱国热诚，几达疯狂”，虽然饥寒交迫，险象环生，随时遭敌机轰炸扫射，亦前仆后继，绝不畏

① 云南省志编纂委员会办公室:《续云南通志长编》，中册，第991页。

缩，牺牲人数达千名以上，约占总数的1/3[①]。他们在枪林弹雨中为中国抗日战场运送了49万吨的急需物资，运进汽车1万余辆[②]，用生命维护了“抗日生命线”，为中国人民的抗日战争事业做出了重大贡献。

滇缅公路的开通引起了国内外极大关注。美国驻华大使詹森专程取道仰光巡察滇缅公路，称赞道：“中国政府能于短期完成此艰巨工程，此种果敢精神与毅力，实在令人钦佩……第一缺乏机器，第二纯系人力开辟，全赖沿线人民的艰苦耐劳精神，这种精神是全世界任何民族所不及的。”[③]香港《大公报》战地记者萧乾说：“世界有千百条路，千百座桥，但是没有一条路像滇缅公路，没有一座桥像惠通桥那样足以载入史册。”1941年，蒋介石曾一再强调滇缅路交通运输与修路工程的意义：“此后抗战应视此（滇缅公路）为第一急务。”

图11.48 滇西民众修筑中印公路

1943年秋，中国驻印军（即第二期远征军）策划与滇西美式配备的精锐部队夹击日军，从战略上着眼需要开辟一条从印度通往中国后方的道路。于是在之后一年的时间里，修筑了中印公路（图11.48）。它从印度东北部边境小镇雷多出发，至缅甸密支那后分成南北两线，南线经缅甸八莫、南坎至中国畹町与滇缅公路对接；北线经过缅甸甘拜地，通过中国黑泥潭、猴桥，经腾冲至龙陵也与滇缅公路相接。这样，中印公路就将滇缅公路完全覆盖了。

中印公路的修筑主要征用滇西的民工，公路所经之处都是原始森林，还要穿过峭壁深涧的高黎贡山，修筑过程十分艰辛。1945年1月中印公路开通，进行了热烈的庆祝（图11.49），中国抗日战争统帅蒋介石发表广播演讲，阐述修筑该

---

① 这些机工后来返回南洋的只有900多人，遗留国内的机工达千名以上，1949年以后，他们多流离失所。参见：陈共存：《考察滇缅公路的报告书》，《云南文史资料选辑》，第37辑，云南人民出版社，1989年，第146～147页。

② 云南省交通厅：《浩浩滇缅路，荡荡爱国情》，《云南文史资料选辑》，第37辑，云南人民出版社，1989年，第3页。

③ 谢自佳：《抗日战争时期的滇缅公路》，《云南文史资料选辑》，第37辑，云南人民出版社，1989年，第13页。

路的重要意义，并把这条公路命名为“史迪威公路”①。据统计，中印公路从1945年1月到8月间共运入汽车1万余辆，物资5万多吨②。在修筑中印公路时，弹石路面的扩展、机械筑路和大爆破开路技术，都是中国公路建设技术史上的空前成就。

滇缅公路开通后，几十年来一直是滇西运输的大动脉，重要中转地下关繁华起来了，成为今天滇西最大的城市。现在从大理往西一直到畹町、瑞丽，虽然已经修筑了高速公路，但老滇缅公路在很多路段上仍然有保留（图11.50），是那个时代中国人民英勇不屈艰苦抗战的见证。

图11.49　1945年1月昆明庆祝开通中印公路

图11.50　1938年修筑滇缅公路的起点——下关江风寺段

3. 滇缅铁路

抗日战争爆发后，由于汽车运力小，耗时长，运输成本高，抗战物质的供应受到了限制。因此，开辟一条从缅甸经过滇西到昆明的便捷铁路迫在眉睫。

1938年，滇缅铁路开始测绘，路线由昆明向西经祥云、弥渡、南涧，跨澜沧江的云县、永德、耿马（今孟定），再由孟定清水河口出境，抵达缅甸滚弄，继续向南经登尼（新威），最终到达缅甸腊戍，中国境内全长860公里，采用米轨轨距。最大纵坡为东段25‰，西段30‰，桥梁载重为中华十六级。

滇缅铁路于1938年12月正式开工，1939年后总工程师为铁道专家杜镇远。施工历时近4年，1940年一度停建，1941年3月复工。为修筑滇缅铁路共征召沿线的民工达30余万人，完成全线土石方工程量约60%，隧道52%，20米

① 云南省志编纂委员会办公室：《续云南通志长编》，中册，第998页。

② 张天亘：《腾冲与中印公路》，《云南文史资料选辑》，第37辑，云南人民出版社，1989年，第220页。

以上桥梁45%，部分路段已具备铺轨条件。例如，工程的典型标志之一的永德段南汀河忙蚌大桥，桥墩已建成（图11.51）。昆明到一平浪段完成工程总量的80%，并铺轨到安宁。

1942年5月，缅甸沦陷，接着腾冲、龙陵失守，滇缅铁路全线被迫停工，即将完成的国际便捷交通线因此夭折。现在仅留存昆明至石咀长12.4千米的昆石线，在昆明北站与滇越铁路相接，货运和客运仍然在正常使用着（图11.52）。

图11.51　滇缅铁路忙蚌大桥桥墩

图11.52　正在使用的滇缅铁路昆石线（摄于昆明莲花池旁）

十三、高等科技教育与留学生

民国时期，云南高等科技教育进入现代水平，西南联合大学迁入云南后，以其自由主义为核心的办学方针，诠释了科学精神的真谛，成果极为卓著，培养了大量的人才，堪称中国历史上空前的世界一流大学。留学生的派遣也取得了突出成绩。

1. 西南联合大学及其科学精神

西南联合大学在云南仅8年的时间，但却在红土高原上开出了一朵人类历史上罕见的科研和教育的奇葩。

1938～1946年西南联合大学在昆明期间，前后任教的教授有300余人，学生有8000人，毕业生有3343人。不仅科学家、学者、思想家云集滇池之滨，在教学和科研上成绩卓著，蔚为学术重镇、人才摇篮，西南联合大学还直接促进了云南向现代文化教育制度的转型，把云南带入了中国思想文化的前沿。

西南联合大学的师生人才比例之高是罕见的，师生中担任中央研究院首届院士27人（总数81人，约占1/3）；在理工科方面，杨振宁、李政道2人获得诺贝尔奖（物理学奖）；4位国家最高科技奖获得者——黄昆、刘东生、叶笃正、吴征镒;8 人获得两弹一星功勋奖——赵九章、邓稼先、郭永怀、朱光亚、王希季(大理白族)、陈芳允、屠守锷、杨嘉墀。约 171 位中国科学院或中国工程院院士(教师 79 人,学生 92 人)。在中国台湾地区和海外,有重大成就的西南联合大学校友,也不乏其人。

西南联合大学极其重视研究工作,科研成果卓著,很多科学研究处于国际前沿,甚至是国际领先的原创性科研成果。在 *Nature* 和 *Science* 等国际顶尖的学术刊物上发表的成果更是今天的高校所望尘莫及的。

为什么在艰苦简陋的条件下,西南联合大学能做出如此巨大的贡献?西南联合大学集中了当时全国最强大、最优秀的师资队伍和素质优秀的学生,这是显然的。但之前和之后的北京大学和清华大学也集中了大批人才,却没有达到西南联合大学如此突出的成绩,说明还应有其他的原因。

美国弗吉尼亚大学历史学教授 John Israel(中文名易社强)就对这个问题进行了多年的研究,他认为个人主义是西南联合大学的一个鲜明的特色。实际上他所说的个人主义与自由主义的意思是一样的。他说:“联大不存在官方强加的正统观念……学生可以通过各种途径,包括激进的政治意识形态,用自己的方法,自由地追求真理,而且可以用否定,反传统或相对论,自由地结束研究。”①

《国立西南联合大学校史》总结的是:“教授治校的体制”及“坚持学术独立、思想自由,对不同思想兼容并包,校方不干预教师和学生的政治思想。”②研究西南联合大学的谢泳总结为学术独立、大学独立、教授治校、校长的合作精神及自由主义传统等几个方面,也大致与《校史》的总结相同。

有的研究者认为,西南联合大学实际上是中国自由知识分子融合了中西文化两面,在中国土地上结出的一个硕果。邹承鲁院士干脆说只有两个字:自由。探索自由、思想自由、学术自由体现在西南联合大学每一个方面。自由之神一旦进入红土高原,就获得了最广阔的天地。

西南联合大学的巨大成功在于大学独立、学术自由、思想自由,这些特点都是公认的,西南联合大学 1946 年回到北方的时候,国人对这个学校共同的评价是:民主堡垒,宽容精神。其实也着眼于自由。但为什么当时在昆明会有这种自由?办学达到如此高的水平呢?

(1) 从五四运动以来的形成的自由主义传统(其核心价值观是承认思想

① 易社强:《战争与革命中的西南联大》,传记文学出版社股份有限公司,2010 年,第 428 页。

② 西南联合大学校友会编:《国立西南联合大学校史》,北京大学出版社,2006 年,第 3 页。

自由对于人类进步的必要性）经过20年的发展，已有相当的积累，在20世纪30年代后期达到了成熟，为西南联合大学所继承，从而形成了自由主义的办学特色。西南联合大学纪念碑曰："内树学术自由之规模。""违千夫之诺诺，作一士之谔谔。"正反映了这种自由、民主的精神，而自由精神却是科学探索最重要的基石。

（2）西南联合大学师生均以业务为重，认真做事，体现了求实求真的精神。纪念碑曰："南迁流难之苦辛，中颂师生不屈之壮志。"在国难当头、救亡图存的氛围中，师生们不屈不挠，抱着"还我河山"（纪念碑辞）的壮志，有极强的科学精神和敬业精神，在专业上做出了重大成绩。统观历史，西南联合大学师生科技人才辈出，但极少有人混迹于政界，这是很突出的一个特点。

（3）对不同意识形态价值观的包容，体现了宽容精神。纪念碑曰："联合大学以其兼容并包之精神，转移社会一时之风气。"当时社会动荡，各种思想和思潮流行，异见纷呈，但联合大学的师生都能兼容并包，校方不干预教师和学生的思想，从而形成了宽容的学术氛围。

（4）清华大学、北京大学、南开大学三个不同特质的杰出学校合在一起，团结无间，相得益彰，大大丰富了这所大学的精神内涵，激发了西南联合大学的创造精神。纪念碑曰："三校有不同之历史，各异之学风，八年之久，合作无间，同无妨异，异不害同，五色交辉，相得益彰，八音合奏，终和且平。"成为中国教育史上创造力最为高扬的学校。

（5）云南是一个半独立于国民党政权之外的省份，在政治上有民主精神的土壤。云南省主席龙云对蒋介石离心离德，国民党政权的党义等政治思想在云南是行不通的，这是当时昆明与重庆最大的不同，也是形成民主自由的最大保障。纪念碑曰："外获民主堡垒之称号。"美国学者易社强说："联大群体视自由为天经地义的一个原因，是它与云南省主席龙云的关系。……学术自由，在军阀统治时代的北京和龙云保护下的昆明达到了鼎盛。"[①]因为有民主土壤，因为拒绝暴力干预，中国大学最为骄傲的"思想自由，兼容并包"才能又一次在西南联合大学重光，进而成为战时中国最具活力的一所大学。

总之，在昆明8年，西南联合大学以其自由主义为核心的求实精神、创新精神、宽容精神、民主精神，诠释了科学精神的真谛，成为中国高等教育的一个典

---

① 易社强：《战争与革命中的西南联大》，传记文学出版社股份有限公司，2010年，第429页。

范，一座丰碑。其历史意义则历久弥新，一方面，五四运动以来中国人追求的民主（德先生）和科学（赛先生），在西南联合大学得到了完美的实现；另一方面，中国人一直追求的世界一流大学，其实在70多年前的红土高原已经实现了，并且是空前绝后的。以后的学校虽然一直在做一流大学之梦，但由于条件不能再现，已很难再超过西南联合大学了。这一点，纪念碑已经预言到了："联合大学之始终，岂非一代之盛事、旷百世而难遇者哉！"

2. 留学生与科技教育

近代科技传入红土高原，改变了人们的思想，人们憧憬着新的世界。晚清以后，云南就一直选派留学生赴先进国家学习科学技术，培养了不少优秀人才。

1913年，云南地方政府送任嗣达、缪云台等6名学生赴美国学习工业、政治，为云南学生首次赴美留学，李汝哲等5名学生赴法国学习法政和兵工，熊庆来等3名赴比利时学习矿业。到1932年，云南地方当局公布《欧美留学生暂行规程》，规定每年总数以不超过20人为限。1912～1938年，云南共派出留学生218名，其中农科18名，工科60名，理科13名，医科14名[①]。民国时期，云南的留学生中产生了熊庆来（赴比利时）、张邦翰（赴比利时）、缪云台（赴美国）、张海秋（赴日本）、段纬（赴美国）、李炽昌（赴美国）、柳希权（赴法国）、何瑶（赴美国）、张鸿翼（赴美国）等为云南做出突出贡献的科技人员。

1945年，选派学生赴美国留学，是历届云南选派留学生最后且规模最大的一次。

1944年，在云南省主席龙云的大力支持下，并得到蒋介石的复电同意，国民政府教育部以吴俊升为主考官，梅贻琦、蒋梦麟、熊庆来、龚自知、李书华为副考官，在昆明选拔了40名云南籍的学生赴美国学习，先进行了留美预备培训，由西南联合大学安排朱自清、游国恩、杨石先等著名教授讲课[②]。

1945年6月初，40名学生在金龙章（L. C. King，MIT硕士毕业生）率领下出发了，他们先坐飞机经过驼峰线到达印度的加尔各答，在印东炎热的夏天中等了足足1个月后，再转孟买，3天后坐上了轮船，经过晕船等不适反应的长途旅行后，1945年8月终于到达美国纽约。据有关资料，他们分别进入麻省理工学院、里海大学、芝加哥大学、俄亥俄州立大学、康奈尔大学等名校学习工

---

① 云南省志编纂委员会办公室：《续云南通志长编》，中册，第998页。

② 李艳：《云南"留美预备班"：谋划抗战后建设的务实之举》，《云南日报》，2012年8月3日。

图 11.53　1945 年,美国里海大学 5 名云南留学生合影

程技术。

这 40 位云南学生达美国后,受到各个学校的热烈欢迎。里海大学(Lehigh University)在 1945 年 10 月的校友录封面和内文都专门登出了谭庆麟 5 位云南学生的合影①(图 11.5),并发专文介绍他们的情况,以及他们对里海大学的观感②,云南学子被美丽的校园和当地人民的友善所吸引。他们学习的专业有市政工程、冶金工程和工业技术等。

这 40 名学生中,1949 年以后,除少数继续在美国进修外,据云南省档案馆的统计,有 30 多位学生学成回国了,其中有 9 人回云南,20 多人在省外工作,都在各自领域做出了重要的贡献。产生了冶金与金属学专家谭庆麟、傅君诏、宋文彪、陈永定,动物营养学家杨凤,石油化工专家袁宗虞,生产过程控制专家周春晖等优秀人才。

十四、云南科技人物

民国时期,取得较大成就的云南籍科学技术人才有陈一得、熊庆来、张海秋、段纬等。他们成为在自然科学和工程技术领域开云南风气之先的人物。

1. 气象学家陈一得③

第一位是陈一得(1886 ~ 1958 年,图 11.54),原名陈秉仁,云南盐津人,清末在云南高等学堂、云南优级师范学堂读书,在昆明各中等学校任教员 40 年,教法严谨,各校

图 11.54　陈一得

---

① 此照片为里海大学王东宁博士发现,并惠允引用,谨致谢!

② Chinese Students, Alumni Bulletin of Lehigh University, 1945,3。这篇英文材料是 2013 年 3 月笔者访问美国里海大学时,由该校王东宁博士提供的。

③ 本部分主要参考民国《续云南通志长编》,下册,第 824 ~ 826 页,陈一得的亲属陈永平也提供了相关情况和照片,谨致谢!

争聘。业余研究天文学、气象学、地震学等，是一位自学成才的人。他数十年如一日地坚持观测星象，并自己购买仪器，于1927年在昆明钱局街住宅建立私立“一得测候所”，观察云南的天文和气象。这是中国气象工作者创建的第二个私人气象测候所，该建筑已于1990年被拆除了。

1926年，陈一得以任教10余年的积累，自费赴南京气象台进修，半年后由南京、上海、南通、武汉、北京、天津、青岛，绕日本东京、横滨，经中国香港、越南海防、河内，遍历东亚有名的各天文、气象、地震台、所参观。此后他的专业知识精进不已。

陈一得利用丰富的物理和气象学知识，每天都按时观测记录昆明的晴雨、温度、湿度、风向、云形等情况，并进行科学的整理、统计和分析，其资料竟然30年无缺，在当时就受到英国、奥地利和日本等国学者的重视。他还将手写的《昆明气象观测纪录》印行出来，分送研究气象的人员参考。这些观测资料直到现在仍然有重要参考价值，这是陈一得最大的科学功绩，也使他成为云南近代气象学研究的先驱。1937年，省立昆明气象测候所在太华山成立，陈一得任台长，这一期间，整理出版了气象月报、季报和年报。

陈一得创制了以昆明经纬度为基础的天文仪器“步天规”（图11.55），并绘制出第一张“昆明恒星图”。据说利用步天规对准方向，拨正日期，就可以从规上辨认当夜昆明天空出现的星宿。如果是在别的地方，也可以根据不同的经纬度进行调整观看。云南状元袁嘉谷是陈一得的邻居，曾到陈一得住处参观，同登观测小楼，询问“步天规”的使用方法，并以天文图书对照，无不相符，不禁感叹不已。

图11.55　陈一得制作的步天规

陈一得还对地震进行了深入的研究，认为云南的历次地震，都发生在上弦月或下弦月的时候，于是认为地震与月亮的运行有关，这当然只是一种推测。他到各地震区域实地考察，东至陆良、弥勒，南至建水、石屏，西至永仁、丽江，以探寻震源和分析研究，都留下了详细记录。1932年，他撰写的《道光十三年（1833年）云南全省大地震的研究》出版，对1833年嵩明杨林大地震，他认为“应属断层地震”。

陈一得主要著作有《云南气象》、《云南恒星图》、《云南地震史之考察》、《步天规及其附表》等。《新纂云南通志》中的《天文考》、《气象考》为其所撰，为云南历代各天文志最精湛者。内容一扫谶纬、符端、迷信、附会等旧说，只以科学论事："专就星象、授时之有记载者，证之科学方法观测之结果，分别列表加以说明。"这种风格为云南修志所新创，受到广泛的赞誉。他还编辑了《盐津县志》，不循旧例，只重民生各门。1934 年，中央大学地理系考察团参观了一得测候所，誉之为"科学化之家庭，硬干苦干的机关"。20 世纪 50 年代后，陈一得担任云南气象学会主席、云南省博物馆馆长等，1958 年因痔疮病逝于昆明。

陈一得一生清寒，但研究云南的科学问题却不遗余力。他十分博学，在以气象学为代表的多个科学领域做出了突出成绩，特别在民国早期的云南可谓独步一时，云南名士方树梅说："笃钻研天文气象，开滇新纪元以成名者，陈一得一人而已。"①

与民国时期其他科学家有海归背景不同，陈一得基本上是在云南省内自学成才的，其工作有民间科学家的色彩，他紧紧围绕云南的各种问题进行研究，这使他的成长和贡献都打上了强烈的本土特色，成果对云南有突出的应用价值，成为民国时期对本省最有贡献的滇籍科学家。

2. 数学家熊庆来

著名数学家熊庆来(1893 ~ 1969 年，图 11.56)，字迪之，云南弥勒县竹园坝息宰村人(图 11.57)，出生在一个富裕的家庭，息宰村以盛产甘蔗而知名。

图 11.56　熊庆来

图 11.57　弥勒县息宰村熊庆来故居

① 云南省志编纂委员会办公室：《续云南通志长编》，下册，第 824 页。

熊庆来于1913年考取公费留学生,1913年被派往比利时的一所技术学校,因第一次世界大战爆发,他离开比利时到法国。1915年,他成功地被巴黎圣路易(Saint Louis)学校录取,被免除了学位考试。他听了格伦诺布尔(Grenoble)理学院的课且于1916年6月得到普通数学证书。接着他转到蒙彼利埃大学(Montpellier),1919年6月获得数学分析、力学和天文学证书,并达到数学硕士水平。1920年,他又获得马赛大学理学院普通物理学证书。

熊庆来于1921年归国,在南京东南大学办算学系。1926年应聘到北京,为清华大学算学系主任,并在清华创办了中国第一份数学学报。1930年,熊庆来再赴法国,开始为获取博士学位而进行一些高水平的研究。此期间,他于1932年出席在苏黎世举行的国际数学家大会,成为第一个出席国际数学家大会的中国人。1934年以《关于整函数与无穷极的亚纯函数》一文获法国国家理科博士学位。该文定义的无穷极,被数学界称为“熊氏无穷极”,又称“熊氏定理”,奠定了他在国际数学界的地位,这使他成为普遍性学科中取得国际领先成果的第一位云南学人。

1937年,熊庆来回家乡任云南大学校长,利用抗日战争初期各方人才大量涌入昆明的机会,广延人才,延聘了187名专任教授和40名兼任教授,还延聘了一些外国教授,其中包括诸多著名教授(科技方面的著名教授有赵忠尧、何鲁、钟盛标等人),使云南大学成为继西南联合大学之后又一处著名专家学者荟萃之地,教学质量一度跃入全国名牌大学之列。当云南大学校长期间,他还是云南大学校歌的词作者(赵元任作曲)。熊庆来对云南大学的发展做出很大的贡献,是该校历史上最有贡献的校长,成为他一生中唯一一次对家乡做出的重要贡献,这是很幸运的。

1949年,熊庆来出席联合国教科文会议,留在巴黎继续从事数学研究,但不幸于1951年脑出血半身不遂,1957年从法国归来,任中国科学院数学研究所研究员。

熊庆来是系统引进和传播西方现代数学的先驱者之一,其研究成果十分卓著[①],代表作是1957年巴黎Gauthier-Villar出版的《关于亚纯函数及代数体函数,奈望利纳的一个定理的推广》一书,此书列为法国数学丛书之一。据统计,1918～1960年,中国数学家用法文发表的作品清单,产出成果最多的是熊庆来,

---

① 例如,由他获得的一些关于函数结合其导数的基本不等式,以及函数结合其原函数(即积分)的若干不等式,可以解决亏量唯一性等问题,其中的一些不等式被国际上数学界认为是这方面最深入的研究结果。他指出亚纯函数的无穷级概念可推广于代数体函数。

共有35篇,说明40多年中,他一直保持着国际学术对话的态势,这在民国的滇籍学人中几为唯一。熊庆来对科学史也有一定的兴趣,他曾撰写了《哈达玛氏学术方面之经历及工作》,研究了法国著名函数专家Hadamard的数学贡献和成绩。

熊庆来"慧眼识英才",破格推荐华罗庚到清华大学工作,被传为佳话。他还培养了段学复、杨乐、张广厚等大批杰出的数学人才,是民国时期滇籍科学家中最具声望者。

图11.58　张海秋

3. 林学家张海秋

张海秋(1891~1972年,图11.58),原名福延,白族,云南剑川县城西门张家冲人。他幼年丧父,11岁始入私塾启蒙,后考入丽江府中学堂,1911年继入大理省立第二模范中学。1913年春考取云南留日预备班,同年派往日本留学。最初在日本东京高等预备学校学习日文,1915年进入日本东京帝国大学农学部林科学习,1918年毕业。先后受聘于江苏省立第一农业学校任林科教员、北京农业专门学校教授、南昌江西农业专门学校林科主任。1929年南京的国立中央大学农学院森林学组改建为森林系,张海秋受聘为教授、系主任。

从1939年筹办云南大学森林系开始,张海秋历任系主任、农学院院长,兼任教务长等职,1949年在熊庆来校长出国期间,张海秋代理校长职务。新中国成立后,他任云南大学校务执行委员会委员、农学院院长,1962年退休。

张海秋先后讲授过森林经理学、森林计算学、测树学、造林学、树木学、森林利用学、林产制造学等课程,这些课程多为中国首创,或是他较早开设的。1919年出版《中国森林史略》(刊于《中华农学会报》第77期),表现了深厚的国学功底,是中国在这个领域最早的两项成果之一①。1920年,他著有《森林数学》,详细介绍关于测树学的知识及计算林价、经营林业收益方法,以及比较精确的量直径计算木材材积的方法和树干解析等技术,是当时农业学校林科的主要参考书之一。他编撰的讲义《森林经理学》,论述准确,内容丰富,受到同行的好评。他所编的《林产制造学》讲义,案例具体,是中国较早的一本林产制造学教材。这

① 另一部为1918年戴宗樾出版的《中国森林历史概论》,刊于《金陵光》,第10卷,第1期。

些教材开风气之先，填补了我国林学教育的空白。张海秋是公认的我国森林经理学科的开拓者，对林价算法、森林较利学有深入的研究。他在提高民众的造林护林意识、确保造林效果方面都提出了见解，这在民国初期是超前的。

1930年4月，日本农学会在东京举行年会特别扩大会，中华农学会和中华林学会派代表5人前往参加，张海秋作为中华林学会代表之一，在会上作了以“中国森林历史”为题的演讲，这是中华林学会首次参与国际学术交流活动。

从20世纪30年代到1940年年初，张海秋常常带领青年教师在滇西采集标本，有的为云南特有树种，植物学界曾将锻树属的一个新种，以张海秋的姓氏命名为Tili a Changii Cheng。

总之，张海秋对中国近现代林业科学技术的发展，进行了一些开创性的工作，并培养了大量的林业科技人才，是中国高等林业教育的创始人和开拓者。

在林学之外，张海秋还深入研究了白语的系属问题及演变发展过程，成为滇人中文理兼通的学者。其研究成果《剑川方言初步推断》，收入方国瑜《云南民族史》第五章，他还著有《剑属语音在吾国语言学上之地位》、《应如何正确认识白族语并解决其系属的途径》、《我对白族语言的认识》、《白语中保存着的殷商时代的词语》等，为白语的研究做出了重要贡献。他的相关见解受到方国瑜的一再推崇：“谈白语音韵，与汉语作比较，涉论等韵之学，条理井然，以语音对应规律解说词汇，穷源竟委，颇得要领，非单文孤证可比，令人心服……瑜愿为张先生整理遗作，得以传世。盖瑜所知精通白族语言体系而善于说解，无如张先生者。”①

4. 工程技术专家段纬

段纬（1889～1956年，图11.59），字黼堂，白族，出生于云南省蒙化县（今巍山县），原籍大理县马久邑白族村。1916年考取公派赴美国的留学生，是云南较早赴美留学的人员之一。段纬先在普度大学学土木工程，1921年又入麻省理工学院航空科修业，学飞机制造专业，之后到法国里昂大学进修，获得了土木工程硕士学位，1923年再转赴德国学飞机驾驶技术。1925年，他通过9年的学习后，即返国回乡。

图11.59　段纬

① 方国瑜：《云南史料目录概说》，第一册，中华书局，1984年，第111页。

段纬是非常幸运的，他一回到家乡云南，就在各个岗位上被委以重任，是云南很多重要工程的参与者和见证人，成为那个时代的弄潮儿。作为云南学子，建功立业，报效桑梓，此其时也！他先受聘为东陆大学（云南大学前身）土木工程系教授，是云南籍的第一个专职土木工程学教授。1926 年，唐继尧任命段纬担任云南航空大队副队长[①]，同时兼任飞行教官，采用法国教练机进行训练，段纬亲自教练学生驾机飞行，学开汽车，颇有成效，很受学生们的欢迎。段纬参与培训出云南第一批航空人员，是云南航空事业的重要开拓者。

1926 年，段纬作为修路的技监（工程师），修筑了从昆明小西门到碧鸡关的云南省第一条公路。1928 年，段纬调任云南道路工程学校校长和汽车驾驶人员训练班教练，后来又兼任云南县道人员训练班的校长。在这些岗位上，为云南培训出第一批公路技术人才和汽车驾驶人员[②]，成为云南公路事业的开拓者。

1926 年 12 月，云南省公路总局成立，他和云南公路建设的另一位开拓者——昆明人李炽昌（1891～1947 年）一同担任了总局技监，成为云南省公路总局的主要技术负责人之一，也是云南籍的第一代高级土木工程师。他们把美国的筑路技术引进云南，制定了《云南建筑公路实施要则》，从公路勘测、修筑到养护等都作了具体的规定。他与李炽昌一道还研究制定了云南省公路“四干道、八分区”的规划，“四干道”即滇东干道（昆明—富源）、滇西干道（昆明—下关）、滇东北干道（昆明—昭通）和蒙剥干道（蒙自—剥隘），“八分区”系以昆明为中心，把全省的县、村公路规划为八个区域，以形成便利的交通网。这是云南省的第一个公路规划，是对云南公路建设的重要贡献。

从 1929 年 1 月开始，段纬主持滇东省道的修筑，修筑了云南省连通内地的第一条省际公路——滇黔公路昆盘段，这条公路于 1937 年 4 月竣工通车。自此，云南与全国的公路正式联网通车，从此结束了云南去内地要先出国经过越南再绕道香港的历史。在此期间，段纬和会泽人刘治熙（1899～1964 年）一道，设计并主持修建了滇东马过河大桥和宜良汇东桥。特别是宜良的汇东桥，全长 141.6 米，有 10 孔 11 墩，为民国时期云南最长的公路大桥。直到现在，汇东桥

---

① 张汝汉：《云南航空始末》，《云南文史资料选辑》，第 1 辑，第 56～78 页，中国人民政治协商会议云南省委员会，1962 年。另外，《云南公路史》（第 1 册，第 524 页）还认为段纬曾升任云南航空大队大队长兼新创办的云南航空学校校长。

② 段纬任职云南道路工程学校的情况参考段纬儿子段之栋的回忆及《云南公路史》第 1 册第 525 页的记述。

仍然发挥着交通枢纽的作用。

1938 年 1 月,省公路总局在保山设立滇缅路(下)关畹(町)总工程处,段纬担任处长,成为滇缅公路西段(即新修路段)技术上的总负责人,职责是驻路领导各工程处的施工,这成为他一生最辉煌的事业。段纬又精神抖擞地投入到这一光荣的工作之中,从测量、设计到施工,事事躬亲,走遍了公路全线,在各个工程点都留下了他的足迹,为举世闻名的滇缅公路的修建做出了历史性的贡献。

抗日战争期间,段纬还参与了滇缅铁路西段路线的勘定和叙昆铁路昆沾段的设计,这两条铁路为米轨轨距,已进入施工阶段,但 1942 年后由于抗战形势的变化而被迫停工。1940 年,段纬调到蒙自任滇越公路管理处任副处长,指挥滇越公路各段的修建工作,协办征调民工的事宜①。1948 年,他任昆明区铁路管理局副局长,次年 12 月任代理局长。

1951 年,他奉调到云南省人民政府担任顾问、参事,但已没有多少实事可做。1956 年 5 月 1 日,民国时期云南最杰出的工程师段纬因脑出血病逝于昆明,终年 67 岁。

十五、本章小结

民国时期,封建王朝被推翻,中国历史开始了新的纪元,云南的科学技术也迎来了新的纪元。除了大量引进近现代科学技术外,云南本土科技的近代转化也取得了巨大的成绩。科学技术的成就灿烂而精彩,这是云南历史上进步非凡的时期。

云南工业逐渐向近代化发展,出现了结构性的革新。特别到抗日战争时期,由于中央和地方政府对大后方的扶持和建设,大批工厂迁入云南,以及全省人民在抗日的烽火中艰苦卓绝的努力,云南如同发生了一场近代工业革命,工业技术在各个领域飞速发展起来,逐渐建成了实力雄厚的有近现代水平的工业技术体系,产生了以中央机器厂为代表的一大批杰出企业,在全国处于先进行列。飞机的设计和制造等领域还表现出巨大的创新能力。直到今天,民国时期建立的工业技术体系仍然是整个云南工业体系的最重要基础。但工业的近代化变革主要发生在昆明、大理和个旧等城市,对乡村和少数民族地区影响并不大。

抗日战争时期,内地各个学校和研究机构迁入云南,特别是西南联合大学搬

---

① 云南省志编纂委员会办公室:《续云南通志长编》,中册,第 984 页。

迁到昆明,著名学者云集云南,人才荟萃。当时不仅出现了民主的环境,也出现了思想自由和学术自由的氛围,成为科学繁荣的重要保证。科学技术水平得到极大的提升,在数、理、化、天、地、生各个广阔的领域,出现了一大批世界领先的近现代科学技术成果,很多成果至今仍然是经典之作,这是有巨大意义的,说明在适当条件下,在红土高原同样可做出对人类文明基本贡献的成绩。当时还培养了以杨振宁、李政道为代表的许多优秀科技人才。西南联合大学以其创新精神和卓越贡献成为屹立在云南红土高原上的一所世界一流大学,真是前无古人,后无来者。

这是继南诏之后,云南科技史上又一次极为辉煌的时代。云南主流的科学技术终于与世界科学技术融合在一起了,并一直影响至今。而西南联合大学和中央机器厂则分别代表着云南科学史和技术史上的两朵奇葩,它们达到了不可企及的高度,如同双子星座,将永远照耀在云南科技发展的大道上。

云南本土产生了几位著名科学家和工程技术人员。陈一得在以气象学为代表的多个科学领域做出了突出成绩;熊庆来是中国系统引进和传播西方现代数学的先驱;张海秋是中国近代林业研究的开拓者之一;段纬则在道路工程技术上有杰出的成就。他们都为云南和中国科学技术的发展做出了重要贡献。

民国以后,云南的传统科技已逐渐衰微,原创性的新成果更是荡然无存。但传统科技在很多乡村和民间仍然顽强地存在着,特别在少数民族地区,传统科技与民族文化的联系还相当紧密,城市和乡村因此逐渐分化为两个隔离的世界。近现代科技和传统科技并存的局面一直存在着,成为影响云南科技文明的两大技术体系,直到今天仍然如此,体现了云南科学文明的多层次性。

结 束 语

科学技术是人类文明发展最基本、最有决定性意义的因素。本书初步探索了云南文明不断发展的科技支撑体系。这个体系虽然也是中国科学技术体系的一部分,但与中国其他省区相比,确实有鲜明的地方特色和民族特色。在漫长的历史上,这个科技支撑体系虽然不断融合了其他科技成就,但由于特殊的地理环境和民族文化的影响,始终呈现出自己处理问题的风格和鲜明的发展态势。今天,云南科学技术的主流已融入世界科学技术的洪流中,但传统科技并没有消亡,仍然有顽强的生命力,对今天的云南科学技术仍然产生着重大的影响。

一、云南科学技术的特点

翻开历史,事物充满了变化和交替,但科学技术却是不断在前进,并成为古代文明发展的根本动力。云南在数千年的历史长河中,科学技术也是不断地进步、发展和壮大,记述了各民族前进的足迹,特别在农业、手工业和自然科学知识等方面都形成了一定的特色,大致有以下几点。

(1) 各民族创造了丰富的有云南特色的科技知识和技能。云南科学技术是云南所有民族合力形成的,其内容不仅百花齐放,并且具有红土高原的鲜明特色。云南地理环境的复杂性,决定了科技文化的多层次性,云南民族文化的多样性,决定了科技文化的多样性。科技文化的多层次性和多样性共同形成了云南特色的科学技术知识,在民族历法、民族医药、民族工艺、民族建筑等多个领域都有极为明显的反映。这些领域不仅有多样性的科技内容,处理问题时,它们也有自己独特的方法,以及特殊的价值和标准,是云南民族文化最突出的表现形式,凝聚着古代各族人民的智慧和卓越的创造才能。在现代化社会里,云南特色的科学技术必将散发出越来越迷人的光彩。

(2) 在云南科技史上,技术的发展占有突出的地位,并逐渐形成了传承性很强的民间技术传统。技术总是与生产发展的关系最为密切,在长期的历史发展中,云南的传统技术在各方面都得到了比较充分的发展,体现了一种以实用性为主导的科技进步特点。特别在纺织、造纸、采矿、冶铸和金属加工等领域,数千年来连绵不绝地一直向前发展,日益形成了较为完备的技术体系。直到现在,一些传统技术和工艺还在民族民间的生产实践中广泛使用，继续在经济和文化建设中发挥着重要的影响，逐渐形成了传承性很强的技术传统。

（3）引进、包容和创造，一直是云南科技发展的重要内容。在很早的时候，云南就一直与周边文化有密切的接触和交往，西汉中期以后，云南的科学技术受到来自中国内地科技的很大影响。唐宋时期，云南科技既有独立成长的一面，也有与内地科技密切相连的一面。元代以后，云南与中国内地的传统科技差别越来越小，逐渐成为中国传统科技的一部分，但仍然保留了其应有的特色。云南古代不仅充分吸收中国内地的科技，也积极吸收南亚和其他地区的科技成就，近代以后则充分地吸收西方的科学技术。各种不同背景的科学技术荟萃于云南红土高原，在此基础上，云南各族人民兼收并蓄，取长补短，包容不同的科技文化，不断创造，从而形成了内涵丰富的科学技术知识，并在很多领域取得了一系列的辉煌成就。

（4）有些学科逐渐发展成为独立的学科，直到现在仍有较大的优势。例如，农业技术在云南科技史上占有十分重要的地位，云南农业技术的发展，一直有极为鲜明的特色，也产生过十分重要的成就，对今天中国农业科技仍有深远的影响。民族医学（包括藏医、傣医、彝医等）不仅有自己的理论体系，还有自己特定服务的社会对象，它们直到现在仍然有很大的影响力。民族建筑、民间工艺在特殊的环境中也不断发扬光大。民族科技作为民族文化的一部分，至今在民间仍然充满了活力，体现了云南各民族深厚的文明潜力。

（5）云南的科学技术尽管有很大的特色，但它终归是中国科学技术的一部分，它的发展与中央和地方政府的推动密切相关。云南各地拥有的自然条件很不平衡，各少数民族地区科学技术的发展也不相同，先进和落后之间差别巨大，这种情况下，科学技术的发展往往需要政府的强力推动。所以，无论是南诏大理国的地方政权，还是明清时期的中央政府，都对云南科学技术的发展有较大的推动作用，例如，农业、水利建设和矿冶开采等方面。民国时期表现得更加突出，几乎涉及科学技术的一切领域。国家或地方政府的作为与云南科技的发展密切相关，这是历史发展所证明了的，也是今后制定科技政策必须要考虑的重要因素。

二、云南科学发展的几个阶段

通过本书的研究，可初步了解到云南科学技术的发展脉络，确实有自己独特的历史过程。早期有较多的独立性，并有强烈的特色，正像一棵独立成长的小树。东汉以后，云南的科学技术越来越多地受中国科技的影响，南诏、大理国以至元代出现了独立而多元的特点，科学技术之树逐渐生长。明清时期是伴随着中国科技发展而逐渐壮大的，云南科学技术很大程度上成为中国科学技术的一部分，是中国科学大树中的一个分枝，但地方性特色仍然存在着。近代以后，云南主流科技开始融入世界科学技术的洪流之中，成为世界参天科学大树中的一枝。

（1）从远古到西汉中期，云南的科学技术主要是地方性的，属于独具风格的地方科技文化。

从远古到西汉中期，人们对科学几乎都还谈不上有系统的理解，只是一些技术性的知识，但这些知识却是以后科学技术发展的基础。

从文化源流来看，云南古代文明有两个源头，一个是从滇西北进入云南的北方草原文化，不仅成为影响洱海区域青铜文化最大的历史力量，也是古滇青铜文化兴起的源头。但西汉中期以后，另一个源头——汉文化的影响力越来越大，它们的共同影响造就了汉代前后的云南古代文明。古滇国是一个风格突出的时代，青铜文化大放异彩，具有很强的地域性，器物的制作风格充满了各民族的审美情趣，创造了不少科学和艺术上的杰作，是中国西南青铜文化的突出代表。

（2）从东汉到元代，云南科学技术多元性增强，唐宋时既有较为独立的一面，同时也受到中国内地科技的强烈影响，周边地区对云南也有一定的影响。

东汉以后，云南地方科技受到中国内地科技和其他周边地区的较大影响。南诏国力强盛，与亚洲南部的各个国家和地区都有广泛的联系和交流，中国和印度两大文明古国都对南诏产生了深刻的影响，云南白族、彝族等先民联系着这两个伟大的文明圈，在南诏时期他们第一次走上了亚洲的历史舞台，成为代表亚洲历史的民族之一。这也是南诏史在整个云南历史上地位非常高的原因，由于拥有辉煌的南诏历史，云南是永远不能被称为“蛮荒之地”的。这一时期，云南的科学技术成就空前巨大，产生了“稻麦复种制”、“梯田耕作法”这样的伟大成就，不仅引发了云南的社会变革，对中国传统农业也产生了重大的影响。政府在科技政策上有突出的表现，当时对有一技之长的科技人员进行奖励，“一艺者给田”，开创了中国科技奖励的先河，其意义是极为深远的。

段氏大理以佛教立国，具有和平、理想的色彩，被称为“古妙香国”，存在了300多年。国王纷纷看破红尘，出家为僧，其政权是十分稳定的。某种意义上，大理国是一个有后现代意义的地方性国家，同样具有世界历史意义。其科学技术仍然平稳地向前发展，但发展方向很大程度上服务于极为盛行的佛教文化，宗教艺术品高度发达，总体上呈现出与南诏国不同的风格。在南诏大理国时期，云南与印巴次大陆和东南亚的关系十分密切。在数学、医学、水利、金属制作等领域都有广泛的交流，在中外科技交流史上占有重要的地位。

(3) 明清时期,云南的科学技术总体上属于中国科学技术的一部分,但在融合过程中,中国内地科学技术也不断纳入云南的地方科技之中,并呈现出鲜明的特色。

元代以后,云南正式成为中国的一个省,中央政府对云南进行了强有力的统治。特别明代之后,中国传统科技对云南产生了重大影响,云南科学技术总体上成为中国科学技术大树中的一部分,但地方科技也在融合过程中大大加强了。以采矿、冶铸和金属加工技术为先导,云南几乎所有的技术部门都取得了巨大的进步,逐步分化成各种不同的学科。各个学科高度发展,使传统技术走向相对成熟的阶段,有些学科达到了传统科技的高峰,云南特色的科学技术的系统性逐渐形成了。

明清时期,云南还出现了一批理论科学家,他们积极地探索自然界和科学的大本大源问题,这是云南科学的一个质的进步。产生了一些纯粹进行科学探讨的著作,以兰茂、杨士云等医学家和天文数学家为杰出代表。

(4) 晚清到民国时期,云南的主流科学融入世界科学技术中,但传统科技在民间仍然有坚实的基础。

1840 年以后,西方近代科学技术以农业、冶金和兵器技术等为先导,开始大规模进入云南,并逐渐在云南取得了主流的地位,云南科技经过巨大的变革后,逐渐成为世界参天科学大树中的一枝。云南的科学家中,马德新的天文学成绩是云南近代自然科学的先导,而李滮的天文学和数学成绩已是云南传统理论科学的最后挽歌。

到民国时期特别是在抗日战争这样的特殊背景下,以西南联合大学为代表的大批著名院校迁入云南,加上民主的环境,以及思想自由和学术自由的风气,云南红土高原如同发生了一场科学技术革命,科技人才辈出,第一次产生了一些有世界性贡献的科技成果,这是有历史意义的。本土也产生了熊庆来、陈一得、张海秋和段纬为代表的一批云南籍科学技术专家。由于中央和地方政府的大力建设,云南的工业技术飞速发展,逐渐建设成有近现代工业水平的较完整体系。直到现在,民国时期建立的工业体系仍然是今天云南工业体系中的最重要基础,但那种轰轰烈烈的时代特征已渐行渐远。

此后,云南的传统科技不再明显的发展,甚至出现了枯萎的态势。但传统科技在民间特别是少数民族地区中仍然有坚实的基础。在城市和乡村,逐渐出现了现代科技和传统科技并存的局面,并一直影响至今。

三、云南传统科技的影响

一般来说,科学的本质是一种精神,技术则是一种人和物质联系的手段。马克思曾把科学技术史看做是“一本打开了的关于人的本质力量的书”①。从渊源来看,技术产生于生产力的需要,技术史是人类物质文明发展的一部打开了的书。科学则产生于爱智的需要,科学史是人类精神发展的一部打开了的书。两者是辩证统一的。从民族科技来看,它也是精神和物质的高度统一体。

云南科学技术的发展可以说是一部活着的科技史,是云南人民精神和物质文化发展的一部打开了的书。研究中国科技史时,常常使人感到古代技术已经死亡,但研究云南科技史时,会时时感到与古人有一种心灵相通的感受,感到这些古代技术仍然还活着,内容是那么的鲜活,时时会浮现在我的眼前。我们与古人的距离一下子被拉近了,云南科技史的研究意义和现实价值一点都没有削减。

1840 年以后,随着代表较高文明程度的近现代科学的传入,云南传统科技受到了强烈的挑战,科学技术随之出现了巨大的变化。一部分传统科技逐渐凋敝下来,一部分向近现代科技转变,另一部分则保留了下来,并将长期存在下去。现代科技和传统科技并存的局面,从近代科学进入云南以后就一直存在着,直到今天也是如此,成为影响云南科技文明的两个不同体系,也是城市和乡村分化为两个隔离世界的重要原因。

今天的云南,是历史上云南的继承和发展。虽然今天近现代科技已成为云南科学技术的主流,但很多传统科技仍然顽强地活在民间,有自己的运作方式和特定的服务对象,在生产和生活中发挥着重要作用,深深地影响着云南各民族人民的现在和未来。当你漫步在云南的乡村,特别是各民族的村寨中,看到民间保留着丰富多彩的传统科技,看到工匠们采用传统技艺制作出的琳琅满目的民间工艺品,看到少数民族仍然用传统知识指导着他们的生产和生活实践,你会深深感到民族科技确实是精神和物质的高度统一体,云南各族人民的文化心理结构仍然极大地受到传统科技的影响,传统科技确实是少数民族经久不衰的有用知识,是他们持续不断的精神力量之源泉。这使我们的研究对重新估量云南各族人民的精神世界有极大的现实意义。

基于根本不同的文化渊源和技术观念,传统科技和现代科技这两个体系始终存在巨大的差别,可以看出不管怎样演变,它们将在云南长期并存,并成为云南科技发展的主要矛盾。怎样使传统科技与现代科技协调发展,构建具有云南特色的科学技术体系,将始终是云南科学技术发展所面临的最大课题。

---

① 《马克思恩格斯全集》,第 42 卷,第 127 页。

后　记

本书虽然在比较短的时间内完成,但却是以20多年来笔者的研究成果作为基础写出来的。

在书稿杀青之际,我首先要感谢侯冲教授。初稿完成后,侯冲教授认真地进行了审读,提出了很多十分重要的意见,这些意见促使我又把稿子从头到尾修改了一遍。对侯冲教授多年来的无私帮助,我表示衷心的感谢!

另外,潜伟教授、厚宇德教授也提出了宝贵意见,钟咏梅教授帮我查对了民国时期生物学的英文文献,王东宁博士提供了云南赴美留学生的英文资料,博士生王颖竹、贺超海对书稿进行了认真的校对,责任编辑樊飞对本书的出版花费了大量的心血。本书的写作还得到了大理学院民族文化研究所张锡禄教授,以及赵敏、李汝恒、吕跃军、寸云激、李学龙、王伟等好友的关注,在此一并致谢!

李晓岑

2013年5月于大理